Das Buch

Die Kenntnis, wie totalitäre Herrschaft in der Alltagspraxis ausgeübt wurde, ist für unser politisches Bewußtsein unentbehrlich. In dem ersten der beiden Gutachten, erstellt 1964 für den Frankfurter Auschwitz-Prozeß, untersucht Buchheim, wie der aus SS und Polizei gebildete Machtapparat entstanden ist und warum er als willfähriges Instrument für den administrativen Massenmord dienen konnte.

Das zweite Gutachten analysiert das Verhältnis von Befehl und Gehorsam in der SS, den »Befehl in Weltanschauungssachen« und den militärischen Befehl sowie die Verherrlichung von Härte und Kameraderie. Für die Diskussion der Frage des Befehlsnotstandes im modernen Machtstaat kommt dieser Untersuchung grundlegende Bedeutung zu.

Der Autor

Prof. Dr. Hans Buchheim, geboren 1922, war von 1951 bis 1966 Mitarbeiter des Instituts für Zeitgeschichte in München und ist seit 1963 Ordinarius für Politikwissenschaft an der Universität Mainz.

Hans Buchheim
Martin Broszat
Hans-Adolf Jacobsen
Helmut Krausnick:

Anatomie des SS-Staates
Band 1

Gutachten des Instituts für Zeitgeschichte

Hans Buchheim:
Die SS – das Herrschaftsinstrument
Befehl und Gehorsam

Deutscher
Taschenbuch
Verlag

dtv

1. Auflage Dezember 1967
4. Auflage Oktober 1984: 34. bis 39. Tausend

Umschlaggestaltung: Celestino Piatti
Umschlagbild: Parade der SS-Leibstandarte vor Hitler an dessen 50. Geburtstag (20. 4. 1939) in der Wilhelmstraße in Berlin
Gesamtherstellung: C. H. Beck'sche Buchdruckerei, Nördlingen
Printed in Germany · ISBN 3-423-02915-3

Inhalt Band 1

Inhalt Band 2

Martin Broszat:
Nationalsozialistische Konzentrationslager 1933–1945

Hans-Adolf Jacobsen: Kommissarbefehl und Massenexekutionen sowjetischer Kriegsgefangener

Helmut Krausnick: Judenverfolgung

Vorwort

Die KZ-Verbrechen und der Massenmord an den Juden waren spezifische Bestandteile der nationalsozialistischen Herrschaft. Dieser Zusammenhang gerät bei vielen Menschen in Vergessenheit, und zwar aus recht verschiedenen Gründen. Für die einen zum Beispiel reduziert sich die Beschäftigung mit dem Dritten Reich auf den Namen Auschwitz; ihre Gedanken kreisen um die Tatsache, daß die Hölle historische Wirklichkeit geworden ist. Das geschichtliche Ganze verlieren sie dabei trotzdem aus den Augen. Denn die Frage, wie das Schreckliche hat geschehen können und warum es geduldet wurde, beantworten sie bloß mit allgemeinen moralischen und kulturkritischen Betrachtungen, für die geistigen und politischen Voraussetzungen dagegen interessieren sie sich wenig oder gar nicht. In den Augen einer anderen Gruppe sind die Verbrechen ein erratischer Block, der zusammenhanglos in jenem Abschnitt deutscher Geschichte steht; abgesehen von den offenkundigsten Verbrechen, haben sie an der Politik der Hitlerzeit nichts Wesentliches auszusetzen. So verschieden die Denkweisen der beiden Gruppen sind, so treffen sie sich doch in einem Mangel an Einsicht in die Wirklichkeit des Hitlerregimes; vor allem sind beide blind für den Zusammenhang zwischen dieser politischen Herrschaftsform und den ideologischen Massenverbrechen.
In den zahlreichen Prozessen, die in Deutschland gegen nationalsozialistische Gewaltverbrecher geführt werden, wird die Frage nach diesem Zusammenhang unausweichlich gestellt. In der Notwendigkeit, darauf Antwort zu finden, liegt die Bedeutung der Prozesse über ihre eigentliche Aufgabe hinaus, begangenes Unrecht zu sühnen. Die Tat des einzelnen Angeklagten, der an den Verbrechen mitwirkte, kann nur dann richtig und gerecht beurteilt werden, wenn man das Geflecht der geistigen, politischen und organisatorischen Voraussetzungen durchschaut, die zur Tat führten. Dem Gericht bei der Klärung dieser Voraussetzungen zu helfen, ist die Aufgabe des historischen Sachverständigen. Er ist nicht dazu da, sich mit dem besonderen Fall des Angeklagten zu beschäftigen. Die Umstände des Einzelfalles zu ermitteln und ein Urteil über Schuld oder Unschuld zu fällen, ist ausschließlich dem Gericht vorbehalten. Der Sachverständige muß ein Bild der historischen und politi-

schen Landschaft geben, in der sich das Einzelgeschehen abgespielt hat. Darum hat es sich auch als praktisch erwiesen, bei den Prozessen gegen nationalsozialistische Gewaltverbrecher, anders als bei normalen Kriminalprozessen, die Sachverständigen *vor* der Vernehmung der Zeugen zu hören, weil auf diese Weise das Gericht bessere sachliche Voraussetzungen gewinnt, die Aussagen kritisch zu prüfen.

Der enge Zusammenhang zwischen den Taten der Angeklagten und der historisch-politischen Situation, in der die Verbrechen begangen wurden, läßt für die Urteilsfindung spezifische Probleme entstehen. So darf man zum Beispiel nicht der verbreiteten Neigung nachgeben, bestimmte verbrecherische Handlungen bestimmter Einzelner in dem Meer allgemeiner politischer und moralischer Mitschuld untergehen zu lassen, die viele Deutsche wenigstens vor dem inneren Forum ihres Gewissens bekennen müssen. Denn es ist nicht nur ein gradueller, sondern ein wesentlicher Unterschied, ob sich jemand den Vorwurf machen muß, sich politisch falsch verhalten zu haben oder feig gewesen zu sein, oder ob ein Mann aktiv und womöglich mit innerer Zustimmung die schmutzigen Geschäfte des Regimes besorgt hat. Was sich konkret als Verstoß gegen die Gesetze feststellen läßt, darf nicht in allgemeinen Betrachtungen über schicksalhafte Schuldverstrickung aufgelöst werden. Auch können gesunder Menschenverstand und unverbildetes sittliches Empfinden einen Menschen nicht für unschuldig halten, der womöglich Tausende von wehrlosen Menschen umgebracht hat, ob er sich dabei nun auf einen Befehl berufen konnte oder nicht.

Im Mittelpunkt der Gutachten steht die Anatomie des SS-Staates. Das heißt: Es ist weniger von dem die Rede, was die SS im einzelnen *getan* hat, sondern mehr davon, wie der aus der Vereinigung von SS und Polizei gebildete Machtapparat entstanden ist und funktionierte, mit anderen Worten: wie totalitäre Herrschaft in der Alltagspraxis ausgeübt wurde. Der Apparat war außerordentlich kompliziert und unterschied sich in wesentlichen Punkten von einer normalen staatlichen Exekutive. Auch das spielt bei den Prozessen eine große Rolle. Seit den Nürnberger Kriegsverbrecherprozessen haben die Angeklagten eine wohlausgebildete Technik entwickelt, sich im Dickicht der organisatorischen Verflechtungen und einander überschneidenden Kompetenzen dem Zugriff richterlicher Tatsachenfeststellung zu entziehen. Um die Frage, wie dieses System funktioniert habe, hinreichend zu beantworten, müssen über die organisatorischen und verfassungsorganisatorischen Elemente hinaus auch einige geistige Zusammenhänge erläutert werden, wie etwa die Mentalität der SS und die besonderen Züge, die der Nationalsozialismus zu den traditionellen Formen des Antisemitismus hinzugefügt hat.

Die Erörterung der Geschichte der nationalsozialistischen Zeit im Rahmen eines Strafprozesses erfordert in besonders hohem Maße Rationalität und Nüchternheit, denn die Tatsachenfeststellungen werden nicht im Rahmen eines letztlich doch unverbindlichen Essays getroffen, sondern entscheiden mit über das weitere menschliche Schicksal der Angeklagten. Diese pflichtgemäße Sorgfalt der Gerichte bildet in der öffentlichen Diskussion ein heilsames Gegengewicht gegen einen weitverbreiteten Stil emotionaler »Vergangenheitsbewältigung«, die es, um einige höhere Wahrheiten wirkungsvoll darzustellen, mit der Wirklichkeit der geschichtlichen Fakten und Zusammenhänge nicht sonderlich genau nimmt. Da die Hitler-Diktatur in jeder Beziehung eindeutig negativ zu beurteilen ist, wächst die Versuchung, zu wenig über sie nachzudenken. Aus diesem Grunde besitzen wir über das Dritte Reich zwar bereits eine immense Fülle von Literatur, jedoch nur einen vergleichsweise geringen Nutzeffekt an wirklichen Einsichten. Die Neigung des Publikums kommt der Oberflächlichkeit vieler Veröffentlichungen entgegen: man bevorzugt das literarisch wirkungsvoll Geschriebene (wie schwer ist es aber, über Auschwitz nicht wirkungsvoll zu schreiben!), man strebt weg von der historisch-rationalen hin zur moralisch-emotionalen Betrachtungsweise. »Aufrüttelung der Gewissen« nennt man das. Aber mit einem schläfrigen Gewissen ist es wie mit einem schläfrigen Menschen: man kann ihn durch gehöriges Rütteln wohl aus dem Schlaf reißen – nach ein paar halbwachen Augenblicken schläft er jedoch rasch wieder ein. Was dagegen der menschliche Verstand einmal erfaßt hat, das hält er fest und wird es nicht wieder verlieren. Darum bedürfen wir in Deutschland für die geistige Auseinandersetzung mit dem Nationalsozialismus und seiner Zeit keiner Emotionen und keiner moralischen Erweckungsbewegung, sondern nüchterner Arbeit mit Verstand und Vernunft. Nur so entgehen wir der Gefahr, aus der Vergangenheit gerade die falschen Lehren zu ziehen. Die Strenge der Gerichtsverfahren bietet einen Maßstab für die Rationalität, deren wir bedürfen. Die Autoren der vorliegenden Gutachten waren bemüht, sich an diesem Maßstab zu orientieren.

Hans Buchheim:
Die SS – das Herrschaftsinstrument

Schriftliches Sachverständigen-Gutachten für den Auschwitz-Prozeß, vor Gericht am 7. Februar 1964 auszugsweise mündlich vorgetragen.

Am Todestag des Reichspräsidenten von Hindenburg, am 2. August 1934, wurde aufgrund des Gesetzes über das Staatsoberhaupt des deutschen Reiches vom 1. August 1934[1] das Amt des Reichspräsidenten mit dem des Reichskanzlers vereinigt; dabei gingen die Befugnisse des Reichspräsidenten auf den Führer und Reichskanzler Adolf Hitler über. Der Titel »Reichspräsident« wurde abgeschafft. Hitler begründete diese Veränderung in einem Erlaß vom 2. August 1934, der in die Form eines Briefes des Reichskanzlers an den Reichsinnenminister gekleidet war[2], damit, daß nach aller Empfinden dieser Titel mit dem Namen des »großen Toten« unzertrennlich verbunden sei; er – Hitler – wolle deshalb im amtlichen und außeramtlichen Verkehr, wie bisher, »nur« als »Führer und Reichskanzler« angesprochen werden. In Wahrheit jedoch handelte es sich bei der Bezeichnung »Führer und Reichskanzler« um eine revolutionierende Neuerung, die den Schlüssel zum Verständnis der Struktur der nationalsozialistischen Herrschaft im allgemeinen und der Entwicklung der SS innerhalb dieser Herrschaft im besonderen bildet. Denn die Vereinigung der Ämter des Reichspräsidenten und des Reichskanzlers war lediglich eine Kumulierung *staatlicher* Ämter und somit *staatlicher* Macht. Wenn sich dagegen Hitler offiziell als »Führer und Reichskanzler« bezeichnete, erhob er den Anspruch, im deutschen Staatsleben nicht nur aufgrund staatlicher Amtsgewalt [und somit in den Schranken institutioneller Disziplin] zu handeln, sondern aufgrund jener vor- und *außerstaatlichen* Legitimation, die der Bezeichnung »Der Führer« unterlegt wurden: seine geschichtliche Sendung, die Manifestation des Lebensgesetzes des deutschen Volkes im Führerwillen, das Getragensein von der »verschworenen Gemeinschaft« der nationalsozialistischen Bewegung. So trat nicht nur seine Amtsgewalt als Reichskanzler, sondern die Staatsgewalt überhaupt gewissermaßen in den Schatten einer neuen ganz andersgearteten Gewalt, die als *Führergewalt* bezeichnet wurde. Den Grundgedanken dieser Führergewalt hat seinerzeit in treffender Weise Ernst Rudolf Hu

[1] RGBl. I, S. 747.
[2] RGBl. I, S. 751.

ber in seinem ›Verfassungsrecht des Großdeutschen Reiches‹[3] formuliert:

»Das Amt des Führers hat sich aus der nationalsozialistischen Bewegung entwickelt. Es ist in seinem Ursprung kein staatliches Amt. Diese Tatsache darf nie aus dem Auge gelassen werden, wenn man die heutige politische und rechtliche Stellung des Führers verstehen will. Aus der Bewegung erst ist das Amt des Führers in das Reich hineingewachsen, zunächst indem der Führer die Befugnisse des Reichskanzlers übernahm, dann indem er die Stellung des Reichsoberhauptes antrat. Die primäre Bedeutung kommt dabei dem Führer der Bewegung zu; er hat die beiden obersten Funktionen der politischen Reichsleitung in sich aufgesogen und dadurch das neue Amt des Führers des Volkes und Reiches geschaffen. Der Führer vereinigt in sich alle hoheitliche Gewalt des Reiches; alle öffentliche Gewalt im Staat wie in der Bewegung leitet sich von der Führergewalt ab. Nicht von »Staatsgewalt«, sondern von »Führergewalt« müssen wir sprechen, wenn wir die politische Gewalt im völkischen Reich richtig bezeichnen wollen. Denn nicht der Staat als eine unpersönliche Einheit ist der Träger der politischen Gewalt, sondern diese ist dem Führer als dem Vollstrecker des völkischen Gemeinwillens gegeben. Die Führergewalt ist umfassend und total; sie vereinigt in sich alle Mittel der politischen Gestaltung; sie erstreckt sich auf alle Sachgebiete des völkischen Lebens; sie erfaßt alle Volksgenossen, die dem Führer zu Treue und Gehorsam verpflichtet sind. Die Führergewalt ist nicht durch Sicherungen und Kontrollen, durch autonome Schutzbereiche und wohlerworbene Einzelrechte gehemmt, sondern ist frei und unabhängig, ausschließlich und unbeschränkt.«

Während der Inhaber des Reichskanzleramtes – wie der jedes anderen staatlichen Amtes – in seiner Tätigkeit den Regulativen und Beschränkungen staatlicher Ordnung unterworfen war, galt der Führerwille als alleinige und ausschließliche Repräsentation des »wahren« Volkswillens und war durch keine vorgegebene Ordnung gebunden. Der Führer sei Träger des völkischen Gemeinwillens, schrieb E. R. Huber[4]:

»In seinem Willen tritt der Volkswille in die Erscheinung. Er wandelt das bloße Gefühl des Volkes in einen bewußten Wil-

[3] 2. Aufl. 1939, S. 213 und 230.

[4] a.a.O., S. 195 f.

len; er schafft aus einem vielstrebigen Ganzen die einheitliche, einsatzbereite Gefolgschaft. Er bildet in sich den wahrhaften Willen des Volkes, der von den subjektiven Überzeugungen der jeweils lebenden Volksglieder zu unterscheiden ist. Er ist hingegeben an die objektive geschichtliche Einheit und Ganzheit des Volkes. Deshalb ist es ihm möglich, sich im Namen des wahrhaften Volkswillens, dem er dient, gegen die subjektiven Meinungen und Überzeugungen einzelner Volksglieder zu wenden, wenn diese sich von der objektiven Sendung des Volkes abkehren. Er verficht dann die objektive Idee der Nation gegen die subjektive Willkür einer irregeleiteten Volksstimmung. In Zeiten der inneren Not kann der Führer ein Volk, das seine politische Sendung vergessen oder verraten hat, wieder zu sich selber leiten. Er bildet in sich den völkischen Gemeinwillen und verkörpert gegenüber allen Einzelwünschen die politische Einheit und Ganzheit des Volkes; er setzt gegenüber den Einzelinteressen die geschichtliche Sendung der ganzen Nation durch.«

Es ist klar, daß die so verstandene Führergewalt die rechtliche, institutionelle Substanz des Reichskanzleramtes aushöhlen und die Amtsgewalt des Reichskanzlers, wie Huber treffend sagt, »in sich aufsaugen« mußte. Und nicht nur das: Da die Führergewalt ausdrücklich nicht aus dem Prinzip der Staatlichkeit abgeleitet wurde, sondern dem Staat gegenüber als völlig eigenständiges Prinzip galt, relativierte sie die Geltung der gesamten normativen staatlichen Ordnung und vermochte diese, wo immer es opportun erschien, ganz oder teilweise zu suspendieren. Der Führer *konnte* sich zur Verwirklichung seines Willens der Setzung staatlicher Normen bedienen, er *mußte* es aber nicht tun, sondern konnte auch andere, außernormative Wege wählen, die dann ausschließlich aus seiner geschichtlichen Sendung legitimiert waren. Dr. Werner Best schrieb in seinem Buch über ‹Die Deutsche Polizei›[5]:

[5] Nach dem Krieg, insbesondere in den Nürnberger Prozessen, wurde oft behauptet, Dr. Bests Buch über › Die Deutsche Polizei ‹ beschreibe Wunschvorstellungen, nicht aber die wirklichen Verhältnisse des Dritten Reiches, insbesondere von SS und Polizei. Demgegenüber ist festzustellen, daß Bests verfassungstheoretische Arbeiten zu den relativ wenigen gehören, die die Verfassungswirklichkeit und deren wirkende Prinzipien annähernd richtig beschrieben haben. Wenn auch bei Best Fehler festzustellen sind, dann vor allem der, daß er wie E. R. Huber noch zu normativ dachte, daß auch er die Theorie der außernormativen Führergewalt gewissermaßen noch mit normativen Kategorien bestritt. Das war auch der Grund, warum er als ursprünglich enger Mitarbeiter Heydrichs beim Aufbau der Sicherheitspolizei sich schließlich in schwerem Zerwürfnis von diesem trennte; Heydrich schrieb selbst in einem Brief an Daluege vom 30. Oktober 1941, daß er sich von Best getrennt habe, weil dieser zu juristisch gedacht habe.

»Der Wille der Führung, gleich in welcher Form er zum Ausdruck gelangt, – ob durch Gesetz, Verordnung, Erlaß, Einzelbefehl, Gesamtauftrag, Organisations- und Zuständigkeitsregelung usw. – schafft Recht und ändert bisher geltendes Recht ab.«

Die Führergewalt war eine neuartige Quelle öffentlichen Handelns, das seine Verbindlichkeit primär nicht aus der Übereinstimmung mit der normativen Ordnung gewann, sondern aus seiner Entsprechung zur angeblichen geschichtlichen Notwendigkeit. Die Einheit der Führergewalt war in der Einheit der geschichtlichen Vollmacht gegeben, die Hitler für sich in Anspruch nahm, dagegen war sie nicht eine Einheit normativer Natur. Dementsprechend war der Führerwille in erster Linie ideologisch verbindlich, *rechts*verbindlich dagegen nur insoweit, als der Führer sich von Fall zu Fall des Mittels der Setzung von Normen bediente oder seine Anordnungen wenigstens mit der bestehenden normativen Ordnung abstimmte. Über die Rechtmäßigkeit des Führerwillens sollte nur die Geschichte entscheiden, die ja auch als dessen letzte Legitimierung galt. Best schrieb[6]:

»Ob der Wille der Führung die ›richtigen‹, d. h. die möglichen und notwendigen Regeln für das Handeln ... setzt, ist keine ›Rechts‹-Frage mehr, sondern eine Schicksalsfrage. Denn wirklicher Mißbrauch des ›Rechtsetzungs-Rechts‹ durch eine Volksführung – bestehe er in schädlicher Schärfe oder in schädlicher Schwäche – wird sicherer als von einem Staatsgerichtshof vom Schicksal selbst nach den verletzten ›Lebensgesetzen‹ mit Unglück und Umsturz und Scheitern vor der Geschichte bestraft.«

Ein charakteristisches Dokument der Führerherrschaft ist der Eid, den die deutschen Soldaten seit dem 2. August 1934 schwören mußten:

»Ich schwöre bei Gott diesen heiligen Eid, daß ich dem Führer des Deutschen Reiches und Volkes, Adolf Hitler, dem Obersten Befehlshaber der Wehrmacht, unbedingt Gehorsam leisten und als tapferer Soldat bereit sein will, jederzeit für diesen Eid mein Leben einzusetzen.«

Dieser Eid galt nicht mehr, wie der in der Weimarer Republik geschworene, der Verfassung und den Gesetzen des Staates, er war überhaupt nicht mehr auf den Staat gerichtet, sondern auf die Person Hitlers, die auch ausdrücklich mit Namen genannt

[6] a.a.O., S. 20.

wird; er galt in erster Linie dem *Führer*. Daß die Führergewalt die staatliche Amtsgewalt wirklich »in sich aufsaugte«, beweist übrigens die Tatsache, daß in den späteren Jahren der Hitlerherrschaft der Zusatz »und Reichskanzler« in Hitlers Amtsbezeichnung entfiel. In der 15. Auflage [1944] der Sammlung zum Verfassungs- und Verwaltungsrecht von Sartorius heißt es in einer Anmerkung zu dem oben zitierten Brief Hitlers an den RMdI vom 2. August:

»Demgemäß sind früher Gesetze sowie Verordnungen und Erlasse des Staatsoberhauptes von ihm unter der Bezeichnung ›Führer und Reichskanzler‹ vollzogen worden. Seit längerer Zeit ist in den Erlassen, neuerdings auch in den Gesetzen und Verordnungen, an die Stelle der Unterschrift ›der Führer und Reichskanzler‹ ausnahmslos die Unterschrift ›der Führer‹ getreten.«

Auch im diplomatischen Verkehr bezeichnete Hitler sich in den letzten Jahren seiner Herrschaft nur noch als »Führer«. So heißt es in einer Anordnung der Parteikanzlei vom 29. April 1944:

»Die Bezeichnung Adolf Hitlers als ›Führer‹ hat sich zu einem der ganzen Welt bekannten, fest umrissenen geschichtlichen Begriff entwickelt, der seine Stellung als Führer der NSDAP, als Staatsoberhaupt des Großdeutschen Reiches, als Regierungschef [Reichskanzler] und als Oberster Befehlshaber der Wehrmacht durch *ein* Wort zum Ausdruck bringt. Bei Gesetzen, Erlassen und Verordnungen, im formellen Verkehr im Ausland sowie in der Anrede wird daher ausschließlich die Bezeichnung ›Führer‹ verwandt.«

Interessanterweise hat Hitler, als er in seinem politischen Testament Dönitz als seinen Nachfolger bestimmte, für diesen wieder die Amtsbezeichnung des Reichspräsidenten eingeführt. Das war ein später Beweis dafür, daß die Behauptung vom 2. August 1934, dieser Titel sei in aller Empfinden mit dem »großen Toten« Hindenburg unzertrennlich verbunden, nicht ehrlich gewesen war. Vor allem aber zeigt es, daß Hitler die absolute Führergewalt als historisch einmalig seiner Person zukommend betrachtete. Die *außer*normativ konstituierte Führergewalt hatte in der Praxis normenauflösende Wirkung und führte zu *anti*normativem Handeln. Das ist im Dritten Reich tausendfach zu beobachten und hat durch Hitlers persönliche Eigenart noch Verstärkung erfahren. Bekannt ist seine zunehmende Animosität, ja, sein Haß gegen die Juristen. Es brachte ihn auf, wenn seinen Befehlen verfassungs- oder verwaltungsrechtliche oder überhaupt juristische Bedenken entgegengehalten wurden; er hielt das für politische Instinktlosigkeit, wenn nicht gar für bewußte Sabotage an seinem Werk. Im Jahre 1942 sagte er bei Tisch einmal, daß für ihn jeder, der Jurist sei, entweder von Natur aus defekt sein müsse oder es aber mit der Zeit werde. Gesetzliche Regelungen, auch wenn er sie selbst vollzog, betrachtete Hitler im Grunde nur als politisch unkluge Einschränkungen seiner Entscheidungs- und Bewegungsfreiheit. Aus diesem Grunde hat er zum Beispiel niemals das 1936 fertiggestellte neue nationalsozialistische Strafrecht in Kraft gesetzt; denn er hätte es, wo es ihm opportun erschien, nicht so leicht desavouieren können wie das alte. Ein 1939 ausgearbeitetes Zigeunergesetz wurde nie verkündet, sondern es wurde die »Zigeunerfrage« mit den Mitteln der bloßen Polizeiexekutive in Angriff genommen. Robert Ley, der Führer der »Deutschen Arbeitsfront«, berichtete einmal in einer Rede, er habe Hitler gebeten, der DAF eine Rechtsform zu geben. Der Führer habe sich jedoch geweigert mit der Begründung, es solle in Deutschland einmal ein Gewohnheitsrecht durchgepaukt werden. Er wolle es einmal versuchen, ob es in Deutschland nicht ohne Gesetze und staatliche Verordnung möglich sei, eine Autorität aufzubauen – nur auf Gewohnheitsrecht aufgebaut, das sich als stärker erweisen müsse als jedes andere Recht und Gesetz. Und er machte den bezeichnenden Zusatz: »Die Arbeitsfront wird auch eines Tages durch Gesetz verankert werden – aber hoffentlich nicht zu meinen Lebzeiten. Ich passe da nicht hinein.«

In diesem Zusammenhang gesehen, sind die Nürnberger Rassengesetze übrigens ein erstaunliches Phänomen. Denn ohne daß die bisher zur Verfügung stehenden historischen Quellen eine zwingende Notwendigkeit erkennen ließen, waren die Nürnberger Gesetze geeignet, auf dem Gebiet der Diskriminierung der Juden die bis dahin vorherrschende, alle Arten von Terror begünstigende Rechtsunsicherheit zu beenden; sie schufen eine Norm, die den Opfern gewisse Schutzmöglichkeiten versprach. *Natürlich war der materielle Gehalt der Rassengesetze Unrecht*, im Gegensatz zu den bis dahin herrschenden Verhältnissen war es aber berechenbares Unrecht, und die Erfahrung des Lebens unter totalitärer Herrschaft lehrt, daß dies leichter zu ertragen ist, als die reine unberechenbare Willkür. Der berühmte Kommentar von Stuckart/Globke hatte die Tendenz, die normative Fixierung der den Juden auferlegten Einschränkungen noch zu verstärken, möglichst viele Einzelheiten der Praxis festzulegen, auf diese Weise aber auch die den Juden verbliebenen Rechte zu sichern. Im Zuge der Gesamtentwicklung der nationalsozialistischen Judenverfolgung, die auf vollständige soziale Isolierung und schließlich biologische Ausmerzung abzielte, wurde die durch die Nürnberger Gesetze geschaffene Atempause allerdings sehr bald beendet. Die außernormativen Maßnahmen setzten wieder ein und endeten schließlich im Massenmord. Die Mörder können sich jedoch auf die Nürnberger Gesetze nicht als auf eine wenigstens teilweise legale Rechtfertigung ihres Tuns berufen, denn diese waren nicht ein Glied in der Kette des außernormativen Terrors gewesen, sondern hatten ihn vielmehr vorübergehend unterbrochen.

Man kann also die nationalsozialistische Herrschaft im Ganzen wie in ihren einzelnen Manifestationen nicht verstehen, wenn man in ihr nichts anderes sieht als eine äußerste Steigerung und Konzentration *staatlicher* Macht. Vielmehr muß man begreifen, daß hier im Machtanspruch wie in der Regierungspraxis über das Prinzip der Staatlichkeit ein völlig andersartiges Prinzip gesetzt worden war, das im eigentlichen Sinne des Wortes totalitär ist: Die Führergewalt betrachtete sich weder an die Normen positiven Rechts noch auch unbedingt an das Sittengesetz gebunden, sondern erhob den Anspruch, beide gegebenenfalls zu suspendieren, wenn ihr angeblicher geschichtlicher Auftrag oder das sogenannte Lebensgesetz des Volkes dies forderten. Andererseits erhob sie einen uneingeschränkten Verfügungsanspruch, der den Menschen im Prinzip keine normativen Garantien zugestand. Das Nebeneinander einer noch beibehaltenen, jedoch nur »auf Abruf« fortgeltenden Staatlichkeit und einer außernormativen Führergewalt, deren Willen im Zweifelsfalle immer den Ausschlag gab, war das Charakteristikum der nationalsozialistischen Herrschaft. Diese Dualität wurde zum ersten Male von Ernst Fraenkel in seinem 1940 in Amerika erschienenen Buch ›The Dual State‹ wissenschaftlich dargestellt. Fraenkel sah in der nationalsozialistischen Herrschaft eine Verquickung von »Normenstaat« und »Maßnahmestaat«. Bei dieser Terminologie erhebt sich allerdings die Frage, ob die pure Maßnahme, das heißt: ob das Prinzip der außernormativen Führergewalt nicht dem Prinzip staatlichen Lebens derart entgegengesetzt ist, daß es nicht mehr unter dem Begriff »Staat« gefaßt werden kann. Im Selbstverständnis der Nationalsozialisten jedenfalls war das Prinzip der Führergewalt etwas völlig anderes als Staatsgewalt, und in ihrer Herrschaftspraxis vollzog sich, wie noch ausführlich darzustellen sein wird, ein fortschreitender Prozeß der *»Entstaatlichung« des öffentlichen Lebens*. Diejenigen Staatstheoretiker im Dritten Reich, die versuchten, das Führerprinzip doch in irgendeiner Form den Kategorien der Staatlichkeit unterzuordnen, wurden interessanterweise des »Faschismus« bezichtigt. Die Nationalsozialisten sahen nämlich ein wesentliches Unterscheidungsmerkmal ihrer Herrschaft gegenüber der Mussolinis darin, daß sie das Prinzip des »unpersönlichen Staates« überwunden hätten. Der Vorwurf, »faschistisch« zu denken, wurde übrigens auch Ernst Rudolf Huber gemacht, weil er in seinen eigenen theoretischen Überlegungen sich bemühte, die Staatlichkeit doch als oberstes Prinzip zu retten.

Die Aushöhlung der staatlichen Amtsgewalt des Reichskanzlers durch die aus vorstaatlichen Quellen sich legitimierende Führergewalt ist übrigens mutatis mutandis vergleichbar mit der Aushöhlung der Amtsgewalt des altrömischen Consulats und Tribunats durch den Prinzipat des Augustus, der sich auf einen Consensus omnium und die Eidesleistung eines großen Teiles der römischen Bürger auf Octavian als ihren Patron stützte. Und so wie die private Streitmacht und die private Hausverwaltung des Kaiserhauses erst neben und später an die Stelle des staatlichen Heeres und der staatlichen Verwaltungen traten, so errichtete auch Hitler im Laufe der Jahre eine eigene, der Führergewalt zugeordnete Exekutive, die erst neben die alte staatliche Bürokratie trat und sich zuletzt anschickte, diese zu verdrängen.

Die Verwirklichung des umfassenden Herrschaftsanspruches der Führergewalt war allerdings nicht zuletzt eine Frage der politischen Macht, und Hitler war in den ersten Jahren nach 1933 nicht mächtig genug, um das neue Prinzip einfach revolutionär zur Geltung zu bringen. Er mußte auf Bürokratie, Wehrmacht und Wirtschaft Rücksicht nehmen, weil er ihrer bedurfte, und war gezwungen, sich zunächst weitgehend den vorgegebenen Formen staatlicher Ordnung und Verwaltung anzupassen. Der erste entscheidende Akt der Suspendierung dieser Ordnung, die erste Bresche für den Einbruch der Führergewalt in die Staatlichkeit, war der Erlaß der sogenannten »Verordnung zum Schutz von Volk und Staat« vom 28. Februar 1933. Denn durch sie wurde am Tage nach dem Reichs-

tagsbrand ein partieller Ausnahmezustand verhängt, der bis zum Ende der nationalsozialistischen Zeit bestehen blieb. Die Verordnung war bis zum Krieg der Hebel, mit dem Hitler, wo es ihn gut dünkte, die nach wie vor nach dem Prinzip der Gesetzmäßigkeit tätige Staatsverwaltung ausschalten und seinen Willen mit gesetzlich nicht gedeckten, durch die staatlichen Gerichte nicht kontrollierbaren Maßnahmen durchsetzen konnte. So bildete die VO vom 28. Februar 1933 insbesondere die Grundlage für den Einsatz der Gestapo, für die »Schutzhaft« und die Existenz der Konzentrationslager – bis er, etwa seit Beginn des Krieges, mächtig genug war, das Prinzip der Führergewalt offener anzuwenden. Seitdem stützte die Politische Polizei, wie weiter unten ausführlicher dargestellt werden wird, ihre Maßnahmen ausdrücklich nicht mehr auf die Verordnung von 1933, sondern begründete sie lediglich mit dem der Deutschen Polizei vom Führer erteilten »politischen Gesamtauftrag«. Die VO vom 28. Februar 1933 hatte zwar bereits einen *permanenten* Ausnahmezustand begründet, aber es war doch immer noch ein *Ausnahme*zustand gewesen: eine auf Artikel 48 der Reichsverfassung gestützte ausdrückliche Dispensierung von einer im Prinzip als fortgeltend betrachteten normativen staatlichen Ordnung. Die reine Führergewalt dagegen war überhaupt nicht mehr normenbezogen, sie hatte keinen Ausnahmecharakter mehr, sondern war ein eigenständiges Prinzip.
Natürlich konnte der außernormative Anspruch der Führergewalt in die grundsätzlich andersgeartete Ordnung des Staates nicht tatsächlich eingefügt werden. Er wurde aber von den Nationalsozialisten gewissermaßen in sie hineininterpretiert; es wurden immer wieder neue Formeln geschaffen, die es ermöglichten, die Befehle der Führergewalt so erscheinen zu lassen, als seien sie aus den bestehenden Normen abgeleitet, um so ihre Handhabung im Rahmen staatlicher Verwaltungspraxis zu ermöglichen. Es handelte sich also um eine nachträgliche, rein formale Legalisierung von Setzungen außerlegalen Ursprungs. Ernst Rudolf Huber schrieb darüber[7]:

> »Die Legalität bedeutet eine äußere Überbrückung der Kluft, die in Wahrheit zwei wesensverschiedene Ordnungen trennt [nämlich die der Staatsgewalt und die der Führergewalt]. Rücksicht auf das technische Funktionieren des Justiz- und Verwaltungsapparates sind die eigentlichen Gründe für die Methode der Legalität.«

[7] a.a.O., S. 49.

Ein charakteristisches Zeugnis dieser Auffassung bietet ein Brief Himmlers an Gottlob Berger vom 28. Juli 1942, in dem es heißt[8]:

»Was soll eigentlich das Ehegesetz? Ich wünsche Vorlage bei mir. Kann heute schon sagen, daß ich der Ansicht bin, daß die Verbindungen von Deutschen mit Landeseinwohnerinnen zunächst gar nicht gesetzlich geregelt werden können. Insgesamt müßten sie verboten sein, Ausnahmen für Estland und Lettland müßten dort an zentralen Stellen anlaufen und einzeln nach rassischen Gesichtspunkten entschieden werden. Nach einem Jahr kann man dann die durch das Leben und die Praxis gesammelten Erfahrungen in die Form eines Gesetzes gießen. So wird regiert und nicht anders.«

Für die heutige Rechtsprechung bedeutet diese Scheinlegalität, für die es aus der Zeit des Dritten Reiches sehr viele mehr oder minder deutlich erkennbare Beispiele gibt, eine große Gefahr, da sie totalitäre Willkürmaßnahmen so erscheinen läßt, als stünden sie in der Kontinuität normativer Staatlichkeit. In entsprechender Weise werden heute oft auch Einrichtungen der nationalsozialistischen Bewegung irrtümlich für staatlich gehalten, nur weil sie nach der von Huber gekennzeichneten Methode der Legalität mit staatlichen Attributen versehen worden waren. Dabei wurde diese Methode vom Standpunkt der Nationalsozialisten selbst mit Recht als eine Halbheit und Zwischenlösung empfunden, die nur so lange als Behelf dienen sollte, als man auf die überkommenen Kategorien staatlichen Denkens Rücksicht nehmen mußte. Das klassische Beispiel solcher vorläufiger und im Grunde nie anerkannter normativer Interpretation eines außernormativen Führungsanspruchs war die Definition der NSDAP als Körperschaft öffentlichen Rechts durch das Gesetz zur Sicherung der Einheit von Partei und Staat vom 1. Dezember 1933.

Die der NSDAP im Dritten Reich zugeschriebene Stellung war sehr problematisch. Weder paßte sie mit dem Prinzip der Führergewalt zusammen, noch erwies sich der von ihr vertretene politische Führungsgrundsatz als praktikabel. Nach offizieller Theorie war die Partei Repräsentantin des politischen Willens des Volkes und war als solche die Instanz der politischen Willensbildung gegenüber dem Staat, dessen Aufgabe lediglich sein sollte, die ihm von der Partei gesetzten Ziele mit den Mitteln der Verwaltung zu realisieren. Sache der Partei sei die politische Führung, Sache des Staates die bürokratische Durchfüh-

[8] NO-626.

rung; die Partei habe die Menschenführung, der Staat die Sachwaltung. Dieser Führungsanspruch fand im Jahre 1933 seine »Legalisierung« durch

1. die Ernennung eines »Stellvertreters des Führers« [Partei-Verfügung Hitlers vom 21. April 1933]
2. das Gesetz zur Sicherung der Einheit von Partei und Staat vom 1. Dezember 1933.

Der Stellvertreter des Führers wurde nur für den Bereich der NSDAP ernannt und hatte dort Vollmacht, alle Fragen der Parteileitung in Hitlers Namen zu entscheiden. Er war »politischer Repräsentant der Gesamtbewegung«, das heißt: der Partei und aller ihrer Nebenorganisationen, er war jedoch nicht deren »gesetzlicher Vertreter« im bürgerlich-rechtlichen Sinn, also beim Abschluß von Rechtsgeschäften; das war vielmehr der Reichsschatzmeister der NSDAP. Als politischer Repräsentant der Bewegung wurde der Stellvertreter des Führers »zur Gewährleistung engster Zusammenarbeit der Dienststellen der Partei mit den öffentlichen Behörden« Mitglied der Reichsregierung aufgrund von § 2 des Gesetzes zur Sicherung der Einheit von Partei und Staat. Gemäß Erlaß des Führers vom 25. Juli 1934 über die Beteiligung des Stellvertreters des Führers an der Reichsgesetzgebung hatte er bei allen Gesetzes- und Verordnungsentwürfen der einzelnen Ministerien die Stellung eines mitbeteiligten Ministers [durch Erlaß des Führers vom 6. April 1935 auf alle Ausführungsbestimmungen und Durchführungsverordnungen ausgedehnt, soweit diese im Reichsgesetzblatt veröffentlicht wurden]. Ferner war der Stellvertreter des Führers bei der Ernennung aller Beamten beteiligt, soweit diese durch den Führer und Reichskanzler persönlich erfolgte; schließlich wirkte er durch seine Weisungsbefugnis gegenüber den Beauftragten der NSDAP bei den Kommunen an der kommunalen Selbstverwaltung mit.

Der Sinn des Gesetzes zur Sicherung der Einheit von Partei und Staat vom 1. Dezember 1933 war nicht gewesen, diese beiden Institutionen miteinander zu verschmelzen, sondern den politischen Führungsanspruch der Partei gegenüber dem Staat praktikabel zu machen. Den Verschmelzungstendenzen, die sich naturgemäß aus der Doppelstellung Hitlers als »Führer und Reichskanzler« ergaben, wirkte die Ernennung eines Stellvertreters des Führers gerade entgegen, da auf diese Weise die Parteiführung wieder klar von der Staatsführung getrennt wurde und die nationalsozialistische Bewegung ihre eigene Repräsentation gegenüber der Reichsregierung, den Reichsbehörden und den Regierungen der Länder erhielt[9]. Während also Hitler das nationalsozialistische Deutschland verkörperte, wurden die Nationalsozialisten in Deutschland nicht von ihm, sondern von Heß repräsentiert.

Der Begriff der »Bewegung« entspricht übrigens völlig der politischen Vorstellungswelt, aus der der Begriff der »Führergewalt« stammt. Zunächst ist unter Bewegung zu verstehen, daß es sich nicht nur um eine Partei, die NSDAP, sondern um eine ganze Reihe von Organisationen [auch politische Kampfverbände und berufsständische Organisationen] handelte, unter denen die Partei nur zu gewissen Zeiten einen Primat besaß. Das war am ehesten wohl zwischen 1934 und dem Krieg der Fall, als die SA nicht mehr und die SS noch nicht gleichberechtigt und mindestens gleich mächtig neben ihr standen. Vor allem aber ist der Begriff »Bewegung« deshalb sehr treffend, weil der Totalitätsanspruch der Nationalsozialisten die Grenzen des Begriffs einer politischen Partei genauso sprengte, wie die Führergewalt die Staatsgewalt aus den Angeln hob. In der Bewegung manifestierten sich nach nationalsozialistischer Vorstellung das Lebensgesetz und der geschichtliche Auftrag des Volkes; sie trug den Führer, und sie, nicht etwa der Staat, war der Grundstock des neuen Reiches. Die Nationalsozialisten verstanden unter dem Begriff »Reich« diejenige neue politische Ordnung, die als Schöpfung der Führergewalt jenseits des Dualismus von Staat und NSDAP erstrebt und Schritt für Schritt errichtet wurde.

Der erste Mangel der im Gesetz zur Sicherung der Einheit von Partei und Staat verankerten Konzeption bestand darin, daß der Anspruch der Partei, Repräsentantin des politischen Willens des Volkes zu sein, mit der Hitler zugeschriebenen geschichtlichen Sendung und Repräsentanz des wahren Volkswillens und daß der politische Führungsanspruch gegenüber dem Staat mit Hitlers absoluter Führergewalt nicht vereinbar waren. Die Partei konnte mit dem Führer nicht konkurrieren und hat neben ihm nie allgemein anerkannte Autorität zu gewinnen vermocht. Soweit es ihr gelang, dem Staat ihren Willen aufzuzwingen, geschah es nicht aus eigener Kraft, sondern wegen der von Hitler gewährten Privilegierung. In Wirklichkeit war sie dem Staat nicht über-, sondern nebengeordnet. Mit Recht hat Dr. Hans Frank nach dem Krieg in seinen Erinne-

[9] Vgl. Anordnung des Stellv. des Führers vom 22. Januar 1937.

rungen geschrieben, Hitler habe Staat und Partei wie zwei Pferde vor den Triumphwagen seiner Politik gespannt; beide waren beliebig verwendbare Werkzeuge der einzigen souveränen Instanz: des Führers. Da Hitler als Staatsoberhaupt und Reichskanzler selbst Herr der staatlichen Exekutive war, bedurfte er im Grunde des Umweges über die Partei nicht, um der Bürokratie seinen Willen vorzuschreiben.

Der zweite Mangel war, daß die Partei zwar den Anspruch erhob, ausschließlich aus eigenem Recht als politischer Willensträger dem Staat gegenüberzutreten, daß diese Funktion aber tatsächlich bis ins einzelne in der oben beschriebenen Weise »legalisiert« und die Partei auf diese Weise eben doch in die Kategorien der Staatlichkeit eingeordnet wurde. Aus diesem Grunde wurde von vielen Nationalsozialisten die Definition der NSDAP als Körperschaft öffentlichen Rechts heftig kritisiert. Ein typisches Beispiel dafür findet sich in einem Memorandum über »rechtliche und organisatorische Probleme von Partei und Staat«, das im Kriege wahrscheinlich im Gau Weser-Ems der NSDAP entstanden ist. Dort heißt es, die Partei zur öffentlich-rechtlichen Körperschaft zu erklären, könne nicht anders bezeichnet werden als ein Verlegenheitsprodukt verkalkter Juristen:

> »Die Partei als Führungsorden des von ihr erkämpften Reiches muß eine eigene Rechtsgrundlage besitzen und darf keine Anleihe machen bei den bestehenden Rechtsmöglichkeiten ... Die heutige Autorität der Partei stützt sich – auf gut deutsch gesagt – auf Schnauze und alte Parteimänner, die sich durchzusetzen wissen, und andererseits auf Beamte, die des Glaubens sind, bei der politischen Beurteilung Nachteile zu haben, wenn sie sich querstellen.
>
> . . .
>
> Die Einflußnahme der Partei auf die Gesetzgebung muß nicht dadurch ermöglicht werden, daß der Leiter der Parteikanzlei den Charakter eines Reichsministers bekommt, sondern dieses Recht muß der Partei kraft ihrer Stellung und ihres Führungsanspruchs zustehen.
>
> Das Gesetz über das Winterhilfswerk des deutschen Volkes ist meines Erachtens ein Schulbeispiel dafür, wie es nicht gemacht werden darf. Das Winterhilfswerk ist von jeher eine reine Parteiangelegenheit gewesen, und es ist nicht im geringsten ersichtlich, zu welchem Zweck hierfür vom Staat ein Gesetz erlassen werden mußte.«

Der dritte und wohl entscheidende Mangel der ursprünglichen Theorie des Verhältnisses von Partei und Staat bestand aber darin, daß bei der Zuweisung der politischen Willensbildung an die Partei und der »verwaltungsmäßigen Durchführung« an den Staat die gesamte Exekutive eben doch in den Grenzen normativer Staatlichkeit und unter dem Prinzip der Gesetzmäßigkeit der Verwaltung blieb. Ganz abgesehen davon, daß es der Partei an Leuten fehlte, die über die nötigen Kenntnisse und das Format verfügten, um einer alten bewährten Bürokratie gewachsen zu sein, erwies es sich, daß die staatliche Verwaltung nicht ein Apparat zur Ausführung ganz beliebiger Befehle war, sondern eine durch und durch auf rechtsstaatliche Prozedur zugeschnittene Ordnung, die zwar als Ganzes ausgeschaltet und umgangen, jedoch nur in Ausnahmefällen an einzelnen Stellen willkürlich durchbrochen werden konnte. Die staatliche Bürokratie entwickelte einfach auf Grund ihrer Arbeitsweise einen starken Widerstand gegen die Einflußnahme der Partei. Und die nationalsozialistischen Funktionäre, die in zahlreiche wichtige Verwaltungspositionen gesetzt worden waren, brachten zwar manches vom Geist der Partei dort mit hinein und konnten von Fall zu Fall versuchen, im Parteiinteresse zu entscheiden, aufs Ganze gesehen aber mußten sie sich den Grundsätzen staatlicher Verwaltung beugen. Sie vermochten um so weniger eine grundlegende Revolutionierung dieser Verwaltung herbeizuführen, als sie ihr kein alternatives Prinzip entgegenzusetzen hatten. So kam die Partei mit ihrer Konzeption über Einzeleingriffe, ein willkürliches Ausnahmen-Machen und Räsonieren nicht hinaus – wenigstens so lange nicht, als sie an ihrer alten Konzeption festhielt. Das genügte zwar, um Verwirrung und Rechtsunsicherheit zu stiften, nicht aber, um über die staatliche Exekutive maßgeblich zu verfügen.

Demgegenüber wurde von der SS eine grundlegend andere Konzeption entwickelt, die dem Anspruch der Führergewalt wirklich adäquat war. Und zwar wurde für die Durchsetzung und Verwirklichung des außernormativen Führerwillens aus Teilen der SS eine neue, von der staatlichen Verwaltung völlig unabhängige, von der Bindung an die staatlichen Normen im Prinzip befreite Exekutive errichtet. Diese *Führerexekutive* wurde nicht nach dem Prinzip der Gesetzmäßigkeit der Verwaltung tätig, sondern ihre Maxime war allein der Wille des Führers. Ihr wurden die eigentlich politischen Aufgaben übertragen, auf die es Hitler ankam, insbesondere die Sicherung der

Macht, Bevölkerungspolitik, Besatzungspolitik, Verfolgung aller tatsächlichen und angeblichen Gegner des Regimes. In diesen Bereichen sah sich die alte staatliche Bürokratie mehr und mehr auf die rein technischen Durchführungsmaßnahmen verwiesen, und auch sonst blieben ihr mit der Zeit nur diejenigen Verwaltungsgeschäfte überlassen, die politisch belanglos waren. Da mit der Konstituierung der Führergewalt die staatliche Rechtsordnung ihre Verbindlichkeit und die staatliche Verwaltung ihre unbedingte Zuständigkeit verloren hatten, konnte der Führer die Organe der neuen Exekutive von Fall zu Fall auch mit staatlichen Rechten und Kompetenzen gleichsam wie mit Privilegien ausstatten, ohne daß sie dadurch der institutionellen Disziplin des Staates unterworfen worden wären. Auch konnten, wie es bei der politischen Polizei der Fall war, staatliche Behörden aus dem Zusammenhang der Gesamtverwaltung herausgelöst und in den Bereich der Führerexekutive übergeführt werden, so wurde im Laufe der Jahre das Prinzip der Führergewalt in reiner Form realisiert und der Prozeß der Entstaatlichung des öffentlichen Lebens vorangetrieben. Als Führerexekutive das eigentliche, adäquate Werkzeug der Führergewalt gewesen zu sein, darin besteht die historische Bedeutung der SS.

Die Frühgeschichte der SS

Als Hitler im Frühjahr 1925 seine Partei neu aufzubauen begann, gelang es ihm zunächst nicht, die SA in der Form wiederherzustellen, die er wünschte: als eine der Parteileitung uneingeschränkt untergebene politische Agitations- und Kampftruppe. Ernst Röhm, den er an sich für die Neuorganisation der SA gewonnen hatte, forderte nämlich, daß diese weder der Leitung der NSDAP unterstellt noch in politische Tagesangelegenheiten hineingezogen werden dürfe; sie sollte vielmehr selbständig bleiben und die Partei nur, wo es notwendig schien, »militärisch« unterstützen. Da man sich nicht einigen konnte, legte Röhm am 1. Mai 1925 die SA-Führung nieder und ging nach Bolivien; von der SA blieben nur mehr oder weniger lokale Gruppen bestehen, die ohne zentrale Führung nicht als brauchbares und zuverlässiges Instrument anzusehen waren. Schon vorher im März, als es zwar noch nicht zum offenen Bruch gekommen war, Röhm sich jedoch bereits als nicht unbedingt ergebener Gefolgsmann erwies, hatte es Hitler für gut gehalten, sich für seinen persönlichen Schutz eine »Stabswache« von einem Dutzend völlig zuverlässiger Leute aufzustellen. Dabei griff er in erster Linie auf Angehörige seiner ehemaligen Leibwache des Jahres 1923, des »Stoßtrupps Hitler«, zurück und beauftragte auch einen von ihnen, Julius Schreck, mit der Führung des neuen Kommandos. Diese »Stabswache« erschien in der Öffentlichkeit zum ersten Male am 16. April 1925 bei der Beerdigung des früheren Münchner Polizeipräsidenten Ernst Pöhner. Je vier Fackelträger gingen rechts und links vom Sarg, Angehörige der »Stabswache«, von denen ein Teil noch bis vor kurzem die Festungshaft mit dem Toten geteilt hatte.

Wohl bald nach dem Weggang Röhms stellte Hitler in München und auch in anderen Ortsgruppen weitere, der »Stabswache« ähnliche Trupps auf, die schon im Spätsommer des Jahres 1925 die Bezeichnung »Schutzstaffeln« erhielten, und zwar einschließlich der »Stabswache«. Für den Aufbau dieser Staffeln, den man sich für diese Zeit ganz provisorisch vorzustellen hat, gab Schreck die ersten Richtlinien heraus. Während

die alte SA ein Wehrverband gewesen war, der möglichst viele Mitglieder haben sollte, die keineswegs auch alle Parteimitglieder zu sein brauchten, sollten in den Schutzstaffeln nur die aktivsten und zuverlässigsten Parteimitglieder einer Ortsgruppe zusammengefaßt werden: Die Staffeln sollten »kein neuer Verein« sein, sondern Teil der Parteiorganisation bleiben, allerdings unter zentraler Führung einer »Oberleitung« in München. Jede »Zehnerstaffel« wurde von einem »Zehnerführer« geführt und unterstand unmittelbar der »Oberleitung«. Als Aufgaben waren vorgesehen: Schutz Hitlers und prominenter Parteiführer, Versammlungsschutz und vorbereitende Maßnahmen zur Abwehr eventueller Angriffe auf die Partei und ihre Führer, nicht zuletzt aber auch Werbung von Parteimitgliedern, von Beziehern des ›Völkischen Beobachters‹ und Anzeigen für den ›Völkischen Beobachter‹. Die Schutzstaffeln standen also nicht in der Tradition der Wehrverbände, sondern waren Parteikader für jeglichen politischen, technischen und brachialen Einsatz. Mit ihren Abzeichen [schwarze Mütze mit Totenkopf und schwarzumrandete Hakenkreuzarmbinde] kennzeichneten sie sich ausdrücklich als Nachfolgeorganisation des »Stoßtrupps Hitler« von 1923. Auch damals hatte sich Hitler der SA nicht unbedingt sicher gefühlt, weil diese ziemlich enge und ihm nicht ganz durchsichtige Verbindungen zu den anderen Wehrverbänden und zur Reichswehr pflegte[10].
Als am 1. November 1926 unter Hauptmann von Pfeffer wieder eine Oberste SA-Führung eingesetzt und die SA zentral reorganisiert wurde, verloren die Schutzstaffeln an Bedeutung. Zwar hatte Hitler auf dem Reichsparteitag der NSDAP in Weimar am 4. Juli 1926 dem damaligen Führer der Schutzstaffeln, Joseph Berchtold, die »Blutfahne« des 9. November 1923 übergeben, doch wurden die Staffeln nun der Obersten SA-Führung unterstellt; auch wurden sie später, als sie unter Himmlers Führung [seit 6. Januar 1929] sich stark vergrößerten, nach dem Schema der SA umorganisiert. Doch behielten sie gewisse eigene Aufgaben, die im Vergleich zu denen der SA als der Parteiarmee am ehesten als »polizeiliche« Aufgaben bezeichnet werden können. »Die SS wird im Unterschied zur SA beson-

[10] Über die Entstehungsgeschichte der SS vgl. ›VB‹ vom 18. April, 23. September und 9. Dezember 1925, 29. Januar und 7. Juli 1926; ›Augsburger Postzeitung‹ vom 29. April 1924; d'Alquen, Die SS. Berlin 1939; Rühle, Das Dritte Reich, Die Kampfjahre. Berlin 1936; Volz, Daten der Geschichte der NSDAP. Berlin und Leipzig 1938; Lehrplan für zwölfwöchige Schulung, herausgegeben vom SS-Hauptamt, o. J. Vgl. auch die diesbezüglichen Stellen in den verschiedenen Ausgaben des Werkes von Konrad Heiden.

ders da eingesetzt, wo einzelne Männer verwendet werden müssen«, steht in der Dienstvorschrift der SA von 1931: die SA hat den Versammlungsschutz, die SS den Sicherheitsdienst bei Führertagungen und den Schutz der prominenten Führer; wenn die SA Propagandamärsche macht, sperrt die SS ab und übernimmt den Sicherungsdienst; die SS hat auch die Vorgänge in anderen Parteien zu beobachten und ist verantwortlich für die Sicherheit der Partei im Innern, sie wird eingesetzt zur Verhütung und Niederwerfung von Parteirevolten. Den letzten Auftrag erfüllte zur besonderen Zufriedenheit Hitlers die Berliner SS, als sie unter Dalueges Führung den Stennesputsch ersticken half. Damals, Anfang April 1931, gab ihr Hitler dafür die Losung: »SS-Mann, Deine Ehre heißt Treue.«
Ein »Abwehr«-Dienst, der für die Erfüllung der Sicherungsaufgaben der SS die nötigen Voraussetzungen zu schaffen hatte, wurde seit Herbst 1931 von dem Marineoberleutnant a. D. Reinhard Heydrich aufgebaut. Zunächst »Ic-Dienst«, während der Zeit des Verbots von SA und SS [13. April bis 14. Juni 1932] »PI-Dienst« [das heißt: Presse- und Informationsdienst] genannt, bildete er die Keimzelle des späteren SD.
Als die SS im Frühjahr 1933 mit über 50000 Mitgliedern schon längst weniger eine Kadertruppe als vielmehr eine etwas feinere Variante der SA bildete, wiederholte sich der Vorgang von 1923 und 1925: Hitler, der eben Reichskanzler geworden war, stellte sich am 17. März 1933 in Berlin aus 120 ausgewählten SS-Männern unter Sepp Dietrichs Führung eine neue »Stabswache« auf; und auch in anderen Städten wurden zuverlässige SS-Männer zu »SS-Sonderkommandos« zusammengefaßt und für polizeiliche und quasi-polizeiliche bzw. terroristische Aufgaben verwendet. Diese Sonderkommandos, die später als »Kasernierte Hundertschaften« und dann als »Politische Bereitschaften« bezeichnet wurden, bildeten den Grundstock der späteren »Verfügungstruppe«, aus der dann wiederum die Waffen-SS hervorging.
Dreimal innerhalb von zehn Jahren hat sich Hitler also eine »Stabswache« gegründet und daraus jeweils eine Truppe zu seiner ganz persönlichen Verfügung entwickelt, deren Kennzeichen in jedem Falle die unbedingte Treue zu ihm und, im Gegensatz zur offensiven Verwendung der SA, die Verwendung für Sicherungsaufgaben war. Von diesen beiden Merkmalen blieben die weitere Entwicklung der SS und ihre rechtliche und tatsächliche Stellung im Dritten Reich bestimmt;

zwar nicht im Sinne einer bewußten Planung von Anfang an, wohl aber in konsequenter Entwicklung nach dem Gesetz, nach dem sie angetreten war. Unter dem Einfluß von Walter Darré hatte Himmler zu den beiden Merkmalen der SS den »Elitegedanken« hinzugefügt: Er wollte, daß seine Truppe nicht nur im Einsatz für Hitler politisch zuverlässig sei, sondern daß sie sich auch durch menschliche Qualitäten und Fähigkeiten [im Sinne seiner Vorstellungen und Maßstäbe] auszeichne und so eine politische Führerschicht bilde. Dadurch entstand eine gewisse Antinomie. Denn einerseits war die SS durch die unbedingte Treue zu Hitler und den Einsatz für seine und seiner Partei Sicherheit Organ und Repräsentantin seiner absoluten persönlichen Diktatur; andererseits war in dem Elitegedanken ein oligarchisches Prinzip enthalten und damit ein Ansatz zur Eigenständigkeit gegenüber Hitler. Wenn diese Antinomie bis zum Ende des Dritten Reiches auch politisch nie zum Tragen kam, so fand sie immerhin einen Ausdruck in dem Widerstand gewisser Kreise der SS gegen eine Verschmelzung mit der Polizei, die doch gerade in der Konsequenz der ursprünglichen Aufgaben der SS lag.

SS und Polizei

Der Aufbau der Führerexekutive begann im Jahre 1933 im Bereich der politischen Polizei und wurde dort in der folgenden Zeit am konsequentesten verwirklicht. Das hatte seinen guten Grund: es gibt nämlich keine andere Institution im ganzen Bereich des öffentlichen Lebens, der geheime Vorgänge, nicht begründete Exekutivmaßnahmen und Abweichungen von den bestehenden Normen leichter zugestanden würden oder bei der sie wenigstens am bequemsten zu rechtfertigen wären, als die politische Polizei. So konnte gegenüber der Öffentlichkeit ziemlich lange verschleiert werden, daß die politische Polizei des Dritten Reiches vom ersten Tage an nicht mehr ein defensives Instrument der Staatsgewalt zum Schutz des Staates war, sondern ein offensives Instrument der Führergewalt gegen alles, was dem Führerwillen nicht konform war und die Verwirklichung des totalitären Verfügungsanspruchs gefährden könnte. Weder ihrer Stellung noch ihren Aufgaben noch ihren eigenen Intentionen nach trug diese politische Polizei den Namen *Staats*polizei zu Recht.

Eine sehr instruktive Skizze der Entwicklung der politischen Polizei in Deutschland nach dem Ersten Weltkrieg findet sich in der Schrift des ehemaligen Berliner Polizeivizepräsidenten Bernhard Weiss, eines der energischsten und deshalb bestgehaßtesten Gegner der Nationalsozialisten; sie ist 1928 unter dem Titel ›Polizei und Politik‹ erschienen. Dort heißt es[11] u. a.:

»Als die Sozialdemokratie nach der Staatsumwälzung vom 9. November 1918 in Deutschland die Regierungsgeschäfte übernahm, fand die Tätigkeit der politischen Polizei zunächst ein Ende. Zu den programmatischen Forderungen der neuen Machthaber hatte seit jeher die Abschaffung der politischen Polizei gehört. Eugen Ernst, der in der Berliner Organisation der Sozialdemokratie vor dem Umsturz eine führende Rolle spielte und später Berliner Polizeipräsident wurde, hatte in seiner 1911 erschienenen Schrift ›Polizeispitzeleien und Ausnahmegesetze‹ mit dem Aufruf geschlossen: Fort mit der politischen Geheimpolizei, diesem schmachbeladenen Herd der schlimmsten Korruption. Entsprechend dieser grundsätzlichen Einstellung bestätigte Emil Eichhorn, der neue Volkskommissar für den öffentlichen Sicherheitsdienst, die Abteilung V des Polizeipräsidiums, welche bis dahin die Angelegenheit der politischen Polizei bearbeitet hatte. An den Orten Deutschlands, an denen eine politische Polizei bestand, war es ähnlich. Auf Umwegen kam es aber sehr bald wieder zur Einführung einer politischen Polizei. Was Berlin betrifft, so sah der genannte Eichhorn innerlich sofort die Notwendigkeit ein, mit polizeilichen Mitteln den neuen Staat zu schützen; er trug aber Bedenken, die alten Polizeibeamten im neuen Staat zu politisch-polizeilichen Aufgaben heranzuziehen. Er schuf sich daher für diese Tätigkeit eigene Organe, die er aus Arbeiter- und Soldatenkreisen holte. [Ähnlich übernahmen in manchen deutschen Provinzstädten unmittelbar nach der Staatsumwälzung die örtlichen Arbeiter- und Soldatenräte die Geschäfte der politischen Polizei.] Eichhorns Nachfolger beim Berliner Polizeipräsidium, Polizeipräsident Eugen Ernst, der sich trotz seines einstigen Kampfes gegen die politische Polizei vom ersten Augenblick seines amtlichen Wirkens von der Unentbehrlichkeit der politischen Polizei überzeugt hatte, trug keine Bedenken, die politische

[11] S. 52ff.

Polizei wieder durch ordnungsmäßige Polizeibeamte handhaben zu lassen. Da man zur damaligen Zeit [Anfang 1919] im Hinblick auf die erwähnte programmatische Forderung das Bestehen einer politischen Polizei noch nicht *offen* zuzugeben wagte, trat die politische Polizei nicht als selbständige politische Abteilung, sondern als verstecktes Anhängsel einer mit anderen Aufgaben betrauten Abteilung [I] des Berliner Polizeipräsidiums ins Leben. So entstand die in der Öffentlichkeit vielgenannte Abteilung I A der Berliner Polizeibehörde. Es hat noch mehrere Jahre gedauert, bis das Mißtrauen gegen das Bestehen einer politischen Polizei geschwunden war und die bisher gleichsam im verborgenen arbeitende Abteilung I A offen als politische Polizei hervortreten konnte.«

In der Praxis entwickelte sich die I A-Abteilung zu einer politisch-polizeilichen Nachrichtenzentrale für das ganze Reich, ohne daß diese Funktion allerdings je eine institutionelle Sanktionierung gefunden hätte. Ebenso scheiterten Versuche, im Interesse des Schutzes der Republik die politischen Abteilungen der verschiedenen Landeskriminalpolizeiämter zusammenzufassen. – Für Abwehrangelegenheiten, das heißt insbesondere: zur Abschirmung der durch den Versailler Vertrag an sich verbotenen Rüstung, entstand innerhalb der I A-Abteilung ein eigenes, auch äußerlich streng abgesondertes Referat mit der Bezeichnung »C. St.« [= Centrale Staatspolizei]. Es arbeitete mit den entsprechenden Stellen der Polizeien der anderen deutschen Länder zusammen und wurde de facto, wenn auch ebenfalls nicht de jure, das erste zentrale deutsche Polizeiamt.

2. *Geschichte der Gestapo bis zum Gestapo-Gesetz vom 10. Februar 1936*

Die Geschichte der politischen Polizei des Hitler-Regimes hat zwei voneinander unabhängige Anfänge in Preußen und Bayern. In Preussen übertrug Göring, der am 30. Januar mit der Wahrnehmung der Geschäfte des preußischen Innenministers beauftragt worden war, noch vor dem Reichstagsbrand die Leitung der Abteilung I A dem Oberregierungsrat Diels, der bis dahin die politische Polizeigruppe des preußischen Innenministeriums geleitet hatte. Bereits am 3. März erging eine preußische Ministerialverordnung[12], wonach die Polizei die Einschränkung ih-

[12] MBliV., S. 233.

rer Zuständigkeit, wie sie in den §§ 14 und 41 des Preußischen Polizei-Verwaltungs-Gesetzes spezifiziert sind, überschreiten dürfe; das war natürlich in erster Linie für die politische Polizei von Belang und bedeutete den ersten Schritt ihrer Entlassung aus der Bindung an die Gesetze. Der erste Schritt zur Herauslösung der politischen Polizei aus der Inneren Verwaltung erfolgte wenige Tage später, allerdings zunächst rein lokal: Am 8. März wurden durch Verfügung des kommissarischen preußischen Innenministers die Räume des in »Horst-Wessel-Haus« umbenannten »Karl-Liebknecht-Hauses« »der politischen Polizei, und zwar ihrer neu gegründeten Abteilung« [zur Bekämpfung des Bolschewismus][13] zur Verfügung gestellt. Mitte April zog dann die Abteilung IA aus dem Gebäude des Berliner Polizeipräsidiums in das Gebäude Prinz-Albrecht-Straße 8 um.

Mit dem Gesetz vom 26. April 1933[14] wurde »zur Wahrnehmung von Aufgaben der politischen Polizei neben den oder an Stelle der ordentlichen Polizeibehörden« das »Geheime Staatspolizeiamt« [»Gestapa« mit Sitz im Gebäude Prinz-Albrecht-Straße 8] errichtet, das dem Minister des Innern unmittelbar unterstand und die Stellung einer Landespolizeibehörde hatte. Das geschah, wie es in einem Runderlaß des preußischen Innenministers vom gleichen Tage heißt[15], »im Interesse einer einheitlichen Oberleitung der politischen Polizei«. Gemäß Runderlaß des PrMdI vom 26. April 1933[16] trat das Gestapa in politisch-polizeilichen Angelegenheiten an die Stelle des Landeskriminalpolizeiamtes, und in den Regierungsbezirken wurden Staatspolizeistellen als nachgeordnete Exekutivstellen des Gestapa errichtet, das heißt: die bereits vorhandenen politischen Abteilungen bei den Polizeiverwaltungen nahmen die Aufgaben der Staatspolizeistellen wahr[17]. Einige Monate lang blieb das Innenministerium noch Ministerialinstanz für die politisch-polizeilichen Angelegenheiten, bis durch Gesetz vom 30. November 1933[18] die Geheime Staatspolizei selbständiger Zweig der inneren Verwaltung wurde und die bisher vom Innenministerium wahrgenommenen Geschäfte auf das Gestapa übergingen. Das Gestapa war jetzt dem Ministerpräsidenten unterstellt,

[13] ›Frankfurter Zeitung‹ vom 9. März 1933.
[14] Pr. Ges., S. 122.
[15] MBliV., S. 503.
[16] MBliV., S. 503.
[17] Vgl. Anlage 2 zum zitierten RdErl. vom 26. April 1933.
[18] Pr. Ges., S. 413.

der einen Inspekteur zur Wahrnehmung der Geschäfte beauftragte; dieser führte über die Stapostellen nach Weisung des Ministerpräsidenten die Aufsicht.

Während in der Durchführungsverordnung zum Gestapogesetz vom 8. März 1934[19] noch bestimmt wurde, daß die Stapostellen, »soweit vom Ministerpräsidenten nicht etwas anderes bestimmt wird«, den Regierungspräsidenten unterstellt seien, machten zwei fast gleichzeitig ergangene Runderlasse des Ministerpräsidenten in diesem Punkte wesentliche Einschränkungen. Im Runderlaß vom 8. März 1934[20] wurde angeordnet, daß die Leiter der Stapostellen den Wünschen der Regierungspräsidenten nur zu entsprechen haben, »soweit nicht Weisungen und Richtlinien [sc. des Gestapa] entgegenstehen«; im Runderlaß vom 14. März 1934[21] heißt es: »Mit Beginn des Rechnungsjahres 1934 werden die Staatspolizeistellen aus ihrem bisherigen organischen Zusammenhang mit der Bezirksregierung oder einer staatlichen Polizeiverwaltung losgelöst und zu selbständigen Behörden der Geheimen Staatspolizei bestellt.« – Damit war die preußische Gestapo mit allen ihren Teilen aus dem Zusammenhang mit der übrigen inneren Verwaltung herausgelöst. Das wird durch ein Schreiben des Gestapa vom 3. April 1936 [gez. Dr. Best] bestätigt[22], in dem ein Aufsatz über die Stellung der Gestapo empfohlen wird, den ein gewisser Dr. Walter Hamel in der »Deutschen Juristenzeitung« vom 15. März 1935 veröffentlicht hatte. Best schrieb dazu unter anderem: »Nicht richtig ist die Auffassung Dr. Hamels, daß die Preußischen Staatspolizeistellen den Regierungspräsidenten unterstellt seien. Dr. Hamel sagt an anderer Stelle selbst, die Einheit des Staats erfordere, daß die politisch wesentlichen Angelegenheiten der Polizei einer besonderen, unmittelbar dem Ministerpräsidenten unterstellten Staatspolizeibehörde anvertraut werden. Dies ist für Preußen durch § 1 des Gesetzes über die Geheime Staatspolizei vom 30. November 1933 in den Sätzen festgelegt: ›Die Geheime Staatspolizei bildet einen selbständigen Zweig der inneren Verwaltung. Ihr Chef ist der Ministerpräsident.‹«

In Bayern wurde am 9. März 1933 Ritter von Epp als Reichskommissar für die politischen Befugnisse eingesetzt. Er er-

[19] Pr. Ges., S. 143.
[20] MBliV., S. 469.
[21] MBliV., S. 471.
[22] Vgl. MA 433 Bl. 8716 im Archiv des Instituts für Zeitgeschichte [Archiv IfZ].

nannte am gleichen Tage den Reichsführer-SS Heinrich Himmler zum kommissarischen Polizeipräsidenten von München, während der Leiter des »Sicherheitsdienstes RFSS«, Reinhard Heydrich, Leiter des von früher her bestehenden politischen Referats der Abteilung VI der Münchener Kriminalpolizei wurde. In der Bekanntmachung dieser Ernennungen wurde als deren Zweck nicht nur wie üblich die Aufrechterhaltung von Sicherheit und Ordnung angegeben, sondern es hieß, es solle auf diese Weise die Gewähr dafür geboten sein, daß »die Reichsregierung der nationalen Erhebung unter der Führung Adolf Hitlers auch in Bayern treue Gefolgschaft findet« – eine bemerkenswert frühe Abweichung von der rechtsstaatlichen defensiven Aufgabenstellung der Polizei, für die Aufrechterhaltung der öffentlichen Sicherheit und Ordnung zu sorgen, zugunsten einer offensiven rein politischen Zielsetzung. Als die kommissarische Regierung Held am 16. März die Geschäfte niederlegte, gab der Staatskommissar für das Innenministerium, Gauleiter Adolf Wagner, bekannt, daß »zwecks strafferer Durchführung der von der politischen Polizei erforderlichen Aktionen mit sofortiger Wirkung der Polizeipräsident der Polizeidirektion München zum politischen Referenten beim Staatsministerium des Innern ernannt und ihm in dieser Eigenschaft die gesamte politische Polizei in Bayern unterstellt« sei. Die politische Polizei erhielt die Bezeichnung »Bayerische Politische Polizei«[23]. Mit Verfügung des kommissarischen Staatsministers des Innern vom 1. April 1933 wurde im Ministerium die Stelle »Der Politische Polizeikommandeur Bayerns« geschaffen und Himmler zum Politischen Polizeikommandeur ernannt[24]:

»1. Im Ministerium des Innern wird die Dienststelle der Politische Polizeikommandeur Bayerns geschaffen.
2. Die Bayerische Politische Polizei scheidet mit sofortiger Wirksamkeit aus dem Dienstbereich der Polizeidirektion München aus.
3. Dem Politischen Polizeikommandeur Bayerns unterstehen:
   a] die Politische Polizei Bayerns, die gegliedert ist in die Zentrale und in die politischen Abteilungen bei den staatlichen Polizeidirektionen und Polizeiämtern, sowie die politischen Polizeireferate bei den Bezirksämtern und kreisunmittelbaren Städten;

[23] ›VB‹ vom 17. März 1933.
[24] ›Augsb. Postztg.‹ vom 4. April 1933.

b] die Politische Hilfspolizei in ihren sämtlichen Formationen, für die Exekutive;
c] die bereits bestehenden und noch einzurichtenden Konzentrationslager.

4. Auf Anforderung stehen dem Politischen Polizeikommandeur Bayern Bereitschaftspolizei, blaue Polizei und Gendarmerie für die Exekutive zur Verfügung.
5. Die Dienststelle des Politischen Polizeikommandeurs Bayerns erhält eine eigene Wirtschaftsabteilung und Kraftwagenpark.«

Von Bayern ausgehend gelang es Himmler, im Lauf des Winters 1933/34 in allen deutschen Ländern Chef der dortigen politischen Polizeien zu werden, mit Ausnahme zunächst von Preußen und Schaumburg-Lippe. Diese Entwicklung vollzog sich in den einzelnen Ländern folgendermaßen:

In ANHALT wurde Himmler am 20. Dezember 1933 Kommandeur der politischen Polizei. Durch die VO des Anhaltischen Staatsministeriums vom 29. März 1934[25] wurde die politische Polizei als besondere Abteilung des Staatsministeriums und als eine von den übrigen Landesbehörden getrennte und diesen gegenüber selbständige Zentralinstanz neu organisiert. Sie bekam die Bezeichnung »Anhaltische Politische Polizei [Geheime Staatspolizei]«. Nur Personal-, Kassen- und Rechnungssachen dieser politischen Polizei wurden im Geschäftsbereich der allgemeinen Staatsverwaltung bearbeitet.

In BADEN wurde die Organisation der politischen Polizei grundsätzlich durch § 10 des Landeskriminalpolizeigesetzes vom 22. August nebst AusführungsVO vom 26. August 1933 geregelt. Durch Verordnung des Ministers des Innern vom 26. August 1933[26] wurde das »Geheime Staatspolizeiamt« errichtet, das dem Landespolizeiamt angegliedert, jedoch der unmittelbaren Dienstaufsicht des Ministers unterstellt war; der Leiter des Geheimen Staatspolizeiamts hatte unmittelbares Vortragsrecht beim Minister. Sachlich und personell war das Amt völlig von den übrigen Behörden der inneren Verwaltung getrennt. – Himmler wurde am 18. Dezember 1933 Kommandeur der politischen Polizei.

[25] Amtsbl. f. Anhalt Nr. 25 vom 29. März 1934, S. 105.
[26] Alle zitierten Texte sind abgedruckt im Bad. Ges. u. VOBl. v. 30. August 1933, S. 167–175.

In Braunschweig wurde Himmler Ende Januar 1934 Kommandeur der politischen Polizei. Diese erhielt ihre gesetzliche Grundlage durch Gesetz vom 17. April 1934 und die DurchführungsVO hierzu vom 24. April 1934[27]. Die »Braunschweigische Politische Polizei« war eine selbständige, von den übrigen Verwaltungsbehörden getrennte Zentralinstanz, die dem Minister des Innern unmittelbar unterstand.

In Bremen wurde durch Verfügung des Polizeiherrn vom 16. Juni 1933 und Verfügung des Senators für Innere Verwaltung vom 13. Juli 1935 die politische Polizei im bremischen Stadtgebiet neu organisiert. Am 23. Dezember 1933 wurde Himmler Kommandeur der politischen Polizei.

In Hamburg wurde durch Verfügung des regierenden Bürgermeisters vom 6. Oktober 1933 eine politische Polizei errichtet, indem die bisherige mit politisch-polizeilichen Aufgaben betraute Staatspolizei aus der Kriminalpolizei herausgelöst und zu einer selbständigen Abteilung der Polizeibehörde ausgebaut wurde[28]. Im Herbst 1933 [wahrscheinlich November] wurde Himmler Kommandeur der politischen Polizei.

In Hessen wurde der nationalsozialistische Landtagsabgeordnete Dr. Werner Best zum Sonderkommissar für das hessische Polizeiwesen bestellt. Dieser Sonder- oder Staatskommissar für das Polizeiwesen errichtete durch Erlaß vom 28. März 1933 eine selbständige politische Polizeibehörde mit der Bezeichnung »Staatskommissar für das Polizeiwesen in Hessen [Zentralpolizeistelle]«, die organisatorisch durch Herausnahme der politischen und der Nachrichtenabteilung aus dem Aufgabenkreis des Landeskriminalpolizeiamtes neu gebildet wurde. Im Juni 1933 bekam diese Dienststelle die Bezeichnung »Hessisches Staatspolizeiamt Darmstadt«; Dr. Best erhielt am 10. Juli 1933 den Titel eines Landespolizeipräsidenten und wurde mit der Leitung der Polizeiabteilung im Innenministerium beauftragt. Durch Erlaß des hessischen Staatsministeriums vom 23. Oktober 1933 wurde diesem das Staatspolizeiamt unmittelbar unterstellt und bildete eine von der übrigen inneren Verwaltung sachlich abgetrennte Zentralinstanz. Nach Übernahme der hessischen Landesregierung durch den Reichsstatthalter wurde das

[27] Braunschw. Ges. u. VOSamml. Stück 19 vom 26. April 1934, S. 104–106.
[28] Lauer, Die Polizei im nationalsozialistischen Staat. Hamburg 1935, S. 53f.

Staatspolizeiamt unter gleichzeitiger Umbenennung in »Geheimes Staatspolizeiamt Darmstadt« durch Verfügung vom 8. März 1935 dem Reichsstatthalter unmittelbar unterstellt. Himmler wurde am 20. Dezember 1933 Kommandeur der politischen Polizei.

In Lübeck wurde Himmler im Herbst 1933 [wahrscheinlich November] Kommandeur der politischen Polizei. Am 1. März 1935 erging eine grundlegende Bekanntmachung des Senators der Inneren Verwaltung über die Zuständigkeit des Geheimen Staatspolizeiamtes[29].

In Mecklenburg-Schwerin wurde durch einfache Aktenverfügung des Staatsministers vom 30. August 1932 eine politische Abteilung beim Landeskriminalamt in Schwerin eingerichtet, neben der es beim Minister des Innern noch eine von früher her bestehende Nachrichtensammelstelle gab. Durch Verfügung des Ministeriums des Innern vom 13. September 1933 wurde diese Nachrichtensammelstelle aufgehoben. Nachdem Himmler im Herbst [wahrscheinlich November] 1933 zum Kommandeur der politischen Polizei ernannt worden war, wurde diese auf seine Veranlassung durch Verfügung des Ministers des Innern vom 7. Dezember 1933 neu organisiert. Die politische Polizei wurde aus dem Zuständigkeitsbereich des Landeskriminalamtes herausgenommen und zur selbständigen Zentralinstanz gemacht; sie unterstand unmittelbar der Abteilung Inneres des Staatsministeriums. Mecklenburg-Strelitz war bereits am 13. Oktober 1933 mit Mecklenburg-Schwerin vereinigt worden.

In Oldenburg wurde durch Verfügung des Ministers des Innern vom 4. November 1933 ein Geheimes Staatspolizeiamt gegründet. Im Januar 1934 wurde Himmler Kommandeur der politischen Polizei.

In Sachsen wurde durch VO des sächsischen Staatsministeriums vom 5. Juli 1933[30] ein Geheimes Staatspolizeiamt errichtet; die weitere Organisation der politischen Polizei erfolgte gemäß einer Ausführungsverordnung zum Gesetz über die Änderungen im Polizeiwesen vom 9. August 1933[31]. Das Ge-

[29] Ges. u. VOBl. der Freien und Hansestadt Lübeck vom 19. März 1935.
[30] Sächs. Verw. Bl. Ausg. B Nr. 57 vom 7. Juli 1933.
[31] Sächs. Ges. Bl. Nr. 30 vom 19. August 1933, S. 121ff.

heime Staatspolizeiamt unterstand als Zentralinstanz dem Ministerium des Innern; es war gemäß Ziff. 2 des § 40 der Ausführungs-VO vom 9. August 1933 berechtigt, unmittelbare Verbindung mit den Behörden der Länder und des Reiches aufzunehmen. Im Januar 1934 wurde Himmler Kommandeur der politischen Polizei.

SCHAUMBURG-LIPPE war, wie bereits erwähnt, das letzte deutsche Land, in dem Himmler das Kommando über die politische Polizei erhielt, und zwar durch Schreiben der Landesregierung vom 2. Juni 1934.

In THÜRINGEN wurde durch Gesetz vom 14. Dezember 1933[32] mit Wirkung vom 1. Januar 1934 das »Thüringische Geheime Staatspolizeiamt Weimar« errichtet, das eine selbständige, von der allgemeinen Landesverwaltung getrennte Behörde, jedoch zunächst durch Personalunion mit dem Polizeipräsidium Weimar verbunden war[33]. Himmler wurde durch Bekanntmachung des thüringischen Ministers des Innern vom 30. Dezember 1933 mit Wirkung vom 21. Dezember 1933 zum Kommandeur der politischen Polizei und mit Wirkung vom 28. Dezember 1933 zum Leiter des Geheimen Staatspolizeiamtes ernannt. In der Leitung des Geheimen Staatspolizeiamtes war der Polizeipräsident von Weimar Himmlers ständiger Vertreter.

In WÜRTTEMBERG wurde Himmler am 12. Dezember 1933 zum Kommandeur der politischen Polizei ernannt. Durch Gesetz des Staatsministeriums vom 27. Januar 1934[34] wurde das Politische Landespolizeiamt errichtet, das als eine von der übrigen Verwaltung sachlich getrennte Behörde dem Innenministerium unmittelbar unterstellt war. Der Leiter des Amtes und sein Stellvertreter hatten auch im Innenministerium die politisch-polizeilichen Angelegenheiten zu bearbeiten[35].

Am 20. April 1934 wurde Himmler stellvertretender Chef und Inspekteur auch der Preußischen Geheimen Staatspolizei, am 22. April wurde Heydrich Chef des Preußischen Geheimen Staatspolizeiamtes. Damit hatte Himmler das Kommando auch

[32] Thüring. Ges., Nr. 63.
[33] Vgl. auch AusführungsVO vom gleichen Tage zum Gesetz vom 14. Dezember 1933 und DurchführungsVO vom 22. Dezember 1933 und 25. Mai 1934.
[34] Reg. Bl. S. 34.
[35] Vgl. die VollzugsVO vom 3. Januar 1934 und die AbänderungsVO vom 27. November 1934.

über die wichtigste der politischen Polizeien in Deutschland erlangt, denn er war zwar der Form nach nur Görings Stellvertreter, praktisch aber lag die Befehlsbefugnis bei ihm. Das lehrt folgender Erlaß des Preußischen Ministerpräsidenten vom 20. November 1934[36]:

»Aus organisatorischen Gründen habe ich mich veranlaßt gesehen, den Inspekteur der Geheimen Staatspolizei, Herrn Reichsführer-SS Himmler, mit meiner Vertretung auch in den Angelegenheiten der Geheimen Staatspolizei zu betrauen, deren Bearbeitung bisher unter Einschaltung des Preußischen Staatsministeriums erfolgte. Der Inspekteur der Geheimen Staatspolizei wird die Geschäfte der gesamten Preußischen Geheimen Staatspolizei nunmehr unter alleiniger Verantwortung mir gegenüber führen. Der Schriftwechsel erfolgt in den Angelegenheiten, die ich mir vorbehalten habe, unter der Firma ›Preußische Geheime Staatspolizei. Der stellvertretende Chef und Inspekteur‹.

Indem ich hiervon Kenntnis gebe, bitte ich, den Schriftwechsel in allen Angelegenheiten der Preußischen Geheimen Staatspolizei nunmehr unmittelbar und ausschließlich an das Geheime Staatspolizeiamt, Berlin SW 11, Prinz-Albrecht-Straße 8, zu richten. [gez.] Göring.«

Die Existenz der politischen Polizeien in den einzelnen Ländern beruhte bis zur Einsetzung des Reichsführers-SS als Chef der Deutschen Polizei durch Erlaß des Führers und Reichskanzlers vom 17. Juni 1936 auf Landesrecht. Gleichwohl war die Einheit der politischen Polizeien nicht nur darin begründet, daß ihre Führung in Personalunion bei Himmler lag, sondern es fand in der Zeit zwischen Frühjahr 1934 und Juni 1936 ein Prozeß der praktischen Vereinheitlichung und schrittweisen zentralen Institutionalisierung statt, so daß das Gesetz vom 17. Juni 1936 zusammen mit dem preußischen Gesetz über die Geheime Staatspolizei am 10. Februar 1936 die institutionelle Einheit der politischen Polizei weniger begründete, als vielmehr sanktionierte. Bereits seit 1934 gab es ein »Zentralbüro des Politischen Polizeikommandeurs der Länder« im Geheimen Staatspolizeiamt in Berlin, das die Tätigkeit der politischen Länderpolizeien untereinander sowie mit der preußischen Geheimen Staatspolizei koordinierte, sie nach außen vertrat und für alle verbindliche Anordnungen treffen konnte. Die politi-

[36] MA 433 Bl. 8736, Archiv IfZ.

schen Polizeien der Länder waren verpflichtet, besondere Vorkommnisse dem Zentralbüro zu melden und laufend Bericht zu erstatten. Insoweit die Kompetenzen und Tätigkeit des Zentralbüros des politischen Polizeikommandeurs die Rechte der einzelnen Länder gegenüber ihrer jeweiligen politischen Polizei einschränkten, standen dem keine rechtlichen Schwierigkeiten entgegen, da durch das Gesetz über den Neuaufbau des Reiches vom 30. Januar 1934 alle Hoheitsrechte der Länder bereits grundsätzlich auf das Reich übergegangen waren, folglich eine Polizeihoheit der Länder nur noch gleichsam »auf Abruf« bestand.

Eine zusammenfassende Erläuterung des Prozesses der Vereinheitlichung und Institutionalisierung der politischen Polizeien der Länder unter dem Kommandeur der politischen Polizeien der Länder gibt der damalige Verwaltungschef des Gestapa, Dr. Werner Best, bei Hans Frank: Deutsches Verwaltungsrecht, München 1937, S. 427f.:

> »Der unter IIIB 1 dargestellte Zustand bedeutete, daß in jedem Lande die Bekämpfung der staatsgefährlichen Bestrebungen selbständig und nach eigenen Gesichtspunkten begonnen wurde. Dies barg die Gefahr in sich, daß in jedem Lande eine eigene politisch-polizeiliche Praxis, die von der anderer Länder abwich, entstehen konnte. Diese Entwicklung hätte dahin führen müssen, daß durch eine unterschiedliche Praxis der einzelnen Politischen Polizeien der deutschen Länder die einheitliche Bekämpfung der staatsgefährlichen Bestrebungen im Reichsgebiet zum Vorteil der Staatsfeinde erschwert oder unmöglich gemacht worden wäre und daß durch ungleichartige Maßnahmen in der Bevölkerung Unsicherheit und Unruhe entstanden wäre. Es war deshalb von allergrößter Bedeutung für die Entwicklung der Politischen Polizeien im Deutschen Reich, daß der Reichsführer-SS Heinrich Himmler, der als Politischer Polizeikommandeur Bayerns die Bayerische Politische Polizei geschaffen hatte, alsbald zielbewußt die Aufgabe in Angriff nahm, die Führung aller Politischen Polizeien in seiner Hand zu vereinigen. Er erreichte binnen weniger Monate, daß er von den einzelnen Landesregierungen bzw. den Reichsstatthaltern der deutschen Länder zum Politischen Polizeikommandeur jeweils ihres Landes ernannt wurde. Im Frühjahr 1934 berief ihn dann der Preußische Ministerpräsident Göring als Stellvertretender Chef der Preußischen Geheimen Staatspolizei.

Seitdem lag die Führung der gesamten politisch-polizeilichen Tätigkeit im Deutschen Reiche in der Hand des Reichsführers-SS Himmler als des Politischen Polizeikommandeurs der deutschen Länder und des Stellvertretenden Chefs der Preußischen Geheimen Staatspolizei. Er hat von seiner Zentralbehörde – dem Geheimen Staatspolizeiamt in Berlin – aus die politisch-polizeiliche Praxis in allen Ländern gleichgerichtet, indem er für die Bearbeitung aller Sachgebiete den Politischen Polizeien der Länder gleiche Anweisungen gab.«

Die Jahre 1935/36 weisen hinsichtlich der Emanzipation der Führergewalt von der staatlichen Norm eine retardierende Tendenz auf; das gilt auch für den Bereich der politischen Polizei. Man bemühte sich auf seiten der inneren Verwaltung, die Gestapo wenigstens auf mittlerer und unterer Ebene wieder unter eine gewisse Kontrolle zu bekommen. So beschwerte sich zum Beispiel der Oberpräsident der Provinz Ostpreußen mehrere Male beim Reichs- und Preußischen Minister des Innern, daß die Stapoleitstelle in Königsberg ihm nicht unterstellt sei. Der Minister schrieb daraufhin am 23. September an Himmler[37]:

»Ich halte das gegenwärtige Verhältnis zwischen dem Oberpräsidenten und dem Leiter der Staatspolizeistelle auf die Dauer für unmöglich und der Staatsautorität im höchsten Grade abträglich. Außerdem zeigt auch dieser Fall wieder die Notwendigkeit der alsbaldigen Unterstellung der Staatspolizeistellen unter die Regierungspräsidenten. Ich bitte diese, nunmehr unabhängig von dem seit einem Jahr bereits schwebenden Gesetzesentwurf über die Geheime Staatspolizei zu verfügen, da anscheinend auch in nächster Zeit mit dem Zustandekommen des Gesetzes nicht zu rechnen ist.«

Himmler schrieb daraufhin am 6. November an den preußischen Ministerpräsidenten:

»Das mir am 29. 10. übersandte Schreiben des Reichs- und preußischen Ministers des Innern vom 29. 9. wegen der geforderten Unterstellung, insbesondere der Staatspolizeistelle Königsberg unter den Regierungspräsidenten und damit Oberpräsidenten von Ostpreußen habe ich gelegentlich meines Vortrages am 1. 11. 1935 dem Führer vorgelegt. Der Führer hat entschieden, daß an der Dienststellung der Staatspolizei Königsberg nichts zu ändern ist.«

[37] Himmler Files, Rolle 15, Folder 240.

Durch ständige Beschwerden erreichten die Vertreter der inneren Verwaltung aber doch, daß Himmler und Heydrich gegen ihren Willen in Verhandlungen über ein neues preußisches Gestapo-Gesetz eintraten, das nach monatelangem Tauziehen am 10. Februar 1936 erlassen wurde[38] und an die Stelle der Gesetze vom 26. April und 30. November 1933 trat. Es lautet:

Das Staatsministerium hat das folgende Gesetz beschlossen:

§ 1 [1] Die Geheime Staatspolizei hat die Aufgabe, alle staatsgefährlichen Bestrebungen im gesamten Staatsgebiet zu erforschen und zu bekämpfen, das Ergebnis der Erhebungen zu sammeln und auszuwerten, die Staatsregierung zu unterrichten und die übrigen Behörden über für sie wichtige Feststellungen auf dem laufenden zu halten und mit Anregungen zu versehen. Welche Geschäfte im einzelnen auf die Geheime Staatspolizei übergehen, bestimmt der Chef der Geheimen Staatspolizei im Einvernehmen mit dem Minister des Innern.

[2] Die Zuständigkeit der Organe der ordentlichen Rechtspflege bleibt unberührt.

§ 2 [1] Chef der Geheimen Staatspolizei ist der Ministerpräsident.

[2] Für ihn führt der von ihm ernannte Stellvertretende Chef der Geheimen Staatspolizei die Dienstgeschäfte.

§ 3 [1] Oberste Landesbehörde der Geheimen Staatspolizei ist das Geheime Staatspolizeiamt. Es hat zugleich die Befugnisse einer Landespolizeibehörde.

[2] Das Geheime Staatspolizeiamt hat seinen Sitz in Berlin.

§ 4 Die Aufgaben der Geheimen Staatspolizei werden in der Mittelinstanz von Staatspolizeistellen für die einzelnen Landespolizeibezirke wahrgenommen. Die Aufgaben der Geheimen Staatspolizei an der Grenze obliegen besonderen Grenzkommissariaten. Im übrigen werden die Aufgaben der Geheimen Staatspolizei von den Kreis- und Ortspolizeibehörden als Hilfsorganen der Staatspolizeistellen durchgeführt.

§ 5 Die Staatspolizeistellen sind gleichzeitig den zuständigen Regierungspräsidenten unterstellt, haben den Weisungen derselben zu entsprechen und sie in allen politisch-polizeilichen Angelegenheiten zu unterrichten. Die Leiter der

[38] Pr. Ges., S. 21.

Staatspolizeistellen sind zugleich die politischen Sachbearbeiter der Regierungspräsidenten.

§ 6 Die Ernennung und Entlassung der Beamten der Geheimen Staatspolizei erfolgt im Rahmen der allgemeinen rechtsgesetzlichen Bestimmungen über Ernennung und Entlassung von Landesbeamten durch den Chef der Geheimen Staatspolizei im Einvernehmen mit dem Minister des Innern.

§ 7 Verfügungen und Angelegenheiten der Geheimen Staatspolizei unterliegen nicht der Nachprüfung durch die Verwaltungsgerichte.

§ 8 Ausführungsvorschriften zu diesem Gesetz erläßt der Chef der Geheimen Staatspolizei im Einvernehmen mit dem Minister des Innern.

§ 9 Das Gesetz über die Errichtung eines Geheimen Staatspolizeiamts vom 26. April 1933 [Gesetzsamml. S. 122], das Gesetz über die Geheime Staatspolizei vom 30. November 1933 [Gesetzsamml. S. 413] und die §§ 1 bis 3 der Verordnung zur Durchführung des Gesetzes über die Geheime Staatspolizei vom 8. März 1934 [Gesetzsamml. S. 143] werden aufgehoben.

§ 10 Dieses Gesetz tritt mit dem auf den Tag der Verkündung folgenden Tag in Kraft.

Berlin, den 10. Februar 1936.

[Siegel]

Das Preußische Staatsministerium
Göring Frick

Gewissermaßen den Kommentar der Gestapo zu diesem Gesetz gibt ein Aufsatz von Dr. Best in der Zeitschrift ›Deutsches Recht‹ vom 15. April 1936[39]; dort heißt es am Schluß:

»Insgesamt ist festzustellen, daß die Grundzüge des Gesetzes über die Geheime Staatspolizei vom 30. November 1933 sich in mehr als zweijähriger Praxis durchaus bewährt haben und deshalb auch in das neue Gesetz vom 10. Februar 1936 übernommen werden konnten. *Darüber hinaus ist nunmehr den Wünschen der Behörden der inneren Verwaltung auf Einfügung in die Tätigkeit der Geheimen Staatspolizei ausreichend Rechnung getragen.*

Inwieweit die dargestellte Ordnung der Preußischen Geheimen Staatspolizei einmal die Ordnung einer kommenden

[39] S. 127 ff.

Geheimen Reichspolizei werden wird, hängt in den Einzelheiten von der Lösung zahlreicher Fragen der künftigen Reichs- und Verwaltungsreform ab. *Das eine jedoch steht fest, daß die Grundgedanken, aus denen die neue politische Polizei des Dritten Reiches erwachsen ist, keinesfalls verlassen werden dürfen, ohne daß die Erfüllung ihrer Aufgaben entscheidenden Schaden erleidet.*«

»Einfügung« der Behörden der inneren Verwaltung »in die Tätigkeit der Geheimen Staatspolizei« wird hier das genannt, was im Gesetz Unterstellung der Staatspolizeistellen unter die Regierungspräsidenten heißt. Allerdings war die Unterstellung lediglich eine »gleichzeitige«, ohne daß geregelt worden wäre, was zu geschehen habe, wenn eine Weisung des Gestapa und eine des Regierungspräsidenten an den Stapo-Leiter einander widersprechen. Hinzu kam, daß nach der AusführungsVO vom gleichen Tage zum Gesetz vom 10. Februar die Ober- und Regierungspräsidenten den Weisungen des Gestapa in Angelegenheiten der Gestapo Folge zu leisten hatten[40] und die Stapo-Stellen an alle Polizeibehörden ihres Amtsbereiches Ersuchen richten konnten, wobei in Eilfällen eine bloße Unterrichtung des Landrats genügte[41]. – In dem bereits zitierten Aufsatz von Dr. Best heißt es an anderer Stelle:

»Oberste Landesbehörde der Geheimen Staatspolizei ist das Geheime Staatspolizeiamt. Damit ist festgestellt, daß kein anderes Ministerium letztinstanzliche Entscheidungen in Angelegenheiten der politischen Polizei zu fällen hat. Die in den vorstehenden grundsätzlichen Ausführungen als notwendig erkannte Trennung der nach besonderen Grundsätzen und Notwendigkeiten handelnden Geheimen Staatspolizei von der nach allgemeinen und gleichmäßigen rechtlichen Ordnungen arbeitenden Verwaltung ist damit vollzogen.«

Der entscheidende Punkt ist auch hier noch einmal hervorgehoben: Die Gestapo war nach einem ganz anderen Prinzip tätig als die innere Verwaltung, nämlich nicht nach einer »gleichmäßigen rechtlichen Ordnung«, sondern »nach besonderen Grundsätzen und Notwendigkeiten«, das heißt mit anderen Worten: als Instrument der Führergewalt, das bei der Exekution des Führerwillens keiner zusätzlichen gesetzlichen Legitimation bedurfte. Wenn dieses Prinzip, das dem Prinzip der Gesetzmäßigkeit der Verwaltung unvereinbar entgegengesetzt ist,

[40] § 7 der DVO.
[41] § 12 der DVO.

anerkannt wurde [und es wurde anerkannt, wie unter anderem an § 7 des Gestapo-Gesetzes abgelesen werden kann, wonach Verfügungen und Angelegenheiten der Gestapo nicht der Nachprüfung durch die Verwaltungsgerichte unterlagen], dann war jede Unterstellung von Stapo-Dienststellen auf der mittleren und unteren Ebene unter Behörden der Inneren Verwaltung eine Illusion bzw. vom Standpunkt der Gestapo her gesehen eine nicht sehr schwerwiegende taktische Konzession. Denn die Gestapo brauchte sich im Einzelfall nur auf *ihr* Prinzip zu berufen, um alle Regelungen zu suspendieren, die nach dem Grundsatz der Gesetzesmäßigkeit getroffen waren. Daher war es reines Wunschdenken, wenn ein Vertreter der inneren Verwaltung in einem Aufsatz über das neue Gestapo-Gesetz in der »Deutschen Verwaltung«[42] schrieb: »Die Bedeutung der Stellung des Geheimen Staatspolizeiamtes als Oberster Landesbehörde liegt demgemäß vorwiegend im Organisatorischen.«

3. Der Reichsführer-SS und Chef der Deutschen Polizei

Die taktischen Konzessionen, die Himmler und Heydrich mit dem Gestapo-Gesetz hatten machen müssen, konnten sie wenige Monate später mehr als ausgleichen, als durch Erlaß des Führers und Reichskanzlers vom 17. Juni 1936 das Parteiamt des RFSS mit dem neu eingeführten staatlichen Amt eines Chefs der Deutschen Polizei institutionell verbunden wurde[43]. Es war dies der wichtigste Schritt auf dem Wege der Umwandlung der deutschen Polizei in ein Instrument der Führergewalt. Bei der Schaffung dieser neuen Institution müssen zwei Komponenten klar voneinander unterschieden werden. Die eine war die Zentralisierung der gesamten deutschen Polizei, damals als »Verreichlichung« bezeichnet. Sie wurde vom Reichsministerium des Innern selbst angestrebt und bedeutete lediglich eine Konzentration staatlicher Machtmittel. Die andere Komponente bestand in einer Verklammerung der Polizei mit der SS, die auf eine Entstaatlichung der Polizei abzielte. Damit begann ein Prozeß zunächst einer Relativierung und später eines allmählichen Verlöschens der staatlichen Verfügungsgewalt über die Polizei bzw. deren Integration in den Zuständigkeitsbereich des Reichsführers-SS. Alle Versuche des Reichsinnenministeriums, eine solche Entwicklung zu verhindern, blieben vergeblich.

[42] 1936, S. 90ff.
[43] RGBl. I, S. 487.

In der Weimarer Republik hatte die Polizeihoheit bei den Ländern gelegen; sie waren für Organisation, Einsatz und Dienstrecht zuständig gewesen, während der Reichsinnenminister nur allgemeine Aufsichts- und Gesetzgebungsbefugnisse nach Art. 9 RV besessen hatte:

»Soweit ein Bedürfnis für den Erlaß einheitlicher Vorschriften vorhanden ist, hat das Reich die Gesetzgebung über 1. die Wohlfahrtspflege, 2. den Schutz der öffentlichen Ordnung und Sicherheit.«

Darüber hinaus hatte es eine Reichsexekutive nach Art. 48 RV gegeben; auf sie stützten sich übrigens die Nationalsozialisten, als sie nach dem 5. März 1933 in den Ländern, in denen sie keine parlamentarische Mehrheit besaßen, Reichskommissare für die Befugnisse der Polizei einsetzten. Grundlage für die Abschaffung der Polizeihoheit der Länder und somit für die »Verreichlichung« der Polizei bildete das Gesetz über den Neuaufbau des Reiches vom 30. Januar 1934, das die Hoheitsrechte der Länder grundsätzlich auf das Reich übertrug[44]. Eine wichtige materielle Grundlage für die Zentralisierung der Polizei war durch die Vereinigung des Preußischen Ministeriums des Innern mit dem Reichsministerium des Innern am 1. November 1934 entstanden, da auf diese Weise die bei weitem größte und schlagkräftigste Polizeimacht in Deutschland in die Verfügung des Reichsinnenministers gekommen war. Die bevorstehende »Verreichlichung« kündigte sich schon an, als die Polizei des am 1. März 1935 wieder in das Reich eingefügten Saarlandes zur Reichspolizei erklärt wurde.

An den Verhandlungen über die »Verreichlichung« der Polizei war die SS von vornherein maßgeblich beteiligt, wobei sie mit offenkundiger Unterstützung Hitlers anstrebte, bei dieser Gelegenheit die Polizei der Verfügungsgewalt des Innenministers zu entziehen[45]. Wahrscheinlich im Mai 1936 führte Heydrich mit dem RMdI mündliche Vorverhandlungen, aufgrund deren das RMdI drei Entwürfe für einen Führererlaß über »Die Zusammenfassung der Polizeigewalt im Reich« anfertigte. Danach sollte Himmler lediglich »Inspekteur der Deutschen Polizei« werden und als solcher dem Reichsinnenminister unterstehen. Die Berufung Himmlers an die Spitze der Deutschen

[44] Vgl. auch die I. DVO vom 2. 2. 1934.

[45] Die Darstellung der Entstehung des Erlasses folgt der Arbeit von H. J. Neufeldt über Entstehung und Organisation des Hauptamtes Ordnungspolizei (Schriften des Bundesarchivs Nr. 3, Koblenz 1957).

Polizei war damals also offenkundig schon eine beschlossene Sache, und es konnte sich für den RMdI nur noch darum handeln, ihn soweit wie möglich der institutionellen Disziplin der staatlichen Verwaltung zu unterwerfen. Eben das war es natürlich, was Himmler umgehen wollte; er ließ deshalb am 9. Juni 1936 durch Heydrich Gegenvorschläge überreichen. Dieser erklärte dazu, der Führer wünsche für Himmler die Dienstbezeichnung »Der Reichsführer-SS und Chef der Deutschen Polizei« und lege Wert darauf, daß Himmler in seiner neuen Eigenschaft den Befehlshabern des Heeres und der Marine gleichgestellt werde. Der von Heydrich überbrachte Entwurf enthielt demgemäß folgende Punkte:

1. Um die polizeilichen Aufgaben im Reich in einer Hand zusammenzufassen, wird ein Chef der Deutschen Polizei eingesetzt, dem zugleich die Leitung der Bearbeitung aller Polizeiangelegenheiten im Geschäftsbereich des Reichs- und Preußischen Ministers des Innern übertragen wird.
2. Zum Chef der Deutschen Polizei wird der Reichsführer-SS Heinrich Himmler ernannt.
   Er ist dem Reichs- und Preußischen Minister des Innern persönlich unterstellt.
   Er führt die Dienstbezeichnung: Der Reichsführer-SS und Chef der Deutschen Polizei.
3. Der Chef der Deutschen Polizei ist im Rang den Reichsministern gleichgestellt und nimmt an den Sitzungen des Reichskabinetts teil.

Reichsinnenminister Frick hielt über diesen Entwurf noch am gleichen Tage bei Hitler Vortrag und versuchte gegen Himmlers Ansprüche zu opponieren. Das gelang ihm jedoch nur bezüglich der Gleichstellung Himmlers mit den Ministern: Himmler sollte als Staatssekretär zu den Kabinettssitzungen hinzugezogen werden. Im übrigen konnte Frick weiter nichts tun, als nach dem Vortrag bei Hitler im Himmlerschen Entwurf an vier Stellen zu der Bezeichnung »Reichsführer-SS und Chef der Deutschen Polizei« die Worte »im Reichsministerium des Innern« eigenhändig hinzuzusetzen, die eine engere Bindung der Polizei an die innere Verwaltung demonstrieren sollten. Auf Staatssekretär Pfundtners Rat wagte er am 11. Juni zwar noch, die Bezeichnung »Reichsführer-SS« aus der vorgesehenen neuen Dienstbezeichnung herauszustreichen, doch schon am nächsten Tage erzwang Heydrich in einer Besprechung, daß die ursprünglich vorgesehene Bezeichnung wiederhergestellt

wurde und die Teilnahme Himmlers an den Kabinettssitzungen aus einer Kann- in eine Muß-Vorschrift umgewandelt wurde. Heydrich gestand noch die »Einschränkung« zu, daß die Teilnahme nur stattfinden sollte, »soweit der Geschäftsbereich des RFSSuChdDtPol berührt« würde; um den geringen Wert dieser Konzession richtig einzuschätzen, muß man wissen, daß Heydrich – wie später noch zu zeigen sein wird – 90% aller Verwaltungsangelegenheiten ohnehin als in die Zuständigkeit der Polizei fallend betrachtete.
Der Text des Erlasses lautete endgültig[46]:

I
Zur einheitlichen Zusammenfassung der polizeilichen Aufgaben im Reich wird ein Chef der Deutschen Polizei im Reichsministerium des Innern eingesetzt, dem zugleich die Leitung und Bearbeitung aller Polizeiangelegenheiten im Geschäftsbereich des Reichs- und Preußischen Ministeriums des Innern übertragen wird.

II
[1] Zum Chef der Deutschen Polizei im Reichsministerium des Innern wird der stellvertretende Chef der Geheimen Staatspolizei Preußens, der Reichsführer-SS Heinrich *Himmler* ernannt.
[2] Er ist dem Reichs- und Preußischen Minister des Innern persönlich und unmittelbar unterstellt.
[3] Er vertritt für seinen Geschäftsbereich den Reichs- und Preußischen Minister des Innern in dessen Abwesenheit.
[4] Er führt die Dienstbezeichnung: Der Reichsführer-SS und Chef der Deutschen Polizei im Reichsministerium des Innern.

III
Der Chef der Deutschen Polizei im Reichsministerium des Innern nimmt an den Sitzungen des Reichskabinetts teil, soweit sein Geschäftsbereich berührt wird.

IV
Mit der Durchführung dieses Erlasses beauftrage ich den Reichs- und Preußischen Minister des Innern.

Berlin, den 17. Juni 1936.

Der Führer und Reichskanzler
Adolf Hitler
Der Reichsminister des Innern
Frick

[46] RGBl. I, S. 487.

Wie selbständig die Stellung des Reichsführers-SS und Chefs der Deutschen Polizei gedacht war, geht aus einem Runderlaß des Reichs- und Preußischen Ministers des Innern vom 15. Mai 1937[47] hervor. Er wendete sich gegen die Zweifel, die hie und da aufgetaucht seien, ob der Reichsführer-SS und Chef der Deutschen Polizei im Reichsministerium des Innern befugt sei, unter dieser Bezeichnung Entscheidungen zu treffen, die durch Gesetz oder andere Anordnungen dem Minister vorbehalten sind. Es wurde festgestellt, daß er innerhalb seines Geschäftsbereiches der ständige Vertreter des Ministers sei [also nicht nur, wie im Erlaß vom 17. Juni vorgesehen, in dessen Abwesenheit] und daß seine Entscheidungen in jedem Falle ministerielle Entscheidungen seien, ganz gleich, ob sich der Reichsführer-SS und Chef der Deutschen Polizei dabei der Behördenbezeichnung des Ministeriums oder der ihm besonders beigelegten Bezeichnung bediene. Die Stellung des Chefs der Polizei »im RMdI« wurde also nicht so sehr dahingehend ausgelegt, daß sie dem Minister Verfügungsrechte über die Polizei zuerkannte, sondern vielmehr dahin, daß dem Polizeichef Rechte des Ministers zustanden. Das erinnert daran, wie Best die Unterstellung der Stapo-Stellen unter die Regierungspräsidenten als »Einfügung« der Behörden der inneren Verwaltung »in die Tätigkeit der Geheimen Staatspolizei« bezeichnete. – Als der Reichsführer-SS und Chef der Deutschen Polizei am 25. August 1943 selbst Reichsinnenminister und Generalbevollmächtigter für die Reichsverwaltung geworden war, ließ er übrigens seit November des gleichen Jahres in seiner Dienstbezeichnung als Polizeichef den Zusatz »im RMdI« wegfallen.

Verfassungsorganisatorisch hing die dem RFSS unterstellte Polizei mit der staatlichen Verwaltung also nur noch durch die »persönliche und unmittelbare« Unterstellung des Polizeichefs unter den Innenminister zusammen. Darin drückt sich scheinbar ein sehr enger und verbindlicher Zusammenhang aus; im Rahmen der gesamten Herrschaftsstruktur des nationalsozialistischen Deutschland gesehen, erweist sich die Formel »persönlich und unmittelbar« aber gerade als Besiegelung der Unabhängigkeit der Polizei. Denn Inhaber der Souveränität und der politischen Gewalt war im Dritten Reich nicht mehr der Staat, sondern der Führer. Ebenso hatten im Aufbau des Reiches die Organe der politischen Führung Vorrang vor den Verwaltungsbehörden, und unter den Organen der politischen

[47] RMBliV, S. 788.

Führung wiederum waren jeweils die dem Führer näherstehenden und ihm unmittelbar verbundenen den fernerstehenden übergeordnet. Also hatte der Reichsführer-SS als typische Institution der politischen Führung in der Herrschaftsstruktur des Dritten Reiches den Vorrang vor dem Reichsminister des Innern als Chef der typischen Verwaltungsbehörde; und dieser Vorrang wurde durch die »persönliche und unmittelbare« Unterstellung nicht nur nicht abgeschwächt, sondern vielmehr bestätigt und zur praktischen Wirkung gebracht. Denn diese Form der Unterstellung bedeutet an sich für den Untergebenen eine sehr enge Bindung an seinen Vorgesetzten, da er sich ihm gegenüber nicht auf objektive Rechte und Pflichten berufen kann, die eigentlich mit seiner Stellung in der Behörde verbunden wären und die deshalb auch der Vorgesetzte zu respektieren hätte. Sobald der Untergebene aber zwei Vorgesetzten »persönlich und unmittelbar« unterstellt ist, hat logischerweise der höhere Vorgesetzte in jedem Fall den Vorrang, und der niedere Vorgesetzte kann sich demgegenüber nicht auf die aus der Disziplin der Behörde sich ergebenden objektiven Verpflichtungen des Untergebenen berufen. Es bliebe ihm vielmehr nur die Möglichkeit, seine persönliche Autorität gegen die des anderen Vorgesetzten zur Geltung zu bringen. Da nun der Reichsführer-SS, der mit dem Chef der Deutschen Polizei institutionell eine Einheit bildete, dem Führer persönlich und unmittelbar unterstellt war[48], konnte sich der Reichsminister des Innern bei Konflikten über die Führung der Polizei weder auf die rechtliche Zuständigkeit seiner Behörde berufen, noch seinem persönlich und unmittelbar »Untergebenen« gegenüber seine Autorität zur Geltung bringen, weil er damit gegen die Autorität des Führers angegangen wäre. Die »persönliche und unmittelbare« Unterstellung des Chefs der Polizei unter den Innenminister bedeutete also auf dem Gebiet der Polizei die potentielle und jederzeit aktualisierbare Suspendierung der institutionellen Disziplin der inneren Verwaltung und ihres Prinzips der Gesetzmäßigkeit der Verwaltungsakte. Die Polizei unterstand dem Minister in Wahrheit nur noch mittelbar, war nur noch mittelbar ein Organ des Staates, nämlich soweit daraus keine Hemmnisse für die Exekution des souveränen Führerwillens erwuchsen. Es entsprach diesem Verhältnis, daß Hitler seine Weisungen dem Reichsführer-SS und Chef der Deutschen

[48] Verfügung vom 20. Juli 1934, durch die die SS zur selbständigen Organisation im Rahmen der NSDAP erhoben wurde [abgedruckt bei Rühle, Das Dritte Reich, Band II, 1934, S. 237].

Polizei gewöhnlich direkt und nicht über den Minister erteilte. Als sich der Minister Frick bei Hitler einmal über die Selbstherrlichkeit seines »Untergebenen« beschwerte, bekam er den Bescheid, er solle dem Reichsführer möglichst freie Hand lassen, denn bei dem sei die Polizei gut aufgehoben[49]. Charakteristisch war übrigens auch, daß Himmler bei seiner Ernennung zum Chef der Deutschen Polizei eine Berufung in das Beamtenverhältnis ausdrücklich ablehnte[50]. Daß es sich bei der Verbindung des »Reichsführers-SS« mit dem »Chef der Deutschen Polizei« um eine Realunion und nicht etwa nur um eine Personalunion gehandelt hat, unterliegt nach den 1936 wie auch in den folgenden Jahren getroffenen Bestimmungen wie auch angesichts der Gesamtentwicklung des Verhältnisses von SS und Polizei keinem Zweifel. In diesem Sinne schrieb auch Dr. Best als Interpret der Auffassung der Sicherheitspolizei in einem Aufsatz im ›Deutschen Recht‹[51], mit der Dienstbezeichnung »Reichsführer-SS und Chef der Deutschen Polizei« sei zum Ausdruck gebracht, »daß eine bleibende Verbindung zwischen dem Amt des Reichsführers-SS und dem des Chefs der Deutschen Polizei beabsichtigt ist«. Weiter unten heißt es in dem gleichen Aufsatz: »Die Deutsche Polizei ist unter der Führung des Reichsführers-SS zum Schnittpunkt der Bewegung und des Staates geworden. Die Bedeutung dieser Tatsache kann überhaupt nicht unterschätzt [sic! – gemeint ist natürlich »überschätzt«] werden – nicht nur in ihrer Bedeutung für die weitere Entwicklung des Reichsneubaus, sondern auch in ihrer Bedeutung für die Sicherung der Zukunft unseres Volkes.« – Wenn Ernst Rudolf Huber in seinem ›Verfassungsrecht des Großdeutschen Reiches‹[52] den Reichsführer-SS und Chef der Deutschen Polizei trotzdem als Teil eines Systems von *Personal*unionen erwähnt, dann hat das seinen Grund in Hubers Bemühen, das Prinzip der Souveränität des Staates nicht aufzugeben – obgleich er so treffend wie kein anderer das Wesen der die Souveränität des Staates ausschließenden Führergewalt beschrieben hat.

[49] IMT XI, S. 71.
[50] Vgl. Neufeldt a.a.O. – Zwei Zeugnisse für die faktische Einflußlosigkeit von Frick bieten das Tagebuch von Jochen Klepper und eine Bemerkung in den [nicht veröffentlichten] Erinnerungen eines Beamten der damaligen Reichskirchenregierung. Dieser schrieb: »Freilich fiel mir auf, daß es nie gelang, einen Appell an den Herrn Reichsminister Frick über das Verhalten der Staatspolizei zur Geltung zu bringen. Derartige Eingaben wurden nicht von Frick, sondern vom Reichssicherheitshauptamt erledigt, das also höchste Autorität war.«
[51] Vom 15. Juli 1936, S. 258.
[52] 2. Aufl., S. 298.

Die sekundäre Unterstellung unter den Reichsminister des Innern war trotz allem nicht völlig sinnlos. Sie ist zunächst eine für die Entwicklung des nationalsozialistischen Herrschaftssystems typische Bestimmung. Wie im ganzen die Weimarer Verfassung nie ausdrücklich abgeschafft, sondern nur völlig ausgehöhlt und von Fall zu Fall durch neue Bestimmungen gegenstandslos gemacht wurde, so wurden die vielen im Dritten Reich neu geschaffenen Zuständigkeiten fast stets so eingeführt, daß die Rechte und Kompetenzen der bisher zuständigen Behörden »hiervon unberührt« blieben, das heißt: der Strom der Staatsgeschäfte wurde umgeleitet, und das alte Flußbett ließ man ausgetrocknet fortbestehen. Zum anderen waren ja mit der verfassungsorganisatorischen Lösung der Polizei aus der staatlichen Zuständigkeit die verwaltungsrechtlichen, beamtenrechtlichen und technisch-organisatorischen Zusammenhänge noch längst nicht alle durchschnitten, besonders nicht in den politisch mehr oder weniger unwichtigen Sparten der Polizei. Der Behördencharakter der Polizei und die dort geltenden wirtschaftlichen und organisatorischen Vorschriften konnten nur sehr langsam an die ganz anderen Formen und Regelungen bei der SS angeglichen werden. So blieb vieles in der Polizeiverwaltung beim alten, aber immer nur gleichsam »auf Abruf« und nur so lange, als das Alte den Zwecken und Maßnahmen der politischen Führung nicht entgegenstand.
In seiner Eigenschaft als Reichsführer-SS und Chef der Deutschen Polizei [RFSSuChdDtPol] nahm Himmler durch zwei Erlasse vom 26. Juni 1936[53] eine grundlegende Neuorganisation der deutschen Polizei vor. Er setzte den General der Polizei, Kurt Daluege, als Chef der Ordnungspolizei und den SS-Gruppenführer Reinhard Heydrich als Chef der Sicherheitspolizei ein. Dem Chef der Ordnungspolizei [Orpo] wurden Schutzpolizei, Gendarmerie und Gemeindepolizei unterstellt, dem Chef der Sicherheitspolizei [Sipo] die politische Polizei und die Kriminalpolizei. Als entsprechende Ministerialinstanzen wurden die beiden Hauptämter »Ordnungspolizei« und »Sicherheitspolizei« gebildet. Im Hauptamt Sicherheitspolizei bestand die Sparte »Politische Polizei« praktisch aus dem Gestapa und die Sparte »Kriminalpolizei« aus dem Preußischen Landeskriminalpolizeiamt [ab 16. Juli 1937 Reichskriminalpolizeiamt = RKPA]. Wurde das Gestapa als Ministerialinstanz tätig, dann firmierte es als »Hauptamt Sicherheitspolizei«, trat es als Ver-

[53] RMBliV, Sp. 940ff.

waltungsinstanz in Aktion, dann verwendete es die Bezeichnung »Gestapa«. Ebenso nannte sich bei der Kriminalpolizei die gleiche Behörde als Ministerialinstanz »Hauptamt Sicherheitspolizei«, als Verwaltungsinstanz »Reichskriminalpolizeiamt«. Die Gliederung des Hauptamtes Sicherheitspolizei stellt sich nach dem Stand von Anfang 1938 wie folgt dar:

Chef der Sicherheitspolizei
Adjutantur
Hauptbüro [S-HB]
- Geschäfte des Bürodirektors
- Haushalt, soweit nicht V 2 zuständig
- Dienstbezüge usw.
- Geschäftsbedürfnisse

Amt Verwaltung und Recht [V]
- V 1 Organisation und Recht
- V 2 Haushalt und Besoldung
- V 3 Personal I
- V 4 Personal II [Kripo]
- V 5 Ausbildung
- V 6 Paß- und Ausweiswesen
- V 7 Ausländerpolizei, Grenzsicherung, Rechtshilfeverkehr mit dem Ausland in Polizei- und Strafsachen
- V 8 Wehrmacht und Reichsverteidigung
- V 9 Technische Angelegenheiten

Amt Politische Polizei [P. P.]
- PP II A Kommunismus und andere marxistische Gruppen
- PP II B Kirchen, Sekten, Emigranten, Juden, Logen
- PP II C Reaktion, Opposition, Österreichische Angelegenheiten
- PP II D Schutzhaft, Konzentrationslager
- PP II E Wirtschafts-, agrar- und sozialpolitische Angelegenheiten, Vereinswesen
- PP II G Funküberwachung
- PP II H Angelegenheiten der Partei, ihrer Gliederungen und angeschlossenen Verbände
- PP II J Ausländische Politische Polizei
- PP II Ber. Lageberichte
- PP II P Presse

PP II S Bekämpfung der Homosexualität und Abtreibung
PP III Abwehrpolizei

Amt Kriminalpolizei [S-Kr.]
S-Kr. 1 bis S-Kr. 3
mit allen in die Kompetenz der Kriminalpolizei fallenden Aufgaben.

Die Bedeutung der neuen Institution »Reichsführer-SS und Chef der Deutschen Polizei« und der Umorganisation der deutschen Polizei im Jahre 1936 bestand also in folgendem:

1. wurde die reichszentrale Organisation der gesamten deutschen Polizei verfassungsorganisatorisch vollzogen und die praktisch schon vorhandene reichszentrale Organisation der politischen Polizei auch de jure vollendet. Durch Runderlaß vom 20. September 1936 beauftragte der RFSSuChdDtPol in aller Form das Geheime Staatspolizeiamt mit der Wahrnehmung der Aufgaben des politischen Polizeikommandeurs der Länder[54]. – Die verwaltungstechnische und beamtenrechtliche Zentralisierung der gesamten deutschen Polizei erfolgte schrittweise in den folgenden Jahren, insbesondere durch die beiden Gesetze über Finanzmaßnahmen auf dem Gebiet der Polizei vom 19. März 1937 und 28. März 1940 sowie das Polizeibeamtengesetz vom 24. Juni 1937.
2. Da der »Reichsführer-SS und Chef der Deutschen Polizei« eine Realunion zwischen einer Institution der Führergewalt und einem staatlichen Amt darstellte, war mit der Errichtung dieser Instanz prinzipiell über die Herauslösung der gesamten Polizei aus dem Bereich des Staates entschieden worden. Auf dem Gebiet der Sicherheitspolizei wurde diese Herauslösung in den kommenden Jahren nicht nur praktisch vollendet, sondern es wurde darüber hinaus die Kompetenz einer »politischen Verwaltung« beansprucht, die in allen Angelegenheiten von politischer Bedeutung der staatlichen Verwaltung die Kompetenz mit Erfolg streitig machte.
3. Was sich als Teilung der Gesamtheit der Polizei in die beiden Sparten Ordnungspolizei und Sicherheitspolizei darstellte, war in Wirklichkeit eine Konstituierung der politischen Polizei als selbständiger Zweig der Polizei, wobei die Kriminalpolizei grundsätzlich in den Einflußbereich der politischen Polizei einbezogen wurde. Es wurde auf diese Weise ein

[54] RMBliV, S. 1343.

Prozeß der organisatorischen Angleichung der Kriminalpolizei an die politische Polizei und der zunehmenden Orientierung der kriminalpolizeilichen Exekutivpraxis an der der politischen Polizei eingeleitet, der durch die ganze Zeit des Bestehens der nationalsozialistischen Herrschaft währte.

4. wurde mit der Bezeichnung »Hauptamt« für die beiden Zentralen der Ordnungs- und Sicherheitspolizei [eine Bezeichnung, die es in der staatlichen Verwaltung nicht gibt!] Himmlers Ziel zum Ausdruck gebracht, die Polizei in die SS einzugliedern. Diese Zielsetzung wird durch die Tatsache bestätigt, daß Himmler niemals ein eigenes Büro »Chef der Deutschen Polizei« einrichtete, sondern die einschlägigen Dienstgeschäfte innerhalb seines Persönlichen Stabes führte, in dem er lediglich einen beziehungsweise zwei Polizeiadjutanten hatte. In einem SS-Befehl vom 9. November 1936[55], in dem die damals existierenden Hauptämter der SS aufgeführt wurden, ist das Hauptamt Ordnungspolizei bereits genannt, während das Hauptamt Sicherheitspolizei nur deswegen nicht erwähnt wird, weil es »SS-mäßig« durch das SD-Hauptamt mit repräsentiert wurde, das ja auch von Heydrich geleitet wurde.

1. Zentralisierung der Polizei
2. Entstaatlichung der Polizei
3. Herauslösen der Stapo aus der übrigen Polizei und Einbeziehung der Kripo in den Bereich der Stapo
4. Eingliederung der Polizei in die SS

– das also waren die vier Veränderungen, über die mit der Einsetzung des Reichsführers-SS und Chefs der Deutschen Polizei grundsätzlich entschieden wurde und die für die Entwicklung der folgenden Jahre bestimmend waren.

4. Der SD

Der »Sicherheitsdienst RFSS« [SD] wurde 1931 gegründet und der Führung von Reinhard Heydrich unterstellt. Im Frühjahr 1933 erhielt er ein eigenes Zentralamt und eine eigene Organisation im gesamten Reichsgebiet: Parallel zu den Oberabschnitten und Abschnitten der Allgemeinen SS wurden Oberabschnitte und Abschnitte des SD eingerichtet. Die Allgemeine SS, der SD und die ebenfalls 1933 aufgestellten »Politischen

[55] MA 284, Bl. 0568, Archiv IfZ.

Bereitschaften« bildeten damals die drei voneinander unabhängig organisierten Teile der Gesamt-SS. Im Gegensatz zu den »Politischen Bereitschaften«, aus denen später die Verfügungstruppe beziehungsweise die Waffen-SS hervorging, ist der SD immer im Etatbereich des Reichsschatzmeisters der NSDAP geblieben.
Wie Ernst Röhm aus der SA ein nationalsozialistisches Volksheer machen wollte, das an die Stelle der Reichswehr treten sollte, so waren die Vorstellungen, die Heydrich mit dem SD verband, darauf angelegt, die staatliche Sicherheitspolizei eines Tages überflüssig zu machen oder sie wenigstens zu einem reinen Hilfsorgan zu degradieren. Das Ziel war, jeden einzelnen der in Deutschland lebenden Menschen unter laufende Kontrolle zu bekommen. Wie bei der SA, so scheiterte aber auch beim SD die Verwirklichung des Wunschbildes an der Praxis. Zwar hatte der SD besonders in den ersten Jahren der nationalsozialistischen Herrschaft einen nicht zu überschätzenden politischen Einfluß und machte im politisch-polizeilichen Sektor dem staatlichen Exekutivorgan mit großer Zähigkeit Konkurrenz, schließlich aber waren die SD-Angehörigen doch weder ihrer Zahl noch ihrer Ausbildung nach in der Lage, die Aufgaben der Sicherheitspolizei in toto zu übernehmen. Da es überdies Himmler und Heydrich in sehr kurzer Zeit gelang, die Verfügungsgewalt über die politischen Polizeien aller deutschen Länder zu bekommen, wurde der SD im Grunde überflüssig. Er hat nie den großen organisatorischen Rahmen ausgefüllt, der 1933 gesteckt worden war; es ist sehr bezeichnend, daß seit 1936 neben Allgemeiner SS und bewaffneter SS nicht mehr der SD, sondern die Polizei selbst als »dritte Säule« der SS galt.
Als Ersatz für die Verdrängung aus der polizeilichen Exekutive und von der Bespitzelung bestimmter Einzelpersonen wurden dem SD nachrichtendienstliche Aufgaben allgemeiner Art zugewiesen; er hatte über die Verhältnisse auf den verschiedenen Gebieten des öffentlichen Lebens, der Wirtschaft, Kultur, Wissenschaft, Kirchen usw. zu berichten. Ein enger Kreis führender Funktionäre in Partei und Staat erhielt die regelmäßig herausgegebenen »Meldungen aus dem Reich« bzw. »Sonderberichte« über einzelne Probleme. Einige Beispiele:

»Zersetzung der nationalsozialistischen Grundwerte im deutschsprachigen Schrifttum seit 1933«

»Die Lage in der protestantischen Kirche und in den verschiedenen Sekten und deren staatsfeindliche Auswirkung«

»Die Deutsche Glaubensbewegung«

»Vergiftung des Verhältnisses zwischen Waffenträger der Nation und Träger von Weltanschauung in Staat und Partei«.

Im Januar 1937 schilderte Himmler in einem Vortrag vor einem nationalpolitischen Lehrgang der Wehrmacht die Aufgabe des SD folgendermaßen[56]:

»Die Gebiete, die er [scil. der SD] bearbeitet, sind vor allem Kommunismus, die Tätigkeit politisierender Konfessionen und Reaktion. Auch hierbei aber interessieren nicht die Einzelfragen der Exekutive. Sie werden das ja bei Ihrem Besuch vielleicht sehen; ich kann mich deshalb kurz fassen. Den Sicherheitsdienst interessieren nur die großen weltanschaulichen Fragen.

Dafür ein Beispiel: Sagen wir, man versucht von ultramontaner Seite durch das wissenschaftliche Herausstellen der Theorie des österreichischen Menschen allmählich für das Gebiet Österreich eine Verschweizerung durchzuführen. So wie es uns in unserer Geschichte vor 700 oder 800 Jahren mit der Schweiz gegangen ist, die zwar heute noch Deutsch spricht, sich im Innersten aber nicht mehr zu Deutschland zugehörig fühlt, oder wie wir vor einigen Jahrhunderten den Verlust Hollands mit dem ganzen niederdeutschen Raum erleiden mußten, versucht man nun, mit Propaganda, mit wissenschaftlicher Untermauerung und wissenschaftlichen Arbeiten an den Universitäten dieses Problem des südostdeutschen Menschen, des österreichischen Menschen, so lange herauszustellen, bis auch eine geistige Loslösung möglich ist. Es interessiert uns weiter: Welche deutschen Professoren unterstützen diese Theorie oder hängen mit irgendwelchen Drahtziehern im Ausland oder sonstwo zusammen? Das sind Gebiete, die uns interessieren. Uns als Sicherheitsdienst interessiert nicht, ob nun, sagen wir einmal, der Zellenapparat der KPD in Berlin-Wedding aufgehoben worden ist oder nicht. Das ist eine Frage der Exekutive. Eines Tages wird er aufgehoben werden oder ist schon aufgehoben, und wenn er wieder aufgebaut wird, wird er wieder ausgehoben. Also das interessiert uns nicht, daran geht Deutschland nicht zugrunde. Uns interessiert: Welche großen Pläne hat die Komintern für die nächsten Jahre, auf welches Land will sie jetzt ansetzen, welche Einflüsse des Bolschewismus sind in aus-

[56] PS-1992 A.

ländischen Freimaurerkreisen zu spüren, wie laufen da die Drähte, wohin gehen jetzt die großen Emissäre? So sind z. B. in der letzten Zeit 800 Emissäre nach Österreich gegangen. Die sind vor einem Vierteljahr oder vier Monaten dort eingetroffen, und nun interessiert uns brennend: Wie rollt das nun in Österreich ab? Oder welche Pläne haben sie, welche großen Organisationspläne für Deutschland, von welcher Ecke packen sie an, wie hängt sich der Bolschewismus, sagen wir z. B. in die Bekenntnisfront ein und unterstützt nun auf einmal als atheistische Richtung diese gläubigen Pfarrer, wie ist das plötzlich möglich? Oder es interessiert uns: Welche Einflüsse wirtschaftlicher Art nehmen die Juden – nun auch wieder den Plan im Großen gesehen – zur Abdrosselung, zur Sabotage und Devisenverschiebung? Das sind Dinge, die dort wissenschaftlich und – hier paßt das Wort wirklich – generalstabsmäßig studiert werden, die sogar manchmal Jahre dauern, Arbeiten, bei denen wir in vielen oder den allermeisten Punkten erst am Anfang sind.«

Fixiert wurde die Trennung der Aufgaben des SD und der politischen Polizei durch den sogenannten Funktionserlaß des RFSS vom 1. Juli 1937. Dieser Erlaß ist im Wortlaut bisher nicht bekanntgeworden; über seinen Inhalt erfährt man etwas [übrigens in typischem SS-Funktionärs-Deutsch!] aus einer Aufzeichnung Schellenbergs vom 24. Februar 1939[57].

»Darüber hinaus ergibt sich die Begründetheit der Nichteinführung der Personalunion bei Stapo- und Unterabschnitten [scil. des SD] daraus, daß der sogenannte ›Funktionsbefehl‹ vom 1. 7. 1937 diese Zusammenfassung arbeitsmäßig nicht bringt. Der Funktionsbefehl regelt nicht das an sich notwendige zahnradmäßige Ineinandergreifen der verschiedenen Arbeitsfunktionen [Nachrichtendienst – exekutive Auswertung], sondern stellt geschäftsverteilungsmäßig fest, was dieser oder jener Sparte für Arbeitsgebiete zufallen, ohne hier eine klare Scheidung zwischen Nachrichtendienst und Exekutive zu beachten oder einem von beiden den Primat zuzusprechen.«

Die durch den Funktionserlaß notwendig gewordene Abgabe von Akten von Einzelpersonen, die der SD angelegt hatte, an die Gestapo, erfolgte sehr langsam; es kann deshalb bis in den Anfang des Krieges als nicht ausgeschlossen gelten, daß auch

[57] MA 433, Bl. 8158, Archiv IfZ.

Einzelfälle noch vom SD bearbeitet wurden. Die endgültige Kompetenzbereinigung zwischen Gestapo und SD auch in der Praxis dürfte wohl erst der Erlaß vom 4. August 1941 über den Gegnernachrichtendienst gebracht haben; durch ihn wurde bei jeder Stapo-Stelle ein sogenannter N-Referent eingesetzt, der über die Polizeispitzel Kartei führte und deren Zusammenarbeit mit den verschiedenen Sachreferaten steuerte.

Im Zusammenhang mit den Überlegungen, die zur Errichtung des Reichssicherheitshauptamtes im Herbst 1939 führten, wurde 1938 sowohl eine Auflösung als auch eine Verstaatlichung des SD aus verschiedenen Gründen erwogen. Daß er bestehen blieb, und zwar, wie immer wieder betont wurde, als eine Organisation und einziger Nachrichtendienst der NSDAP, dürfte seinen Hauptgrund darin gehabt haben, daß nur auf diese Weise Himmler sich das Monopol für nachrichtendienstliche Tätigkeit auch im Bereich der nationalsozialistischen Bewegung sichern konnte. Hätte er den SD aufgelöst oder verstaatlicht, dann hätte irgendeine Instanz der Partei für den Bereich der Bewegung einen Nachrichtendienst aufziehen können. Einen Parallelfall gibt es auf dem Gebiet der Volkstumspolitik: Im Frühjahr 1942 wurde bei der Reichsleitung der NSDAP ein Hauptamt für Volkstumsfragen gegründet, das Himmler leitete, jedoch ausdrücklich nicht in seiner Eigenschaft als Reichskommissar für die Festigung deutschen Volkstums, sondern als Beauftragter der NSDAP für Volkstumsfragen; alle Durchführungsbestimmungen konnte er nur im Einvernehmen mit dem Leiter der Parteikanzlei, dem Reichsschatzmeister und dem Reichsorganisationsleiter der NSDAP erlassen. Mit dieser Regelung blockierte einerseits Himmler die Möglichkeit, daß im Bereich der NSDAP eine Instanz entstand, die unabhängig von ihm Volkstumspolitik hätte treiben können, während andererseits dem Anspruch der Partei Genüge getan war, in volkstumspolitischen Fragen mitzureden.

Das nachrichtendienstliche Monopol des SD im Bereich der nationalsozialistischen Bewegung war durch folgende Anordnung des Stellvertreters des Führers vom 9. Juni 1934 begründet worden:

»1. Nachdem die Vorarbeiten für die Überführung des Inlandsnachrichtenapparates des Außenpolitischen Amtes [scil. der NSDAP] in den Sicherheitsdienst des Reichsführers-SS abgeschlossen sind, hat die Überführung nunmehr unverzüglich zu erfolgen.

2. Die Ausführungsbestimmungen für die Überführung werden zwischen dem Chef des Sicherheitsamtes des Reichsführers-SS und dem Leiter der Zentrale des Außenpolitischen Nachrichtendienstes, soweit noch nicht geschehen, vereinbart.
3. Der Chef des Sicherheitsamtes des Reichsführers-SS meldet mir die erfolgte Überführung über den Reichsführer-SS bis zum 15. 7. 1934.
4. Nach der Überführung darf neben dem Sicherheitsdienst des Reichsführers-SS kein Nachrichten- oder Abwehrdienst der Partei mehr bestehen, auch nicht in der Form einer Inlandsnachrichtenorganisation für außenpolitische Zwecke.
5. Zahlungen der Gauleiter an irgendwelche Nachrichtendienststellen sind vom 1. 7. 1934 ab nicht mehr zu leisten. Dafür ist ein Betrag für die Arbeit des SD an die Reichsleitung abzuführen, über den besondere Verfügung des Reichsschatzmeisters ergeht.
6. Das Sicherheitsamt des Reichsführers-SS stellt durch geeignete Informationsberichte den Gauleitern die für diese wichtigen Ergebnisse seiner Arbeit zur Verfügung. Die Gauleiter sind für die Geheimhaltung der Berichte mir persönlich verantwortlich.
   Das Informationsblatt ›Ifo‹ stellt sein Erscheinen ein. Der Chef des Sicherheitsamtes weist die Führer der SD-Oberabschnitte durch ihre Dienstanweisung an, in der erforderlichen Weise die Gauleiter von für sie wichtigen Tatsachen unmittelbar zu unterrichten.
   Ich werde im Rahmen einer der nächsten Gauleitertagungen dem Reichsführer-SS Gelegenheit geben, die Gauleiter über die Arbeit des SD zu unterrichten und das SS-Amt zu zeigen.«

Ende des Jahres 1938 wurde das Monopol bestätigt durch eine Anordnung des Stellvertreters des Führers vom 14. Dezember 1938, deren erster Absatz lautete:

»Der Sicherheitsdienst des Reichsführers-SS ist durch meine Anordnung vom 9. 6. 1934 als einziger politischer Nachrichten- und Abwehrdienst der NSDAP, ihrer Gliederungen und angeschlossenen Verbände eingesetzt worden.
Der SD-RF-SS ist also eine Einrichtung der Partei. Der organisatorische und menschliche Träger dieser Einrichtung ist die SS als Gliederung der Partei.«

Der Preis, den der SD für diese Monopolstellung zahlen mußte, war das Verbot, sich um Vorgänge innerhalb der Partei zu kümmern; Beschwerden, die ihm über die Partei zugeleitet wurden, sollte er unbearbeitet an den Stellvertreter des Führers beziehungsweise später an den Leiter der Parteikanzlei weitergeben. Gegen diese Bestimmungen wurde allerdings oft verstoßen, und zwar vermutlich mit Himmlers oder Heydrichs geheimem Einverständnis. In einer ganzen Reihe von Fällen wurde jedenfalls ruchbar, daß sich der SD um Parteiangelegenheiten kümmerte, und es gab dann entsprechende Beschwerden bei Himmler. So liegen zum Beispiel aus den Jahren 1942/43 Briefwechsel mit den beiden Gauleitern Florian und Weinrich vor, die beide gegen den SD Beschwerde führten[58]. Florian wies auf einen Fragebogen für die SD-Vertrauensleute des Leitabschnitts Düsseldorf hin, der sich detailliert und wertend mit der Feiergestaltung der NSDAP beschäftigte. Er schrieb dazu: »Meine leider bis dahin noch nicht beweisbare Vermutung, daß der SD sehr wohl in Parteidingen herumwühlt, ist durch diesen Fragebogen eindeutig erwiesen.« Weinrich schrieb an die Parteikanzlei, seit vielen Jahren habe er schon die Tätigkeit der Stapo und des SD mit Befremden beobachten müssen, wobei der SD schlimmer als die Stapo sei. Viele der V-Männer des SD seien »schräge Vögel« und ganz junge Parteigenossen [von 1940]; wenn diese weiterhin Meldungen über parteiinterne Angelegenheiten erstatten, werde er sie wegen parteischädigenden Verhaltens anklagen.

Ebenfalls im Herbst 1938 erfolgte die *staatliche* Sanktionierung der Tätigkeit des SD durch einen Erlaß des RMdI vom 11. November 1938[59]:

> »Der Sicherheitsdienst des RFSS [SD] hat als Nachrichtenorganisation für Partei und Staat – insbesondere zur Unterstützung der Sicherheitspolizei – wichtige Aufgaben zu erfüllen. Der SD wird damit in staatlichem Auftrage tätig. Das erfordert ein enges und verständnisvolles Zusammenarbeiten zwischen dem SD und den Verwaltungsbehörden der Allgemeinen und Inneren Verwaltung.«

Obgleich sich aus den Quellen über die Zusammenhänge nichts Näheres entnehmen läßt, darf man doch vermuten, daß diese staatliche Sanktionierung und die Bestätigung des Monopols im Bereich der Partei miteinander zusammenhingen, daß sie das

[58] Himmler Files I/4/2, Archiv IfZ.
[59] RMBliV, S. 1906.

Ende der Krise des SD markierten und die weitere Entwicklung einleiteten, die zu der Bildung des Reichssicherheitshauptamtes im Herbst 1939 führte.
Obgleich er in den ersten Jahren des Dritten Reiches einer wirklichen Aufgabe ermangelte, war der SD doch gerade damals nicht ohne beträchtliche politische Macht gewesen. Im Nimbus der SS fungierte er nicht nur als Nebenpolizei, sondern mischte sich auch auf den verschiedensten Sachgebieten in Angelegenheiten von politischem Belang ein. Die eigentliche Bedeutung des SD bestand aber wohl darin, daß aus ihm eine Reihe von Leuten hervorgingen, die im Laufe der Jahre die politisch besonders wichtigen Stellen innerhalb der Sicherheitspolizei besetzten. Man findet sie später im Kriege allenthalben als Führer von Einsatzkommandos oder als Befehlshaber und Kommandanten der Sicherheitspolizei und in maßgebenden Positionen des RSHA.
Schließlich hatte der SD als selbständige Formation der Gesamt-SS noch eine bestimmte organisatorische Funktion: Im Zuge der von Himmler vorangetriebenen Verschmelzung von SS und Polizei wurden die Angehörigen der Polizei unter mehr oder minder starkem Druck veranlaßt, der SS beizutreten. Soweit es sich dabei um Angehörige der Sicherheitspolizei handelte, wurden sie der Formation SD zugewiesen und trugen die SS-Uniform mit der sogenannten SD-Raute am linken Ärmel. Da der Einsatz der Sicherheitspolizei in den besetzten Gebieten in der Regel in SS-Uniform erfolgte, stand er für außenstehende Beobachter des Auslands unter dem Signum des SD, so wie er im Altreich unter dem Signum der Gestapo stand.

5. Das Reichssicherheitshauptamt und die weitere Entwicklung der regionalen und der lokalen Organisation der Sicherheitspolizei und des SD

Im Vergleich zu den grundlegenden Veränderungen des Jahres 1936 brachte die Zusammenfassung der Sicherheitspolizei und des Sicherheitsdienstes RFSS [SD] im Reichssicherheitshauptamt [RSHA] am 27. September 1939 nichts wesentlich Neues. Zwar wurden wieder ein Amt aus dem Bereich des Staates, der Chef der Sicherheitspolizei, und ein Amt aus dem Bereich der nationalsozialistischen Bewegung, der Chef des SD-Hauptamtes, in Realunion zu einer Institution, dem »Chef der Sicherheitspolizei und des SD« vereinigt, doch bildete in diesem Fall

die Vereinigung nicht so sehr den Anfang als vielmehr den Abschluß einer Entwicklung. Denn einerseits war die Sicherheitspolizei praktisch schon entstaatlicht und zu einem Instrument der Führergewalt geworden, andererseits war und blieb der SD in einer Nebenrolle. Hier wurde also nicht etwa die Sicherheitspolizei vom SD »aufgesaugt«, sondern eher der SD von der Sicherheitspolizei.
Die »Zusammenfassung der zentralen Ämter der Sicherheitspolizei und des SD« zum Reichssicherheitshauptamt [RSHA] erfolgte durch Erlaß des RFSSuChdDtPol vom 27. September 1939 mit Wirkung vom 1. Oktober 1939 in folgender Weise:

RSHA Amt I wurde gebildet aus
Amt Verwaltung und Recht des HA Sipo
Amt I des SD-Hauptamtes [ohne I/3]
Abteilung I des Gestapa
Abteilung IV des Gestapa.

Amtschef war Dr. Best. Deshalb war die Abteilung IV des Gestapa zunächst mit ins Amt I genommen worden; denn Dr. Best besorgte neben seinen allgemeinen Verwaltungs- und Organisationsaufgaben den Aufbau der Abwehrpolizei.

RSHA Amt II wurde gebildet aus
den Abteilungen II/1 [Gegnerforschung] und I/3 des SD-Hauptamtes unter Professor Six als Amtschef.

RSHA Amt III wurde gebildet aus
der Abteilung II/2 [Deutsche Lebensgebiete] des SD-Hauptamtes unter Ohlendorf.

RSHA Amt IV wurde gebildet aus
Amt Politische Polizei des Hauptamtes Sipo
Abteilung II des Gestapa
Abteilung III des Gestapa.
Amtschef war Heinrich Müller.

RSHA Amt V wurde gebildet aus
Amt Kriminalpolizei des Hauptamtes Sipo
Reichskriminalpolizeiamt.
Amtschef: Nebe.

RSHA Amt VI wurde gebildet aus

Amt III [Auslandsnachrichtendienst SD-Hauptamt].
Amtschef: Jost.

Anfangs also waren drei von sechs Ämtern des RSHA Ämter des SD. Das wurde sehr bald dahingehend geändert, daß aus Amt I zwei Ämter gebildet wurden, nämlich Amt I [Personal] unter Bruno Streckenbach und Amt II [Organisation, Verwaltung, Recht] unter Best, während das bisherige Amt II unter Professor Six das neue Amt VII »Weltanschauliche Forschung und Auswertung« bildete. Die Abwehrpolizei kam als Gruppe IV E zum Amt IV.
Im Zusammenhang mit der Besetzung europäischer Länder im Krieg entstand im Amt IV RSHA neben den sachlich gegliederten Gruppen die nach territorialen Gesichtspunkten gegliederte Gruppe IV D »Großdeutsche Einflußgebiete«. Im Laufe der Zeit ergab es sich, daß die territorialen Gesichtspunkte immer wichtiger wurden, das heißt: daß die Bearbeitung aller Sachgebiete je eines Landes an Bedeutung gewann gegenüber der Bearbeitung je eines Sachgebietes für alle Länder. Daraus wurden im Jahre 1944 die Konsequenzen gezogen, indem man das Amt IV umorganisierte.
Es wurden die drei Hauptgruppen

IV A	Fachreferate
IV B	Länderreferate
IV G	Grenzpolizei

gebildet, die wie folgt gegliedert waren:

IV A 1	Links- und Rechtsopposition
IV A 2	Sabotagebekämpfung
IV A 3	Spionageabwehr
IV A 4	Juden, Kirchen
IV A 5	Sonderaufträge
IV A 6	Schutzhaft
IV B 1	Besetzte Westgebiete
IV B 2	Besetzte Ostgebiete
IV B 3	Besetzte Südostgebiete
IV B 4	Paß- und Ausweiswesen
IV B a A	Grundsatzfragen des Einsatzes ausländischer Arbeiter
IV G	Zollgrenzschutz, Grenzinspektion.

Zuweilen wird behauptet, das RSHA sei überhaupt keine einheitliche Dienststelle gewesen, sondern gewissermaßen nur eine innerdienstliche Sammelbezeichnung für verschiedene Dienststellen des Staates und der Partei, die zwar sachlich auf enge Zusammenarbeit angewiesen waren, de jure aber nichts miteinander zu tun gehabt hätten. Diese Behauptung beruht auf einer willkürlichen Isolierung eines Teils der Wirklichkeit, die das RSHA darstellte. Die ganze Wirklichkeit bestand darin, daß eine neue Instanz im Bereich der Führergewalt gebildet worden war: der Chef der Sicherheitspolizei und des SD [CSSD]. Ebenso wie die anderen Instanzen des Bereichs der Führergewalt verfügte auch diese Stelle über eine staatliche und eine parteiamtliche Komponente und kehrte je nach Bedarf die eine oder die andere hervor, ohne daß eine der beiden wirklich verbindlich gewesen wäre. Die Instanzen, die außerhalb des Bereichs der Normativität konstituiert waren, konnten sich innerhalb der Normativität beliebige Gestalten geben. Das zeigt sehr deutlich ein Erlaß, ebenfalls vom 26. September 1939, über die vom RSHA zu verwendenden Briefköpfe:

im internen Geschäftsbereich firmierte es als »Reichssicherheitshauptamt«,

im Geschäftsverkehr mit anderen Dienststellen als

»Der Chef der Sicherheitspolizei und des SD«

oder in bestimmten Fällen

»Der Reichsführer-SS und Chef der Deutschen Polizei«

oder auch

»Der Reichsminister des Innern«;

die Ämter IV und V als Exekutivinstanzen

»Geheimes Staatspolizeiamt«

beziehungsweise

»Reichskriminalpolizeiamt«.

Der gleiche Referent konnte also je nach Sachlage oder Opportunität unter »RSHA«, »Chef Sipo und SD«, »RFSSuChdDtPol«, »RMdI« oder »Geheimes Staatspolizeiamt« in Erscheinung treten.

Für diese Situation charakteristisch waren die weiteren Bestimmungen, daß durch die Zusammenfassung im RSHA die Stellung der einzelnen Ämter in der Partei und der staatlichen Verwaltung nicht geändert würde und daß die bisherigen Unterscheidungen zwischen Hauptamt Sicherheitspolizei, SD-Hauptamt, Geheimem Staatspolizeiamt und Reichskriminalpolizeiamt beizubehalten seien, soweit sie haushaltsrechtlich, wirtschaftlich usw. von Bedeutung beziehungsweise soweit diese Bezeichnungen in Gesetzen, Verordnungen usw. vorgeschrieben seien. Das heißt ja nicht, daß diese Gesichtspunkte für den CSSD und sein RSHA noch konstituierend gewesen seien, sondern muß in dem von E. R. Huber definierten Sinn als Legalisierung verstanden werden, das heißt als »äußere Überbrückung der Kluft, die in Wahrheit zwei wesensverschiedene Ordnungen trennt. Rücksichten auf das technische Funktionieren des Justiz- und Verwaltungsapparates sind die eigentlichen Gründe für die Methode der Legalität«. Beibehaltung der alten Bezeichnungen und Einordnung in die Bereiche von Staat und Partei bedeutete lediglich ein *Noch*-in-Geltung-Lassen aus technischen oder taktischen Gründen. – Wie beim RFSSuChdDtPol so war auch beim CSSD die außernormative Konstituierung und praktische Wirksamkeit der neuen Instanz der Führergewalt dem Nachvollzug der daraus sich für den normativen Bereich im einzelnen ergebenden Konsequenzen weit vorausgeeilt. Es geht aber nicht an, die noch bestehenden, ihrer Substanz jedoch beraubten, nur noch taktischer Verschleierung oder technischen Zwecken dienenden normativen Formen heute als die eigentliche Wirklichkeit hinzustellen, obgleich sie doch nicht nur von der Verfassungswirklichkeit, sondern auch von den ausdrücklich verkündeten neuen verfassungsorganisatorischen Grundsätzen längst überholt waren. Ein charakteristisches Beispiel für die wahre Sachlage ist die von Göring in seiner Eigenschaft als Vorsitzender des Reichsverteidigungsrates dem Chef der Sicherheitspolizei und des SD am 31. Juli 1941 erteilte Weisung, »alle erforderlichen Vorbereitungen in organisatorischer, sachlicher und materieller Hinsicht zu treffen für eine Gesamtlösung der Judenfrage im deutschen Einflußgebiet in Europa«. Das war nicht der eigentliche Befehl zur Endlösung gewesen, die zum damaligen Zeitpunkt schon im Gange war und auf einem Befehl Hitlers an Himmler beruhte, sondern es war die Fixierung des aufgrund der Führergewalt bereits erteilten Befehls im Bereich der Normativität, eine partielle Legalisierung, die nötig war, weil der CSSD für die Deportationsmaßnahmen Dienststellen des Staates heranziehen mußte, die einer gesetzlichen Grundlage bedurften, um tätig werden zu können [Finanzämter, Standesämter, Reichsbahn usw.].

Die Organisation der dem CSSD nachgeordneten regionalen und lokalen Dienststellen war *in den besetzten Gebieten* klar und einfach. Beim Einmarsch in diese Gebiete und in der ersten Zeit der Besetzung wurden die sicherheitspolizeilichen und nachrichtendienstlichen Belange von sogenannten *Einsatzgruppen* wahrgenommen. Nachdem schon an der Besetzung Österreichs polizeiliche Sondereinheiten teilgenommen hatten, wurden »Einsatzstäbe« des SD auch bei den Planungen des Einmarschs in die Tschechoslowakei vorgesehen. Das lehrt ein seinerzeit im SD-Hauptamt angefertigter Referentenentwurf[60], in dem es unter anderem heißt:

»Der SD folgt, wenn möglich, unmittelbar hinter der einmarschierenden Truppe und übernimmt analog seiner Aufgaben im Reich die Sicherung des politischen Lebens.

Maßnahmen im Reich stehen unter Leitung der Gestapo. SD wirkt mit. Maßnahmen im besetzten Gebiet stehen unter Leitung eines höheren SD-Führers. Den einzelnen Einsatzstäben werden Stapobeamte beigegeben. Notwendig ist die z. V. Stellung eines Verbandes der SS-Verfügungstruppe oder der Totenkopfverbände zur besonderen Verwendung.«

Über den tatsächlichen Einsatz im Sudetenland berichtete der »Völkische Beobachter« vom 10. Oktober 1938: »Gleichzeitig haben innerhalb der Sicherheitspolizei die Männer der Geheimen Staatspolizei in engster Zusammenarbeit mit den vorrückenden Wehrmachtsteilen sofort mit der Säuberung der befreiten Gebiete von marxistischen Volksverrätern und anderen Staatsfeinden begonnen.«

Kurz vor Beginn des Polenfeldzuges wurden sechs mit römischen Ziffern bezeichnete Einsatzgruppen gebildet, nämlich fünf in Entsprechung zu den in Bereitstellung befindlichen fünf Armeen und eine sechste speziell für die Provinz Posen. Sie trugen die Bezeichnung »Einsatzgruppen der Sicherheitspolizei« und waren in Einsatzkommandos unterteilt, von denen je eines einem Korps zugeteilt wurde. Alle Angehörigen dieser Einsatzgruppen trugen die Felduniform der SS-Verfügungstruppe mit der SD-Raute am linken Ärmel. Aufgabe der Einsatzgruppen war »Bekämpfung aller reichs- und deutschfeindlichen Elemente rückwärts der fechtenden Truppe«, was in einer Anordnung des AOK 8 folgendermaßen erläutert wurde: »Insbesondere Spionageabwehr, Festnahme von politisch unzuverlässigen Personen, Beschlagnahme von Waffen, Sicherstellung von abwehrpolizeilich wichtigen Unterlagen usw., Unterstützung der

[60] USSR-509.

Ortskommandanturen bei der Erfassung von Flüchtlingen und Wehrpflichtigen.«

In einem Aktenvermerk Heydrichs vom 2. Juli 1940 wird die Tätigkeit der Einsatzgruppen bis zum Polenfeldzug einschließlich wie folgt dargestellt[61]:

»Die Behandlung politisch-polizeilicher Angelegenheiten in den neubesetzten Westgebieten macht es erforderlich, kurz den Entwicklungsgang dieser Dinge im Zusammenhang mit dem Verhältnis OKH zur SS und Polizei in dieser Richtung kurz [sic!] aufzuzeichnen, um zur klaren Beurteilung der Situation zu gelangen und im Interesse der Verhütung weiterer Schäden in der politisch-polizeilichen Arbeit in den neubesetzten Gebieten Vorschläge zu machen.

Bei allen bisherigen Einsätzen: Ostmark, Sudetenland, Böhmen und Mähren und Polen, waren gemäß Sonderbefehl des Führers besondere polizeiliche Einsatzgruppen [Sicherheitspolizei und Ordnungspolizei] mit den vorrückenden, in Polen mit den kämpfenden Truppen vorgegangen und hatten auf Grund der vorbereiteten Arbeit systematisch durch Verhaftung, Beschlagnahme und Sicherstellung wichtigsten politischen Materials heftige Schläge gegen die reichsfeindlichen Elemente in der Welt aus dem Lager von Emigration, Freimaurerei, Judentum und politisch-kirchlichem Gegnertum sowie der 2. und 3. Internationale geführt.

Das Zusammenarbeiten mit der Truppe unterhalb der Stäbe und in vielen Fällen auch mit den verschiedenen Stäben des Heeres war im allgemeinen gut; lediglich über grundsätzliche Fragen der Staatsfeindbekämpfung bestand in vielen Fällen bei den höheren Befehlshabern des Heeres eine grundsätzlich andere Auffassung. Diese Auffassung, die zum größten Teil aus Unkenntnis der weltanschaulichen Gegnerlage heraus entstand, verursachte dann Reibungen und Gegenweisungen gegen die vom Reichsführer-SS nach den Weisungen des Führers sowie des Generalfeldmarschalls durchgeführte politische Tätigkeit[62].

Während bis zum polnischen Einsatz diese Schwierigkeiten im allgemeinen durch persönliche Fühlungnahme und Aufklärung zu meistern waren, bestand diese Möglichkeit beim polnischen Einsatz nicht. Ursache lag jedoch hier darin, daß die Weisungen, nach denen der polizeiliche Einsatz handelte,

[61] Vgl. Vjh. f. Zg. 11 (1963), S. 206ff.

[62] Im Original: »durchgeführten politischen Tätigkeit«.

außerordentlich radikal waren [z. B. Liquidierungsbefehl für zahlreiche polnische Führungskreise, der in die Tausende ging], daß den gesamten führenden Heeresbefehlsstellen und selbstverständlich auch ihren Stabsmitgliedern dieser Befehl nicht mitgeteilt werden konnte, so daß nach außen hin das Handeln der Polizei und SS als willkürliche, brutale Eigenmächtigkeit in Erscheinung trat.

Dazu kam, daß der Selbstschutz zu Anfang aus zwar verständlicher Erbitterung gegen die Polengreuel selbst zum Teil unmögliche, unkontrollierbare Racheakte ausführte, die dann wieder zu Lasten von SS und Polizei geschrieben wurden.«[63]

Für die Tätigkeit der »Einsatzgruppen der Sicherheitspolizei und des SD« im Rußlandfeldzug ist der einschlägige Befehlsentwurf des OKH vom 26. März 1941 überliefert, der keine wesentlichen Änderungen mehr erfahren haben dürfte, da seine Bestimmungen von der späteren Praxis bestätigt wurden. Der Befehlsentwurf lautet in seinen wichtigsten Passagen[64]:

»Die Durchführung besonderer sicherheitspolizeilicher Aufgaben *außerhalb* der Truppe macht den Einsatz von Sonderkommandos der Sicherheitspolizei [SD] im Operationsgebiet erforderlich.

Mit Zustimmung des Chefs der Sicherheitspolizei und des SD wird der Einsatz der Sicherheitspolizei und des SD im Operationsgebiet wie folgt geregelt:

1. *Aufgaben*

a] *Im rückw. Armeegebiet:*

Sicherstellung vor Beginn von Operationen festgelegter Objekte [Material, Archive, Karteien von reichs- und staatsfeindlichen Organisationen, Verbänden, Gruppen usw.] sowie besonders wichtiger Einzelpersonen [Führende Emigranten, Saboteure, Terroristen usw.].

[63] Der aus Volksdeutschen gebildete, Ende September 1939 von Himmler einheitlich organisierte »Selbstschutz« war gegen Ende des Polenfeldzuges als eine örtliche »Selbsthilfe-Milizorganisation« entstanden und zunächst den in den einzelnen Militärbezirken eingesetzten »Befehlshabern der Ordnungspolizei« unterstellt gewesen. Unter Mitwirkung der örtlichen Einsatzkommandos entwickelte er sich zu »einer Art volksdeutscher SS« [Broszat, Nationalsozialistische Polenpolitik 1939–1945, Stuttgart 1961, S. 60ff.], die im Rahmen größerer Gebiete »reichsdeutschen« SS-Führern unterstand, in den neuen Reichsgauen schließlich je einem »Führer des Selbstschutzes und der SS«. Besonders in Westpreußen, aber auch in Gebieten mit verstreuten volksdeutschen Gruppen [wie z. B. im Bezirk Lublin] vertreten und hier von den örtlichen SS- und Polizeiführern geleitet, unternahm der Selbstschutz zahlreiche »wilde« Aktionen der hier von Heydrich kritisierten Art. Mehr und mehr als Belastung empfunden – sogar der Generalgouverneur Frank sprach von der »Mordbande des SS- und Polizeiführers Lublin« – wurde der Selbstschutz im Frühjahr 1940 fast überall aufgelöst [Broszat, a.a.O.].

[64] NOKW-256.

Der Oberbefehlshaber der Armee kann den Einsatz der Sonderkommandos in Teilen des Armeegebietes ausschließen, in denen durch den Einsatz Störungen der Operationen eintreten können.

b] *Im rückw. Heeresgebiet:*
Erforschung und Bekämpfung der staats- und reichsfeindlichen Bestrebungen, soweit sie nicht der feindlichen Wehrmacht eingegliedert sind, sowie allgemeine Unterrichtung der Befehlshaber der rückw. Heeresgebiete über die politische Lage.

Für die Zusammenarbeit mit den Abwehroffizieren bzw. Abwehrstellen gelten sinngemäß die mit der Abwehrabteilung RKM am 1. 1. 37 gemeinsam aufgestellten Grundsätze für die Zusammenarbeit zwischen der Geheimen Staatspolizei und den Abwehrstellen der Wehrmacht.

2. *Zusammenarbeit zwischen den Sonderkommandos und den militärischen Kommandobehörden im rückw. Armeegebiet* [zu 1 a].
Die Sonderkommandos der Sicherheitspolizei [SD] führen ihre Aufgaben in eigener Verantwortlichkeit durch. Sie sind den Armeen hinsichtlich Marsch, Versorgung und Unterbringung unterstellt. Disziplinäre und gerichtliche Unterstellung unter den Chef der SP und des SD werden hierdurch nicht berührt. Sie erhalten ihre fachlichen Weisungen vom Chef der Sicherheitspolizei und des SD und sind bezüglich ihrer Tätigkeit gegebenenfalls einschränkenden Anordnungen der Armee [s. Ziff. 1 a] unterworfen.

Für die zentrale Steuerung dieser Kommandos wird im Bereich jeder Armee ein Beauftragter des Chefs der Sicherheitspolizei und des SD eingesetzt. Dieser ist verpflichtet, die ihm vom Chef der Sicherheitspolizei und des SD zugegangenen Weisungen dem Oberbefehlshaber der Armee rechtzeitig zur Kenntnis zu bringen. Der militärische Befehlshaber ist berechtigt, an den Beauftragten Weisungen zu geben, die zur Vermeidung von Störungen der Operationen erforderlich sind, sie gehen allen übrigen Weisungen vor.

. . .

Die Sonderkommandos sind berechtigt, im Rahmen ihres Auftrages in eigener Verantwortung gegenüber der Zivilbevölkerung Exekutivmaßnahmen zu treffen. Sie sind hierbei zu engster Zusammenarbeit mit der Abwehr verpflichtet. Maßnahmen, die sich auf die Operationen auswirken können, bedürfen der Genehmigung des Oberbefehlshabers der Armee.«

Die Gliederung der Einsatzgruppen beziehungsweise Einsatzkommandos entsprach im Prinzip der Gliederung des RSHA; es handelte sich also um verkleinerte mobile Ausgaben der Zentrale mit den entsprechenden Sparten von Stapo, Kripo und SD. – In Rußland wie auch in den anderen besetzten Gebieten wurden die Einsatzgruppen und -kommandos, wenn die Besatzungsverwaltung sich konsolidierte, in eine territorial fest stationierte Organisation der Sicherheitspolizei und des SD umgewandelt. In jedem besetzten Land wurde ein Befehlshaber der Sicherheitspolizei und des SD [BdS] eingesetzt [gesondert allerdings je ein BdS in Lothringen, im Elsaß, im Warthegau, im Generalgouvernement und in den Reichskommissariaten Ostland und Ukraine]; jedem BdS waren mehrere Kommandeure der Sicherheitspolizei und des SD [KdS] unterstellt, zum Beispiel im Generalgouvernement 5, in Norwegen 4, in der Ukraine 9, in Frankreich 16. – So waren die Befehlsverhältnisse im Grunde ganz klar und einfach: Der Befehlsweg ging vom RSHA aus zu den BdS und von dort zu den KdS; die Ordnungspolizei war in entsprechender Weise gegliedert:

RSHA	HA Orpo
|	|
BdS	BdO
|	|
KdS	KdO

Dieses Grundschema ist in sich nie verändert worden, sondern konnte nur partiell suspendiert werden, und zwar vor allem durch zwei Faktoren:

1. durch die Höheren SS- und Polizeiführer [HSSPF]. Wie weiter unten ausführlich dargestellt werden wird, hatten die HSSPF unter anderem Sonderaufgaben des Reichsführers-SS auszuführen und konnten sich zu diesem Zweck sämtlicher Teilorganisationen der SS und Polizei bedienen. In diesem Falle erhielten BdS und KdS ihre Befehle also nicht vom RSHA, sondern vom HSSPF;
2. durch die bedingte Unterstellung der Organe der Sicherheitspolizei unter die jeweilige örtliche Zivilverwaltung. Diese Unterstellung wurde durch Himmler von Fall zu Fall poli-

tisch ausgehandelt und ist in der Regel von sekundärer Bedeutung gewesen.

Wie groß unter der Einwirkung dieser beiden Faktoren die faktische Bedeutung des Grundschemas RSHA–BdS–KdS blieb, das hing von dem politischen Ansehen der beteiligten HSSPF und Zivilverwaltungsorgane ab. Da das Prinzip der Führergewalt die Verbindlichkeit aller objektiven institutionellen Regelungen relativierte und den Einfluß personaler Momente auf die Verwaltung vergrößerte, wurden die tatsächlichen Befugnisse eines Amtes in erheblichem Maße von dem politischen Ansehen des jeweiligen Amtsinhabers abhängig. So konnte etwa ein Chef der zivilen Verwaltung [ein Generalgouverneur, Reichsstatthalter, Landrat oder Oberbürgermeister] sich noch einen gewissen Einfluß auf die polizeiliche Exekutive erhalten, wenn er politisch etwas darstellte, wenn er vielleicht mit Hitler oder Himmler persönlich sehr gut stand oder bewährter »Alter Kämpfer« war. Innerhalb der SS und Polizei selbst spielte es eine entsprechende Rolle, ob einer altes SS-Mitglied oder alter SD-Angehöriger war, ob er gute Beziehungen zum RSHA hatte und was dergleichen Umstände mehr sind. Je nachdem konnte das politische Übergewicht im Einzelfall vielleicht beim Distriktsgouverneur, beim BdS oder beim HSSPF liegen. Immerhin hatte der oben dargestellte Normalfall der Befehlsverhältnisse doch solche Allgemeingültigkeit, daß wesentliche Abweichungen davon nicht einfach behauptet werden können, sondern begründet und bewiesen werden müssen.

Die interne Organisation der Dienststellen der BdS und KdS variierte je nach den durch die örtlichen Gegebenheiten bedingten Aufgaben und den jeweiligen personalpolitischen Verhältnissen. Zwar blieb auch hier das Grundschema des RSHA immer erhalten, es gab jedoch eine dauernde Fluktuation der Einrichtung und Auflösung von Dienststellen sowie kleinerer organisatorischer Veränderungen in den Dienststellen selbst. Soweit es sich um die Errichtung und Auflösung von BdS- und KdS-Dienststellen als solche handelte, lassen sich die Veränderungen wenigstens zum Teil im Befehlsblatt des CSSD verfolgen; schon Einrichtung und Auflösung von Außendienststellen sind dagegen im allgemeinen nicht nachweisbar. Als ein anschauliches Beispiel aus der Praxis können die Erinnerungen eines Angehörigen der Sicherheitspolizei über den Einsatz der Sicherheitspolizei und des SD in Norwegen gelten:

»Wohl noch am gleichen Abend wurde auf dem Sportplatzgelände hinter dem Blindern-Studentenheim in Oslo von Fehlis die Einteilung aller Angehörigen der Sicherheitspolizei und des SD in die einzelnen Kommandos für die verschiedenen Städte in Norwegen vorgenommen. Fehlis war übrigens für diese Einteilung nicht bestimmend. Befehlshaber der Sicherheitspolizei und des SD in Norwegen wurde damals Oberführer Dr. Stahlecker, der mit einem kleinen Stab im Stortingsgebäude seinen Dienstsitz hatte. Für Angelegenheiten der politischen Polizei war Dr. Stahlecker der Regierungsrat Dr. Knab zugeteilt. Dieser hatte sich bereits vor der Besetzung Norwegens dienstlich in Oslo aufgehalten, meines Wissens der Deutschen Gesandtschaft in Oslo attachiert. Als örtliche Dienststellen unter dem Befehlshaber der Sipo und des SD in Norwegen wurden Einsatzkommandos der Sipo und des SD zusammengestellt, beginnend mit dem Einsatzkommando 1 in Oslo ... Leiter des Einsatzkommandos wurden entweder Stapoleiter oder im Range entsprechende SD-Führer. Der Stellvertreter des Kommandoleiters sollte jeweils der anderen Sparte entnommen werden. So wurde Fehlis als Stapoleiter zum Leiter des Einsatzkommandos 1 in Oslo bestimmt, sein Stellvertreter wurde SS-Hauptsturmführer Podlich, ein SD-Führer, der gleichzeitig Leiter des SD beim Einsatzkommando wurde.

Die Unterteilung beim Einsatzkommando 1 in Oslo – im übrigen auch bei den anderen Einsatzkommandos – wurde noch nicht der neuen Unterteilung des Reichssicherheitshauptamtes in die Ämter I bis VI angepaßt. Man unterschied beim Einsatzkommando vorläufig noch zwischen SD, Stapo und Kripo. Wahrscheinlich hing das damit zusammen, daß der Einsatz in Norwegen nach den Erklärungen, die wir vorweg erhielten, nur auf einige Wochen oder höchstens Monate berechnet war.

...

Das Einsatzkommando 1 hatte bis Ende 1940 folgenden Aufbau: Abteilungen im später üblichen Sinn gab es nicht.

Das Kommando gliederte sich in:

SD, Leiter Hauptsturmführer Podlich

Stapo-Exekution, Leiter Regierungs- und Kriminalrat Opitz

Kripo, Leiter Kriminalrat Christensen

Stapo-Verwaltung [auch für SD und Kripo], Leiter Polizeiinspektor Remer.

Innerhalb der Stapo-Exekutive war unterteilt in Abteilung II [Innenpolitik] und Abteilung III [Spionageabwehr].

Innerhalb von Abteilung II bearbeitete Opitz II A [Marxismus], Kriminalkommissar Esser II C [Widerstand].

Abteilung III war mir unterstellt und wurde von mir unterteilt in Verfolgung einzelner Verdachtsfälle und Bearbeitung präventiver Abwehrfragen.

Im Spätsommer 1940 wurde Kriminaldirektor [damals Kriminalrat] Preuss Nachfolger von Opitz.

Ende 1940 starb Dr. Stahlecker während eines Aufenthaltes in Deutschland bei einem Bombenangriff[64a]. Fehlis wurde daraufhin mit der Wahrnehmung der Geschäfte des Befehlshabers der Sipo und des SD in Norwegen betraut. Der Stab Dr. Stahleckers wurde mit der Dienststelle des Einsatzkommandos 1 vereinigt. Einige Monate später, also wohl im Frühjahr 1941, wurde Fehlis amtlich Befehlshaber der Sipo und des SD in Norwegen, das Einsatzkommando 1 ging in dieser Dienststelle auf. Wohl etwa gleichzeitig wurden die übrigen Einsatzkommandos umbenannt in:

›Der Kommandeur der Sipo und des SD Stavanger‹ usw.

In der neugeschaffenen Dienststelle des BdS und des SD wurde die Einteilung entsprechend in Ämter der Einteilung beim RSHA durchgeführt. Den Aufbau und die Stellenbesetzung waren demnach wie folgt:

Abteilung I	[Personalangelegenheiten und Recht]
Abteilung II	[Verwaltung, Wirtschaftssachen]
Abteilung III	[SD, Lebensgebiete]
Abteilung IV	[Staatspolizei]
Abteilung V	[Kriminalpolizei]
Abteilung VI	[SD, Auslandsnachrichtendienst].«

Im Altreich waren die organisatorischen Verhältnisse bei den nachgeordneten regionalen und lokalen Dienststellen der Sicherheitspolizei wesentlich komplizierter; denn es handelte sich dort nicht um *ein* klares Prinzip, das nur mehr oder weniger unwesentliche Abwandlungen erfuhr, sondern es waren *zwei* einander ausschließende Prinzipien in Kraft, von denen das eine das andere allmählich verdrängen sollte. In aller Deutlichkeit finden wir das in einem Brief Heydrichs an Daluege vom 30. Oktober 1941 ausgesprochen:

»Wir müssen uns doch darüber klar sein, daß die Entwicklung der Polizei seit 1933 nicht organisch war, wir haben vielmehr die Organisations- und Verwaltungsform der Länder-

64a Wohl Verwechslung mit Ogruf. Weitzel, der 1940 in Düsseldorf umkam.

polizei übernommen und selbst bei der Verreichlichung im Jahre 1937 noch nicht grundlegend reorganisiert, sondern die preußische Organisationsform auf das Reich übertragen. Daneben aber sind dieser Polizeiorganisation zusätzliche polizeiliche und andere Funktionen aufgepfropft worden im Hinblick auf das vom Reichsführer-SS angestrebte Endziel. Die alte Polizeiverwaltung sowie die neuen Dienststellen der Höheren SS- und Polizeiführer und der Inspekteure bzw. der Befehlshaber sind doch zwei nebeneinander bestehende Führungsapparate der Polizei, die nebeneinander zuviel sind und infolgedessen in einer organisatorischen Form verschmolzen werden müssen. Die augenblicklich noch geltende unzureichende Autorisierung der Höheren SS- und Polizeiführer und der Inspekteure im Reichsgebiet ist zu schwach, um die Stellung gegen die mit immer größeren Führungsansprüchen gegenüber der Polizei auftretende Verwaltung halten zu können, – wir würden dem Reichsführer-SS damit einen schlechten Dienst erweisen. Unsere Gesamtorganisation von SS und Polizei muß daher organisatorisch richtig und planvoll bereits aufgebaut sein, wenn die Verwaltung bzw. der Staat darangehen, nach dem Kriege sich ihrerseits neu zu ordnen. Wir können also auf die Dauer weder den Höheren SS- und Polizeiführern noch den Inspekteuren im Reich ein sachliches Führungsrecht vorenthalten.«

Himmlers und Heydrichs Bestreben war also, die Sicherheitspolizei auch im Altreich so zu organisieren wie in den besetzten Gebieten und die Reste der traditionellen Organisation zu beseitigen, wonach die Polizei ein Teil der inneren Verwaltung gewesen war. Das führte natürlich zu endlosen Auseinandersetzungen mit der Bürokratie und auch zu einer Frontstellung gegen die Ordnungspolizei, die im wesentlichen die traditionelle Organisation beibehalten hatte. Himmler und Heydrich trieben die Veränderung der Polizeiorganisation in kleinen Schritten und unter taktischer Verschleierung, jedoch zielbewußt voran: Mit Runderlaß des RFSSuChdDtPol vom 28. August 1936[65] wurde mit Wirkung vom 1. Oktober 1936 für alle Dienststellen der politischen Polizei im ganzen Reich die einheitliche Bezeichnung »Geheime Staatspolizei« angeordnet; die Dienststellen selbst wurden umbenannt in Stapo-Stellen beziehungsweise Stapo-Leitstellen. – Mit Runderlaß der RuPrMdI vom 20. September 1936[66] erfolgte eine Neuordnung der

[65] RMBliV, S. 1344. [66] RMBliV, S. 1339.

staatlichen Kriminalpolizei; zwar wurde die Stellung der Kriminalpolizeibehörden zur inneren Verwaltung der einzelnen deutschen Länder nicht verändert, sie wurden aber der fachlichen Leitung des Preußischen Landeskriminalpolizeiamtes [des späteren Reichskriminalpolizeiamtes] unterstellt und in Parallele zur politischen Polizei in »Kriminalpolizei-Stellen« und »Kriminalpolizei-Leitstellen« umbenannt. Hatte die Umbenennung auf seiten der politischen Polizei die Entwicklung der vorangegangenen Jahre lediglich besiegelt, so besaß sie auf seiten der Kripo den Charakter eines Programms der organisatorischen Angleichung der Kripo an die Stapo. Ebenfalls mit Runderlaß des RuPrMdI vom 20. September 1936 und ebenfalls mit Wirkung vom 1. Oktober des gleichen Jahres wurden Inspekteure der Sicherheitspolizei eingesetzt[67]. Gemäß ihrer Dienstanweisung sollten sie vor allem für eine »verständnisvolle Zusammenarbeit« zwischen der Sicherheitspolizei mit den Zentralstellen der allgemeinen und inneren Verwaltung, mit den Gauleitern der NSDAP und den Dienststellen der Wehrmacht sorgen. Weiterhin sollten sie die Durchführung der Erlasse des Chefs der Sicherheitspolizei in ihrem Gebiet überwachen und für die organisatorische Angleichung der Behörden der Gestapo und der Kripo besorgt sein. Letzteres kam der den Inspekteuren der Sicherheitspolizei [IdS] tatsächlich zugedachten Funktion wesentlich näher als die einleitenden Bestimmungen; denn die IdS bildeten die ersten Pfeiler der neuen Organisationsform der Polizei, die Heydrich gegen die alte durchsetzen wollte. Das beweist folgendes Schreiben Heydrichs an die Inspekteure der Sicherheitspolizei und des SD und an die Staatspolizei-Leitstellen vom 12. Juni 1941 betreffend den »Übergang der Leitaufgaben der Staatspolizei-Leitstellen auf die Inspekteure der Sicherheitspolizei und des SD[68]:

> »Zur Vermeidung von Doppelarbeit, die sich aus der Überschneidung der Befugnisse der Inspekteure der Sicherheitspolizei und des SD und der Leitaufgaben der Staatspolizei-Leitstellen ergeben hat, bestimme ich, daß die Leitaufgaben der Staatspolizei-Leitstellen auf die Inspekteure der Sicherheitspolizei und des SD übergehen. Dazu gehört insbesondere die Abhaltung von Tagungen und Dienstbesprechungen.
> Die Inspekteure haben sich bei der Bearbeitung dieser Aufgaben des Leiters der Staatspolizei-Leitstelle an ihrem Dienst-

[67] RMBliV, S. 1343.
[68] MA 433, Bl. 8714, Archiv IfZ.

sitz als Hauptmitarbeiter nach der ergänzenden Dienstanweisung vom 1. 2. 1940 zu bedienen.

Die Stellung der Leiter der Sicherheitspolizei-Leitstellen als politische Referenten der Reichsstatthalter, Landesregierungen bzw. Oberpräsidenten bleibt durch diese Regelung unberührt. Sie üben diese Tätigkeit jedoch auch als Hauptmitarbeiter der Inspekteure aus, *ohne daß dies nach außen hin in Erscheinung treten darf...* Zur Vermeidung unerwünschter Auseinandersetzungen ist diese *interne Regelung*, ohne Aufhebens zu machen, stillschweigend durchzuführen; eine Bekanntgabe an dritte Stellen hat unbedingt zu unterbleiben.«

Wenige Monate später schrieb Heydrich in dem oben zitierten Brief an Daluege: »Wir können also auf die Dauer weder den Höheren SS- und Polizeiführern noch den Inspekteuren im Reich ein sachliches Führungsrecht vorenthalten.«

Ein anderes Dokument beweist, daß die Inspekteure auch auf dem Sektor der Kriminalpolizei die Herauslösung aus der inneren Verwaltung betrieben; es veranschaulicht außerdem aus den leidvollen Erfahrungen eines Polizeipräsidenten, mit welcher Planmäßigkeit die Sicherheitspolizei ihre Ziele verfolgte. Es handelt sich um einen Brief des SS-Brigadeführers und Dresdener Polizeipräsidenten Karl Pflomm an Ministerialdirektor Bracht vom 18. Februar 1943[69]:

»Ich kann als Nationalsozialist nicht mehr länger verantworten, wenn ein Stück nach dem anderen aus meinem Aufgabengebiet als Polizeipräsident herausgebrochen wird. Das Aufgabengebiet, das mir verbleibt, füllt meine Arbeitskraft nicht aus, und ich kann es gerade jetzt im Kriege nicht verantworten, eine Stelle zu bekleiden, in der ich nicht ganz in Anspruch genommen bin. Ich will an verantwortungsvoller Stelle die Arbeit leisten, die die Tatkraft eines ganzen Mannes beansprucht.

Seit der Einrichtung der Inspekteure sowohl für die Ordnungs- als auch für die Sicherheitspolizei und den SD, deren Notwendigkeit ich in keiner Weise bezweifeln möchte, geschehen Eingriffe in meine Tätigkeit als Polizeipräsident, die zum Teil meine Autorität herabsetzen.

Am stärksten wirkt sich das durch den Inspekteur der Sicherheitspolizei und des SD aus. Er verkehrt unmittelbar mit dem Leiter der Kriminalpolizeileitstelle, erteilt unmittelbare Anweisungen und Befehle, sogar in seiner Vertretung, die von

[69] MA 288, Bl. 8884ff., Archiv IfZ.

diesem auszuführen sind. Ich, der Polizeipräsident als ›Chef der Kriminalpolizei‹, werde dabei vollständig übergangen. Selbst die Verfügungen sind an den Leiter der Kriminalpolizeileitstelle gerichtet und gehen ihm unmittelbar zu. Wenn der Leiter der Kriminalpolizeileitstelle mich nun täglich auf meine besondere Anordnung hin von allen Vorkommnissen zu unterrichten hat, so geschieht das lediglich nur, um meiner Anordnung zu genügen, denn in Wirklichkeit hält er es selbst nicht für notwendig, zum täglichen Vortrag zu erscheinen. Es fehlt also zwischen dem Polizeipräsidenten als ›Chef der Kriminalpolizei‹ und dem Leiter der Kriminalpolizeileitstelle jeglicher Kontakt, was sich natürlich in dienstlicher Hinsicht nachteilig auswirken muß. Sowohl der Leiter der Kriminalpolizeileitstelle als auch dessen Beamte erblicken allein in dem Inspekteur der Sicherheitspolizei und des SD ihren Vorgesetzten. Diese Auffassung wird dadurch bestärkt, daß bei den Tagungen der Leiter der Kriminalpolizeistellen und -leitstellen in Berlin nur von den Inspekteuren der Sicherheitspolizei und des SD die Rede ist, und der Polizeipräsident als ›Chef der Kriminalpolizei‹ überhaupt nicht erwähnt wird. In den Lehrgängen für leitende Kriminalbeamte in Prag wird sogar bekanntgegeben, daß die Kriminalpolizei den Inspekteuren der Sicherheitspolizei und des SD unterstellt sei. Ferner sei es allein Aufgabe des Leiters der Kriminalpolizei, den Dienst nach seiner Auffassung festzusetzen. Der Polizeipräsident als ›Chef der Kriminalpolizei‹ hat daher nur noch das rein Verwaltungsmäßige zu unterschreiben, was ihm der Leiter der Kriminalpolizeileitstelle im Auftrage des Inspekteurs der Sicherheitspolizei und des SD vorlegt.«

Die Vollendung der Eigenständigkeit der Sicherheitspolizei nach dem Muster der Verhältnisse in den besetzten Ländern wurde im Altreich jeweils erst dann und in den Teilen erreicht, die Kriegsgebiet zu werden drohten. Einige Beispiele dafür finden sich im Befehlsblatt des CSSD:

18. 5. 1944
Der IdS in Salzburg wird BdS

17. 8. 1944
Der IdS in Königsberg wird BdS. Die Stapo-Stellen und Kripo-Stellen in Königsberg, Tilsit, Zichenau-Schröttersberg, Danzig, Bromberg, Posen und Litzmannstadt werden

als selbständige Dienststellen aufgelöst und zu Kommandeurs-Stellen der Sipo zusammengefaßt.

5. 10. 1944
Der IdS in Breslau wird BdS. Die Stapo- und Kripo-Stellen seines Befehlsbereichs werden zu Kommandeurs-Stellen oder Hauptaußenstellen von Kommandeurs-Stellen der Sipo zusammengefaßt.

Das sind nur einige Beispiele von vielen. Im Befehlsblatt des CSSD vom 26. März 1945 befindet sich folgende Liste der zum damaligen Zeitpunkt existierenden KdS im Reichsgebiet: Potsdam, Frankfurt/Oder, Niederschlesien [mit verändertem Standort], Breslau, Klagenfurt, Königsberg, Danzig, Dresden, Prag, Brünn, Reichenberg, Wien, Baden [»z. Z. Karlsruhe«], Frankfurt/Main, Münster, Dortmund, Düsseldorf [Standort veränderlich], Bremen, Hamburg, Kiel, Lüneburg, Braunschweig, Magdeburg, Hannover, Würzburg, Nürnberg, Kassel, Weimar, Württemberg [in Stuttgart], Leipzig, Halle, Chemnitz.

6. Die politische Polizei als Kern einer »politischen Verwaltung«

In dem zum 60. Geburtstag Innenminister Dr. Fricks herausgegebenen Festschrift »Dr. Wilhelm Frick und sein Ministerium[70] befindet sich ein Aufsatz Himmlers über Aufgaben und Aufbau der Polizei des Dritten Reiches. Darin heißt es u. a.:

»Die nationalsozialistische Polizei hat zwei große Aufgaben:
a] Die Polizei hat den Willen der Staatsführung zu vollziehen und die von ihr gewollte Ordnung zu schaffen und aufrechtzuerhalten.
b] Die Polizei hat das deutsche Volk als organisches Gesamtwesen, seine Lebenskraft und seine Einrichtungen gegen Zerstörung und Zersetzung zu sichern.
Die Befugnisse einer Polizei, der diese Aufgaben gestellt sind, können nicht einschränkend ausgelegt werden.
Die nationalsozialistische Polizei leitet ihre Befugnisse zum Vollzug des Willens der Staatsführung und zur Sicherung des Volkes und des Staates nicht aus Einzelgesetzen, sondern aus der Wirklichkeit des nationalsozialistischen Führerstaates und aus den ihr von der Führung gestellten Aufgaben her. Ihre Befugnisse dürfen deshalb nicht durch formale Schranken gehemmt werden, weil diese Schranken sonst

[70] München 1937.

auch den Aufträgen der Staatsführung entgegenstünden. Das nationalsozialistische Polizeirecht wird deshalb nicht in Einzelgesetzen, durch die einzelne Befugnisse der Polizei begründet werden sollen, seine Form finden können. Sonst müßten diese Gesetze durch jeden abweichenden Auftrag der Staatsführung durchbrochen werden – was dem Wesen des Gesetzes als einer gleichbleibenden und unveränderlichen Ausdrucksform des Führungswillens widerspräche. Wie die Wehrmacht kann die Polizei nur nach Befehlen der Führung und nicht nach Gesetzen tätig werden. Wie der Wehrmacht werden der Polizei durch die Befehle der Führung und durch die eigene Disziplin die Schranken des Handelns bestimmt.«

In diesen Ausführungen sind zwei Gesichtspunkte wichtig und bemerkenswert: Erstens soll die Polizei nicht nur die bestehende Ordnung vor Schaden schützen, sondern sie beansprucht, auch positiv an der Gestaltung der Ordnung mitzuwirken; zweitens soll die Polizei nicht an das Gesetz gebunden sein. Beides waren alte Vorstellungen Himmlers beziehungsweise der SS, die hier nicht zum ersten Male, wohl aber in sehr offizieller Form ausgesprochen wurden. Der Anspruch auf positive Gestaltung war z. B. schon im Frühjahr 1933 zum Ausdruck gekommen, als Himmler kommissarischer Polizeipräsident in München wurde, damit »die Reichsregierung der nationalen Erhebung unter der Führung Adolf Hitlers auch in Bayern treue Gefolgschaft findet«. Interessanterweise äußert hier auch Himmler den Gedanken, den Dr. Best in seinem Kommentar zum Gestapogesetz von 1936 ausgesprochen hatte [vgl. oben S. 47f.], daß das außernormative Handeln *beziehungslos* neben der normativen Ausformung des Führerwillens [d. h.: der gesetzlichen Ordnung] stehen müsse, da es nicht angehe, daß diese ständig durchbrochen würde.

Daß für Angelegenheiten von politischer Bedeutung nicht die staatliche Bürokratie, sondern die SS zuständig sei, hat der damalige Chef des Rasse- und Siedlungshauptamtes, Günther Pancke, in einem Brief an Heydrich vom 31. März 1939 charakteristisch formuliert:

»Da nach meiner Ansicht das Siedlungsproblem, besonders außerhalb der alten Reichsgrenzen, in erster Linie ein politisches ist, kommt für die Bearbeitung desselben m. E. auch nur eine politische Organisation – also die SS – in Frage und nicht Ministerialbüros, die sich bisher zur Durchführung politischer Aufgaben weitgehend als ungeeignet erwiesen haben.«

Die SS galt als das Instrument der Verwirklichung des Führerwillens, der staatlichen Verwaltung war dagegen lediglich die politisch belanglose, routinemäßige Behördenarbeit zugedacht. In dem Maße nun, wie die Sicherheitspolizei mit der SS eine Einheit bildete, ging die Rolle der politischen Exekutive auf sie über; sie deutete ihre polizeiliche Zuständigkeit in eine politische um. So sagte Himmler zum Beispiel in einem Erlaß über die Höheren SS- und Polizeiführer vom 21. Mai 1941 ausdrücklich, diese seien »für das Gebiet der politischen Verwaltung« vorgesehen. In den Schriftsätzen der SS- und Polizeidienststellen werden die Behörden der inneren Verwaltung häufig als »Zivilverwaltung« bezeichnet und als solche von SS und Polizei strikt unterschieden. Die Vorstellung, daß die Polizei eigentlich ein Organ der inneren Verwaltung ist, war ausgelöscht. Die Polizei, besonders die Gestapo, nahm in Anspruch, aufgrund eines »politischen Gesamtauftrages« zu handeln, der eine gesetzliche Grundlage für die Einzelmaßnahme entbehrlich werden ließ. In einem Runderlaß des RSHA vom 15. April 1940 wurde das ausdrücklich festgestellt:

»1. Die Rechtsgültigkeit staatspolizeilicher Anordnungen ist nicht davon abhängig, daß die Verordnung des Reichspräsidenten zum Schutz von Volk und Staat vom 28. Februar 1933 als Rechtsgrundlage für diese Anordnungen angezogen wird, da sich die Befugnis der Geheimen Staatspolizei zur Durchführung aller Maßnahmen, die zur Erfüllung ihrer Aufgaben erforderlich sind, *nicht aus einzelnen Gesetzen und Verordnungen, sondern aus dem Gesamtauftrag herleitet, der der Deutschen Polizei im allgemeinen und der Geheimen Staatspolizei im besonderen im Zuge des Neuaufbaues des nationalsozialistischen Staates erteilt worden ist.*

2. Es erübrigt sich daher grundsätzlich, staatspolizeiliche Anordnung auf die Verordnung vom 28. Februar 1933 zu stützen. Lediglich in den Fällen, in denen es erwünscht erscheint, daß staatspolizeiliche Anordnungen unter strafrechtlichen Schutz gestellt werden, ist die Verordnung vom 28. Februar 1933 heranzuziehen.«

»Politischer« Gesamtauftrag, Teilnahme an der positiven Gestaltung und Lösung aus den gesetzlichen Bindungen gehörten zusammen. Schon im Jahre 1941 war Heydrich von Himmler für die politische Linie der gesamten SS verantwortlich gemacht worden. In seinem Brief an Daluege vom 30. Oktober 1941 schrieb Heydrich, daß sein Hauptamt das politische Hauptamt der SS sei; einige Tage später, am 4. November 1941, schrieb er an Gottlob Berger, der gerade Präsident der Deutsch-Vlämischen Arbeitsgemeinschaft geworden war:

»Dieses neue von Ihnen übernommene Arbeitsgebiet, das ja auch stark politische Fragen berühren wird, gibt mir zugleich Veranlassung, die weitere Ausgestaltung unserer Zusammenarbeit und die Abgrenzung unserer beiderseitigen Arbeitsgebiete zu klären ... Wie Sie wissen, ist die Zusammenarbeit mit meinen Dienststellen draußen und Ihren Ergänzungsstellen sehr gut. Es ist aber natürlich, daß bei der Arbeit Ihrer Ergänzungsstellen häufig auch Probleme vorwiegend politischen Charakters anfallen, die von dort an Sie weitergeleitet werden. Es wäre mir nun sehr lieb, wenn in den Fällen, in denen Sie Mitteilungen vorwiegend politischen Charakters an den RFSS weitergeben bzw. Maßnahmen anregen, deren Auswirkung auch oder überwiegend politisch ist, ich vorher beteiligt werden würde, *da ich ja dem* RFSS *für die politische Linie in den besetzten Gebieten verantwortlich bin.*«

Ebenfalls in seinem Brief an Daluege schrieb Heydrich, »daß über 90% aller Dinge im Osten überwiegend politischer Natur sind und daher meinen Geschäftsbereich überwiegend interessieren«. Unter diesen Umständen nimmt es nicht wunder, daß Alfred Rosenberg in seiner Eigenschaft als Reichsminister für die besetzten Ostgebiete in einer Denkschrift vom 27. August 1941[71] sich darüber beklagte, daß der Reichsführer-SS einen Entwurf zur Änderung des Führererlasses über die Einsetzung einer Verwaltung im Osten vorgelegt habe, in dem es heißt, der RFSSuChdDtPol habe die Aufgabe der *innerpolitischen Sicherung* dieser Gebiete, ihm obliege deren polizeiliche *und politische Sicherung.* Mit vollem Recht lehnte Rosenberg auch eine von Himmler vorgeschlagene Abänderung dieses Entwurfs ab, in der nunmehr dem RFSSuChdDtPol die Weisungsbefugnis an seine Organe »im Rahmen seiner *Gesamtaufgabe*« zugesprochen werden sollte:

»Aus diesem Entwurf war ersichtlich, daß der Reichsführer-SS von seinem Wunsch der bestimmenden politischen Verwaltung keinen Abstand nehmen wolle. Dieser Wunsch war in das Wort ›Gesamtaufgabe‹ eingeführt worden, das staatsrechtlich überhaupt nicht zu fassen war.«

Mit Erlaß vom 25. Juni 1942 gab Himmler den Hauptamtchefs

[71] NO-3726.

der SS die Verantwortlichkeit des RSHA für die Gleichrichtung aller politischen Angelegenheiten der SS in aller Form bekannt:

»Die politische Entwicklung des Reiches ist durch die Kriegsereignisse noch beschleunigt worden. Besonders für die neu besetzten Gebiete müssen fortgesetzt Entscheidungen getroffen werden, die von ausschlaggebender Wichtigkeit auch für die künftige politische Entwicklung im Reich selbst und damit im besonderen Maße auch für die gesamte SS sind. Die von unserem Standpunkt als SS-Männer erforderlichen politischen Entscheidungen werden wir nur mit der erforderlichen Durchschlagskraft zur Geltung bringen können, wenn sie absolut einheitlich ausgerichtet sind und in richtiger Form den jeweiligen Schwankungen in der Entwicklung Rechnung tragen. Zwar weiß ich, daß jeder meiner Hauptamtchefs ohne weiteres die im großen richtige politische Linie schon von sich aus vertreten wird. Aber gerade die erforderliche Anpassung an die jeweils herrschende Situation kann nur gesichert werden, wenn die Abstimmung aller politischen Handlungen seitens der SS von einer Stelle vorgenommen wird, die sofort und unmittelbar jede derartige Schwankung erfährt. Unter den SS-Hauptämtern hat allein das Reichssicherheitshauptamt die Möglichkeit, durch seine überwiegende politische Arbeit diesen ständigen unmittelbaren Kontakt mit jeder politischen Entwicklungsphase zu halten.

Ich ordne daher an, daß alle SS-Hauptämter sämtliche politisch bedeutsamen Vorgänge zum Zwecke der einheitlichen Abstimmung dem Reichssicherheitshauptamt zur Mitzeichnung zuleiten, bevor diese Vorgänge mir vorgelegt oder an Dienststellen außerhalb der SS gerichtet werden. Ich ersuche, durch Bekanntmachung in den Stäben für strikte Einhaltung dieser Anordnung Sorge zu tragen.«

Die Konsequenz dieses für den CSSD beziehungsweise den RFSSuChdDtPol erhobenen Zuständigkeitsanspruchs für alle politischen Fragen war, daß diese allen anderen Stellen eine politische Kompetenz streitig machten. Für die Ordnungspolizei, das SS-Hauptamt und das Ostministerium wurden Beispiele schon zitiert; ein weiterer charakteristischer Fall betraf ebenfalls das Ostministerium: Zwischen Heydrich und Rosenberg gab es im Mai 1942 eine Auseinandersetzung über die Bestimmung des Begriffs »Jude« in den besetzten Ostgebieten.

Heydrich schrieb in diesem Zusammenhang am 17. Mai 1942 an Rosenberg, aus der dem Chef Sipo und SD erteilten Sonderermächtigung für die Endlösung der Judenfrage ergebe sich, daß die Behandlung der Judenfrage in den polizeilichen Aufgabenbereich gehöre und nach dem gemeinsamen Runderlaß des Ostministers und des Reichsführers-SS über die Zuständigkeit der polizeilichen Dienststellen in den besetzten Ostgebieten innerhalb der Behörden des Generalkommissars federführend durch den SS- und Polizeiführer zu erfolgen habe. Wörtlich schrieb Heydrich weiter: »Im Hinblick auf das Führungs- und Hoheitsrecht des Generalkommissars habe ich zwar keine Bedenken, daß entgegen der in der Besprechung vom 29. 1. 1942 festgelegten Fassung in der Verordnung selbst nur der Generalkommissar nach außen hin in Erscheinung tritt. Dagegen kann ich nicht darauf verzichten, daß durch den gleichzeitig ergehenden Runderlaß einwandfrei dargetan wird, daß die dem Generalkommissar gemäß § 2 Abs. 3 zustehende Entscheidungsbefugnis bei dem Kommandeur der Sicherheitspolizei und des SD liegt.«[72]

Es hing ebenfalls mit dem politischen Führungsanspruch der SS und Polizei zusammen, daß Himmler schon 1936, als er Chef der Deutschen Polizei werden sollte, für seinen Geschäftsbereich nicht nur die ganze Polizeiabteilung des Reichsinnenministeriums, sondern auch die Angelegenheiten der Reichsverteidigung und Wehrmacht aus der Zentralabteilung dieses Ministeriums und einige andere politisch wichtige Sachgebiete forderte[73]. Er setzte wirklich durch, daß die Angelegenheiten des Presserechts und Waffenrechts, des Verkehrs mit Waffen, Paßangelegenheiten und die Personalien aller Beamten der Polizeiabteilung des Ministeriums, der Polizeipräsidenten und Polizeidirektoren aus anderen Abteilungen des Ministeriums in die Polizeiabteilung übergeführt wurden. In den Reichsverteidigungs- und Wehrmachtsangelegenheiten wurde ein Kompromiß dahingehend geschlossen, daß für die Gesetzgebung die Abteilung I des Ministeriums zuständig blieb, hingegen Abwehrfragen, der Polizeischutz und Durchführungsmaßnahmen polizeilicher Natur vom Chef der Deutschen Polizei bearbeitet

[72] Dieser Streitfall wurde übrigens seinerzeit durch Himmler selbst mit dem berühmten Brief an Gottlob Berger [Chef des SS-Hauptamts und Himmlers Vertrauter im Ostministerium] vom 28. Juli 1942 beendet, in dem es heißt: »Ich lasse dringend bitten, daß keine Verordnung über den Begriff ›Jude‹ herauskommt. Mit all diesen törichten Feststellungen binden wir uns ja selber die Hände. Die besetzten Ostgebiete werden judenfrei. Die Durchführung dieses sehr schweren Befehls hat der Führer auf meine Schultern gelegt. Die Verantwortung kann mir ohnedies niemand abnehmen. Also verbiete [sic!] ich mir alles Mitreden.«

[73] Die weiteren Ausführungen folgen zum Teil der Arbeit von H. J. Neufeldt über die Entstehung und Organisation des Hauptamtes Ordnungspolizei [Schriften des Bundesarchivs, Nr. 3].

wurden. – Die folgenden Jahre brachten zahllose Kompetenzstreitigkeiten zwischen Polizei und Innenministerium, und in der Gründung des RSHA muß man unter anderem auch eine Maßnahme sehen, die gegen das Reichsinnenministerium gerichtet war. In den Jahren 1942/43 wurden im RSHA Erwägungen, wenn auch noch sehr vager Natur, über die Bildung eines Reichssicherheitsministeriums angestellt. In einem Schreiben des Ersten Adjutanten des CSSD, Sturmbannführer Ploetz, an den Persönlichen Stab RFSS vom 1. April 1943 heißt es dazu[74]:

»Im Reichssicherheitshauptamt gibt es an verschiedenen Stellen Ausführungen über den Aufbau und Geschäftsverteilungsplan eines Reichssicherheitsministeriums. Soweit ich unterrichtet bin, sind diese Pläne niemals zur Vollendung gelangt. Ich persönlich glaube auch, daß mehr als nur provisorische Vorschläge der Sachbearbeiter für diese spätere Endlösung erforderlich wären und daß es insbesondere der Initiative und politischen Planung der Chefs Sicherheitspolizei und Ordnungspolizei bei der Vollendung der Entwürfe bedürfen wird.«

Als Himmler im August 1943 selbst Reichsinnenminister geworden war, löste er durch Erlaß vom 7. September 1943 zur »polizeilichen Sicherung der Volksordnung« aus der Abteilung I des Ministeriums [Verfassung, Gesetzgebung, Verwaltung] zahlreiche wichtige Materien heraus und übertrug sie dem RSHA. Dessen Vormacht vor dem Innenministerium war damals schon so groß, daß die Ernennung Himmlers zum Reichsinnenminister keine einschneidende Veränderung der Machtverhältnisse mehr bedeutete.

Auch gegenüber der Ordnungspolizei machte die Sicherheitspolizei den Anspruch der ausschließlichen politischen Kompetenz geltend und entzog ihr deshalb im Laufe der Jahre alle Angelegenheiten von politischer Relevanz. Bereits spätestens 1941 hatte Himmler Heydrich beauftragt, »alle Verhandlungen über die Polizeiarbeit und den Polizeieinsatz im Osten und alle Verhandlungen über die sonstigen Arbeiten des Reichsführers-SS in den Ostgebieten mit dem Reichsminister Rosenberg und seinem Ministerium zu besprechen«, wobei auch die Angelegenheiten der Ordnungspolizei mit betroffen waren[75]. Heydrich schrieb über das Verhältnis von Sicherheitspolizei und Ord-

[74] MA 330, Bl. 3862ff., Archiv IfZ.
[75] Daluege an Heydrich vom 1. Oktober 1941.

nungspolizei in seinem bereits mehrfach zitierten, für das Verständnis der Entwicklung der Polizei im Dritten Reich eminent wichtigen Brief an Daluege vom 30. Oktober 1941:

»Zur Verteilung in unseren Hauptämtern möchte ich Dir ganz offen sagen, daß ich unter dem Gesichtspunkt, daß mein Hauptamt das politische Hauptamt des RFSS ist, eine Anzahl von Dingen aus Deinem Verwaltungsbereich [Bracht] logisch noch für meinen Aufgabenbereich in Anspruch nehme... Die Zweiteilung des Polizeipräsidiums bedeutet die konsequente Durchführung der Zweiteilung der Zentrale. Das Polizeipräsidium ist ebenso Deine wie meine Behörde. Da Du die Personalangelegenheiten der Höheren SS- und Polizeiführer behandelst und federführend behandelst, lege *ich* z. B. Wert darauf, die Personalien der Polizeipräsidenten zu behandeln, wenn nicht der Reichsführer-SS auch diese Personalien in Zukunft – da sie unseren *beiden* Hauptämtern dienen – dem SS-Personalhauptamt einmal überträgt. Das Sträuben Brachts, in der Haushaltsangelegenheit die Zweiteilung bis unten durchzuführen, und das Verstecken hinter dem Finanzminister liegen auf der gleichen Ebene.

Das Wesentlichste aber wird sein, endlich die Polizeiverwaltung als solche mit dem Regiment der Juristen umzugestalten.

Ich sehe in dem Bestreben der Dich beratenden Juristen nur das Bemühen, beharrlich sich dagegen zu wehren, daß im Bereiche der Ordnungspolizei wie im Bereiche der Polizeipräsidien [letztere fälschlicherweise von Dir immer als Deine Institution bezeichnet] ihr juristischer Führungsanspruch endgültig ausgeschaltet wird. Ich habe aber – den Weisungen des Reichsführers entsprechend und damit gleichzeitig in hundertprozentiger Verwirklichung meiner eigenen Auffassung – den Juristen in meinem Bereich zurückgedrängt in die Ebene, in die er gehört: nämlich in die Rolle des formalistisch beratenden Justitiars. Bei mir hat der Jurist – auch in den Verhandlungen in den Ministerien – nicht die sog. führende Funktion auf allen Gebieten [auch von denen er nichts versteht], sondern ist tatsächlich lediglich die in der Form von Gesetzgebung, Verordnung und Erlaß beratende und nicht entscheidend führende Hilfe. Das ist letzten Endes – wie Du weißt – der innere Grund meiner Trennung von Dr. Best, der im übrigen sogar ein älterer Nazi war als Dr. Bracht.

...
Die Übernahme des Paßwesens in den Sektor Sicherheitspolizei ist mit Deinem Einvernehmen in der Zentrale durchgeführt und eine bestehende Tatsache. Es kann sich also hier nicht um eine Vorwegnahme einer grundsätzlichen Unterhaltung handeln. Die Übernahme des gesamten Paßwesens auch über die Zentrale hinaus, in der gesamten Polizeiorganisation, auf meinen Sektor ist daher eine selbstverständliche logische Folge dieser lang bestehenden Tatsache.
Im allgemeinen möchte ich hierzu noch sagen, daß im Zuge der Neugestaltung Europas und im Zuge des Aufbaues des Großdeutschen Reiches der Reisepaß für den Deutschen nicht nur Legitimationspapier schlechthin ist, sondern seine Bedeutung als Legitimationspapier im Verkehr mit den übriggebliebenen selbständigen Staaten hat. Dieser Auslandsverkehr, das wirst Du zugeben, hat aber heute überragende politische Bedeutung, und da zuerkanntermaßen alle Dinge von politischer Bedeutung in den Bereich der Sicherheitspolizei gehören, erscheint es mir nur logisch, daß die Ausstellung dieser Reisepässe, Sichtvermerke usw. der Sicherheitspolizei und dem SD obliegen.
Der Mangel an Verwaltungsbeamten kann meines Erachtens kein Hinderungsgrund für die von mir angestrebte Regelung sein. Hat ein Verwaltungsbeamter bisher nur Paßfragen behandelt, fehlt er keiner anderen Stelle, wenn er seine Arbeit jetzt in meinem Bereich macht, und wenn er heute in kleineren Dienststellen neben anderen Aufgaben die Ausgabe von Pässen miterfüllt im Rahmen der Ordnungspolizei, wird eine Ausnützung dieser Kraft im Rahmen der Sicherheitspolizei auch möglich sein.«

Nachdem Himmler Reichsinnenminister geworden war, wurde vom RSHA eine »Bereinigung der Geschäftsbereiche« von Sicherheitspolizei und Ordnungspolizei »herbeigeführt«, die genau den Forderungen Heydrichs entsprach[76]. Das Amt »Verwaltung und Recht« des HA Orpo wurde mit Wirkung vom 15. September 1943 aufgelöst, Ministerialdirektor Bracht und die Mehrzahl der Verwaltungsjuristen des Amtes mußten ausscheiden; an ihre Stelle traten neue Männer aus dem SS-Wirtschaftsverwaltungshauptamt und anderen Dienststellen der Reichsführung-SS. Vorher waren durch Erlaß des RFSSuChdDtPol vom 7. September 1943 das polizeiliche Melde- und Re-

[76] Vgl. Neufeldt, a.a.O., S. 31ff.

gistrierwesen sowie Fragen des allgemeinen Polizeirechts und der allgemeinen Polizeiorganisation, soweit sie das Verhältnis der Gesamtpolizei zu anderen Behörden betreffen, vom HA Orpo auf das RSHA übertragen worden. Außerdem wurde die Kriminalpolizei aus den noch bestehenden Bindungen mit den anderen Zweigen der Polizei gelöst. Das HA Orpo verlor die Zuständigkeit für Personal- und Haushaltsfragen, die Dienststellen der staatlichen und Gemeindekriminalpolizei schieden durch Erlaß vom 7. September 1943[77] aus den Behörden der örtlichen Polizei-Verwalter aus. Die Rechte der Personalverwaltung, die bis dahin den Polizeiverwaltern zugestanden hatten, gingen mit Wirkung vom 1. Oktober 1943 auf die Leiter der Kriminalpolizei[leit]stellen über. – In der zweiten Hälfte des Jahres 1944 wurde auch das materielle Polizeirecht dem HA Orpo genommen und dem RSHA übertragen.

Während in einem normalen Staat die Polizei ein Teil der allgemeinen und inneren Verwaltung und die politische Polizei wiederum nur ein Teil der Polizei ist, waren die Verhältnisse im Dritten Reich umgekehrt: Angelpunkt der Verwaltung war die politische Polizei mit ihrem Anspruch auf die »politische Verwaltung«. Von ihr wurden alle Entscheidungen getroffen, die von irgendwelcher politischen Relevanz waren. Neben ihr stand die übrige Polizei, die nur die Funktionen einer uniformierten Vollzugspolizei behielt, und eine Bürokratie, der nur noch der verwaltungstechnische Vollzug andernorts getroffener Entscheidungen verblieb. Was die Aufgabenverteilung innerhalb der Polizei betrifft, so findet sich schon im Jahre 1942 in Scheerbarths ›Polizeirecht‹[78] der Satz: »Und so kommt es, daß nicht wie im Liberalismus die allgemeine Polizei auch den Charakter ihres Zweiges, der politischen Polizei bestimmt, sondern daß umgekehrt die politische Polizei die Verwirklichung ihrer Vorstellung vom Wesen der Polizei auch in die allgemeine Polizei hinüberträgt.«

Über die Herauslösung der Polizei aus der Bindung der Gesetze äußerte sich Himmler in einem Vortrag aus Anlaß der konstituierenden Sitzung des Ausschusses für Polizeirecht der Akademie für Deutsches Recht am 11. Oktober 1936:

> »Als wir Nationalsozialisten im Jahre 1933 an die Macht kamen, erhielt ein Teil von uns die Aufgabe, die Polizei zu übernehmen. Ich kann hier aus eigenem Erleben und eigener

[77] Vgl. BefBl CSSD, S. 329.
[78] Berlin 1942, S. 49.

Erfahrung sprechen: Ich habe in München im März 1933 die Polizei als Polizeipräsident von München und später von München und Nürnberg übernommen. Wir Nationalsozialisten fanden damals eine Polizei vor, die ursprünglich als stur gehorchendes Machtinstrument eines absolutistischen Staates ins Leben gerufen worden war, die sich aus dieser Zeit die Unbeliebtheit und den Haß der Bevölkerung als größtes und gewaltigstes Erbe mitgebracht hatte, die aber die Machtvollkommenheit der Polizei des absolutistischen Staates verloren hatte. Sie hieß noch ›Machtapparat‹, war aber in Wirklichkeit keiner mehr; sie war ein hilfsbedürftiges, an allen Ecken und Enden eingeschnürtes Gebilde. Überall mußten sich die Beamten vorsehen, daß sie nicht bei der Verhaftung eines Verbrechers selbst hereinfielen und der Verbrecher leer ausging. Wir Nationalsozialisten haben uns dann – es mag absonderlich klingen, wenn ich das in der Akademie für Deutsches Recht sage, aber Sie werden das verstehen – nicht ohne Recht, das wir in uns trugen, wohl aber ohne Gesetz an die Arbeit gemacht. Ich habe mich dabei von vornherein auf den Standpunkt gestellt, ob ein Paragraph unserem Handeln entgegensteht, ist mir völlig gleichgültig; ich tue zur Erfüllung meiner Aufgaben grundsätzlich das, was ich nach meinem Gewissen in meiner Arbeit für Führer und Volk verantworten kann und dem gesunden Menschenverstand entspricht. Ob die anderen Leute über die ›Brechung der Gesetze‹ jammerten, war in diesen Monaten und Jahren, in denen es um Leben oder Sterben des deutschen Volkes ging, gänzlich gleichgültig. Das Ausland – nicht am wenigsten genährt durch zahlreiche Kräfte des Inlands – sprach natürlich von einem rechtlosen Zustand in der Polizei und damit im Staate. Rechtlos nannten sie ihn, weil er nicht dem entsprach, was sie unter Recht verstanden. In Wahrheit legten wir durch unsere Arbeit die Grundlagen zu einem neuen Recht, dem Lebensrecht des deutschen Volkes.«

Der Prozeß der Herauslösung aus den gesetzlichen Bindungen hatte mit der VO vom 28. Februar 1933 begonnen und ist durch verschiedene Erlasse und Entscheidungen oberster Gerichte vorangetrieben worden. Am bekanntesten sind die Entscheidung des Preußischen OVG vom 2. Mai 1935, wonach Verfügungen des Gestapa nicht der Nachprüfung durch Verwaltungsgerichte unterlagen, ferner der entsprechende Paragraph im Gestapo-Gesetz vom 10. Februar 1936 und die §§ 1 der 2. VO zum Gesetz über die Wiedervereinigung Österreichs mit dem Deutschen Reich vom 18. März 1938[79] beziehungsweise der 3. VO zum Erlaß des Führers und Reichskanzlers über die Verwaltung der sudetendeutschen Gebiete vom 22. Oktober 1938[80]. Sie lauten fast übereinstimmend: »Der Reichsführer-SS und Chef der Deutschen Polizei im RMdI kann die zur Aufrechterhaltung der Sicherheit und Ordnung notwendigen Maßnahmen auch außerhalb der sonst hierfür bestimmten gesetzlichen Grenzen treffen.« Es entsprach jedoch der der nationalsozialistischen Herrschaft zugrunde liegenden Konzeption der Führergewalt, daß auch eine noch so weit reichende Dispensierung von den Normen nicht als ausreichend angesehen wurde, wenn sie unter Bezugnahme auf die normative Ordnung erteilt wurde. Das heißt: die SS/Polizei konnte sich auf die Dauer nicht damit begnügen, daß ihr die Freiheit von gesetzlichen Bindungen im Namen der Gesetze ausdrücklich als Ausnahme gewährt wurde, sondern sie beanspruchte, aus eigenem Recht – unter Berufung auf das Lebensrecht des Volkes oder auf die Führergewalt – zu handeln und an die normative Ordnung von vornherein nicht gebunden zu sein. Daher wurde, wie der oben zitierte Runderlaß des RSHA vom 15. April 1940 lehrt, die Begründung staatspolitischer Maßnahmen mit der VO vom 28. Februar 1933 schon als eine Form der Legalisierung betrachtet, die überflüssig sei und nur angewandt werden sollte, wenn es gerade erwünscht schien; grundsätzlich sollten die ergriffenen Maßnahmen lediglich aus dem »Gesamtauftrag« der Polizei ihre Rechtfertigung finden. Ein charakteristisches Beispiel dafür, wie die Suspendierung aller gesetzlichen Normen sich in der Praxis auswirkte, bietet ein Erlaß des RFSSuChdDtPol über die Bekämpfung der Zigeunerplage vom 9. September 1939:

> »Die berichteten Unzuträglichkeiten bei der Erteilung von Wandergewerbescheinen und anderen Ausweispapieren an Zigeuner werden mit Erlaß eines Zigeunergesetzes, das in Vorbereitung ist, ihr Ende finden. Bis dahin ist nach dem Zigeunererlaß vom 8. Dezember 1938 zu verfahren. Sollte in Einzelfällen von Verwaltungsgerichten die ›Erteilung‹ solcher Papiere gegen das Votum der Kriminalpolizeistellen erzwungen werden, ist zunächst die ›Aushändigung‹ der Scheine zu versagen. Sollte auch die Aushändigung auf glei-

[79] RGBl. I, S. 262.
[80] RGBl. I, S. 1453.

chem Wege erzwungen werden oder ist die Aushändigung schon erfolgt, ist die Geheime Staatspolizei zu ersuchen, den betreffenden Schein aus staatspolitischen Gründen einzuziehen und abzunehmen, wogegen eine Beschwerde im Verwaltungsstreitverfahren dann nicht gegeben ist.«

Es ist sehr bemerkenswert, daß der Führer des NS-Rechtswahrerbundes und Präsident der Akademie für Deutsches Recht, Dr. Hans Frank, auf der gleichen konstituierenden Sitzung des Ausschusses für Polizeirecht, auf der Himmler seine oben zitierte Rede hielt, forderte, daß der Polizeiakt im einzelnen in jedem Falle auch die Durchführung eines Rechtsaktes der Gemeinschaft und nie Ausdruck eines reinen Willkürverhaltens sei, daß er immer hineingebaut sei in den Gesamtablauf einer vorgesetzten rechtlichen Ordnung, »...damit endlich den unsäglich elenden Zuständen bei dem rechtlichen Unterbau des polizeilichen Vorgehens ein Ende bereitet wird und das polizeiliche Vorgehen bis in die kleinsten Aktionen der Polizei hinein klar fundiert ist«. Sechs Jahre später hatte Frank, inzwischen Generalgouverneur in Polen geworden, endlose Kämpfe mit Himmler, der Sicherheitspolizei und dem Höheren SS- und Polizeiführer in Krakau hinter sich, die unerbittlich ihren Anspruch auf die »politische Verwaltung« gegen die »Zivilverwaltung« verfochten. Damals schrieb Frank in einer persönlichen Aufzeichnung vom 28. August 1942:

»In fortschreitendem Maß hat sich leider in den Reihen auch der nationalsozialistischen Staatsführung der Gesichtspunkt vorherrschend gezeigt, daß die Autorität desto gesicherter sei, je unbedingter die *Rechtsunsicherheit* auf seiten der machtunterworfenen Staatsbürger sich darstelle. Die Ausweitung des willkürlichster Anwendung ausgelieferten Vollmachtsbereiches der polizeilichen Exekutivorgane hat zur Zeit ein solches Maß erreicht, daß man von einer völligen Rechtlosmachung des einzelnen Volksgenossen sprechen kann. Freilich wird dieser Umstand begründet mit der Notwendigkeit der völligen Zusammenballung aller nationalen Energien auf ein Ziel und vor allem der völligen Unterbindung jeder Möglichkeit oppositioneller Störungen im Ablauf des völkischen Freiheitsprogramms. Demgegenüber vertrete ich die Meinung, daß der deutsche Charakter in sich ein so eminent starkes Rechtsempfinden trägt, daß bei Befreiung dieses Rechtsempfindens die Gemeinschaftsfreude sowohl wie die Einsatzfreudigkeit unseres Volkes unendlich wirkungsvoller aufflammen würden und durchgehalten werden könnten, als das in Anwendung starrer Gewaltsätze jemals der Fall ist. Wenn es so wie heute möglich ist, daß jeder Volksgenosse ohne jede Verteidigungsmöglichkeit auf jede Zeitdauer in ein Konzentrationslager gebracht werden kann, wenn es so ist, daß jede Sicherstellung von Leben, Freiheit, Ehre, anständig erworbenem Vermögen usw. entfällt, dann entfällt damit nach meiner festen Überzeugung auch die ethische Beziehung zwischen Staatsführung und Volksgenossen völlig.

...

Erst mit dem Aufstieg des Apparates der Geheimen Staatspolizei und dem zunehmenden Einfluß der autoritären polizeilichen Führungsgesichtspunkte wurde diese meine Anschauung in zunehmenden Gegensatz zu einer immer stärker werdenden Repräsentanz konträrer Art gebracht. Als ich nun in den letzten Jahren insbesondere auch in stets zunehmendem Maße die persönliche Verärgerung des Führers über die Juristen in vielfachen Zeugnissen zur Kenntnis nehmen mußte, als die Eingriffe des Staates in die Justiz immer stärker wurden und das Verhältnis zwischen Polizei- und Justizorganen sich zu einer fast völligen Beherrschung der Justiz durch die Polizeiorgane entwickelte, wurde mir klar, daß es mir persönlich immer schwieriger werden würde, meine von mir als heilig empfundene Idee so wie früher zu verkünden.«

Die von Frank beklagte totale Rechtsunsicherheit beruhte aber nicht allein darauf, daß die Sicherheitspolizei aus der Bindung an die Gesetze gelöst war, sondern es wirkten noch einige andere Faktoren mit, nämlich

- die Verabsolutierung des Sicherheitsprinzips
- die Perversion des Vorbeugungsprinzips
- die Verallgemeinerung und Abstraktion der ideologischen Gegnervorstellungen
- der totalitäre Verfügungsanspruch über die Menschen.

Die Sicherung war die ursprüngliche Aufgabe der SS überhaupt gewesen, zunächst die Sicherung der Person Hitlers, später auch die anderer Führer und der nationalsozialistischen Bewegung insgesamt. Als nach 1933 SS und politische Polizei die Schranken gesetzlicher Bestimmungen grundsätzlich überschreiten durften, waren den möglichen Sicherheitsvorkehrungen keine rechtlichen Grenzen mehr gesetzt. Das hieß aber: Wer für die Sicherheit verantwortlich war, konnte nie den

Punkt erreichen, an dem er sich damit beruhigen durfte, im Rahmen des Erlaubten alles nur Denkbare getan zu haben; schon solange er auch nur eine Möglichkeit *tatsächlicher* Art nicht wahrgenommen hatte, hatte er seine Pflicht noch nicht erfüllt. Selbst wenn er von Ehrgeiz und Machthunger völlig frei gewesen wäre, mußte er doch bestrebt sein, auch die letzte Schlüsselstellung in seine Hand zu bekommen und den letzten potentiellen Gegner unschädlich zu machen, um auf diese Weise alle nur denkbaren Kristallisationspunkte von Gefahren zu beseitigen. Allein diese Uneingeschränktheit der Verantwortung für die Sicherheit mußte schon den Umschlag aus einer defensiven Haltung zum Schutz der bestehenden Ordnung in den Anspruch auf positive Gestaltung der Verhältnisse bewirken, nämlich auf die Gestaltung derjenigen Ordnung, die ohne Rücksicht auf Freiheit und Recht ein Höchstmaß an Sicherheit gewährte.

Die Perversion des Vorbeugungsprinzips hängt mit dieser Entwicklung aufs engste zusammen. An die Stelle der Abwehr tatsächlich auftretender Gefahren trat die Ausmerzung aller tatsächlichen oder vermeintlichen Gefahrenherde. Angesichts des umfassenden Anspruchs der Führergewalt bestanden diese letztlich in jeder unabhängigen politischen Initiative, jeder Eigenständigkeit des Denkens und Gewissens. Es genügte der Verdacht der Gegnerschaft oder mangelnden Wohlwollens, damit die Polizei Anlaß zum Eingreifen sah. Das derart überdehnte Vorbeugungsprinzip wurde nicht nur auf dem Gebiet der Gestapo angewandt, sondern auch auf den Sektor der Kriminalpolizei übertragen. Die vorbeugende Verbrechensbekämpfung, insbesondere soweit sie gegen Zigeuner, Arbeitsscheue und sogenannte Asoziale gerichtet war, emanzipierte sich weitgehend von jeder richterlichen Kontrolle und praktizierte einen mit den Menschenrechten unvereinbaren Verfügungsanspruch über die Betroffenen. Über die organisatorische Verklammerung hinaus erfolgte daher auf dem Gebiet der sogenannten vorbeugenden Verbrechensbekämpfung auch sachlich eine weitgehende Annäherung der Kriminalpolizei an die politische Polizei. Vollzugsort der Vorbeugungsmaßnahmen war in beiden Fällen das Konzentrationslager. Einweisung in ein Konzentrationslager wurde in beiden Fällen nicht als eine Strafe für den Betroffenen betrachtet, sondern als objektive Sicherungsmaßnahme, die mit dessen Schuld oder Unschuld nur in bedingtem Zusammenhang stand. So bestimmte Hitler zum Beispiel, daß eine deutsche Frau, die Geschlechtsverkehr mit einem »blutlich minderwertigen« »Fremdvölkischen« gehabt habe, nicht bestraft werden dürfe, denn der Schuldige sei immer nur der Mann. Allerdings sei die Frau, da sie sich als persönlich gefährdet und somit auch als Gefährdung für die »Reinerhaltung des deutschen Blutes« erwiesen habe, vorbeugend ins Konzentrationslager einzuweisen.

Nachdem die Nationalsozialisten in den Jahren 1933/34 alle wirklichen politischen Gegner ausgeschaltet hatten, pflegten sie in zunehmendem Maße eine Verallgemeinerung und Abstraktion der Gegnervorstellungen. Die Verallgemeinerung *des* Juden zum Prinzip des Bösen schlechthin war die wichtigste und folgenreichste. In ähnlicher Weise wurde die Bekämpfung der Kommunisten in Deutschland zu einem Kampf gegen den Bolschewismus schlechthin verallgemeinert, nicht nur im Sinne einer außenpolitischen Frontstellung gegen Sowjetrußland, sondern auch gegen den »Kulturbolschewismus«. Charakteristisch für diese »Spiritualisierung« der Gegnervorstellungen war eine 1935 veröffentlichte Schrift Reinhard Heydrichs mit dem Titel ›Wandlungen unseres Kampfes‹. Dort heißt es unter anderem:

> »Wenn jetzt die gegnerischen Organisationen zerschlagen oder auch nur in der Umbildung sind, so bedeutet das für uns, daß sich damit lediglich die Kampfform ändert. Die treibenden Kräfte des Gegners bleiben ewig gleich: Weltjudentum, Weltfreimaurertum und ein zum großen Teil politisches Priesterbeamtentum, welches die Religionsbekenntnisse mißbraucht. In ihren vielseitigen Verästelungen und Gestalten beharren sie in ihrer Zielsetzung der Vernichtung unseres Volkes mit seinen blutlichen, geistigen und bodengebundenen Kräften.
>
> Es ist notwendig, daß wir erkennen, daß der Kampf tiefer geworden ist. Er ist nicht mehr nur mit technischen Mitteln zu führen.
>
> Wir müssen aus der Geschichte der letzten Jahrtausende den Gegner erkennen lernen. Wir werden dann plötzlich sehen, daß wir heute zum ersten Male den Gegner an die Wurzeln seiner Kraft packen. Ist es da ein Wunder, daß er sich erbitterter wehrt? Daß er seine jahrhundertelangen Erfahrungen des Kampfes mit allen Registern zu spielen sucht?
>
> Wir müssen erkennen, daß diese Gegner nicht lediglich durch äußere Übernahme des Staatsapparates zu erledigen sind,

denn sie sitzen mit ihren Querverbindungen in allen Zweigen unseres Volkslebens und des Staatsgefüges. Wir müssen ruhig feststellen, daß bis in die letzten Tage hinein der Gegner auf dem besten Wege war, den deutschen Menschen charakterlich und geistig systematisch auszuhöhlen, ihn zu vergiften und ihm lediglich das nordische Gesicht zu lassen. Zu dieser Erkenntnis müssen wir Kämpfer uns durchfinden: Wir brauchen Jahre erbitterten Kampfes, um den Gegner auf allen Gebieten endgültig zurückzudrängen, zu vernichten und Deutschland blutlich und geistig gegen neue Einbrüche des Gegners zu sichern.

Leider gibt es auch bei uns, der SS, manchen, der sich oft dieses großen Fernzieles nicht bewußt ist. Als nach der Machtübernahme alles sichtbare Gegnerische verschwunden war, als der Kampf der Geister begann, da fehlte ihnen mit der Erkenntnis der umfassenden Größe des Gegners das Rüstzeug.«

Unausbleibliche Folge dieser »vergeistigten« Gegnervorstellungen war, daß die Polizei die Gegnerbekämpfung auf ihre Weise mit »geistigen« Mitteln führte. Wenn der Gegner »auf dem besten Wege war, den deutschen Menschen charakterlich und geistig systematisch auszuhöhlen, ihn zu vergiften«, dann mußten die polizeilichen Gegenmaßnahmen sich auch auf die Bezirke des Charakters und des Geistes erstrecken, die Polizei mußte auch in diesen Bezirken ermitteln, sichern und vorbeugen.

In diesem Punkte manifestiert sich am deutlichsten der totalitäre Verfügungsanspruch des Regimes über die Menschen. Indem der Polizei ein uneingeschränkter Ermessensspielraum eingeräumt wurde und sie Sicherungs- und Vorbeugungsmaßnahmen auch gegen Menschen ergreifen konnte, denen eine Gegnerschaft gegen das Regime oder ein Verbrechen lediglich zuzumuten war, wurde sie zu jenem Instrument des Terrors, als das sie gefürchtet war. Nicht physische Zwangsmaßnahmen und körperliche Tortur machten das Wesen der Gestapo aus, so viel sie auch dieser Mittel sich bediente, sondern, daß sie eine Gesinnungspolizei war und uneingeschränkt über die Menschen verfügen wollte. In seinem Streit mit Daluege über die Aufteilung der Polizeiaufgaben zwischen den beiden Hauptämtern schrieb Heydrich unter anderem:

»Für mich sind im Rahmen der nat.soz. Auffassung Marktpolizei usw. die Volkskartei und das Meldewesen Dinge, die zu mir gehören. Die Volkskartei ist vielleicht technisch – weil sie z. Zt. organisatorisch bei Deinen Revieren liegt – in der Durchführung eine Angelegenheit der Ordnungspolizei. *Sicher ist, daß die totale, ständige Erfassung aller Menschen des Reiches und die damit verbundene Möglichkeit einer ständigen Übersicht über die Situation der einzelnen Menschen in die Hand derjenigen Polizeistelle gehört, die nicht nur die exekutive Sicherung, sondern auch die weltanschauliche und lebensgebietsmäßige zur Aufgabe hat.*«

Im gleichen Sinne wird in dem parteiamtlichen Werk über ›Das Recht der NSDAP‹[81] die Aufgabe der Polizei folgendermaßen formuliert:

»Die Polizei hat im nationalsozialistischen Staat die umfassende Aufgabe, unter Anerkennung der freien Verantwortlichkeit des einzelnen über das Wohl des Volkes nach allen Richtungen hin zu wachen und es zu fördern. Deshalb ist nicht nur die ›Gefahrenabwehr‹ im liberalistischen Sinne Aufgabe der Polizei, sondern die Kontrolle des gesamten Pflichtenkreises des einzelnen gegenüber der Volksgemeinschaft. Aus diesem Grunde besteht zwischen der Polizei, als Hüterin der Volksgemeinschaft, und der NSDAP, als Trägerin des Volkswillens, eine innige Beziehung. Als Ausdruck dieser engen Verbundenheit hat der Führer und Reichskanzler auf Vorschlag des Reichs- und Preußischen Ministers des Innern durch Erlaß vom 17. 6. 1936 zur einheitlichen Zusammenfassung der polizeilichen Aufgaben im Reich den Reichsführer-SS Heinrich Himmler zum Chef der Deutschen Polizei im Reichsministerium des Innern ernannt.«

Völlig falsch ist die ziemlich verbreitete Meinung, daß die Einrichtung einer politischen Polizei schon *als solche* den Keim zu einer so hypertrophen Entwicklung in sich trüge, wie sie im Dritten Reich stattgefunden hat, und daß deshalb nur durch dauernde angespannte Wachsamkeit verhindert werden könne, daß sie zur Terrororganisation wird. Vielmehr hat sich gezeigt, daß es *von außen* kommende Faktoren waren, die die Polizei im nationalsozialistischen Herrschaftsbereich, insbesondere die Gestapo, zum totalitären Machtinstrument werden ließen:

- die Unterstellung unter einen außerstaatlichen uneingeschränkten Machtanspruch und damit die Lösung aus der Bindung der Gesetze und aus der institutionellen Disziplin staatlicher Verwaltung

[81] München 1936, S. 479.

- daraus folgend die Verabsolutierung des Sicherheitsprinzips und Perversion des Vorbeugungsprinzips
- die Erweiterung der defensiven Aufgaben der Polizei zu einer Kompetenz der positiven Gestaltung des öffentlichen Lebens
- die ideologische Verallgemeinerung und Abstraktion politischer Gegnervorstellungen mit der daraus folgenden Ausweitung der polizeilichen Zuständigkeit auf die Gesinnung.

7. *Die personelle Verschmelzung von SS und Polizei*

Wie schon die Amtsbezeichnung des »Reichsführers-SS und Chefs der Deutschen Polizei« die Verschmelzung von SS und Polizei als Programm enthält, so hat Himmler sie am Tage seiner Ernennung auch ausdrücklich als Ziel verkündet:

> »Im Laufe der vergangenen drei Jahre wurde von verschiedenen Seiten her aufbauend ein Gebäude errichtet, dem lediglich der Schlußstein gefehlt hat. Wir sind ein Land im Herzen Europas, umgeben von offenen Grenzen, umgeben von einer Welt, die sich mehr und mehr bolschewisiert. Wir haben damit zu rechnen, daß der Kampf gegen den alles zerstörenden Bolschewismus ein Kampf von Menschenaltern sein wird. Darauf ein ganzes Volk einzustellen und, wie die Wehrmacht zum Schutz nach außen bestimmt ist, *die Polizei, zusammengeschweißt mit dem Orden der Schutzstaffeln*, zum Schutze des Volkes nach innen aufzubauen, darin sehe ich meine Aufgabe.«[82]

Aus den folgenden Jahren lassen sich zahlreiche Zitate beibringen, in denen die gleiche Tendenz zum Ausdruck kommt beziehungsweise die Verschmelzung von SS und Polizei als bereits vollzogen gilt. So sagte zum Beispiel Hitler selbst in seiner Rede gelegentlich der Polizeiparade, die auf dem Reichsparteitag in Nürnberg 1937 stattfand:

> »Die deutsche Polizei soll immer mehr in lebendige Verbindung gebracht werden mit der Bewegung, die politisch das heutige Deutschland nicht nur repräsentiert, sondern darstellt und führt.«

In der offiziellen Darstellung des Reichsparteitages 1938[83] wird ausdrücklich hervorgehoben, daß die Ordnungspolizei am

[82] ›VB‹ vom 18. Juni 1936.

[83] ›Der Parteitag Großdeutschland vom 5. bis 12. September 1938. Offizieller Bericht über den Verlauf des Reichsparteitages mit sämtlichen Kongreßreden‹. München 1938, S. 309f.

»Tag der Braunen Armee« in den Marschblocks der Allgemeinen SS und der SS-Verfügungstruppe marschierte:

»Mit diesen Männern marschiert am sichtbarsten die neue Zeit. Eingegliedert zwischen die Formationen der Bewegung, ist die Polizei selber ein Teil von ihr geworden. Der Geist der Gemeinsamkeit, einer der ideellen Grundpfeiler der nationalsozialistischen Idee, findet hier seine überzeugende Verkörperung.«

Walter Schellenberg schrieb in einer Aufzeichnung vom 24. Februar 1939[84]:

»Die Probleme der Verreichlichung und der Laufbahngestaltung sind ebenfalls wieder von dem obersten Grundsatz, nämlich die Polizei muß Staatsschutzkorps werden durch Aufgehen in der SS – und nicht umgekehrt – beherrscht. Grundgedanke aller bei der Bearbeitung der Verreichlichung und der Gestaltung der Laufbahnrichtlinien gemachter Vorschläge war nicht zuletzt der sowohl vom Führer als auch vom Reichsführer aufgestellte Leitsatz der Verschmelzung von SS und Polizei. Diese Entwicklung ist eindeutig bestimmt und abgegrenzt durch die schrittweise Schaffung des – aus dem Verschmelzungsprozeß entstehenden – neuen Staatsschutzkorps, in das alle Sparten der SS und Polizei hineinwachsen.«

Heydrich schrieb in einem Aufsatz in der ›Deutschen Allgemeinen Zeitung‹ vom 17. Juni 1941: »Träger dieser Maßnahmen sind ... beim staatlichen Sektor insbesondere die Polizei, die jedoch nach Form und Inhalt ... genau so gut als Teil der Partei gelten kann.« In seinem schon oft zitierten Brief an Daluege vom 30. Oktober 1941 schrieb er: »Dein Brief war insofern gut, als wir einmal wirklich alle Probleme offen angeschnitten haben, die im Interesse der Gesamt-SS [und die Polizei ist nur ein Teil von ihr] eine klare Lösung erheischen.« Himmler nannte in einem Vortrag vom 26. November 1941 die Allgemeine SS, die Waffen-SS und die Polizei »die drei Säulen der SS«.

Im Bereich des Organisatorischen diente der Verschmelzung neben dem Chef der Sicherheitspolizei und des SD vor allem die Institution der Höheren SS- und Polizeiführer, deren Stellung und Funktion im nächsten Abschnitt behandelt werden wird. Im personellen Bereich wurde die Verschmelzung durch die Aufnahme möglichst vieler Polizeiangehöriger in die SS

[84] MA 433, Bl. 8158ff., Archiv IfZ.

vorangetrieben. Dr. Best schrieb dazu in seinem Buch über ›Die Deutsche Polizei‹[85]:

»Diejenigen Angehörigen der Polizei, die den Aufnahmebedingungen der SS entsprechen, werden nach hierfür erlassenen Anordnungen in die SS aufgenommen. Sie erhalten den SS-Dienstgrad, der ihrer Stellung in der Polizei entspricht; hierdurch wird der in der Polizei geleistete Dienst sichtbar dem in entsprechender Stellung in der SS geleisteten Dienst gleichgesetzt. Die in die SS aufgenommenen Angehörigen der Polizei – mit Ausnahme der uniformierten Ordnungspolizei – tragen im Polizeidienst den Dienstanzug der SS, wodurch die Einheit auch äußerlich in Erscheinung tritt. Die Angehörigen der uniformierten Ordnungspolizei tragen auf ihrem Dienstanzug [auf der linken Brustseite] die Sig-Runen der SS.«

Es war Himmler bewußt, daß in der Verschmelzung von SS und Polizei ein gewisser Widerspruch lag: Denn der Orden der SS sollte eine Auslese nach nationalsozialistischen Gesichtspunkten sein, die Mannschaft der Polizei dagegen war das nicht und mußte deshalb, soweit sie in die SS übernommen wurde, deren Ordenscharakter verwässern. Dieser Widerspruch spiegelte sich in den Bestimmungen über die Aufnahme von Polizeiangehörigen in die SS wider: Man bemerkt allenthalben ein Schwanken zwischen dem Bestreben einerseits, den Kreis der in die SS Aufzunehmenden möglichst auszuweiten, und andererseits dem Wunsch, den Ordenscharakter zu wahren.

Was schon bei Best seinen Ausdruck findet, wird durch die anderen noch zur Verfügung stehenden Quellen eindeutig bestätigt: man muß klar unterscheiden zwischen

1. der Aufnahme von Polizeiangehörigen in die SS und
2. deren darauffolgende Beförderung zu SS-Dienstgraden, die ihren Polizeirängen entsprachen. Nur das letztere wurde zeitgenössisch als »Dienstgradangleichung« bezeichnet, während nach 1945 beide Vorgänge von den meisten Zeugen, sei es absichtlich oder nicht, miteinander vermengt und zusammen »Dienstgradangleichung« genannt wurden.

Für die *Ordnungspolizei* ergibt sich der Modus der Aufnahme der Beamten in die SS aus einer Reihe von Erlassen des Reichsführers-SS und Chefs der Deutschen Polizei. Der erste einschlägige Erlaß ist der RdErl des RFSSuChdDtPol vom 10. Mai 1937[86].

[85] S. 95f.
[86] RMBliV, S. 758.

Danach hat Hitler am 16. Januar 1937 angeordnet, daß die Angehörigen der Ordnungspolizei, die SS-Männer sind, die Sig-Runen der SS auf ihrer Polizeiuniform aufgestickt tragen. In Absatz 5 des Erlasses heißt es:

»Das Recht zum Tragen der Sig-Runen wird durch besondere Verleihung begründet. Voraussetzung für die Verleihung der Sig-Runen ist die Angehörigkeit zur SS ... Hierfür kommen in Frage:

a] Angehörige der uniformierten Ordnungspol., die auf Grund der für die Pol. und Wehrmacht erlassenen Bestimmungen oder infolge Übertrittes zur SA – einschließlich Feldjägerkorps – aus der SS in Ehren ausgeschieden sind;

b] Angehörige der uniformierten Ordnungspolizei, die z. Zt. noch Angehörige der SS sind;

c] die in Zukunft in die uniformierte Ordnungspolizei unmittelbar übergetretenen Angehörigen der SS.«

Absatz 12 des Erlasses lautet:

»Ich behalte mir vor, den Kreis der für die Aufnahme in die SS und damit für die Verleihung der Sig-Runen in Frage kommenden Angehörigen der Ordnungspolizei zu erweitern.«

Hier wird also mit der relativ sekundären Anordnung über die Uniformgestaltung die viel weiter reichende und wichtigere Möglichkeit der Aufnahme von Angehörigen der Ordnungspolizei in die SS gewissermaßen »eingefädelt«, wobei es der Praxis überlassen blieb, die in Frage kommenden Personenkreise zu veranlassen, von den »Möglichkeiten« den der Führung erwünschten Gebrauch zu machen.

Die erste Erweiterung des Runderlasses vom 10. Mai 1937 erfolgte durch RdErl vom 18. Januar 1938[87]. Demnach konnten auch alle diejenigen uniformierten Angehörigen der Ordnungspolizei [einschließlich Berufsfeuerwehr] in die Schutzstaffel der NSDAP bei Erfüllung der allgemeinen Bedingungen der SS *auf Antrag* aufgenommen werden, die

»a] bis 30. 1. 1933 [einschließlich] Mitglied der NSDAP oder ihrer Gliederungen [SA, NSKK, HJ] geworden sind, auch wenn sie inzwischen aus den Gliederungen in Ehren ausgeschieden sind, oder

b] seit einem vor dem 30. 1. 1933 liegenden Zeitpunkt Fördernde Mitglieder der SS waren.«

[87] RMBliV, S. 157ff.

Auch hier heißt es wieder: »Die Zulassung der Aufnahme eines weiteren Personenkreises behalte ich mir zu gegebener Zeit vor.« Gemäß Absatz 2 [1] des Erlasses sollte die »dienstgradmäßige Eingliederung« in die SS in einen den polizeilichen Dienstgraden entsprechenden SS-Rang erfolgen; bei Beförderungen innerhalb der uniformierten Ordnungspolizei erfolge von Fall zu Fall »Angleichung der SS-Dienstgrade«. Hier liegt ein Beispiel des exakten Gebrauchs des Begriffs Dienstgradangleichung vor, die nicht mit der Aufnahme in die SS identisch war, sondern *nach* der Aufnahme in die SS erfolgte und von dieser sich klar unterschied[88]. Der Erlaß bringt weiter eine Reihe einzelner Bestimmungen, wie die Aufnahmen in die SS zu erfolgen haben [unter anderem ein Muster des Aufnahmeantrags], welche Pflichten die Aufgenommenen hatten [sie mußten einen Mitgliedsbeitrag an ihre SS-Dienststelle zahlen und hatten etwaige Sonderumlagen »wie die Angehörigen der Allgemeinen SS« zu tragen; auch unterlagen sie den Sonderbefehlen betreffend die Heiratsgenehmigung, Erwerbung des Sportabzeichens usw.] und wann welche Uniformen zu tragen waren[89].
Dieser Runderlaß vom 18. Januar 1938 wurde im Runderlaß des RFSSuChdDtPol vom 4. März 1938[90] als »ein weiterer Schritt zur allmählichen Verschmelzung von SS und Polizei« bezeichnet. Es heißt an dieser Stelle weiter: »Ich erwarte daher, daß die Angehörigen der uniformierten Ordnungspolizei, die der SA, dem NSKK oder der HJ angehören, nunmehr auf Grund des oben angeführten RdErl in die SS übertreten.« Himmler zielte also darauf ab, Polizeibeamte, die noch anderen nationalsozialistischen Gliederungen angehörten, aus diesen herauszulösen und zum Eintritt in die SS zu veranlassen. Der Runderlaß vom 4. März 1938 enthielt außerdem noch eine ganze Reihe ergänzender einschlägiger Bestimmungen, so zum Beispiel, welche Papiere den Aufnahmeanträgen beizufügen waren sowie daß »sämtliche Anträge um Aufnahme in die SS durch den Chef der Ordnungspolizei beziehungsweise den jeweiligen SS-Oberabschnitt der SS-Personalkanzlei zur Vorlage beim RFSS zuzuleiten« seien.

[88] Das gleiche gilt z. B. auch für den Wortgebrauch im RdErl d. RFSSuChdDtPol vom 22. Mai 1939 [RMBliV, S. 1182] betr. »Dienstgradangleichung von Angehörigen der Ordnungspol. [außer Verwaltungspol.]«. Vgl. ferner RdErl vom 22. Mai 1939 [RMBliV, S. 1182].

[89] Gemäß RdErl vom 16. Dezember 1938 [RMBliV, S. 2148] mußte bei Eintritt in die SS von jedem Polizeiangehörigen eine einmalige Aufnahmegebühr von RM 1,– gezahlt werden. SS-Führer in der Ordnungspolizei mußten Veränderungen ihrer Privatanschrift selbst an das SS-Personal-Hauptamt melden [RdErl vom 28. Juni 1939 – RMBliV, S. 1369].

[90] RMBliV, S. 390.

Eine neue Erweiterung des Personenkreises erfolgte durch den RdErl des RFSSuChdDtPol vom 24. März 1938[91]. Danach konnten alle diejenigen Angehörigen der uniformierten Ordnungspolizei in die SS aufgenommen werden, die »anläßlich der Wiedervereinigung Österreichs mit dem Deutschen Reiche in Österreich eingesetzt worden sind, in Anerkennung ihrer besonderen Verdienste«. Darüber hinaus gestattete ein RdErl vom 4. August 1938[92] auch staatlichen Polizeiverwaltungsbeamten, die in Österreich eingesetzt waren, den Antrag auf Aufnahme in die SS.

Durch Runderlaß vom 16. Juni 1938[93] wurden »im Interesse einer beschleunigten Durchführung des Verfahrens zur Aufnahme von Angehörigen der uniformierten Ordnungspolizei in die SS« eine Reihe von Änderungen der Bestimmungen des Runderlasses vom 18. Januar 1938 verfügt, die auf eine Vereinfachung des Aufnahmeverfahrens hinausliefen. Diesem Runderlaß war ein »Merkblatt für die Aufnahme von Angehörigen der uniformierten Ordnungspolizei [einschließlich Berufsfeuerwehren] in die SS« nach dem damaligen Stand beigegeben. Demnach waren Voraussetzungen für die Aufnahme, daß der Antragsteller

a] »unter Außerachtlassung der Größe und des Alters« SS-tauglich oder SS-geeignet sei,

b] die arische Abstammung zunächst bis zu den Großeltern einschließlich nachgewiesen habe,

c] »im Falle der bereits stattgefundenen Verlobung oder Verheiratung die nachträgliche Verlobungs- bzw. Heiratsgenehmigung des RFSS auf Verlangen« einholte.

Wiederum Erweiterungen des Kreises derer, die in die SS aufgenommen werden konnten, brachten folgende Runderlasse:

vom 3. Juli 1939[94]

Angehörige der Ordnungspolizei, »die sich in der Werbung von SS-Bewerbern oder in der Ausbildung von SS-Einheiten... besonders verdient gemacht haben«

vom 4. Juli 1939[95]

Polizeiärzte; soweit sie in die SS aufgenommen wurden, waren sie berechtigt und verpflichtet, SS-ärztliche Untersuchungen vorzunehmen

[91] RMBliV, S. 537.
[92] RMBliV, S. 1296.
[93] RMBliV, S. 1007.
[94] RMBliV, S. 1424.
[95] RMBliV, S. 1424.

vom 24. Oktober 1940[96]
»Ostmärkische« und sudetendeutsche Polizeiangehörige verschiedener Kategorien
vom 12. November 1940[97]
Polizeiangehörige, die
1. der SS-Polizeidivision während des Feldeinsatzes angehört haben
2. »im gegenwärtigen Krieg« eine Kriegsauszeichnung erhalten haben
3. seit dem 1. Juli 1940 zu Offizieren der Ordnungspolizei befördert wurden oder künftig befördert werden, nach ihrer Ernennung zum Leutnant
4. auf Grund des Erlasses vom 11. Oktober 1939 in die Ordnungspolizei eingestellt wurden, nach sechsmonatiger Bewährung [dieser Erlaß vom 11. Oktober 1939 war nicht veröffentlicht]

vom 5. Dezember 1940[98]
als Gerichtsoffiziere bestellte Offiziere der Ordnungspolizei[99].
Insgesamt gewinnt man aus den einschlägigen Bestimmungen den Eindruck, daß Himmler bestrebt war, so viele Angehörige der Ordnungspolizei wie nur möglich in die SS aufzunehmen und diese Aktion auch möglichst rasch voranzutreiben; nicht zuletzt sprechen dafür die Erleichterungen des Aufnahmeverfahrens und die Milderung der Aufnahmebedingungen[100]. Unter diesen Umständen kann der Aussage des Generalleutnants d. OP Adolf von Bomhard vom 13. Juli 1946[101], der Eintritt in die SS sei für Angehörige der Ordnungspolizei praktisch auf eine Zwangsmaßnahme hinausgelaufen, eine gewisse Wahrscheinlichkeit zugebilligt werden. Allerdings ist es nach dem bisher Dargelegten unzutreffend, wenn Bomhard in diesem Zusammenhang immer nur von »Dienstgradangleichung«, statt von Aufnahme in die SS spricht[102].

[96] RMBliV, S. 1993.
[97] RMBliV, S. 2167.
[98] RMBliV, S. 2201.
[99] Zur Bestätigung der Vollständigkeit dieser Liste vgl. RdErl vom 25. Februar 1942 [RMBliV, S. 464].
[100] Vgl. RdErl vom 16. Juni 1938 – RMBliV, S. 1007.
[101] Nbg.Dok. Affidavit SS-82, Abs. 34.
[102] Die Einführung des Soldbuches der Waffen-SS für die gesamte Ordnungspolizei [RdErl ChefO vom 9. Juni 1944 – BefBlO, S. 208] hat nichts mit der Verschmelzung von SS und Polizei zu tun [die sich ja nicht auf die Waffen-SS, sondern auf die Allgemeine SS bezog], sondern gehört in den Zusammenhang der allmählichen Militarisierung der Ordnungspolizei. Dabei ist es nicht ausgeschlossen, daß Himmler in den späteren Jahren eine Annäherung der Ordnungspolizei an die Waffen-SS bevorzugte, um die Allgemeine SS in ihrem Ordenscharakter wieder reiner darstellen zu können.

Grundlage für die Aufnahme von Angehörigen der *Sicherheitspolizei* in die SS war der Runderlaß des Reichsführers-SS und Chefs der Deutschen Polizei vom 23. Juni 1938[103] betr. Aufnahme von Angehörigen der Sicherheitspolizei in die Schutzstaffel der NSDAP. Das Ziel der personellen Verschmelzung von Polizei und SS wurde in diesem Erlaß direkter angegangen als in den ersten entsprechenden Erlassen der Ordnungspolizei; so hieß es in dem Erlaß einleitend:

> »Mit dem Ziele der Verschmelzung der Angehörigen der Deutschen Polizei mit der Schutzstaffel der NSDAP zu einem einheitlich ausgerichteten Staatsschutzkorps des Nationalsozialistischen Reiches bestimme ich folgendes:«

Der Kreis der Zugelassenen wurde dann folgendermaßen umschrieben:

> »I. [1] Angehörige der Sicherheitspol. können auf Antrag in die Schutzstaffel der NSDAP aufgenommen werden, wenn sie
> 1. die allgemeinen Bedingungen der SS erfüllen und
> 2. a] bis zum 30. 1. 1933 [einschl.] Mitglied der NSDAP oder ihrer Gliederungen [SA, NSKK, HJ] geworden sind, auch wenn sie inzwischen aus den Gliederungen in Ehren ausgeschieden sind
> oder
> b] seit einem vor dem 30. 1. 1933 liegenden Zeitpunkt Förderndes Mitglied der SS sind
> oder
> c] wenigstens 3 Jahre in der Sicherheitspol. unter der Führung des RFSS Dienst geleistet und sich bewährt haben.
>
> [2] Die Zulassung der Aufnahme eines weiteren Personenkreises behalte ich mir vor.«

Es ist bemerkenswert, daß mit dem unter Abs. 2c abgesteckten Personenkreis bereits die Möglichkeit eröffnet war, praktisch *alle* Angehörigen der Sicherheitspolizei in die SS aufzunehmen, übrigens – wie sich aus Abschnitt II [4] des zitierten Erlasses ergibt – einschließlich der Angestellten der Sicherheitspolizei. Gemäß Abschnitt II [1] sollte »die dienstgradmäßige Eingliederung in die SS« in einen den polizeilichen Dienstgraden entsprechenden SS-Rang erfolgen; als Unterlage dafür war eine Konkordanz der Dienstgrade beigegeben. Allerdings behielt der Reichsführer-SS die Eingliederung höherer Dienstgrade

[103] RMBliV, S. 1089.

seiner Entscheidung vor, so daß mindestens insoweit eine automatische Dienstgradangleichung der in die SS Aufgenommenen nicht vorgesehen war. Während die Aufnahme der Angehörigen der Ordnungspolizei in die *Allgemeine* SS erfolgte[104], sollten die Angehörigen der Sicherheitspolizei »den Einheiten des Sicherheitsdienstes der RFSS zugeteilt« werden, also dem SD.

Der grundlegende Erlaß für die Dienstgradangleichung vom 1. Juli 1941 war nicht veröffentlicht worden; seine Existenz geht lediglich aus dem RdErl d. ChSipouSD vom 19. Juni 1942[105] über die Anwendbarkeit des Dienstgradangleichungserlasses vom 1. Juli 1941 bei Angleichungsbeförderungen von SS-[SD-]Angehörigen hervor, der eine Reihe von Erklärungen und Ergänzungen dazu bringt. Demnach stellte der Erlaß vom 1. Juli 1941 eine *Kann*-Bestimmung dar. Während also die Dienstgradangleichung der in die SS aufgenommenen Angehörigen der Ordnungspolizei obligatorisch war [jedenfalls ergeben sich aus den vorliegenden Unterlagen keine Einschränkungen] und nach dem grundlegenden Erlaß vom 23. Juni 1938 auch für die Sicherheitspolizei mit Ausnahme der höheren Dienstgrade obligatorisch zu sein schien, werden jetzt für diese Einschränkungen gemacht. So heißt es in dem Erlaß vom 19. Juni 1942:

> »Angehörige der Sich.Pol., die der SS angehören, *können* hiernach SS-mäßig bis zu jenen SS-Dienstgraden *befördert* werden, die ihren Diensträngen in der Sich.Pol. entsprechen. Hierbei wird selbstverständlich vorausgesetzt, daß sich der betreffende Angehörige der Sich.Pol. durch seine Gesamthaltung einer Beförderung würdig gezeigt hat und von seinen Dienstvorgesetzten zu dieser Beförderung vorgeschlagen wird. Ein Anspruch auf eine derartige Beförderung besteht nicht.«

Abs. 3 des Erlasses erläutert weiter:

> »Ein Angehöriger der Sich.Pol., der nach den Angleichungsrichtlinien SS-mäßig zu einem SS-Führerdienstgrad angeglichen werden *kann*, wird nicht erwarten dürfen, daß er unmittelbar nach seiner Aufnahme in die Schutzstaffel und nach erfolgreichem Besuch eines SS-Führerlagers sofort zum Angleichungsdienstgrad befördert wird. Im allgemeinen wird zunächst ein niedrigerer SS-Dienstgrad verliehen und erst nach einer angemessenen Wartezeit die Einstufung in den

[104] Vgl. u. a. ›Vertrauliche Informationen der Parteikanzlei‹, Nr. 617 vom 5. November 1941.
[105] BefBl ChSipouSD, S. 163.

SS-Dienstgrad vorgenommen werden, die dem Beamtendienstgrad entspricht.«

In der Ergänzung zu Abschnitt I des RdErl vom 1. Juli 1941 heißt es:

»Die Voraussetzungen... beziehen sich auf die Dienstgradangleichung, nicht aber auf die Aufnahme in die SS, d. h. der Bewerber der Sich.Pol. kann sofort in die Schutzstaffel aufgenommen werden, wenn die Ziff. 1 erfüllt ist.«[106]

In der Ergänzung zu Abschnitt II des RdErl vom 1. Juli 1941 heißt es, die Dienstgradangleichungen setzten ausnahmslos in allen Fällen eine SS-mäßige Beförderung in diesen Dienstgrad voraus. Demnach erfolgte die Dienstgradangleichung also keinesfalls *automatisch* mit der Beförderung zu einem höheren Beamtenrang.

In der Ergänzung zu Abschnitt IV heißt es schließlich:

»Die Beförderung in einen nächsthöheren SS-Dienstgrad kann frühestens 3 Jahre nach der letzten Beförderung erfolgen. In Fällen besonderer Bewährung und Befähigung kann diese Frist um eine angemessene Zeit verkürzt werden.«

Ebenso wie mit der Dienstgradangleichung war Himmler auch mit der Aufnahme in die SS im Bereich der Sicherheitspolizei zurückhaltender oder ist wenigstens in späteren Jahren zurückhaltender geworden. Das geht unzweifelhaft aus einem Brief Himmlers an den damaligen Chef der Sicherheitspolizei und des SD, Ernst Kaltenbrunner, vom 24. April 1943 hervor[107], dessen Text folgendermaßen lautete:

»Lieber Kaltenbrunner!

Ich komme erneut auf das Thema zurück, daß wir vor läng... Zeit schon einmal besprachen: die Aufnahme von Bea... der Sicherheitspolizei in die SS. Ich möchte es noch ei... klar aussprechen: Ich wünsche nur dann eine Aufnahme, wenn der Mann sich

1. wirklich freiwillig meldet,
2. bei der Anlegung eines scharfen friedensmäßigen Maßstabes rassisch und weltanschaulich in die SS paßt und auch entsprechend der Zahl seiner Kinder eine wirklich gesunde SS-Sippe garantiert und nicht krank, absterbend und wertlos ist.

Alle diejenigen, die nicht in diesem Rahmen in die SS hineinpassen, müssen, wenn die Notwendigkeit da ist, daß sie Uni-

[106] Welchen Inhalt diese Ziffer 1 des RdErl vom 1. Juli 1941 hat, ist nicht bekannt.
[107] PS-2768.

form tragen müssen, nach einer Absprache von Ihnen mit dem Chef der Ordnungspolizei die Uniform der Ordnungspolizei tragen. In der Ordnungspolizei können nach den heutigen Verhältnissen nicht alles SS-Männer sein. Ich verweise hier auf die vielen Tausende von Reservisten, die von uns eingezogen worden sind.

Ich bitte Sie, nicht nur in der Zukunft so zu verfahren, sondern vor allem, daß auch viele Aufnahmen in die SS der Vergangenheit nach diesen Gesichtspunkten nachzuprüfen und abgeändert werden.« [sic!]

Die gleiche Zurückhaltung spricht aus einem Brief Himmlers an den damaligen Chef des Amtes I [Personal] des RSHA, Bruno Streckenbach, vom 9. September 1942[108]. Es ging darin um folgenden Sachverhalt: Als 1942 im Bereich des Militärbefehlshabers in Frankreich ein Höherer SS- und Polizeiführer eingesetzt wurde, gingen in dessen Zuständigkeit sämtliche Polizeiangelegenheiten über, die bis dahin bei der Militärverwaltung bearbeitet worden waren. Da es der Sicherheitspolizei aber an geeigneten, mit den französischen Verhältnissen vertrauten Beamten fehlte, übernahm sie eine Reihe von Kriegsverwaltungsbeamten aus der Wehrmacht. Die Betreffenden wurden zu dem Zwecke aus der Wehrmacht entlassen und [da sie fast alle auch in ihrem zivilen Dienstverhältnis Beamte waren] von ihren zivilen Heimatdienststellen auf Kriegsdauer zur Sicherheitspolizei abgeordnet. Es war nun zu entscheiden, in welches Verhältnis diese Beamten zur SS gebracht werden sollten. Darüber schrieb Himmler in dem zitierten Brief folgendes:

»1. Diejenigen, die der SS angehören und bisher einen niedrigeren Rang hatten, sind einzeln zu überprüfen, ob sie nicht, ohne daß die Beförderungsrichtlinien radikal umgeworfen werden, in den Rang eines Hauptsturmführers befördert werden können. Die Fälle, in denen eine solche Beförderung nicht möglich ist, sind mir einzeln zu melden.

2. Von den Angehörigen der SA und Partei sind alle diejenigen, die willens und geeignet sind, in die SS zu übernehmen und bei Eignung in den entsprechenden Dienstgrad zu befördern.

3. Alle diejenigen, die nicht willens oder zwar willens aber nicht geeignet sind, werden nicht in die SS aufgenommen, sondern tragen die Uniform als Reserve-Offizier der

[108] Himmler Files VI/41/10.

Sicherheitspolizei. Als Uniform wird die SS-Uniform des SD und der Sicherheitspolizei getragen.
Die Kategorie unter Ziffer 2, die nicht in die SS aufgenommen wird, ist ebenso zu behandeln.
Die bisherigen Oberkriegsverwaltungsräte sind als SS-Sturmbannführer unter den oben genannten Bedingungen zu übernehmen.«

Nach diesem Schreiben Himmlers gab es also im Bereich der Sicherheitspolizei die Möglichkeit, daß auch diejenigen Polizeiangehörigen, die nicht der SS angehörten, doch die SS-Uniform als Dienstanzug trugen. Wie dabei im einzelnen verfahren wurde, ist aufgrund der vorhandenen Quellen nicht auszumachen. Ein Runderlaß vom 1. April 1942, der die Anwendung des Dienstgradangleichungserlasses vom 1. Juli 1941 auf die Einkleidung von Angehörigen der Sicherheitspolizei, die *nicht* der SS angehörten, regelte, war, wie aus dem Runderlaß vom 19. Juni 1942 hervorgeht, ebenfalls nicht veröffentlicht. In diesen Zusammenhang gehört möglicherweise der Runderlaß des RSHA vom 29. Mai 1940[109], der »die Ausstellung von vorläufigen SS-Ausweisen für alle Angehörigen der Sicherheitspolizei und des SD« regelte. Das geschah damals offenbar für jeweils eine begrenzte Zeit, in der ein bestimmter Auftrag zu erfüllen war, denn es heißt in dem zitierten Erlaß, für die ordnungsgemäße Rückgabe des Ausweises »nach erfülltem Auftrag« sei Sorge zu tragen. Zu den Personenkreisen, die SS-Uniform trugen, ohne Mitglieder der SS zu sein, gehörten die vom NSKK notdienstverpflichteten Kraftfahrer des RSHA. Sie mußten gemäß RdErl d. RSHA vom 20. Juli 1942[110] die ihrem NSKK-Dienstgrad entsprechenden SS-Dienstgradabzeichen anlegen.
Zusammenfassend kann man feststellen: Himmler war bestrebt, einen möglichst großen Teil der Angehörigen der Ordnungspolizei zum Eintritt in die SS zu veranlassen; sein Ziel war dabei, wie Dr. Best es ausdrückt, eine möglichst vollständige innere Einheit der Mannschaft der SS und der Polizei herzustellen. Während manches dafür spricht, daß im Bereich der Ordnungspolizei ganz allgemein ein gewisser Druck zum Eintritt in die SS ausgeübt wurde, scheint im Bereich der Sicherheitspolizei, besonders in den späteren Jahren, bei Himmler selbst der Wunsch bestanden zu haben, nur solche Personen zum Eintritt in die SS zu veranlassen, die ihm dafür geeignet er-

[109] BefBl ChSipouSD, S. 43.
[110] BefBl ChSipouSD, S. 212.

schienen. Im Gegensatz zu dem in den Nachkriegsjahren bewußt oder unbewußt unklaren Gebrauch des Begriffs der Dienstgradangleichung ist festzustellen, daß darunter seinerzeit weder die Aufnahme von Polizeiangehörigen in die SS noch die bloße Ausstattung von Personen, die der SS nicht angehörten, mit der SS-Uniform verstanden wurde, sondern nur die Beförderung der ordnungsgemäß in die SS Aufgenommenen zu dem ihrem Polizeidienstgrad entsprechenden SS-Dienstgrad. Während das in der Ordnungspolizei mit einer gewissen Automatik geschehen sein dürfte, war die Angleichung in der Sicherheitspolizei an eine Reihe von Bedingungen geknüpft. In beiden Fällen aber setzte die Angleichung eine ausdrückliche Beförderung durch die zuständigen SS-Dienststellen voraus und ergab sich nicht etwa durch die Beförderung zu einem höheren Beamtenrang von selbst.

8. Die Höheren SS- und Polizeiführer[111]

Die Höheren SS- und Polizeiführer [HSSPF] dienten der organisatorischen Integration von SS und Polizei sowie deren politischer Aktivierung im regionalen Bereich. Der Prozeß der Herauslösung der Sicherheitspolizei aus der staatlichen Verwaltung und die Schaffung eines ausschließlich sicherheitspolizeilichen Befehlsweges wurden überlagert von dem Prozeß der Integration von SS und Polizei, der den sicherheitspolizeilichen Befehlsweg durch die übergeordnete Befehlsstruktur der Gesamt-SS wieder modifizierte. Das brachte zahlreiche neue Varianten in die tatsächlichen Befehlsverhältnisse. Wenn man aber davon ausgeht, daß der sicherheitspolizeiliche Befehlsweg von Fall zu Fall mehr oder weniger abgewandelt wurde

a] durch noch notwendige Rücksichtnahmen auf Instanzen der inneren Verwaltung

b] durch eine zunehmende Integration der Sicherheitspolizei in die Gesamtorganisation der SS,

dann besitzt man die erforderlichen Orientierungshilfen, um jeden konkreten Einzelfall richtig analysieren zu können.

Errichtet wurde die Institution der HSSPF durch folgenden Erlaß des RuPrMdI vom 13. November 1937:

»Es ist notwendig, für den Mob-Fall alle dem Reichsführer-SS und Chef der Deutschen Polizei unterstehenden Kräfte [Ord-

[111] Vgl. den Aufsatz des Verfassers über das gleiche Thema in den Vierteljahrsheften für Zeitgeschichte 11 (1963), S. 362–391.

nungspolizei, Sicherheitspolizei, SS-Verbände] innerhalb der Wehrkreise unter einen gemeinsamen Führer zu stellen.
Im Einvernehmen mit dem Herrn Reichskriegsminister und Oberbefehlshaber der Wehrmacht ordne ich daher für den Mob-Fall die Einsetzung eines ›Höheren SS- und Polizeiführers‹ in jedem Wehrkreis an. Die ›Höheren SS- und Polizeiführer‹ werden durch den Reichsführer-SS und Chef der Deutschen Polizei bestimmt, der auch über ihre Beteiligung an den Mob-Vorarbeiten im Frieden Anordnungen trifft.
Die Stellung und Eingliederung des Höheren SS- und Polizeiführers in die Reichsverteidigungsorganisation der allgemeinen und inneren Verwaltung innerhalb der Wehrkreise werde ich zu gegebener Zeit regeln.«

Die Einrichtung der HSSPF war also zunächst nur auf den Mobilmachungsfall, auf den Einsatz von SS und Polizei im Kriege, zugeschnitten. Aus dieser begrenzten und relativ einfachen Aufgabenstellung entwickelte Himmler im Laufe der Kriegsjahre durch die Praxis jene umfassende Zuständigkeit, die er den HSSPF zugedacht hatte. Dieser Ausbau der Institution erfolgte – genau wie die Neuorganisation der Sicherheitspolizei – in erster Linie in den besetzten Gebieten, wo man auf traditionelle Verhältnisse keine Rücksicht zu nehmen brauchte; im Altreich dagegen verblieb die Institution – von der Schlußphase des Krieges abgesehen – in einem gewissermaßen embryonalen Zustand. Auch bei den HSSPF trieb Himmler die Entwicklung vorzugsweise durch Einzelentscheidungen voran, wann immer sich Gelegenheit bot, die anfangs sehr vage formulierten Kompetenzen zu konkretisieren und verbindlich zu machen.

An dem bereits zitierten Erlaß vom 13. November 1937 ist charakteristisch, daß er das Verhältnis der HSSPF zur allgemeinen und inneren Verwaltung buchstäblich ungeregelt ließ, und zwar nicht nur zur friedensmäßigen Verwaltung, sondern auch zu deren Reichsverteidigungsorganisation. In diesem Zusammenhang war es nicht entscheidend, daß die HSSPF den Wehrkreisen zugeordnet wurden, denn das entsprach nur der schon längst bestehenden Einteilung der SS-Oberabschnitte. Entscheidend war vielmehr, daß die HSSPF ausdrücklich *nicht* den Reichsverteidigungskommissaren, also den regionalen Repräsentanten der zivilen Reichsverteidigungsorganisation, unterstellt wurden: Mit Schnellbrief vom 25. August 1939 verfügte der RMdI [i. V. gez. Himmler], daß die HSSPF »für die Durchführung der ihnen für den Mob-Fall obliegenden polizeilichen Aufgaben« zu den Reichsstatthaltern beziehungsweise Oberpräsidenten am Sitze der Wehrkreiskommandos treten. Als zum 1. September 1939 Reichsverteidigungskommissare bestellt waren, ordnete der RFSSuChdDtPol mit Erlaß vom 11. September 1939 [i. V. gez. Daluege] zwar zunächst an, daß die HSSPF nunmehr zu den jeweiligen Reichsverteidigungskommissaren zu treten hätten, doch wurde diese Anordnung mit Erlaß des RFSSuChdDtPol vom 16. Oktober 1939 [gez. Himmler] widerrufen: die Reichsverteidigungskommissare sollten sich der HSSPF lediglich »bedienen« können. In welch ein komplexes Verhältnis zu den regionalen Spitzen der inneren Verwaltung die HSSPF durch diese Bestimmungen gerieten, veranschaulicht ein Erlaß des RFSSuChdDtPol vom 6. Dezember 1939, in dem die Formulierung der Briefköpfe festgelegt wurde, die die einzelnen HSSPF zu führen hatten. So lautete der Briefkopf des HSSPF in Stettin zum Beispiel:

»Der Höhere SS- und Pol.-Führer
beim Oberpräsidenten von Pommern,
beim Reichsstatthalter in Mecklenburg
und beim Oberpräsidenten von Brandenburg
in Wehrkreis II.«

Umgekehrt unterstanden zum Beispiel dem Oberpräsidenten in Hannover und dem Reichsstatthalter in Lippe und Schaumburg-Lippe in verschiedenen Teilen ihres Zuständigkeitsbereichs verschiedene HSSPF, die außerdem je noch 2 oder 3 anderen Reichsstatthaltern und Oberpräsidenten zugeordnet waren. Fast jeder HSSPF im Altreich hatte also auf seiten der zivilen Verwaltung mehrere Partner. Es ist klar, daß unter diesen Umständen die regionalen Chefs der inneren Verwaltung nicht in der Lage waren, über die HSSPF eine nennenswerte Aufsicht zu führen oder gar auf deren Tätigkeit einen Einfluß zu nehmen, der über den Bereich belangloser Routine hinausgegangen wäre. Anders lagen die Dinge in den besetzten Gebieten, wo es die HSSPF jeweils nur mit *einem* Repräsentanten der inneren Verwaltung zu tun hatten. Da diese Repräsentanten insbesondere in den besetzten Ostgebieten überdies von Hitler mit umfassenden Vollmachten ausgestattet waren, die HSSPF andererseits die ebenfalls sehr weitreichenden Vollmachten des RFSS in den besetzten Gebieten zu vertreten hatten, kam es dort zu den bekannten harten und langwierigen Machtkämpfen zwischen ziviler Verwaltung und Polizei.

Die praktische Unabhängigkeit der HSSPF auch von denjenigen Chefs der inneren Verwaltung, denen sie »unterstellt« waren, wurde dadurch gesichert, daß es sich dabei wiederum nur um jene »persönliche und unmittelbare« Unterstellung handelte, deren wahrer Sinn oben am Musterfall der »Unterstellung« des RFSSuChdDtPol selbst unter den Reichsminister des Innern erörtert worden ist. So wie dort in Konfliktsfällen die persönliche und unmittelbare Unterstellung Himmlers unter Hitler vor der unter den Innenminister rangierte, so im Falle der HSSPF die unter Himmler vor der unter die Reichsstatthalter oder Oberpräsidenten.
Das Verhältnis der HSSPF zu den regionalen Repräsentanten der inneren Verwaltung ist auch später niemals wirklich geregelt worden. Mehr als oberflächliche Kompromißlösungen von Fall zu Fall hat es nicht gegeben, und zwar weil Himmler an einer endgültigen Regelung gar kein Interesse hatte, sondern auf eine völlige Unabhängigkeit der HSSPF hinarbeitete. In einem aus der Schriftgutverwaltung des Persönlichen Stabes RFSS stammenden Aktenvermerk vom 2. Juni 1944 heißt es, in einem Verzeichnis der HSSPF nach dem Stand vom 8. März 1944 sei erstmalig die Zuordnung der HSSPF zu den Reichsstatthaltern beziehungsweise zu den Oberpräsidenten nicht mehr erkennbar, sondern die Dienststellenbezeichnungen lauteten nur noch »der HSSPF West *in den Gauen* Düsseldorf, Essen, Köln, Aachen usw. im Wehrkreis 6«. »Da SS-Obergruppenführer Wünnenberg [Chef des HA Orpo als Nachfolger von Daluege] diese Regelung nicht von sich aus getroffen haben wird«, heißt es wörtlich, »ist darin nach meiner Ansicht der Wille des Reichsführers-SS niedergelegt, die von den Gauleitern gewünschte straffe Unterstellung der HSSPF unter sich auf jeden Fall zu vermeiden und die HSSPF um jeden Preis als Persönlichkeiten zu erhalten, die nicht in den Gauen verankert, sondern eindeutig nach der Zentrale des Reiches ausgerichtet sind.«
Auch gegenüber der Wehrmacht war Himmler darauf bedacht, die HSSPF möglichst unabhängig zu machen. Das ist beispielhaft abzulesen an einem im Zusammenhang der Vorbereitung des Rußlandfeldzuges ergangenen Erlaß Himmlers vom 21. Mai 1941, der in seinen wichtigsten Passagen wie folgt lautet:

»*Betr.:* Sonderauftrag des Führers

Im Einvernehmen mit dem Oberbefehlshaber des Heeres habe ich zur Durchführung der mir vom Führer gegebenen Sonderbefehle für das Gebiet der politischen Verwaltung Höhere SS- und Polizeiführer vorgesehen.

Für die Dauer des Einsatzes der Höh. SS- und Pol. Führer im rückwärtigen Heeresgebiet lege ich mit Zustimmung des Oberbefehlshabers des Heeres folgendes fest:

1] *Der Höhere SS- und Polizeiführer* mit Befehlsstab wird dem Befehlshaber des jeweiligen Rückwärtigen Heeresgebietes hinsichtlich Marsch, Versorgung und Unterbringung unterstellt. Dem Höheren SS- und Polizeiführer sind zur Durchführung der ihm von mir unmittelbar gegebenen Aufgaben SS- und Polizeitruppen und Einsatzkräfte der Sicherheitspolizei unterstellt.
Der Höhere SS- und Polizeiführer unterrichtet den Befehlshaber des Rückwärtigen Heeresgebietes jeweils über die ihm von mir gegebenen Aufgaben. Der Befehlshaber des Rückwärtigen Heeresgebietes ist berechtigt, dem Höheren SS- und Polizeiführer Weisungen zu geben, die zur Vermeidung von Störungen der Operationen und Aufgaben des Heeres erforderlich sind. Sie gehen allen übrigen Weisungen vor.

2] *Die eingesetzten SS- und Polizeikräfte* sind dem Befehlshaber des Rückwärtigen Heeresgebietes hinsichtlich Marsch, Versorgung und Unterbringung unterstellt. Alle gerichtlichen und disziplinären Angelegenheiten werden in eigener Zuständigkeit erledigt.

...

5] Der Befehlshaber des Rückwärtigen Heeresgebietes verfügt über alle SS- und Polizeitruppen bei einem dringenden Kampfeinsatz in eigener Befehlszuständigkeit.«

Nicht weniger eindeutig ist die Unabhängigkeit der HSSPF von der Wehrmacht dem Führerbefehl über die Einsetzung eines HSSPF im Bereich des Militärbefehlshabers Frankreich vom 9. März 1942 zu entnehmen, dessen erste 5 Ziffern folgendermaßen lauten:

»1] Im Bereich des Militärbefehlshabers *Frankreich* wird ein Höherer SS- und Polizeiführer eingesetzt.

2] Der Höhere SS- und Polizeiführer ist dem Militärbefehlshaber persönlich und unmittelbar unterstellt. Die Polizeidienststellen des Höheren SS- und Polizeiführers sind dem Militärbefehlshaber lediglich territorial unterstellt.

3] Der Höhere SS- und Polizeiführer ist im Dienstbereich des Militärbefehlshabers für alle Aufgaben zuständig, die

dem Reichsführer-SS und Chef der Deutschen Polizei im Reichsministerium des Innern [gemäß Geschäftsverteilungsplan RMdI] sowie als Reichskommissar für die Festigung deutschen Volkstums obliegen.
In diesem Aufgabengebiet hat er gegenüber den französischen Behörden und Polizeikräften Weisungs- und Aufsichtsrecht. Er verfügt über den Einsatz der französischen Polizeikräfte des besetzten Gebietes.
Die Rechtsetzung sowie grundsätzliche Bestimmungen für die Organisation und die Rechtsvorschriften der französischen Behörden einschl. ihrer Verkündung sind Sache des Militärbefehlshabers. Soweit es sich dabei um Erlasse auf Gebieten gemäß Absatz 1 handelt, ist der Höhere SS- und Polizeiführer die bearbeitende Dienststelle des Militärbefehlshabers.

4] Der Höhere SS- und Polizeiführer erhält seine Weisungen:
  a] für die militärische Sicherung des Landes und für alle militärischen Operationen durch den Militärbefehlshaber,
  b] für die polizeiliche Tätigkeit und die Behandlung der ihm obliegenden Volkstumsfragen durch den Reichsführer-SS und Chef der Deutschen Polizei. Sollten die militärischen und polizeilichen Weisungen Widersprüche aufweisen, so ist dem Chef des Oberkommandos der Wehrmacht und dem Reichsführer-SS und Chef der Deutschen Polizei zu berichten, die meine Entscheidung herbeiführen. Bei Gefahr im Verzuge kann der Militärbefehlshaber einstweilige bindende Anordnungen treffen. Zu den polizeilichen Maßnahmen gehören auch Sühnemaßnahmen gegen Verbrecher, Juden und Kommunisten anläßlich ungeklärter Anschläge gegen das Deutsche Reich oder deutsche Reichsangehörige.

5] Sobald innere Unruhen oder militärische Kampfhandlungen einheitlich zu leitende militärische Maßnahmen erfordern, können der Militärbefehlshaber – in Fällen dringender Gefahr auch die Bezirkschefs – über die SS- und Polizeikräfte ihres Bereiches vorübergehend verfügen. Hierbei ist zu beachten, daß gerade im Zusammenhang mit militärischem Einsatz polizeilichen Maßnahmen unter eigener Verantwortlichkeit besondere Bedeutung zukommt.«

Hier findet sich auch gegenüber dem Militärbefehlshaber wieder die »persönliche und unmittelbare« Unterstellung. Die »territoriale« Unterstellung der Polizeidienststellen bedeutet das gleiche, was in dem Erlaß des RFSS vom 21. Mai 1941 als Unterstellung »hinsichtlich Marsch, Versorgung und Unterbringung« bezeichnet wird. Wie schließlich die Bestimmung einzuschätzen ist, daß die Setzung und Verkündung von Recht auch für die Angelegenheiten des Zuständigkeitsbereiches der HSSPF Sache des Militärbefehlshabers sei, lehrt die oben erwähnte Auseinandersetzung zwischen dem Chef Sipo und SD und dem RMO über die Bestimmung des Begriffs »Jude« in den besetzten Ostgebieten.

Die *Aufgaben* der HSSPF wurden in der »Dienstanweisung für die Höheren SS- und Polizeiführer« vom 18. Dezember 1939 in sehr summarischer Weise abgesteckt – übrigens ebenfalls ohne jede Bezugnahme auf deren Verhältnis zur inneren Verwaltung. Während die Ziffern 1 bis 3 der Anweisung die Stellung der HSSPF in der Hierarchie der SS umschreiben, ist von den Aufgaben in den Ziffern 4 bis 6 die Rede.

»4] Der Höhere SS- und Polizeiführer vertritt in seinem Bereiche den Reichsführer-SS und Chef der Deutschen Polizei hinsichtlich aller von dem Reichsführer-SS und Chef der Deutschen Polizei wahrgenommenen Aufgaben.

5] Der Höhere SS- und Polizeiführer leitet alle gemeinsamen Vorbereitungen der SS, der Ordnungspolizei und der Sicherheitspolizei und des SD, die der Erfüllung der Reichsverteidigungsaufgaben dieser Einrichtung [sic!] dienen.

6] Der Höhere SS- und Polizeiführer übernimmt den Befehl über die Waffen-SS und die Allgemeine SS, die Ordnungspolizei und die Sicherheitspolizei und den SD, in allen Fällen, in denen ein gemeinsamer Einsatz für bestimmte Aufgaben erforderlich ist.«

Im Grunde ist hier also nicht mehr gesagt, als seinerzeit schon in Absatz 2 des grundlegenden Erlasses des RuPrMdI vom 13. November 1937 bestimmt worden war:

- Die HSSPF sind Generalbevollmächtigte des RFSSuChdDtPol;
- sie leiten die Mob-Vorbereitungen, soweit diese die dem RFSSuChdDtPol. unterstellten Organisationen betreffen;
- sie leiten den gemeinsamen Einsatz dieser Organisationen für bestimmte Aufgaben.

Im Frieden und im Altreich auch während des Krieges ergaben sich daraus für die HSSPF nur die Kompetenzen einer äußerlichen Repräsentation und der Leitung gemeinsamer Einsätze bei Großveranstaltungen oder Katastrophen. Im Krieg war es die Handhabung der Besatzungspolitik, soweit diese in den Gesamtbereich der Zuständigkeiten Himmlers fiel – beziehungsweise darunter subsummiert werden konnte. Von der Fähigkeit des einzelnen HSSPF, gegenüber der Zivilverwaltung oder Militärverwaltung möglichst viele Dinge unter seine Kompetenz zu bringen und die Formationen und Dienststellen der SS und Polizei in seinem territorialen Befehlsbereich möglichst straff an die Führungsleine zu nehmen, war es abhängig, wie viele und welche Aufgaben er tatsächlich erledigte. In seinem Erlaß vom 21. Mai 1941 hatte Himmler, wie bereits erwähnt, die HSSPF »für das Gebiet der politischen Verwaltung vorgesehen«. Im Hinblick auf dieses eigentliche Ziel war es nur ein vorübergehendes taktisches Zurückweichen [offensichtlich mit dem Zweck, Beschwerden von seiten der inneren Verwaltung im Altreich abzuwehren], wenn Himmler am 26. Juli 1940 einen ergänzenden Erlaß zur Dienstanweisung für die HSSPF herausgab, in dem die repräsentative Funktion der HSSPF noch einmal herausgestrichen und betont wurde, daß die HSSPF nicht für Fragen des materiellen Polizeirechts zuständig seien. Das Wichtigste an diesem Erlaß war, daß er nicht für das Generalgouvernement, das Protektorat und die besetzten norwegischen und niederländischen Gebiete galt. Dort sollten die HSSPF in ihrem Zuständigkeitsbereich vielmehr richtig regieren und unter Umständen sogar – wie wenigstens die Geschichte des Generalgouvernements lehrt – in die Gestaltung des materiellen Polizeirechts eingreifen. Konkret handelte es sich bei dem Zuständigkeitsbereich um die gesamte Kompetenz der Ordnungspolizei und Sicherheitspolizei, der Um-, Aus- und Ansiedlung und der Germanisierung, also auch um den Zuständigkeitsbereich des RFSSuChdDtPol als Reichskommissar für die Festigung deutschen Volkstums.
Über die bereits ausführlich erörterte Gleichsetzung von polizeilicher und politischer Kompetenz entwickelte Himmler die eine der beiden Aufgaben der HSSPF, nämlich in ihrem jeweiligen regionalen Zuständigkeitsbereich gegenüber den Instanzen der Wehrmacht, der Partei und des Staates die *politischen Interessen* des RFSS beziehungsweise der Gesamt-SS wahrzunehmen. In diesem Sinne führte Krüger seinen jahrelangen

Kampf gegen Frank im Generalgouvernement, vertrat Rauter die politischen Ziele der SS in den Niederlanden, wurde Pancke als »dritter Mann im Skat« [neben dem Reichsbevollmächtigten und dem Wehrmachtsbefehlshaber] nach Dänemark und Winkelmann nach Ungarn geschickt, führte Prützmann seinen »Krieg« gegen den Reichskommissar Lohse im Reichskommissariat Ostland und wirkte Oberg in Frankreich. Als Prützmann im Juni 1944 zum Höchsten SS- und Polizeiführer im Reichskommissariat Ukraine ernannt wurde, wurde der »politische« Auftrag zum ersten Male [jedenfalls nach der derzeitigen Quellenlage] in offizieller Form erwähnt: »Er ist für alle Fragen der Zusammenarbeit zwischen Verwaltung, SS und Polizei im Reichskommissariat Ukraine sowie für alle Volkstums- *und politischen Fragen* zuständig.« – In einer nach dem Krieg angefertigten Aufzeichnung des ehemaligen Adjutanten des Chefs der Zivilverwaltung beim Militärbefehlshaber Belgien-Nordfrankreich heißt es, die Ernennung eines HSSPF Belgien-Nordfrankreich hätte bedeutet, diesem alle Polizeibefugnisse, Volkstumsangelegenheiten und *alle politischen Fragen* zu übertragen.
Die »politische Verwaltung« und die Wahrnehmung der politischen Interessen Himmlers und der SS und Polizei bildeten also den Kern der Zuständigkeit der HSSPF. Was dafür im einzelnen zu tun war, hing von der jeweiligen Situation ab. Krüger im Generalgouvernement mußte versuchen, im täglichen »Kleinkrieg« möglichst viele Zuständigkeiten der inneren Verwaltung, soweit sie von politischem Belang waren, zu usurpieren; Pancke hatte in Dänemark mehr die Funktion eines »Botschafters« des RFSS; v. d. Bach war im Bereich Rußland Mitte vor allem mit dem Kampf gegen Partisanen beschäftigt [er wurde später zum »Chef der Bandenkampfverbände« ernannt]; Winkelmann hatte Himmlers persönlichen Kurs in der Ungarnpolitik zu vertreten; Globocnik hatte als SSPF Lublin den Sonderauftrag der Judenvernichtung.
Für die Erteilung und Durchführung der Sonderweisungen Himmlers war im Erlaß des RFSS vom 21. Mai 1941 ein direkter Befehlsweg vorgesehen, der nicht über eines der SS-Hauptämter führte, sondern die den einzelnen Hauptämtern jeweils nachgeordneten Dienststellen zeitweilig dem Befehl des HSSPF unterstellte.

»Im Einvernehmen mit dem Oberbefehlshaber des Heeres habe ich zur Durchführung der mir vom Führer gegebenen

Sonderbefehle für das Gebiet der politischen Verwaltung Höhere SS- und Polizeiführer vorgesehen... Dem Höheren SS- und Polizeiführer sind zur Durchführung der ihm von mir unmittelbar gegebenen Aufgaben SS- und Polizeitruppen und Einsatzkräfte der Sicherheitspolizei unterstellt.«

So trat also zum Beispiel im Bereich der Sipo neben den *Routine*befehlsweg

RSHA
|
BdS
|
KdS

der *Sonder*befehlsweg

RFSS
|
HSSPF
|
[BdS]
|
KdS

Beim Sonderbefehlsweg konnte also der HSSPF aufgrund eines Befehls des RFSS dem BdS oder auch dem KdS *unmittelbar* befehlen, ohne Rücksicht auf das RSHA. Oder anders ausgedrückt: Neben den sicherheitspolizeilichen Befehlsweg

RSHA
|
BdS
|
KdS

trat der auf die Gesamt-SS bezogene Befehlsweg

RFSS
|
HSSPF
|
regionale Formationen und Dienststellen von
|
Sipo | Orpo | Waffen-SS | Allg. SS | RKF

Alle Routinegeschäfte der Sipo [einschließlich der Deportation, ausschließlich der Tötung der Juden durch Gas] liefen über den sicherheitspolizeilichen Befehlsweg, und der HSSPF erhielt nur »nachrichtlich« Kenntnis. Wo es ihm notwendig schien, konnte er allerdings in die routinemäßigen Maßnahmen verändernd eingreifen; umgekehrt mußte seine Genehmigung eingeholt werden, wenn geplante Maßnahmen der Routine von besonderer politischer Bedeutung waren. So wurden in den Niederlanden die Gegenterroraktionen vom BdS durchgeführt und Deportationsmaßnahmen »mit Genehmigung« des HSSPF getroffen; der BdS in Dänemark erhielt seine Weisungen vom RSHA; auch in Frankreich war für alle Judenangelegenheiten routinemäßig der BdS zuständig, dagegen war es eine typische Aufgabe des HSSPF, sich mit allen interessierten Stellen über die Fragen auseinanderzusetzen, welche Taktik gegenüber den französischen Rechtsradikalen einzuschlagen sei. – Aus der Sicht der Polizeidienststellen mußte die spezifische Tätigkeit der HSSPF als ein »Hineinregieren« in den normalen Ablauf der Geschäfte wirken. So stellt es zum Beispiel der ehemalige Leiter des Referates IV D 4 RSHA, Karl Heinz Hoffmann, dar und fügt hinzu: »Der BdS unterstand nicht nur Berlin, sondern auch dem HSSPF, der unmittelbar Himmler unterstand und somit Entscheidungen herbeiführen konnte, die nicht durch das RSHA gelaufen waren.«[112]

Von den bezeugten Sonderaufträgen Himmlers an HSSPF seien folgende Beispiele erwähnt:

1. Über den Einsatz gegen Partisanen schrieb Himmler am 27. Juli 1942 an Daluege: »Du hast die Anfrage gestellt, wer die Befehlsgewalt bei Partisanenunternehmungen hat. Kurz meine Antwort: Ich persönlich. Draußen der jeweilige HSSPF. Für die einzelnen Verbände die jetzt schon vorhandenen Befehlshaber und Kommandeure.«[113]

   Am 24. Juni 1943 schrieb Himmler an den BdS des HSSPF Weichsel: »Ich stelle fest, daß es nicht Aufgabe des BdS ist, federführend Bandenkämpfe zu veranstalten; abgesehen davon, daß ein Kampf meist nicht mit der Feder geführt wird... Den Befehl für die durchzuführenden Maßnahmen erhält der Höhere SS- und Polizeiführer von mir selbst.«

2. Im Herbst 1941 hatten im Generalgouvernement die Auseinandersetzungen zwischen dem HSSPF, Krüger, und General-

[112] IMT Bd. XX, S. 180ff.

[113] NO-2622.

gouverneur Frank einen ihrer Höhepunkte erreicht. Nach einer Aufzeichnung Krügers vom 12. September 1941 hatte Frank in einer Besprechung unter vier Augen erregt geschrien, »er habe es jetzt geradezu satt, daß dieser Vergiftungsfeldzug der Sicherheitspolizei gegen alle staatlichen und Verwaltungseinrichtungen des Generalgouvernements geführt würde«. In diesem Zusammenhang schrieb Krüger am 14. September 1941 an Daluege: »Der GG läßt sich auf Grund der letzten Vorkommnisse von den Befehlshabern unmittelbar Vortrag unter Ausschaltung des Höheren SS- und Polizeiführers halten und gibt darüber hinaus seine Anordnungen an diese unmittelbar. Diese letztere Möglichkeit würden *meinen vom* RFSS *befohlenen Kampf* praktisch illusorisch machen ...«

3. Nachdem Frank Krüger beauftragt hatte, für den Einsatz nichtdeutscher Arbeitskräfte bei der Ernte zu sorgen, gab Himmler Krüger in einem Brief vom 19. Juli 1942 dazu ins einzelne gehende politische Richtlinien [»Dieser Brief darf nicht abgeschrieben werden und aus ihm dürfen keine Notizen gemacht werden.«][114].
4. In seinem Bericht über die Vernichtung des Warschauer Ghettos schreibt der dortige SSPF, Stroop: »Im Januar 1943 wurde vom Reichsführer-SS anläßlich seines Besuches in Warschau dem SS- und Polizeiführer im Distrikt Warschau der Befehl erteilt, die im Ghetto untergebrachten Rüstungs- und wehrwirtschaftlichen Betriebe mit Arbeitskräften und Maschinen nach Lublin zu verlagern.« – Da sich die Juden gegen die Umsiedlung wehrten, erging am 23. April 1943 »vom Reichsführer-SS über den Höheren SS- und Polizeiführer Ost in Krakau der Befehl, die Durchkämmung des Ghettos in Warschau mit größter Härte und unnachsichtiger Zähigkeit zu vollziehen«[115].
5. In einem Schreiben vom 23. Juli 1943 an die HSSPF Ost, Ostland, Weichsel, Warthe, Rußland-Mitte und Ukraine ordnete Himmler an: »Ich erwarte von allen Höheren SS- und Polizeiführern und SS- und Polizeiführern, daß sie in jeder ihnen nur möglichen Form die Produktion und Gewinnung von Pflanzenkautschuk und seine Verarbeitung in ihren Gebieten unterstützen.«[116]

[114] PS-2252; vgl. Personalakten Krüger.
[115] PS-1061.
[116] NO-10040.

6. Im Oktober/November 1942 erteilte der RFSS dem SSPF für die Krim den Auftrag, »alles Notwendige für eine Planung und spätere Besiedlung der Krim mit deutschen Menschen zu veranlassen« und teilte ihm zu diesem Zweck ein Kommando zur Wahrnehmung der Aufgaben des RKF zu[117].
7. Winkelmann protegierte als HSSPF in Ungarn im Auftrag Himmlers die Pfeilkreuzler und unterstützte sie bei der Vorbereitung des Staatsstreiches vom 15. Oktober 1944.

Während die Deportation der Juden und die Massenerschießungen durch die Einsatzkommandos des Chefs Sipo und SD in den Zuständigkeitsbereich des RSHA gehörten, wurden die Vergasungsaktionen in den Vernichtungslagern durch ausdrückliche Sonderbefehle Himmlers angeordnet. So beauftragte Himmler mit der Vernichtung der Juden des Generalgouvernements persönlich den SSPF Lublin, Odilo Globocnik; für diese sogenannte »Aktion Reinhard« wurden eine ganze Reihe von Arbeitslagern und die Vernichtungslager Belzec, Sobibor und Treblinka errichtet, außerdem wurde das zu einem Konzentrationslager umgewandelte Kriegsgefangenenlager Maidanek bei Lublin verwendet. Viktor Brack, Oberdienstleiter in der Kanzlei des Führers, der maßgebend an der Tötung von Geisteskranken beteiligt gewesen war, schrieb im Zusammenhang mit der »Aktion Reinhard« am 23. Juni 1942 an Himmler:

> »Ich habe den Brigadeführer *Globocnik* auf Anweisung von Reichsleiter Bouhler für die Durchführung seiner Sonderaufgabe schon vor längerer Zeit einen Teil meiner Männer zur Verfügung gestellt. Aufgrund einer erneuten Bitte von ihm habe ich nunmehr weiteres Personal abgestellt. Bei dieser Gelegenheit vertrat Brigadeführer Globocnik die Auffassung, die ganze Judenaktion so schnell wie nur irgend möglich durchzuführen, damit man nicht eines Tages mittendrin steckenbliebe, wenn irgendwelche Schwierigkeiten ein Abstoppen der Aktion notwendig machen.«[118]

In den Zusammenhang dieses von Globocnik ausgeführten Auftrags dürfte auch die »Aussiedlung« der Juden aus dem Distrikt Galizien gehören, über die der sogenannte Katzmann-Bericht Aufschluß gibt; der SSPF im Distrikt Galizien, Katzmann, nahm jedenfalls in seinem Bericht an den HSSPF Ost auf die »Aktion Reinhard« Bezug[119].

[117] NO-4009.
[118] NO-205.
[119] L-18.

Den Sonderauftrag zur Massenvernichtung in Auschwitz erteilte Himmler unter vier Augen dem Lagerkommandanten Rudolf Höss. Dieser berichtet darüber in seinen Erinnerungen, im Sommer 1941 habe Himmler ihm [entgegen seinen sonstigen Gewohnheiten *nicht* im Beisein eines Adjutanten] eröffnet, daß der Führer die Endlösung der Judenfrage befohlen habe. – Die bereits bestehenden Vernichtungsstellen im Osten seien nicht in der Lage, die beabsichtigten großen Aktionen durchzuführen. »Ich habe daher Auschwitz dafür bestimmt, einmal wegen der günstigen verkehrstechnischen Lage, und zweitens läßt sich das dafür dort zu bestimmende Gebiet leicht absperren und tarnen. Ich hatte erst einen höheren SS-Führer für diese Aufgabe ausgesucht; um aber Kompetenzschwierigkeiten von vornherein zu begegnen, unterbleibt das, und Sie haben nun diese Aufgabe durchzuführen ... Nähere Einzelheiten erfahren Sie durch Sturmbannführer Eichmann von RSHA, der in nächster Zeit zu Ihnen kommt.«

Im Falle des im Warthegau gelegenen Vernichtungslagers Chelmno [Kulmhof] wird ein besonderer Befehl des RFSS in den Quellen nicht erwähnt, doch ergibt sich aus den Zeugnissen mit hoher Wahrscheinlichkeit, daß auch in diesem Falle ein Sonderbefehl ergangen war, und zwar an den HSSPF Warthe, SS-Obergruppenführer Koppe. – Im Warthegau regierte Reichsstatthalter Greiser in freundschaftlich engem Einvernehmen mit Bormann und Himmler. Daher hatte Himmler dort im Gegensatz zum Generalgouvernement keinen Anlaß, den HSSPF beziehungsweise die Sicherheitspolizei als Instrument für eine Sonderpolitik zu benutzen. Da der Warthegau ins Reich eingegliedertes Gebiet war, war die Sicherheitspolizei wie im Altreich organisiert, also mit einem Inspekteur [statt Befehlshaber] an der Spitze, einer Staatspolizeileitstelle in Posen und je einer Staatspolizeistelle in Hohensalza und Lodz, die vom RSHA unmittelbar Weisung empfingen und unmittelbar dorthin berichteten[120]. Trotzdem war natürlich auch der HSSPF Warthe genau wie seine Kollegen politischer Repräsentant des RFSS und konnte von diesem Sonderaufträge jenseits der

[120] 2. DVO zum Führererlaß über Gliederung und Verwaltung der Ostgebiete vom 2. November 1939 und Runderlaß des RFSSuChdDtPol über die Organisation der Geheimen Staatspolizei in den Ostgebieten vom 7. November 1939 [RMBliV, S. 2291]. Der Erlaß des RFSSuChdDtPol vom 26. Juli 1940, der in Ergänzung zur Dienstanweisung für die HSSPF vom 18. Dezember 1939 noch einmal deren repräsentative Aufgabe unterstrich, galt auch für den Warthegau; nur das Generalgouvernement, das Protektorat und die besetzten norwegischen und niederländischen Gebiete waren ausdrücklich ausgenommen.

Routine erhalten. Nur bestand selten Anlaß, von dieser Möglichkeit Gebrauch zu machen, und wenn es geschah, fehlte die Spitze gegen die Zivilverwaltung und somit die spektakuläre Note. Dies zeigte sich zum Beispiel an der Korrespondenz über einen Plan, 20000 bis 25000 Tbc-kranke Polen zu vernichten, über den sich Greiser, Himmler und Koppe von vornherein einig waren. Ein Schreiben Koppes in dieser Angelegenheit vom 3. Mai 1942 war lediglich eine Unterstützung des von Greiser geplanten Antrags an Himmler, das sogenannte »Sonderkommando Lange« für die Vernichtung leihweise zur Verfügung zu stellen.

Dieses »Sonderkommando Lange« [später von Kriminalkommissar Hans Bothmann geführt], das die Mordaktion in Chelmno besorgte, war nach Ausweis mehrerer Dokumente dem HSSPF unterstellt. So sprach dieser in seinem Brief an den HSSPF Nordost vom 18. Oktober 1940 von dem »mir für besondere Aufgaben unterstellten sogenannten Sonderkommando Lange« und bezeichnete es in einem Schreiben an Gruppenführer Wolff vom 22. Februar 1941 als »ein Kommando meiner Dienststelle«. Nachdem Koppe im Oktober 1940 mit dem damaligen HSSPF in Ostpreußen, Gruppenführer Rediess, »vereinbart« hatte, diesem das Kommando auszuleihen, hatte Rediess dafür genauso die Genehmigung des RFSS einholen müssen, wie später auch Greiser Himmler um Genehmigung bitten mußte, als er die Mördergruppe für die Tbc-kranken Polen brauchte.

Mit dem RSHA dagegen fand wegen der Kommandierung nach Ostpreußen lediglich eine Absprache statt, und im Falle der Tbc-kranken Polen wurde es lediglich um eine »Stellungnahme von dem sicherheitspolizeilichen Standpunkt aus« gebeten, während »der letzte Entscheid« sogar von Hitler selbst getroffen werden mußte. – Was sich aus den zitierten Dokumenten ersehen läßt, ist ohne Zweifel bruchstückhaft. Jedoch entsprechen ebenfalls ohne Zweifel alle vorhandenen Bruchstücke dem Schema der Zuständigkeit und des Befehlsweges, wie sie für Sonderaufträge des RFSS an einen HSSPF galten. Das trifft auch für die in Koppes Schreiben vom 22. Februar 1941 erwähnte Einschaltung seines Inspekteurs der Sicherheitspolizei zu, denn für die Durchführung eines Sonderauftrags konnte der HSSPF sich unmittelbar der Sicherheitspolizei bedienen und insoweit den normalen Befehlsweg zwischen RSHA und BdS [IdS] unterbrechen.

Eine beachtliche Stütze findet die Annahme, daß auch die Vernichtungsaktion in Chelmno nicht auf einen Befehl des RSHA, sondern auf einen Sonderauftrag des RFSS an den HSSPF Warthe zurückging, in den einschlägigen Aussagen Eichmanns vor der israelischen Polizei. So berichtete Eichmann in seiner Vernehmung vom 31. Mai 1960 nachmittags, wie er einmal von Heydrich zu Globocnik nach Lublin und später von Gruppenführer Müller nach Kulmhof geschickt worden sei, um sich von den dortigen Vernichtungslagern ein Bild zu machen. Im Spätsommer oder frühen Herbst 1941 sei er in Lublin gewesen, dann im Herbst 1941 oder Herbst 1942 in »Culm im Warthegau«. Wörtlich heißt es im Protokoll[121]:

> »Bin heruntergefahren, melde mich bei der Stapoleit [sic!] Litzmannstadt, frage dort, und da wird mir beschrieben, das ist ein Sonderkommando, das der Reichsführer eingesetzt hat, und zwar untersteht das dem, jetzt weiß ich nicht, SS- und Polizeiführer Gau Wartheland oder Höherer SS- und Polizeiführer Gau Wartheland. So ist es mir noch in Erinnerung.«

In zwei späteren Vernehmungen kam Eichmann auf die Sache noch einmal zu sprechen. RSHA IV B 4 habe von sich aus an die einzelnen Stellen des Generalgouvernements überhaupt keine Weisung gegeben, »denn dort wurde die ganze Sache durch die hohe Führergarnitur selbst erledigt«. Auf die Frage nach dem Warthegau sagte er weiter:

> ...
>
> E. »Im Warthe-Gau da ist es wieder anders gewesen, das war eine Sonderregelung gewesen zwischen Reichsführer-SS und Chef der Deutschen Polizei und – ja, wenn ich jetzt den Gauleiter noch wüßte im Warthegau, – und dem Gauleiter jedenfalls und als 3. Mann dann kam der Inspekteur der Sicherheitspolizei und des SD, Gau-Wartheland. Da kann ich mich deswegen noch entsinnen darauf, u. zw. auch ausschließlich nur deswegen, weil mich Mueller damals hinuntergeschickt hat nach Kolm – Kulm hieß es, glaub ich, oder Kolm oder irgend so ähnlich. Das sagte ich schon.«
>
> L. »Und bekamen die Judensachbearbeiter im Warthe-Gau Richtlinien von Ihnen?«

[121] Vernehmungsprotokoll der israelischen Polizei, Bd. I, S. 169ff., Bd. III, S. 153ff., Bd. V, S. 3034. Vgl. hierzu auch den Befehl Himmlers an den HSSPF Ost vom 19. Juli 1942, daß die Umsiedlung der jüdischen Bevölkerung des GG bis 31. Dezember 1942 beendet sein müsse [NO-5574, -5575].

E. »Nein, da gabs ja keine Judensachbearbeiter im Gau-Wartheland, weil hier die Sonderregelung zwischen – zwischen dem Reichsführer-SS und Chef der Deutschen Polizei, dem Gauleiter und dem Inspekteur der Sicherheitspolizei war. Denn im Gau Wartheland, da glaub ich, wurde ja getötet.«

Auf die spätere Frage:

»Wurde das [sic!] Warthe-Gau an sich ... [?] nicht einverleibt ins Deutsche Reich und daher die Stapo-Stellen?«

antwortete Eichmann:

»Ja, ja, natürlich, das ist richtig. Aber bezüglich der – der – z. B., der Juden-Angelegenheiten ist – hat das Warthe-Gau die extra – extra Weisungen des Reichsführers zu beachten gehabt, die im großen und ganzen, glaube ich, ähnlich waren wie die des Generalgouvernements; wenn nicht gleich.«

Daß im Warthegau mit Zustimmung Greisers bezüglich der Judenangelegenheiten eine Sonderregelung getroffen war, die außerhalb des routinemäßigen Funktionierens des Apparates der Sicherheitspolizei lag, geht aus den Zeugnissen mit Sicherheit hervor. Eichmann begründete es bezeichnenderweise mit der Bemerkung »Denn im Gau Wartheland, da glaub ich, wurde ja getötet«. Ob für die Vernichtungsaktion der HSSPF oder der IdS zuständig war, ist nach dem reinen Wortlaut offen. Abgesehen davon aber, daß Eichmann an anderer Stelle von der Zuständigkeit des HSSPF im Zusammenhang mit einem bestimmten eigenen Erlebnis sprach, ist es kaum denkbar, daß eine Vereinbarung zwischen dem Gauleiter, Himmler und dem Inspekteur der Sicherheitspolizei getroffen worden sei. Es kann nur entweder der HSSPF oder der Chef Sipo und SD gewesen sein, und zwischen diesen beiden spricht nach Lage der Dinge alles dafür, daß es sich um den HSSPF handelte.

Die zweite Funktion, die Himmler den HSSPF zugedacht hatte, war, die *Einheit* der Gesamtorganisation von SS und Polizei im regionalen Bereich zu sichern und zu *fördern*. Er sprach darüber ausführlich in seiner berühmten Posener Rede vor den SS-Gruppenführern am 4. Oktober 1943[122]:

»Für die Höheren SS- und Polizeiführer sehe ich an praktischen Aufgaben vor allem einen Auftrag, der zugleich auch für die Hauptamtschefs gilt. Der Höhere SS- und Polizeiführer ist für mich der Vertreter des Reichsführers-SS in seinem Gebiet. Wehe, wenn die SS und Polizei auseinanderfie-

[122] PS-1913.

len. Wehe, wenn die Hauptämter in gutgemeinter, aber falsch verstandener Vertretung ihrer Aufgaben sich mit je einem Befehlsweg nach unten selbständig machen würden. Das würde, wie ich wirklich glaube, an dem Tag, an dem mich einer über den Haufen schießt, das Ende der SS sein. Es muß so sein und es muß so werden, daß auch unter dem zehnten Reichsführer-SS dieser Orden der SS mit allen seinen Sparten – Gesamtgrundlage Allgemeine SS, Waffen-SS, Ordnungspolizei, Sicherheitspolizei; die ganze Wirtschaftsverwaltung, Schulung, weltanschauliche Erziehung, die ganze Sippenfrage – ein Block, ein Körper, ein Orden ist. Wehe, wenn wir das nicht zusammenbringen. Wehe, wenn die einzelnen Hauptämter, die einzelnen Chefs ihre Aufgabe hier falsch sehen würden, wenn sie glauben würden, etwas Gutes zu tun, während sie in Wirklichkeit den ersten Schritt zum Ende tun würden.

...

So wie es innerhalb der Waffen-SS ist und sein muß, so müssen nun allmählich auch Ordnungs- und Sicherheitspolizei, Allgemeine SS und Waffen-SS zusammenschmelzen. Das geschieht auf dem Gebiet der Stellenbesetzung, der Ergänzung, der Schulung, der Wirtschaft, des Ärztewesens. Ich tue hier immer etwas dazu, immer wieder wird ein Band um diese Bündelteile herumgeschlungen, um sie zusammenwachsen zu lassen. Wehe, wenn sich diese Bänder einmal lösen würden, dann würde alles, davon seien Sie überzeugt, in einer Generation und in kurzer Zeit in seine alte Bedeutungslosigkeit zurücksinken.«

Die Einsetzung der HSSPF war für den inneren Aufbau von SS und Polizei von grundlegender Bedeutung, denn mit ihr wurde in Himmlers Machtbereich ein neues Führungsprinzip zur Geltung gebracht. Bisher waren die einzelnen Teilorganisationen ohne wesentliche Verbindung untereinander ausgebaut worden, jede aber besaß intern eine straff zentralisierte Befehlsgebung von der Spitze bis zu den Außenstellen. Auf diese Weise blieb den mittleren und unteren Instanzen nur ein recht kleiner Spielraum für eigene Entscheidungen, und ein regionales Zusammenwirken zweier oder mehrerer Sparten der Gesamtorganisation war relativ schwierig zu bewerkstelligen. So wurde zum Beispiel der Einsatz der Gestapo bis in Kleinigkeiten hinein vom Geheimen Staatspolizeiamt aus gesteuert; ebenso verfügte über die KZ und ihre Bewachungsmannschaften ausschließlich der »Inspekteur KL und Führer der SS-Totenkopfverbände« [SS-Gruppenführer Theodor Eicke]. Als 1936 einmal eine regionale Instanz, nämlich der Führer des SS-Oberabschnitts Süd, SS-Obergruppenführer Freiherr von Eberstein, vorschlug, daß ihm der »Totenkopf«-Sturmbann »Oberbayern« unterstellt würde, wehrte sich Eicke dagegen ebenso wütend wie erfolgreich. – Dieser zentralistischen, zugleich aber partikularistischen Entwicklung der großen Teilorganisationen setzte Himmler nun bei Kriegsbeginn mit den HSSPF eine Instanz entgegen, die in Ergänzung der Gesamtrepräsentation durch den RFSS die Einheit von SS und Polizei auch regional repräsentieren, die Politik Himmlers vertreten und das Monopol der Befehlsgebung der Zentralämter abbauen sollte. Seitdem standen im Bereich von SS und Polizei also zwei Führungsgrundsätze nebeneinander, zum Teil sich wechselseitig ergänzend, zum Teil einander widerstreitend:

- der alte Grundsatz der reichszentralen Führung der einzelnen Teilorganisationen
- der neue Grundsatz der regional-zentralen Führung aller in einem bestimmten Gebiet vorhandenen Formationen der Gesamtorganisation.

Beide Grundsätze hatten Sinn und Berechtigung jeweils aus der Situation, in der sie eingeführt wurden. Um die Gestapo und das KZ-Wesen in kurzer Zeit zu der erstrebten Effektivität zu bringen, hatte Himmler zwischen 1934 und 1938 den beiden Chefs Heydrich und Eicke möglichst freie Hand lassen müssen. Da überdies beide Führer Organisationen aufbauten, die mit der Struktur und den Grundsätzen staatlicher Verwaltung unvereinbar waren, vielfach sogar gegen die ja immerhin noch geltenden Gesetze und Verordnungen verstießen, kam es darauf an, die Tätigkeit der Außenstellen gegen die regionalen Behörden der staatlichen Verwaltung und Gerichtsbarkeit abzuschirmen. Das war nur möglich, wenn die lokalen und regionalen Stellen lediglich Ausführende oder Übermittler von Befehlen waren, die Verantwortung für alles aber ausschließlich bei der Zentrale lag. Auf diese Weise brauchten sich die nachgeordneten Dienststellen mit den staatlichen Instanzen ihrer Ebene auf keine Auseinandersetzungen über die Unrechtmäßigkeit ihrer Maßnahmen einzulassen, sondern die Angelegenheiten konnten nach »höheren« politischen Gesichtspunkten in Berlin erledigt werden. – Als dagegen Ende der dreißiger Jahre keine Instanz des Staates oder der NSDAP mehr am Dasein und den Praktiken der Gestapo und der Konzentrationslagerverwaltung ernstlich rütteln konnte und als dann im Krieg alle Teilorganisationen des Himmlerschen Machtbereiches unerhört schnell wuchsen und Macht entwickelten, trat mehr und mehr das Problem in den Vordergrund, wie das Auseinanderfallen der Teilorganisationen zu verhindern, der zunehmende Konkurrenzkampf zwischen ihnen einzuschränken und ihr regionaler Einsatz zu koordinieren sei.

Die Hauptamtschefs, insbesondere der Waffen-SS und der Sicherheitspolizei, setzten dem neuen Führungsgrundsatz heftigen Widerstand entgegen und hatten dabei die Macht der bisherigen Gewohnheit auf ihrer Seite. Himmler andererseits bemühte sich, die Stellung der HSSPF zu stärken, wo immer sich die Möglichkeit dazu bot; er konnte sich dabei auf die Notwendigkeit berufen, die der Krieg und die Besatzungsaufgaben mit sich brachten. Das wird besonders in den besetzten Gebieten Osteuropas deutlich; denn was dort von Tag zu Tag im einzelnen zu tun war, vermochten die Zentralen in Berlin weder zu beurteilen noch sinnvollerweise anzuordnen. Zweitens war in den besetzten Gebieten der gemeinsame Einsatz von Sicherheits- und Ordnungspolizei die Regel; in manchen Fällen, besonders bei den Kämpfen gegen Partisanen, mußten auch die in erreichbarer Nähe befindlichen Einheiten der Waffen-SS hinzugezogen werden. Und schließlich war ja die Polizei in allen besetzten Gebieten auch behörden-organisatorisch bereits viel radikaler aus der übrigen inneren Verwaltung herausgelöst als im Altreich, und es war deshalb wesentlich wichtiger, sie gegenüber den militärischen und zivilen Instanzen einheitlich zu repräsentieren. Es wäre offenkundig widersinnig gewesen, wenn etwa im Generalgouvernement die Befehlshaber beziehungsweise Kommandeure der Sicherheits- und Ordnungspolizei und die Kommandeure der dort stationierten Formationen der Waffen-SS sich gegenüber dem Generalgouverneur beziehungsweise den Distriktsgouverneuren nur je selbst hätten vertreten sollen; vielmehr lag es im Interesse aller Formationen, daß sie gemeinsam vertreten wurden – eben durch den HSSPF beziehungsweise die SSPF. – So hat der Reichsschatzmeister der NSDAP, Franz Xaver Schwarz, vom nationalsozialistischen Standpunkt durchaus mit Recht einmal gesagt[123], die Einsetzung von HSSPF sei »eine der größten Taten des Reichsführers-SS«. Himmler hatte spätestens bei Beginn des Krieges

[123] NO-29.

erkannt, was für seine Organisation das Gebot der Stunde war, und er hat den Mut und die Beharrlichkeit aufgebracht, gegen den Widerstand vieler seiner eigenen Leute entsprechend zu handeln.

Am stärksten war das Streben, von der übrigen SS und Polizei unabhängig zu sein, bei der Waffen-SS. Ein typisches Beispiel dafür ist schon aus den ersten Kriegsmonaten bezeugt, ein Beispiel übrigens auch dafür, daß Himmler Zuständigkeit und Befugnisse der HSSPF im einzelnen immer erst dann regelte, wenn ein bestimmter Fall eine positive Fixierung forderte. Himmler hatte dem HSSPF Ost, Krüger, befohlen, eine »Säuberungsaktion« in den Wäldern östlich und westlich des San zu veranstalten. Krüger hatte jedoch große Schwierigkeiten, die dafür nötigen Truppenkontingente zu beschaffen, und zwar nicht zuletzt deshalb, weil die Unterstellungsverhältnisse der bewaffneten SS-Einheiten unter den HSSPF noch nicht geregelt waren. Es erfolgte deshalb eine vorläufige Regelung durch einen Erlaß des RFSS vom 5. Dezember 1939, der am 11. Dezember 1939 vom Chef des SS-Hauptamtes den HSSPF Ost, Warthe, Weichsel und dem Generalinspekteur der verstärkten SS-Totenkopf-Standarten zur Kenntnis gebracht wurde. Es wurde bestimmt, daß die Einheiten der SS-Verfügungstruppe und der SS-Totenkopf-Division, sofern sie nicht im Einsatz unter dem Befehl des ObdH standen, den HSSPF in territorialer Hinsicht unterstehen sollten. Diese seien auch berechtigt, die SS-Einheiten in Fällen der Gefahr einzusetzen; truppendienstlich dagegen sollten die Einheiten ihren Truppenvorgesetzten unterstehen, und die HSSPF seien nicht berechtigt, an einschlägigen Befehlen Änderungen vorzunehmen. Damit war jedoch noch nicht aller Konfliktstoff ausgeräumt. Krüger meinte zur Vorbereitung des Einsatzes Versetzungen und organisatorische Umstellungen vornehmen zu müssen, denen sich der Kommandeur der 8. SS-Totenkopf-Standarte, SS-Oberführer von Jena, mit der Begründung widersetzte, Versetzungen von einer Standarte in eine andere dürften nur vom Generalinspekteur der verstärkten SS-Totenkopf-Verbände verfügt werden. Der Generalinspekteur mußte sich selbst nach Krakau bemühen, um diesen Streit mit einem Kompromiß zu beenden. Aber damit war immer noch keine Ruhe geschaffen! Im Januar 1940 weigerte sich von Jena [und zwar diesmal mit Unterstützung der Generalinspektion der verstärkten SS-Totenkopf-Standarten], dem HSSPF Ost regelmäßig Meldungen über Kräfteverteilung, besondere Aktionen, Führerwechsel, Exekutionen und Stimmung der Truppe zu erstatten. Ebenso weigerte er sich im Juni 1940, Befehle vom SSPF Lublin entgegenzunehmen, da er nur dem *Höheren* SS- und Polizeiführer für den Einsatz unterstellt sei. Diesmal entschied Himmler selbst und bestimmte in einem Schreiben vom 15. Juli 1940, daß die SS-Totenkopf-Standarten im Generalgouvernement für die Dauer von zwei Monaten ohne jede Einschränkung dem SSPF zur Bekämpfung des Bandenunwesens zur Verfügung stehen sollten.

Am 5. März 1942 sah sich Himmler veranlaßt, an den Chef des SS-Führungshauptamtes einen Brief zu schreiben, der ein charakteristisches Zeugnis für das Selbständigkeitsstreben der Waffen-SS ist:

> »Ich sehe hier eine große Gefahr, daß nämlich die Waffen-SS unter dem Motto ›Kriegsnotwendigkeit‹ genau wie früher die Wehrmacht unter dem Motto ›Landesverteidigungsmaßnahmen‹ ein eigenes Leben zu führen beginnt.
>
> Ich ersuche Sie um Vorlage eines Befehls, der alle diese Dinge regelt.
>
> 1. Das SS-Führungshauptamt – insbesondere auch das Kommandoamt der Waffen-SS – hat den Höheren SS- und Polizeiführern alle sie auch nur irgendwie berührenden Befehle der Waffen-SS zuzuleiten.
> 2. Es ist eine selbstverständliche Pflicht auch der einfachsten guten Kinderstube, daß jeder Kommandeur der Waffen-SS, der in ein Gebiet versetzt wird, sich zunächst einmal bei dem Höheren SS- und Polizeiführer und bei dem SS- und Polizeiführer im großen Dienstanzug meldet.
> 3. Die Stärkemeldungen der in dem Oberabschnitt liegenden Waffen-SS-Einheiten sind dem zuständigen SS- und Polizeiführer und auf diesem Wege dem Höheren SS- und Polizeiführer monatlich unaufgefordert einzureichen.
> 4. Die Unterkunftsfragen sind vom Standortführer nur nach Rücksprache mit dem zuständigen SS- und Polizeiführer zu regeln.
>
> Nach den bisherigen Befehlen, die ich mir genau noch einmal durchgelesen habe, ist es praktisch so, daß der Höhere SS- und Polizeiführer der Waffen-SS helfen darf, sonst aber von ihr als lästiger Außenseiter nicht beachtet wird. Es ist also der Idealzustand hier offenkundig festgelegt, daß die Allgemeine SS und Polizei als übriges mieses Volk der Waffen-SS

helfen darf. Wenn ich auch genau weiß, daß dies nicht Ihre persönliche Absicht und Ansicht ist, so bitte ich Sie, ebenso radikal wie ich gegen derartige Ansatzpunkte vorzugehen. Es gibt nur eine Gesamt-SS und Polizei, und von dieser Gesamtheit ist unsere brave Waffen-SS einer der dienenden Teile. Bezeichnend und beschämend ist ein Funkspruch, den ich in Fotokopie beifüge. Der Höhere SS- und Polizeiführer hatte die Stärkemeldungen des Truppenübungsplatzes Debica verlangt. Der Standartenführer und Kommandant schickt diese Stärkemeldung an den Militärbefehlshaber im Generalgouvernement, also meine liebe Waffen-SS fühlt sich hier wieder einmal dem Herrn Militärbefehlshaber mehr unterstellt als dem eigenen Höheren SS- und Polizeiführer.«[124]

Während bei der Waffen-SS, wie das zuletzt zitierte Dokument zeigt, die an sich vorhandenen Neigungen zur Selbständigkeit durch die äußeren Umstände noch begünstigt wurden, wirkten im Falle der Sicherheitspolizei einander ganz entgegengesetzte Tendenzen. Einerseits hatten die ständigen gemeinsamen Einsätze mit anderen Formationen, die Erfüllung der von Himmler den HSSPF unmittelbar erteilten Sonderaufträge sowie die notwendige gemeinsame Vertretung gegenüber der inneren Verwaltung in den besetzten Gebieten eine dauernde und enge Verbindung der regionalen Polizeikräfte mit den HSSPF und SSPF zur unausbleiblichen Folge. Andererseits jedoch begründeten die starke politische Stellung Heydrichs und die sehr straffe, zentralistische Organisation eine Eigenständigkeit und Unabhängigkeit der Sicherheitspolizei, die sich auch im Verhältnis zu den HSSPF bemerkbar machten, sofern nicht ausdrückliche Befehle dem entgegenstanden.

Wie stark auch noch nach Heydrichs Tod in der Sicherheitspolizei die Neigung war, sich um die HSSPF wenig zu kümmern, lehrt ein Runderlaß Kaltenbrunners vom 4. April 1944:

»Ein Sonderfall veranlaßt mich zum wiederholten Male darauf hinzuweisen, daß ich von meinen Befehlshabern, Inspekteuren und Dienststellenleitern ein in jeder Beziehung tadelloses Zusammenarbeiten mit den Höheren SS- und Pol. Führern verlange. Ich weise in diesem Zusammenhang auch erneut darauf hin, daß die Höheren SS- und Pol.Führer über alle grundsätzlichen Erl. u. Befehle, die von mir oder meinem Hauptamt herauskommen, zu unterrichten sind.«[125]

[124] NO-563.
[125] BefBl Chef Sipo und SD 1944, S. 76.

Daß auch auf seiten der Konzentrationslagerverwaltung die Neigung bestand, die HSSPF zu ignorieren, geht aus einem Brief Himmlers an Pohl vom 30. März 1944 hervor:

> »Bei der Besprechung verschiedener für das Hamburger Gebiet notwendigen Maßnahmen komme ich darauf, daß der Kommandant des *Konzentrationslagers* sich dem Höheren SS- und Polizeiführer gegenüber auf seine Schweigepflicht berufen hat, als er nach der Belegungsstärke gefragt wurde. Ich bitte zu veranlassen, daß den Höheren SS- und Polizeiführern jeweils monatlich die Belegstärke sowie auch die Errichtung etwaiger neuer Lager mitgeteilt wird.«[126]

Für die Errichtung eines KZ im ehemaligen Ghetto Warschau befahl Himmler dem WVHA ausdrücklich »in engstem Einvernehmen mit dem SS- und Polizeiführer« vorzugehen[127]. Gegenüber den weniger mächtigen Teilorganisationen seines Befehlsbereiches konnte Himmler seine neue Konzeption natürlich leichter durchsetzen. So heißt es zum Beispiel in der »Vorläufigen Dienstanweisung für den SS-Führer im Rasse- und Siedlungswesen« des Chefs des Rasse- und Siedlungshauptamtes-SS vom 19. April 1943[128], der SS-Führer im Rasse- und Siedlungswesen beim HSSPF sei für diesen beratendes und ausschließlich ausführendes Organ, er unterstehe dem HSSPF persönlich und disziplinär. Auf einer Tagung der SS-Führer im Rasse- und Siedlungswesen beim HSSPF Süd im Mai 1944 ließ der Chef des RuSHA eine Erklärung abgeben, in der es u. a. heißt, im Gegensatz zu der bei den übrigen Hauptämtern und den meisten Parteidienststellen üblichen vertikalen Gliederung wünsche der Chef des RuS-Hauptamtes im Interesse einer gedeihlichen Zusammenarbeit die sogenannte horizontale Gliederung; d. h. der RuS-Führer solle ein *Bestandteil der Dienststelle des Höheren* SS- *und Polizeiführers* im selben Verhältnis wie der BdO, der BdS, der Dienststellenleiter des Reichskommissars und der Stabsführer der Allg. SS sein. Das RuS-Hauptamt-SS selbst betrachte sich mit seinen Fachämtern mehr als informatorisch ausrichtende und weniger als unmittelbar vorgesetzte Dienststelle. Diese Auffassung stelle eine Selbstentäußerung des RuS-Hauptamtes zugunsten des Höheren SS- und Polizeiführers dar, die der Chef des RuS-Hauptamtes-SS im Interesse der Schutzstaffel auf sich nehme[129]. – Auf dem Gebiet des Sa-

[126] NO-4655.
[127] NO-2516.
[128] NO-4848.
[129] NO-1402.

nitätswesens setzte Himmler am 31. August 1943 bei den Höheren SS- und Polizeiführern Leitende Ärzte der SS und Polizei ein, die jeweils für das gesamte Sanitätswesen im Dienstbereich ihres Höheren SS- und Polizeiführers verantwortlich waren. Nur fachlich unterstanden sie dem Reichsarzt-SS und Polizei[130]. Welche Spannungen es aber unter Umständen auch auf Gebieten von zweitrangiger Bedeutung zwischen Hauptamtchefs und HSSPF gab, lehrt eine Aussage des ehemaligen Leiters der sogenannten Germanischen Leitstelle [GL], Dr. Franz Riedweg[131]:

»In den Ländern bestand ursprünglich eine Ergänzungs- und Fürsorgestelle getrennt voneinander. Sie wurden im Jahre 1942 zur GL zusammengefaßt. Auf Befehl Himmlers wurde sie dem dortigen Höh. SS- und Pol.Führer unterstellt bzw. in Belgien Brigadeführer Jungclaus, der erst später SS- und Pol.Führer und dann 43 Höh. SS- und Pol.Führer wurde. Zwischen Berger und den Höh. SS- und Pol.Führern bestand ein gespanntes Verhältnis. [Wie auch, soweit ich es beurteilen kann, zwischen den Hauptamtschefs], jede Verhandlung mit den Höh. SS- und Pol.Führern behielt sich Berger persönlich vor. Die Arbeit von Berlin aus war so sehr reibungsvoll und erschwert. *Die H.* SS- *und Pol.Führer erklärten, sie seien für alles, was in den Ländern im Rahmen der* SS *passierte, allein verantwortlich und werden nur von Himmler direkt Weisungen empfangen*, sie wären bereit, die fachlichen Weisungen in Ergänzung und Fürsorge auszuführen, die praktische Durchführung aber sei ihre Sache. Die Angehörigen der Berliner GL mußten, wenn sie in die Länder fuhren, sich bei den H. SS.Pol.Führern melden und über jede Besprechung berichten, wollten sie nicht, wie es einmal geschah, Gefahr laufen, verhaftet zu werden.«

Am vollkommensten war die erstrebte Zuständigkeit der HSSPF naturgemäß in den Fällen zu verwirklichen, in denen es sich um ganz neue Sachgebiete handelte, wie etwa bei der SS- und Polizeigerichtsbarkeit und im Kriegsgefangenenwesen. Über die Gerichtsbarkeit schrieb Himmler am 9. Oktober 1943 an alle Hauptamtschefs:

»Es darf nur eine Gerichtsbarkeit geben. Der Höhere SS- und Polizeiführer ist der vom Reichsführer-SS territorial eingesetzte Gerichtsherr.

130 NO-1097.
131 NO-2957.

Es hat sich leider die Übung eingeschlichen, daß einzelne Hauptämter sich über den Kopf des Höheren SS- und Polizeiführers melden lassen und Verfahren, welche ihnen unangenehm sind und in denen Mohren weißgewaschen werden sollen, meist gar nicht mit Wissen des Hauptamtschefs zu sich heranziehen und disziplinarisch erledigen. Der Höhere SS- und Polizeiführer wird über das Wegziehen des Verfahrens und über den Ausgang gar nicht unterrichtet. Ich bitte alle meine Hauptamtschefs zu bedenken, ob sie bei einem derartig würde- und machtlosen Zustand Höherer SS- und Polizeiführer sein wollten. Ich bitte weiter zu bedenken, wie es um die SS und Polizei in 10 Jahren schon bestellt wäre, wenn ich diesen Zustand weiter zuließe.

Ich ordne daher an:

1. Alle Verfahren haben bei dem zuständigen Gericht des zuständigen Höheren SS- und Polizeiführers stattzufinden, ganz gleich, welchem Hauptamt der jeweils Angeklagte fachlich untersteht...«

Im Kriegsgefangenenwesen wurden, nachdem dieser Sachbereich dem RFSS in seiner Eigenschaft als Befehlshaber des Ersatzheeres durch Führerweisung vom 25. September 1944 unterstellt worden war, die HSSPF als »Höhere Kommandeure der Kriegsgefangenen« eingesetzt. Sie waren dem Chef des Kriegsgefangenenwesens [also dem RFSS] verantwortlich und erhielten ihre Weisungen unmittelbar von ihm. Die Kommandeure der Kriegsgefangenen waren ihnen in jeder Hinsicht, auch disziplinarisch, unterstellt[132].

Daß die Verschmelzung von SS und Polizei dienst- und verwaltungsrechtlich sowie behördenorganisatorisch nur allmählich vorangetrieben werden konnte, erweist sich auch an den Kompetenzverhältnissen der HSSPF. Sie besaßen für den *Einsatz* der ihnen unterstellten Formationen viel weiter gehende Zuständigkeiten als für deren *dienst-* und *verwaltungsrechtlichen* Belange. Das macht ein Brief des HSSPF Ostland, Jeckeln, vom 9. Februar 1942 anschaulich. Jeckeln schrieb[133]:

»1. Die Höheren SS- und Polizeiführer und Führer der SS-Oberabschnitte, die hier im auswärtigen Einsatz einschl. der Fahrer des Funkpersonals usw. immerhin einen Stab von Kompaniestärke haben, besitzen keinerlei Disziplinarstrafgewalt. Es handelt sich bei den im Stabe tätigen Füh-

[132] NO-5682.
[133] NO-5052.

rern und Männern durchaus entweder um Angehörige der Waffen-SS oder um Polizeiangehörige. Über die Waffen-SS kann der Höhere SS- und Polizeiführer keine Disziplinargewalt ausüben, da er selbst ihr überhaupt nicht angehört. Über Polizeiangehörige kann der Höhere SS- und Polizeiführer keine Strafen verhängen, weil trotz meiner Anregung beim Chef der Ordnungspolizei die Höheren SS- und Polizeiführer nicht mit einer Strafkompetenz ausgestattet sind.

2. Genau so liegen die Verhältnisse auf dem Sektor der Beförderungen. Der Höhere SS- und Polizeiführer hat keinerlei Beförderungsbefugnisse weder SS- noch Polizeiangehörigen gegenüber.

3. Für die Angehörigen der Stäbe der Höheren SS- und Polizeiführer können Kriegsauszeichnungen überhaupt nur bei der Wehrmacht beantragt werden, wobei letztere so liebenswürdig ist, von Zeit zu Zeit einige wenige Kriegsverdienstkreuze 2. Klasse zur Verfügung zu stellen.«

Ein erster, allerdings wichtiger Schritt zur verwaltungsrechtlichen und organisatorischen Vereinheitlichung wenigstens der SS-Dienststellen erfolgte im Zuständigkeitsbereich einiger HSSPF durch einen Befehl des RFSS vom 18. Juni 1942 »betreffend Neugliederung der Wirtschafts- und Verwaltungsdienststellen bei den Höheren SS- und Polizeiführern in den besetzten Gebieten einschließlich Generalgouvernement«[134]. Und zwar wurden bei den HSSPF Ostland, Rußland-Mitte, Rußland-Süd, Ost, Nord und Serbien sogenannte SS-Wirtschafter eingesetzt, die für alle Wirtschafts- und Verwaltungsangelegenheiten der SS-Dienststellen und SS-Einheiten im Bereich ihres jeweiligen HSSPF zuständig waren, das heißt: für Haushalt, Kassen- und Rechnungswesen, Rechtsangelegenheiten [wie Mietverträge, Versicherungsangelegenheiten u. dgl.], Vorprüfung, Verpflegungswirtschaft, Kraftfahrwesen, Rohstoffwirtschaft, Bauwesen, wirtschaftliche Unternehmungen und Konzentrationslager. Es folgte bald die Anregung, auch bei den SSPF die Verwaltung zu vereinheitlichen. So liegt ein Bericht des »SS-Führers beim OKW-Stab z. b. V.« vom 18. September 1942 vor, in dem unter anderem kritisiert wird, daß bei den SSPF jede Sparte noch ihre eigene Verwaltung habe: Orpo, Sipo, Standortverwaltung, Vomi, RuSHA, RKF usw.; die SSPF würden einen besseren Überblick haben, »wenn alle diese

[134] NO-2128.

Verwaltungen unter einem Verwaltungsführer« im Sinne der SS-Wirtschafter zusammengefaßt würden.
Himmler schrieb daraufhin einige Tage später an die Chefs der in Frage kommenden Hauptämter und beauftragte sie, eine Besprechung zur Verwaltungsvereinfachung bei den SSPF einzuberufen: »Ich erwarte von den Herren, daß sie hier das Ganze und nicht die Kompetenzen des einzelnen Hauptamtes sehen.«
Am 1. März 1943 schrieb Pohl in dieser Angelegenheit an Himmler, er habe mit Daluege verabredet, die Verwaltungszusammenlegung zunächst beim HSSPF Ostland durchzuführen, um die dort gemachten Erfahrungen bei der Reorganisation der übrigen HSSPF zu nützen.
Es gibt in den zur Verfügung stehenden Quellen zwei bis drei Stellen, die zu der Annahme berechtigen, daß Himmlers Bestreben, die Position der HSSPF zu stärken, im Jahre 1944 einige weitere Erfolge hatte. So ordnete er im März 1944 an, daß die Chefrichter der SS- und Polizeigerichte, die Leiter der Ergänzungsstellen der Waffen-SS, die Kommandanten der Konzentrationslager und die Kommandeure der Waffen-SS sich in jedem Falle bei ihrem zuständigen HSSPF abzumelden hätten, wenn eine Dienstreise von ihrem vorgesetzten SS-Hauptamt befohlen ist. Außerdem brauchten sie für einen Urlaub die Genehmigung ihres HSSPF ebenso wie die ihres Hauptamtschefs. – Ebenfalls im März 1944 setzte Himmler bei dem neu ernannten HSSPF in Ungarn einen Befehlshaber der Waffen-SS in Parallele zu dem BdS und BdO ein [Befehl vom 31. März 1944], und auch beim HSSPF Ost ernannte er im Juli 1944 einen Befehlshaber der Waffen-SS[135].
Aufs Ganze gesehen war die Stellung der HSSPF bei der Erledigung der *Routine*geschäfte der einzelnen Teilorganisationen und Dienstzweige der SS und Polizei schwach; sie konnten Initiativen ergreifen, hatten jedoch keineswegs die Sicherheit, damit durchzudringen. Diese »Schwäche« hatte ihren Grund aber einfach darin, daß den HSSPF bei der Abwicklung der Routinegeschäfte von vornherein gar keine Funktion zugedacht war und sie deswegen in den dafür zuständigen Instanzenzug nicht eingefügt waren. Wenn das RSHA seine Befehle an die nachgeordneten Stellen nicht über den HSSPF leitete, so war das keine Mißachtung des HSSPF; es wäre vielmehr eine Anmaßung des RSHA gewesen, einem HSSPF, der ja Vertreter des RFSS war und diesem unmittelbar unterstand, einen Befehl

[135] NO-651.

erteilen zu wollen. Der HSSPF trat vielmehr erst dann in Funktion, wenn der RFSS selbst eingriff und von den Polizeiorganen einen bestimmten Sonderauftrag ausgeführt haben wollte. Dann wurde vom Instanzenzug der Routine gewissermaßen umgeschaltet auf den für Sonderaufträge, der vom RFSS über den HSSPF zu den Befehlshabern lief und bei dem nun das RSHA nur »nachrichtlich« beteiligt war. Die vielberufenen zwei Befehlswege unterschieden sich also nicht etwa darin, daß der eine vom RSHA direkt zum BdS und der andere vom RSHA über den HSSPF zum BdS verlaufen wäre, sondern der eine verlief vom RSHA zum BdS [Routine] und der andere vom RFSS über den HSSPF zum BdS [Sonderaufträge]. Spannungen entstanden nicht dadurch, daß der HSSPF einen Platz im Routinebefehlsweg zwischen RSHA und BdS zu beanspruchen gehabt hätte, sondern dadurch, daß viele der den HSSPF erteilten Sonderaufträge sich über lange Zeit hinzogen und dabei andere Verhaltensweisen forderten, als das RSHA es wünschte, also wenn zum Beispiel ein HSSPF im Rahmen seiner Politik eine andere Polizeitaktik für gut hielt als das RSHA. Dann hing viel davon ab, ob der HSSPF oder der BdS der energischere und politisch mächtigere Mann war. Das Bild von der Funktion des HSSPF innerhalb der Gesamtorganisation von SS und Polizei kann sich also nur dann verwirren, wenn man versucht, seine Stellung bei den Routineangelegenheiten im weitesten Sinne mit der Stellung auf einen Nenner zu bringen, die er in Erfüllung seiner generellen politischen Aufgaben und der ihm vom RFSS erteilten Sonderaufträge einnahm.

Die den HSSPF nachgeordnete Institution der SS- *und Polizeiführer* [SSPF] wurde zum ersten Male im Generalgouvernement Polen [GG] eingeführt, später auch in den besetzten Gebieten Rußlands und des Baltikums. Welche Funktionen sie in den »besetzten Ostgebieten« ausübten, läßt sich aus den zur Verfügung stehenden Quellen nicht hinreichend deutlich entnehmen. Dagegen ergibt sich mit Sicherheit, daß im GG die SSPF die für ihren Distrikt jeweils verantwortlichen Führer der Sicherheits- und der Ordnungspolizei waren. Als solche waren sie dem HSSPF im GG unterstellt und den Kommandeuren der Sipo und Orpo vorgesetzt. Aus dem Protokoll der Polizeisitzung beim Generalgouverneur vom 30. Mai 1940 geht das klar hervor. Der Generalgouverneur führte in seiner einleitenden Ansprache aus:

»Ich habe im Benehmen mit dem Reichsführer-SS eine Regelung dahingehend getroffen – und dabei bleibt es –, daß die SS- u. Polizeiführer in den Distrikten den Gouverneuren unterstellt sind und daß sie deren verantwortliche Polizeiführer sind, genau so wie der Höhere SS- und Polizeiführer dem Generalgouverneur, daß aber unabhängig davon eine innere, der polizeilichen Geschlossenheit entsprechende Verbindung der SS- und Polizeiführer bei den Distrikten mit dem Höheren SS- und Polizeiführer beim Generalgouverneur bestehen muß, ebenso wie Obergruppenführer Krüger Verbindung mit dem Reichsführer-SS haben muß.«

Nach dem Generalgouverneur sprach der HSSPF im GG, SS-Obergruppenführer Krüger, und sagte unter anderem:

»Für die SS- und Polizeiführer im Generalgouvernement handele es sich nicht nur um die Frage, wie die Aufgaben polizeilicher Art technisch gelöst werden können, sondern darum, daß die Lösung dieser Aufgaben praktisch möglich ist in engster Zusammenarbeit mit den verantwortlichen Trägern der zivilen Verwaltung. In dieser Hinsicht sei zu melden, daß im großen und ganzen die Zusammenarbeit zwischen den SS- und Polizeiführern und den Gouverneuren ebenso wie die Zusammenarbeit der Kommandeure der Ordnungspolizei und Sicherheitspolizei eine gute ist ... Nach den heutigen Ausführungen des Generalgouverneurs können für die SS- und Polizeiführer keine Zweifel über den Umfang der für die Polizei bevorstehenden Aufgaben bestehen.«

Bei Inspektionsreisen der Generalgouverneure durch die Distrikte fand in jeder Distriktshauptstadt eine Regierungssitzung statt, auf der die regionalen Leiter der verschiedenen Regierungszweige referierten. Die Protokolle einer solchen Inspektionsreise aus der zweiten Oktoberhälfte 1941 lehren, daß über die Tätigkeit der Polizei jeweils die SSPF Vortrag hielten. Es liegen vor:

- Referat des SS- und Polizeiführers im Distrikt Warschau, SS-Oberführer Wigand, in der Regierungssitzung vom 15. und 16. Oktober 1941
- Bericht des SS- und Polizeiführers Globocnik über die Sicherheitslage im Distrikt Lublin in der Regierungssitzung vom 17. Oktober 1941
- Referat des SS- und Polizeiführers Oberg in der Regierungssitzung Radom vom 18. Oktober 1941
- Referat des SS- und Polizeiführers Katzmann anläßlich der Regierungssitzung in Lemberg am 21. Oktober 1941.

Oberg hob zu Beginn seines Vortrages die Unterstellung aller Polizeikräfte eines Distrikts unter den Befehl des SSPF ausdrücklich hervor:

»Wenn ich über den Einsatz der SS und Polizei im Distrikt Radom berichten soll, so muß ich mich auf einen Zeitraum von 3 bis 4 Wochen beschränken. Die unter dem Kommando des SS- und Polizeiführers zusammengefaßten Kräfte der SS und Polizei, die sich in Ordnungs- und Sicherheitspolizei gliedern, sind auf den verschiedensten Gebieten eingesetzt.«

Durch die SSPF wurde die Befehlsgebung für die Formationen von SS und Polizei auch in den Distrikten konzentriert. Das hatte zwei Vorteile: erstens konnten die Formationen leichter und wirkungsvoller eingesetzt und zweitens konnten sie gegenüber der »Zivilverwaltung« einheitlich vertreten werden. In den besetzten russischen Gebieten legte es überdies die Weite der Räume nahe, die Zuständigkeitsbereiche der HSSPF noch einmal zu unterteilen. Was die Stellung der SSPF im Befehlsweg der Polizei betrifft, so treten sie nach den schriftlichen Quellen auch in den Routinegeschäften eindeutig als Befehlsinstanzen hervor; dagegen behaupten die meisten Zeugen, daß die Polizeiangelegenheiten nach wie vor über den direkten Weg vom RSHA über den BdS zu den KdS abgewickelt worden seien. Diese beiden Varianten schließen sich nicht aus, wenn man unterstellt, daß der BdS als Teil der Dienststelle des HSSPF und die KdS als Teile der Dienststellen der SSPF tätig waren; außerdem kann die Verteilung der Geschäfte in den verschiedenen Distrikten verschieden gewesen sein. Wie immer aber die Relationen von Fall zu Fall gewesen sein mögen, es ändert nichts daran, daß Himmler im Generalgouvernement und in den besetzten Ostgebieten mit einer Maßnahme begonnen hat, die er später auf den ganzen nationalsozialistischen Herrschaftsbereich, insbesondere auch auf das Altreich, auszudehnen gedachte: den Befehlsweg der Sicherheitspolizei, nachdem er aus den letzten Verbindungen mit der inneren Verwaltung herausgelöst war, in den Befehlsweg der Gesamt-SS zu integrieren. Auf weitere Sicht war ja nicht eine völlige Unabhängigkeit der Sicherheitspolizei geplant, sondern sie sollte ein Teil, wenn auch der politisch maßgebliche, der SS sein. Dieses Ziel hatte Heydrich schon 1941 im Auge, wenn er in seinem Brief an Daluege schrieb:

»Die Zweiteilung der gesamten Polizeiorganisation draußen ist selbstverständlich auch die konsequente Folge der Zweiteilung der Zentrale. Dabei bin ich der Auffassung, daß bei dieser Zweiteilung – z. B. in der Ebene des Polizeipräsidenten – *wieder* die Zuteilung der politischen Befugnisse [Stapoaußenstellen] zu dem beim Polizeipräsidenten sitzenden Kommandeur der Sicherheitspolizei möglich und nötig wird, was dem Polizeipräsidenten erst wieder die wahre polizeiliche Totalität in dem von ihm polizeilich zu behandelnden Gebiet gibt.«

Nur solange der Polizeipräsident noch im Zusammenhang mit der staatlichen inneren Verwaltung stand, wurden die politisch-polizeilichen Angelegenheiten von ihm ferngehalten. Wenn er dagegen später ausschließlich zum Befehlsbereich der SS gehören würde, sollte er die Totalität polizeilicher Kompetenz zurückerhalten. Seine Stellung würde dann der des SSPF entsprechen, wie sie im Generalgouvernement schon weitgehend ausgebildet war, und der KdS hätte seinen Platz wieder bei ihm. In diesem Sinne schrieb Himmler am 7. Februar 1942 an die Chefs der Sicherheitspolizei und der Ordnungspolizei:

»Ich halte die Zeit für gekommen, die Umgestaltung der Polizeipräsidien mit einem Kommandeur der Ordnungspolizei und der Sicherheitspolizei [unter allenfalls gleichzeitiger Hinzunahme der Stapo] im Rahmen dieser Vereinfachung beschleunigt durchzuführen. Ebenso könnte jetzt schon die Einsetzung der Kommandeure der Ordnungspolizei und der Sicherheitspolizei bei den Regierungen *als Vorstufe zum späteren* SS- *und Polizeiführer* durchgeführt werden, und zwar durch Beauftragung schon vorhandener Dienststellen und Einrichtungen[136].«

Wenn diese Pläne einmal verwirklicht worden wären, dann wären HSSPF und SSPF als die Instanzen des Befehlsweges der

[136] Vgl. hierzu auch einen Brief des Staatssekretärs im RMdI, Dr. Stuckart, an Himmler vom 1. August 1942 [NG-4411], in dem Stuckart u. a. schreibt:

»Im Laufe der weiteren Entwicklung könnte ich mir folgende Organisation der SS und Polizei vorstellen. Die Höheren SS- und Polizeiführer bleiben weiterhin über die Gaue und Reichsverteidigungsbezirke hinwegreichend territorial grundsätzlich für einen Wehrkreis zuständig. Die Höheren SS- und Polizeiführer mit ihren Befehlshabern der Ordnungspolizei und der Sicherheitspolizei behalten ihren Sitz am Sitz des Wehrkreises. Sie führen gleichzeitig die SS-Oberabschnitte.

Dem Reichsstatthalter bzw. Oberpräsidenten wird jeweils für einen RV-Bezirk ein SS- und Polizeiführer mit einem Kommandeur der Schutzpolizei und einem Kommandeur der Sicherheitspolizei beigegeben. Der SS- und Polizeiführer mit seinen Kommandeuren wird dem Reichsstatthalter und Oberpräsidenten unterstellt. Aufgabe des *Höheren* SS- und Polizeiführers ist es, im Rahmen des Wehrkreises die Angelegenheiten der Polizei einheitlich zu steuern. Die SS- und Polizeiführer im RV-Bezirk sind den Höheren SS- und Polizeiführern unterstellt.«

Gesamt-SS nicht mehr nur zur Ausführung von Sonderaufträgen des RFSS tätig geworden, sondern wären selbst die zentralen Stationen der Befehlsübermittlung auch für die Routinegeschäfte aller Zweige der SS und Polizei geworden. Im GG – und wohl auch in den besetzten Ostgebieten – handelte es sich also um eine Übergangsform, bei der die SSPF, die ursprünglich analog zu den HSSPF Instanzen für Sonderaufträge gewesen waren, bereits weitgehend in die Routinegeschäfte eingeschaltet wurden.

Eine Paralleleinrichtung zu den HSSPF als politische Generalbevollmächtigte des RFSS waren die *Polizeiattachés* bei den deutschen Missionen in befreundeten und neutralen Ländern. Heydrich schrieb über sie in seinem Brief an Daluege:

> »Bitte begehe auch hier nicht den Fehler, die falsche Auffassung des einen oder anderen Deiner Herren zu unterstützen, in den Polizeiattachés nur eine repräsentative bequeme Art Waffen-Attachés zu sehen, sondern denke Dich bitte in die wirkliche Aufgabe dieser Polizeiattachés hinein, die mehr als 90% ausgesprochen politisch ist. Der Polizeiattaché wird nach dem Willen des RFSS später ein Attaché werden, der die *Gesamtbelange* des RFSS bei den Missionen vertritt, also voraussichtlich einmal: Waffen-SS, Volkstumsfragen, Sicherheitspolizei, SD und *politische* Fragen und ordnungspolizeiliche Fragen.«

Es entsprach dieser Aufgabenstellung, daß die Zuständigkeit für die Polizeiattachés beim RSHA lag, wo durch Befehl des RFSSuChdDtPol vom 19. August 1942 eine Polizeiattaché-Gruppe gebildet wurde, die dem CSSD unmittelbar unterstand[137].

9. Die Grenzpolizei der Geheimen Staatspolizei

Grenzpolizeidienst gab es bereits in der Zeit der Weimarer Republik. In *Bayern* wurde er unmittelbar nach dem Ersten Weltkrieg von einem sogenannten Grenzschutzbataillon des Heeres ausgeübt. Ende 1922 übernahm ihn die Polizei, und zwar wurden die Grenzschutzangelegenheiten von den politischen Abteilungen [Abt. VI] der örtlich zuständigen Polizeipräsidien verantwortlich bearbeitet, denen für die Erledigung der Grenzpolizeiangelegenheiten einfacherer Art zu diesem Zweck neu

[137] BefBl CSSD 1942, S. 252.

errichtete Grenzpolizeikommissariate unterstellt waren[138]. Somit wurde der Grenzpolizeidienst von den leitenden Beamten der politischen Abteilungen und von Angehörigen der Kriminalpolizei wahrgenommen, während den eigentlichen Grenzdienst Beamte der Bayerischen Gendarmerie versahen. Also gab es beim Grenzpolizeidienst zwar eine sachliche Einheit der Aufgabe, die jedoch nicht von einer einzig und allein dafür zuständigen Organisation, sondern von Beamten verschiedener Polizeisparten erfüllt wurde. Als im März 1933 die Bayerische Politische Polizei errichtet wurde, nahm sie auch die von den Abteilungen VI übernommenen grenzpolizeilichen Aufgaben wahr; ihr unterstanden nicht nur die Grenzpolizeikommissariate, sondern auch die Gendarmeriebeamten, die den Grenzdienst versahen, wurden zunächst zu ihr abgeordnet und nach wenigen Monaten versetzt[139]. Auf diese Weise waren – im Gegensatz zur bisherigen Übung – alle im Grenzpolizeidienst beschäftigten Beamten in *einer* Organisation, nämlich der Bayerischen Politischen Polizei, zusammengefaßt.

In *Preußen* wurden bereits durch Erlaß vom 7. Februar 1927[140] Grenzkommissariate und Grenzpolizeistellen gebildet, die, soweit sie landespolizeiliche Aufgaben vollziehender Art auf politischem Gebiet wahrzunehmen hatten, zuerst mit den 1925 geschaffenen Landeskriminalpolizeistellen, seit Februar 1929 mit den bei den staatlichen Polizeiverwaltungen errichteten Politischen Abteilungen zusammenarbeiteten; diese hatten unter anderem die abwehrpolizeilichen Aufgaben von den Landeskriminalpolizeistellen übernommen[141]. Als die politische Polizei in die Preußische Geheime Staatspolizei umgewandelt wurde, änderte sich an der Stellung der Grenzpolizeidienststellen nichts. In einem Runderlaß des preußischen Ministerpräsidenten vom 8. März 1934[142] wurde bestimmt:

> »Grenzkommissariate und Grenzdienststellen gelten ebenfalls als auswärtige Dienststellen der zuständigen Staatspolizeileitstelle.«

In einem Erlaß des Reichsfinanzministers vom 31. Dezember 1935[143] heißt es, die politische Überwachung der Reichsgrenzen

[138] Entschließung des BayerStMin d. Finanzen vom 25. September 1954 betr. Anwendung der § 3 Nr. 4 und § 67 G 131 [zit.: FME vom 25. September 1954], S. 28.
[139] FME vom 25. September 1954, a.a.O.
[140] MinBl f. d. i. V., S. 168.
[141] Baerecke, Die politische Polizei des Landes Preußen. In: RuPrVerwBl 1929, S. 315.
[142] RMBliV, S. 469.
[143] RZBl 1936, S. 9.

gehöre zu den Aufgaben der Preußischen Geheimen Staatspolizei, die diese Aufgabe in eigener Verwaltung durchführe, und zwar mit Hilfe der Staatspolizeistellen und den diesen unterstellten Grenzdienststellen[144].

Mindestens in Preußen und Bayern wurden die grenzpolizeilichen Aufgaben also schon 1933 allein von der politischen Polizei wahrgenommen, ohne daß innerhalb dieser die Grenzpolizei noch einmal gesondert organisiert gewesen wäre. Es ist anzunehmen, daß in den anderen Ländern spätestens nach der »Machtergreifung« eine gleiche Regelung getroffen wurde, da ja die politischen Polizeien ab 1934 in zunehmendem Maße durch das »Zentralbüro des politischen Polizeikommandeurs der Länder« de facto einheitlich organisiert und geführt wurden. Das eigentlich Neue auf dem Gebiet des Grenzpolizeidienstes war in den ersten Jahren der nationalsozialistischen Herrschaft, daß erstens die grenzpolizeiliche Tätigkeit sehr intensiviert wurde und daß zweitens die SS bestrebt war, den dadurch entstehenden größeren Personalbedarf aus ihren Reihen zu stellen, nämlich durch die sogenannten Hilfsgrenzangestellten und die SS-Grenzüberwachung.

Nach den angeführten Zeugnissen ist es sicher, daß man nicht unter Berufung auf den Runderlaß des Reichs- und Preußischen Minister des Innern über die Grenzpolizei vom 8. Mai 1937[145] die Errichtung der Grenzpolizei erst für Mai 1937 annehmen darf. Dafür bietet auch der Erlaß selbst keine Stütze, da er ja nicht auf die Schaffung einer Grenzpolizei als eigene Organisation abzielt, sondern auf den Anspruch der Geheimen Staatspolizei, für die grenzpolizeilichen Aufgaben – auch soweit es sich um Exekutivmaßnahmen einfacherer Art handelt – allein zuständig zu sein: Die Wahrnehmung der grenzpolizeilichen Aufgaben unterliegt der ausschließlichen Zuständigkeit des RMdI, dort wird sie vom Chef der Sicherheitspolizei bearbeitet, der mit der Durchführung im einzelnen das Geheime Staatspolizeiamt betraut; an der Reichsgrenze wird die Durchführung von Grenzpolizeidienststellen wahrgenommen, die Außenstelle der jeweils zuständigen Staatspolizeidienststellen sind; andere Zweige der Vollzugspolizei können für grenzpolizeiliche Aufgaben in Anspruch genommen werden, aber das geschieht nicht mehr in der Form, daß diese – wie etwa die Gendarmerie in Bayern vor 1933 – in gewissen Gebieten ständig

[144] Nach FME vom 25. September 1954, S. 29.
[145] RMBliV, S. 753.

und ausschließlich den Grenzdienst versehen würden, sondern nur noch in bestimmten Fällen in der Form der Amtshilfe. Das ist der Inhalt und Sinn des Runderlasses; er bestimmte für das ganze Reichsgebiet die ausschließliche Zuständigkeit der politischen Polizei für den Grenzpolizeidienst einschließlich der untersten Stufe der Exekutive. Das war im Gesamtbereich der Gestapo ein Sonderfall, da sonst nach dem Gesetz über die Geheime Staatspolizei vom 10. Februar 1936 die politisch-polizeilichen Aufgaben in der untersten Stufe der Exekutive von den normalen Kreis- und Ortspolizeibehörden durchgeführt wurden.

Es ist sehr schwierig, die Grenzpolizei als wenigstens relativ eigenständige Organisation von der Gestapo in ihrer Gesamtheit abzugrenzen, denn sie war einerseits eng mit der Gestapo verbunden, hatte andererseits aber doch eine organisatorische Form, die ihr ein gewisses Eigenleben und ein eigenes Spezialistentum ermöglichte. Das heißt: diese Organisation wurde nur insoweit ausgebaut, als es Aufbau, Führung und Ausbildung des Grenzdienstes erforderlich machten. So hatte die Grenzpolizei zum Beispiel überhaupt keine eigene Laufbahn des höheren Dienstes, sondern die wenigen vorhandenen Funktionen des höheren Dienstes wurden von Beamten der Gestapo wahrgenommen, die nach einer gewissen Zeit wieder in andere Sparten versetzt wurden. Dagegen gab es eine eigene, von den übrigen Zweigen der Sicherheitspolizei klar getrennte Laufbahn des mittleren Dienstes der Grenzpolizei, dessen Beamte auf einer eigens dafür eingerichteten Schule in Pretzsch an der Elbe ausgebildet wurden.

Da die sachlichen Weisungen an die Grenzpolizei von der Abteilung III des Geheimen Staatspolizeiamtes [später der Gruppe IV E des Reichssicherheitshauptamtes], also von den abwehrpolizeilichen Referaten der Gestapo erteilt wurden, blieben für die eigene Führungsorganisation der Grenzpolizei nur Inspektions- und Koordinierungsaufgaben. Die Führung bestand daher lediglich aus drei Grenzinspektionen:

- Der Grenzinspekteur Ost mit Dienstsitz in Frankfurt an der Oder war zuständig für die Grenzen gegen Litauen und Polen
- der Grenzinspekteur Süd mit Dienstsitz in Dresden war zuständig für die Grenzen gegen die Tschechoslowakei und Österreich beziehungsweise nach der Eingliederung Österreichs für dessen Außengrenzen

- der Grenzinspekteur West mit Dienstsitz in Koblenz war zuständig für die Grenzen gegen die Schweiz, Frankreich, Luxemburg, Belgien und die Niederlande, gegen Dänemark sowie für die deutschen Seehäfen.

Aufgabe der Grenzinspekteure war die Kontrolle der grenzpolizeilichen Arbeit und deren Koordination, falls ein zu bearbeitender Fall mehrere Stapostellenbezirke zugleich betraf. Obgleich die Grenzinspekteure ihren Sitz nicht in Berlin hatten, galten sie doch als Angehörige der Abteilung III des Geheimen Staatspolizeiamtes, so daß bei ihnen die relative organisatorische Eigenständigkeit der Grenzpolizei schon wieder ihr Ende fand. Die wenigen speziellen Angelegenheiten, die innerhalb der abwehrpolizeilichen Sparte der Gestapo nur die Grenzpolizei allein betrafen, wurden vom Referat III H [nach anderer Version III G] des Geheimen Staatspolizeiamtes erledigt.

So hebt sich die Grenzpolizei eigentlich nur in Gestalt der drei Grenzinspekteure und der personalen Organisation und Ausbildung des Exekutivdienstes der unteren Stufe [des eigentlichen Grenzdienstes] als relativ eigenständige Organisation von der Geheimen Staatspolizei als umfassender Gesamtorganisation ab, und sie trug deshalb zutreffend die amtliche Bezeichnung »Grenzpolizei der Geheimen Staatspolizei«. Am ehesten wird ihre Eigenständigkeit in so sekundären Einrichtungen wie der »Kleiderkasse der Grenzpolizei der Geheimen Staatspolizei« sichtbar. Diese Kleiderkasse wurde durch Verordnung des Reichsministers des Innern vom 8. August 1938[146] »bei der Geheimen Staatspolizei« errichtet. Mit Runderlaß des RFSSuChdDtPol vom 6. Oktober 1938 wurden eine Kleiderkassen-Ordnung und eine Bekleidungsvorschrift herausgegeben[147]. Nach § 4 der Kleiderkassen-Ordnung waren Mitglieder der Kleiderkasse »die zum Tragen von Dienstkleidung verpflichteten Beamten, Beamtenanwärter und Angestellten der Grenzpolizei der Geheimen Staatspolizei«. § 2 der Bekleidungsvorschrift ist insofern wichtig, als er einen Anhaltspunkt dafür gibt, welchen Personenkreis die Grenzpolizei als relativ eigenständige Organisation umfaßte; dieser Paragraph lautet:

»Zur Grenzpol. der Geh. Staatspol. im Sinne der Bekleidungsvorschrift gehören die Beamten, Beamtenanwärter und Angestellten folgender Dienststellen:

146 RGBl I, S. 999.
147 RMBliV, S. 1741 ff.

1. des Referates III H [Grenzpol.] des Geh. Staatspol. Amtes Berlin,
2. der Grenzinspekteure,
3. der Grenzpol.-Kommissariate,
4. der Grenzpol.-Posten und -Nebenstellen und
5. der Grenzpol.-Schule Pretzsch a. d. Elbe.«

Hierbei ist allerdings zu bedenken, daß die Grenzpolizeikommissariate als solche nicht etwa von der übrigen Gestapo unterscheidbare Teile der Grenzpolizei waren, sondern Bestandteile derjenigen Stapo[leit]stellen, deren Bezirke Teile der Reichsgrenze umfaßten[148]; die Stapo[leit]stellen konnten Grenzkommissariate und -posten nach Bedarf einrichten[149]. Die organisatorische und sachliche Unselbständigkeit der Grenzpolizeikommissariate kommt sehr klar in einem Schreiben des Geheimen Staatspolizeiamtes vom 20. Juli 1937 an sämtliche Staatspolizei[leit]stellen[150] zum Ausdruck, in dem es heißt:

»Gemäß Ziffer III des genannten Erlasses sind die Grenzpolizei-Kommissariate, wie sie sich aus dem zu dem Erlaß gehörenden Verzeichnis ergeben, Außendienststellen der für ihren Bezirk zuständigen Staatspolizeistellen. Dessenungeachtet führen diese Dienststellen nicht die Bezeichnung ›Außendienststelle‹, sondern die Bezeichnung ›Grenzpolizei-Kommissariat‹. Fällt ein aus dem Verzeichnis ersichtliches Grenzpolizei-Kommissariat örtlich mit einer Staatspolizei-Außendienststelle zusammen, so führt die *gesamte* Dienststelle die Bezeichnung ›Grenzpolizei-Kommissariat‹, sowohl wenn sie grenzpolizeiliche wie wenn sie sonstige staatspolizeiliche Aufgaben erfüllt. Außendienststellen, die örtlich *nicht* mit einem Grenzpolizei-Kommissariat zusammenfallen, führen auch weiterhin die Bezeichnung ›Außendienststelle‹.«

Die *Aufgaben der Grenzpolizei* sind aus einer undatierten Dienstanweisung für die Bayerische Grenzpolizei vom Anfang des Jahres 1936 zu entnehmen[151]:

»Den Grenzpolizei- und Grenzkontrollstellen obliegen in der Hauptsache folgende Dienstaufgaben:
Überwachung des gesamten Verkehrs über die Reichsgrenze;

[148] Best, Die Deutsche Polizei. Darmstadt 1940, S. 55; vgl. Dienstanweisung der Geheimen Staatspolizei zur Bekämpfung des Landesverrats, hrsg. vom Reichssicherheitshauptamt [zit.: Dienstanw. z. Bek. d. Landesverrats], S. 36.
[149] Erlaß über die Organisation der Gestapo in der Ostmark, in RMBliV 1939, S. 2292.
[150] B. Nr. 54/37 I D g. – Vgl. NO-2261.
[151] Schreiben der »Auswertungsstelle« an die Staatsanwaltschaft beim Bayerischen Verwaltungsgerichtshof vom 3. Januar 1956, S. 15.

Vollzug der Paßvorschriften und Sichtvermerkskontrolle;
Fahndung nach gesuchten Verbrechern;
Mitarbeit bei der Bekämpfung der Kapital- und Steuerflucht;
Verhinderung der unerlaubten Einfuhr verbotener Druckschriften;
Beobachtung und Kontrolle verdächtiger Reisender;
Mitwirkung bei der Handhabung fremdenpolizeilicher Vorschriften;
Mithilfe beim Auslieferungs-, Übernahme- und Schubverkehr;
Vorbehandlung von Fremdenlegionären;
Unterstützung bei der Abwehr der Spionage und des Landesverrates;
Mitarbeit bei der Bekämpfung staatsfeindlicher politischer Bestrebungen;
Beobachtung jeglicher politischer Entwicklung im Grenzgebiet.«

Die Grenzpolizeidienststellen waren also auch mit politisch-polizeilichen Aufgaben allgemeiner Art befaßt; das wird durch die Mitteilung eines ehemaligen leitenden Beamten der Gestapo bestätigt, wonach die Grenzpolizei »gegebenenfalls auf Weisung in ihren Grenzbereichen einzelne Exekutivmaßnahmen durchzuführen [erg.: hatte], die – ohne Zusammenhang mit dem Grenzverkehr – der Aufklärung schwebender Fälle dienten [z. B. Vernehmungen, Durchsuchen, Festnahmen]«. Auch aus dem oben zitierten Schreiben des Geheimen Staatspolizeiamtes vom 20. Juli 1937 ist zu entnehmen, daß die Grenzpolizeikommissariate auch allgemein politisch-polizeilich tätig werden und unter ihrer Behördenbezeichnung »sonstige staatspolizeiliche Aufgaben« erfüllen konnten. – Ein Schreiben der Stapoleitstelle Düsseldorf vom 30. März 1942 betreffend Haftdauer der Arbeitserziehungshäftlinge wurde nicht nur an die nachgeordneten Außendienststellen, sondern auch an die nachgeordneten Grenzpolizeikommissariate in Kleve, Kaldenkirchen und Emmerich gerichtet[152].

Die sogenannte Grenzberichterstattung baute zwar auf dem durch die Grenzpolizei beschafften Nachrichtenmaterial auf, sie wurde jedoch nicht durch die Grenzpolizeikommissariate vorgenommen, sondern gehörte zu den Aufgaben der Staatspolizei[leit]stellen, deren Bezirke an der Grenze lagen. Sie umfaßte »Berichte und Meldungen über Beobachtungen politischer,

[152] PS-1063 [Fotokop. Bl. 266–269].

wirtschaftlicher oder militärischer Art in dem an den Dienstbereich der Staatspolizei[leit]stellen angrenzenden jenseitigen Grenzgebiet«, die teils in regelmäßig zu erstattenden laufenden Grenzberichten, teils in aus besonderen Anlässen abgegebenen einzelnen Grenzmeldungen erfolgten. Die Stapostellen hatten die Meldungen zweimal im Monat an das Referat IV C 4 des RSHA in zwei Ausfertigungen zu geben, von denen eine an die Amtsgruppe IV E [Abwehrpolizei] weitergeleitet wurde. Soweit in den Berichten militärische Nachrichten enthalten waren, wurden diese außerdem von den Stapostellen direkt an das zuständige Generalkommando der Wehrmacht geleitet[153].

Es erweist sich also, daß die Grenzpolizei einerseits nicht nur mit grenzpolizeilichen, sondern auch mit Aufgaben allgemein-politisch-polizeilicher Art befaßt war, daß sie aber andererseits nicht einmal in ihrem eigensten Kompetenzbereich, nämlich über die Beobachtung des jenseitigen Grenzgebietes, in eigener Verantwortung Bericht erstattete. So hob sie sich in sachlicher Hinsicht beziehungsweise in bezug auf ihre Tätigkeitsmerkmale noch weniger als in personell-organisatorischer Hinsicht von der Geheimen Staatspolizei in ihrer Gesamtheit ab.

Diese in jeder Beziehung sehr geringe *Eigenständigkeit* der Grenzpolizei hat in der ersten Hälfte des Krieges noch eine *Verringerung* erfahren, nach der von ihr als einer Organisation sui generis kaum mehr die Rede sein kann. Das hatte seinen wesentlichen sachlichen Grund darin, daß es nur noch wenige Grenzen gab, nachdem anstelle der meisten Grenzstrecken Fronten getreten waren[154], und daß andererseits ein großer Teil des Personals der Sicherheitspolizei, besonders des abwehrpolizeilich geschulten, an die Geheime Feldpolizei abgegeben werden mußte. Möglicherweise hing jedoch der Abbau der Grenzpolizei ebenso wie die allmähliche Auflösung der Gruppe IV E des RSHA auch mit dem Ausscheiden von Dr. Best aus diesem Amt zusammen; denn IV E und die Grenzpolizei waren dessen persönliches Werk gewesen. – Der Abbau der Grenzpolizei ist daran zu erkennen, daß die Grenzinspekteure etwa 1940 wieder abgeschafft wurden; ihre Funktionen übernahm nominell der Amtschef des Amtes IV des Reichssicherheitshauptamtes unter der Bezeichnung »Generalinspekteur«[155], tatsächlich die Ab-

[153] Dienstanw. z. Bek. d. Landesverrats, S. 97 ff.

[154] Eine neue Grenze entstand in der Zeit zwischen dem Polenfeldzug und dem Krieg gegen Rußland vorübergehend an der Demarkationslinie, die auch mit Grenzpolizei-Kommissariaten, -Posten und -Nebenstellen besetzt wurde [BefBl Chef Sipo u. SD 1940, S. 88].

[155] Vgl. Geschäftsverteilungsplan des RSHA vom 1. Oktober 1943.

teilung III H des Geheimen Staatspolizeiamtes. Weitere Symptome für den Abbau der Grenzpolizei waren, daß die Grenzpolizeischule in Pretzsch an der Elbe im Juli 1941 in eine allgemeine Unterführerschule der Sicherheitspolizei umgewandelt [und dabei nach Fürstenberg in Mecklenburg verlegt] wurde und daß die im Herbst 1938 errichtete Kleiderkasse der Grenzpolizei durch eine Verordnung des Reichsministers des Innern vom 21. Dezember 1941 mit Wirkung vom 1. Oktober 1941 aufgelöst wurde[156]. Ein Runderlaß des RSHA vom 23. Oktober 1942 betreffend Anforderung der Dienstkleidung für die Grenzpolizei[157] läßt sogar die Vermutung aufkommen, daß die Grenzpolizei innerhalb der Gestapo überhaupt als relativ eigenständige Organisation aufgehört hat zu existieren, denn es ist dort die Rede von den »Angehörigen der *bisherigen* Grenzpolizei«. Allerdings gab es auch noch 1944 das Referat »Angelegenheiten des Generalgrenzinspekteurs«, das bis 31. Mai 1944 zur Gruppe IV E, ab 1. April 1944 zu IV A 3 und seit etwa September 1944 zu IV G gehörte[158].

10. Die Sondergerichtsbarkeit der SS und Polizei

Durch die Verordnung des Ministerrats für die Reichsverteidigung über eine Sondergerichtsbarkeit in Strafsachen für Angehörige der SS und für die Angehörigen der Polizeiverbände bei besonderem Einsatz vom 17. Oktober 1939[159] wurde für

- die hauptberuflichen Angehörigen der Reichsführung-SS[160],
- die Angehörigen der SS-Verfügungstruppe,
- die Angehörigen der SS-Totenkopfverbände einschließlich ihrer Verstärkungen,
- die Angehörigen der SS-Junkerschulen,
- die Angehörigen der Polizeiverbände bei besonderem Einsatz und die hauptberuflichen Angehörigen der Stäbe derjenigen Höheren SS- und Polizeiführer, denen Verbände der genannten Art unterstellt waren,

eine Sondergerichtsbarkeit in Strafsachen eingeführt, die gleichberechtigt neben der Kriegsgerichtsbarkeit der Wehrmacht

156 RGBl I, 1942, S. 13; vgl. RMBliV 1942, S. 197, und BefBl Chef Sipo u. SD 1942, S. 21.
157 BefBl Chef Sipo u. SD, S. 337.
158 Huppenkothen, Zeugenschrifttum, Faszikel III, im Archiv des IfZ.
159 RGBl I, S. 2107.
160 Hierzu zählten seit dem 25. Juni 1941 auch die hauptberuflichen Angehörigen [einschließlich der irgendwie dienstverpflichteten] sämtlicher Dienststellen des Reichskommissars für die Festigung deutschen Volkstums [Erlaß des Hauptamtes SS-Gericht vom 18. Juli 1941].

stand. Dieser Sondergerichtsbarkeit wurden im Laufe des Krieges folgende weitere Personengruppen unterworfen[161]:

- die Angehörigen der Waffen-SS, auch wenn deren Formationen Kommandobehörden der Wehrmacht unterstellt waren,
- die ausländischen Freiwilligen der Waffen-SS [vgl. Erlaß des Hauptamtes SS-Gericht vom 15. Januar 1942],
- die Angehörigen der Allgemeinen SS, sofern sie zu einer der Sondergerichtsbarkeit der SS und Polizei unterworfenen Dienststelle abkommandiert oder sonstwie dienstverpflichtet waren oder wenn es sich um Straftaten nach § 175 StGB handelte,
- die Angehörigen der Sicherheitspolizei und des SD [Erlaß RFSSuChdDtPol vom 9. April 1940],
- die Angehörigen der Ordnungspolizei, die etappenweise in die Sondergerichtsbarkeit der SS einbezogen wurden: Zunächst wurden mit dem gleichen Erlaß des RFSSuChdDtPol vom 9. April 1940, der die Angehörigen der Sicherheitspolizei insgesamt betraf, auch diejenigen Angehörigen der Ordnungspolizei der Sondergerichtsbarkeit unterstellt, die Truppenverbänden und deren vorgesetzten Kommandobehörden angehörten. Zu den Truppenverbänden zählten unter anderem die Polizeiregimenter einschließlich des Feuerschutzpolizeiregiments, die Polizeibataillone, Polizeiausbildungsbataillone, Hilfspolizeiausbildungsbataillone, Polizeischulen und -lazarette [Ausführungserlaß des Chefs Orpo vom 19. Mai 1940] sowie die Truppenverbände der Technischen Nothilfe, soweit sie nicht der Wehrmacht unterstellt waren [Erlaß Chef Orpo vom 6. November 1941].

Ebenfalls unter den Erlaß vom 9. April 1940 fielen gemäß Bekanntmachung des Chefs Orpo vom 14. Juli 1940 die sogenannten Einzeldiensttuer, soweit sie außerhalb der Reichsgrenzen und im Protektorat Böhmen und Mähren eingesetzt waren.

Gemäß Erlaß des Chefs Orpo vom 9. Oktober 1941 kamen auch diejenigen Einzeldiensttuer unter die SS- und Polizeigerichtsbarkeit, die in Gebieten eingesetzt waren, die während des Krieges ins Reich eingegliedert wurden, mit Ausnahme von Danzig.

Endlich wurde durch Befehl des RFSSuChdDtPol vom 8. August 1942 mit Wirkung vom 1. September 1942 die *gesamte* Ordnungspolizei einschließlich des Einzeldienstes im alten Reichs-

[161] Diese Aufstellung ist wahrscheinlich nicht vollständig.

gebiet, der Polizeiverwaltungsbeamten und der Angehörigen der Schutzpolizei der Gemeinden der Sondergerichtsbarkeit unterstellt; ausgenommen waren Beamte der inneren Verwaltung, die polizeiliche Befugnisse ausübten, wie Bürgermeister und Landräte. Auch die Angehörigen der Feuerwehren [auch der Freiwilligen – Befehl Chef Orpo vom 11. Dezember 1942] und der Luftschutzpolizei unterstanden der Sondergerichtsbarkeit, allerdings [ebenso wie übrigens auch die Angehörigen der Technischen Nothilfe] nur hinsichtlich der Straftaten, die sie in bezug auf den Dienst oder in Uniform begangen hatten [Verfügung Chef Orpo vom 15. August 1942, Erlaß Hauptamt SS-Gericht vom 29. September 1942]

- die Beamten der Geheimen Feldpolizei [Erlaß des Chefs OKW vom 27. Januar 1945],
- die Angehörigen der Bahnschutzpolizei für Straftaten, die sie in Beziehung auf den Dienst begangen hatten [Erlaß RFSS-uChdDtPol vom 12. Oktober 1944],
- die Angehörigen der im Osteinsatz den Höheren SS- und Polizeiführern unterstellten sowie der zum Gefolge der Dienststellen des Reichskommissars für die Festigung deutschen Volkstums gehörenden Formationen des NSKK [Erlaß des Hauptamtes SS-Gericht vom 15. Oktober 1941],
- die Angehörigen der Land- und Stadtwacht wegen aller in bezug auf den Dienst oder in Uniform begangenen militärischen und nichtmilitärischen Straftaten, einschließlich der in der Land- und Stadtwacht verwendeten Formationen der SA [Erlaß des RFSS vom 16. Mai 1944; Erlaß des Hauptamtes SS-Gericht vom 3. August 1944]. Noch im Erlaß des Chefs Orpo vom 1. Oktober 1942 war ausdrücklich betont worden, daß die Angehörigen der Land- und Stadtwacht der SS- und Polizeigerichtsbarkeit nicht unterworfen seien,
- die Angehörigen des Roten Kreuzes [insbesondere die DRK-Schwestern], soweit sie bei Dienststellen der SS und Polizei Dienst taten [Erlaß des Hauptamtes SS-Gericht vom 3. Juli 1944],
- die Angehörigen des sogenannten »Sonderdienstes« im Generalgouvernement,
- die Angehörigen der Wehrmannschaften des Steirischen Heimatbundes wegen Straftaten, die in bezug auf den Dienst begangen wurden [Erlaß des Reichsführers-SS vom 20. April 1944],
- die Angehörigen der in Oberitalien eingesetzten Regierungs-

truppe des Protektorats Böhmen und Mähren [Erlaß des Hauptamtes SS-Gericht vom 4. August 1944],

- die Angehörigen der polnischen und ukrainischen Polizei im Generalgouvernement,
- die Angehörigen der einheimischen Hilfspolizeiverbände [sogenannten Schutzmannschaften] in den besetzten Ostgebieten [Erlaß des Hauptamtes SS-Gericht vom 15. Januar 1942]. Nach einem Erlaß des Reichsführers-SS vom 5. Oktober 1942 konnten die Angehörigen der Schutzmannschaften einem besonderen Standgerichtsverfahren unterworfen werden,
- die Angehörigen der niederländischen Polizei bei Straftaten, die sich gegen die Besatzungsmacht richteten [Verordnung des Reichskommissars f. d. bes. niederländischen Gebiete vom 13. Juli 1942],
- die Angehörigen des sogenannten Gefolges der SS- und Polizeidienststellen, auch des weiblichen Gefolges [Nachrichtenhelferinnen usw.]. Zum Gefolge zählten in den Operationsgebieten alle Personen, die sich bei einer der Sondergerichtsbarkeit unterworfenen Dienststelle aufhielten, im übrigen nur diejenigen, die bei einer solchen Dienststelle tätig waren und dafür Gebührnisse bezogen [Erlaß des Reichsführers-SS vom 17. Juli 1941]. Bei »Vortaten« und nichtmilitärischen Straftaten von Angehörigen des Gefolges konnte die Strafverfolgung an zivile Gerichte abgegeben werden,
- alle sonstigen Zivilpersonen [Deutsche und Ausländer] wegen aller im Operationsgebiet begangenen strafbaren Handlungen, »wenn ein Bedürfnis der Kriegsführung dies gebietet«, sowie wegen aller Straftaten, die in Gebäuden oder sonstigen Anlagen begangen wurden, die den Zwecken der SS oder Polizei dienten, wenn der Reichsführer-SS erklärte, daß besondere dienstliche Belange eine SS- und polizeigerichtliche Aburteilung fordern. In den besetzten Gebieten sollten die Gerichte der Wehrmacht die Verfolgung von Zivilpersonen den SS- und Polizeigerichten dann überlassen, wenn sich die Straftat mindestens überwiegend gegen die SS oder die Polizei gerichtet hatte [Erlaß Chef OKW vom 4. April 1943]. Weitergehende Zuständigkeit für die einheimische Zivilbevölkerung hatten die SS- und Polizeigerichte in Böhmen und Mähren und in den Niederlanden [Verordnung über die Zuständigkeit der SS- und Polizeigerichte im Protektorat Böhmen und Mähren vom 15. Juli 1942, RGBl I, S. 475; Erlaß

des Hauptamtes SS-Gericht vom 23. Januar 1943 über Polizeistandgerichtsbarkeit in den besetzten niederländischen Gebieten],
- Kriegsgefangene, die sich in der Verwahrung der SS oder Polizei befanden; später wohl alle Kriegsgefangenen [Erlaß des Reichsführers-SS vom 11. Januar 1945].

Die Sondergerichtsbarkeit galt für alle militärischen und nichtmilitärischen Straftaten, die während der Zugehörigkeit oder vor der Einberufung zur SS und Polizei begangen wurden; bei ausländischen Freiwilligen der Waffen-SS wurden jedoch nur solche Vortaten bestraft, die auch nach deutschem Recht mit Strafe bedroht waren. Schied jemand aus SS oder Polizei aus, bevor eine dort begangene Straftat abgeurteilt war, so blieb er diesbezüglich der Sondergerichtsbarkeit unterworfen. Das galt auch dann, wenn der Betreffende inzwischen zur Wehrmacht einberufen worden war. Dagegen unterstanden Personen, auf die sich die Sondergerichtsbarkeit der SS und Polizei erstreckte, der Kriegsgerichtsbarkeit der Wehrmacht nur dann, wenn sie während ihrer Einberufung zum aktiven Wehrdienst oder während ihrer Zugehörigkeit zum Wehrmachtgefolge oder als Wehrpflichtige des Beurlaubtenstandes straffällig wurden. Zur Wehrmacht Kommandierte der SS oder Polizei unterstanden seit April 1943 gleichwohl der Sondergerichtsbarkeit der SS und Polizei, ebenso Angehörige der SS und Polizei in Wehrmachtlazaretten; letztere allerdings unterstanden der Wehrmachtdisziplinarstrafordnung[162].

Grundlagen der Sondergerichtsbarkeit der SS und Polizei waren das Militärstrafgesetzbuch und die Militärstrafgerichtsordnung, von denen jedoch in einer Reihe von Fällen abgewichen wurde[163]; die Abweichungen betrafen besonders die Ehrenstrafen und die Gerichtsverfassung, außerdem die Beurteilung der Strafwürdigkeit einzelner Vergehen. Typisch für die SS- und Polizeigerichtsbarkeit gegenüber der Kriegsgerichtsbarkeit der Wehrmacht ist auch, daß nicht zwischen Soldaten und Beamten unterschieden wurde; sie war auf die Polizeiangehörigen ausgedehnt ohne Rücksicht darauf, daß diese dem Deutschen Beamtengesetz [beziehungsweise dem Polizeibeamtengesetz] unterlagen.

162 Erlasse des Chefs OKW vom 28. Mai 1940, 10. März und 4. April 1943.

163 Für diese Abweichungen vgl. vor allem die beiden Durchführungsverordnungen vom 1. November 1939 [RGBl I, S. 2293] und 17. April 1940 [RGBl I, S. 659] zum grundlegenden Gesetz vom 17. Oktober 1939.

Zentral- und Ministerialinstanz für die gesamte SS- und Polizeigerichtsbarkeit war das Hauptamt SS-Gericht in München, das aus dem SS-Disziplinaramt und dem SS-Rechtsamt hervorgegangen war, die schon in den Jahren vor 1939 bestanden hatten. Als Gerichte waren tätig

1. die SS- und Polizeigerichte, die sich am Dienstsitz jedes Höheren SS- und Polizeiführers befanden, wobei allerdings bis weit in den Krieg hinein wegen Mangels geeigneter Richter eine Reihe von SS- und Polizeigerichten für die Bereiche mehrerer Höherer SS- und Polizeiführer tätig sein mußten. Im Sommer 1944 bestanden SS- und Polizeigerichte an folgenden Orten:

München	Riga [mit Außenstelle Reval]
Düsseldorf	Belgrad
Berlin	Kassel
Danzig	Veldes/Oberkrain
Dresden	Stettin
Krakau	Nürnberg
Wien	Braunschweig
Prag	Königsberg
Oslo	Agram
Velp	Athen
Stuttgart	Kopenhagen
Hamburg	Verona
Posen	Brüssel
Metz	Budapest
Breslau [mit Außenstelle Kattowitz]	

2. das Oberste SS- und Polizeigericht in München, das für Fälle von Hochverrat, Landesverrat und Spionage und für alle Straftaten von SS-Führern und Polizeioffizieren im Generalsrang zuständig war. Das Oberste SS- und Polizeigericht war kein übergeordnetes Gericht im Sinne einer Rechtsmittelinstanz, da es im Strafverfahren der SS- und Polizeigerichtsbarkeit wie in der Kriegsgerichtsbarkeit keine Berufung gab, sondern jedes Gericht als erste und letzte Instanz entschied,
3. die SS- und Polizeifeldgerichte, die sich bei den Stäben der Heeresgruppe Weichsel, der 6. und 11. SS-Panzer-Armee, der SS-Korps, der SS-Divisionen und SS-Waffen-Verbänden befanden; außerdem beim Kommandostab RFSS, beim Deutschen Befehlshaber in der Slowakei und bei den SS-Jagdverbänden [Stand vom 16. März 1945],

4. durch Erlaß des Reichsführers-SS vom 16. Mai 1944 wurde beim Hauptamt SS-Gericht ein SS- und Polizeigericht z. b. V. errichtet, das zuständig war »für Strafsachen von besonderer Bedeutung, insbesondere für solche, in denen die Ermittlungen besonders schwierig und umfangreich sind oder eine besondere Sachkunde erfordern oder in denen wegen der Personen der Beteiligten oder des Gegenstandes des Verfahrens die Entscheidung durch das z. b. V.-Gericht zweckmäßig [z. B. besonders gelagerte politische Strafsachen, Korruptionsverfahren]« war[164]. Dieses z. b. V.-Gericht war vor allem im Interesse einer wirkungsvollen Aufklärung und Verfolgung einiger ruchbar gewordener Straftaten [insbesondere Unterschlagungen] in den KZ bestimmt gewesen.

Als Träger der SS-Gerichtsbarkeit galten die Gerichtsherren und die Richter, die zusammen »das Gericht« bildeten. Die Gerichtsherren ordneten das Ermittlungsverfahren an, verfügten die Anklage, beriefen das Gericht und entschieden über die Bestätigung der Urteile. Gerichtsherren waren:

Hitler selbst bezüglich Todesurteile gegen Führer und Offiziere und gewissen Strafsachen gegen höhere Führer und Offiziere,

der Reichsführer-SS und Chef der Deutschen Polizei bei Verfahren, die er sich zur Entscheidung vorbehielt; dazu gehörten alle Verfahren gegen SS-Angehörige mit einer SS-Nummer zwischen 1 und 15 000,

der Chef des Hauptamtes SS-Gericht hinsichtlich derjenigen Fälle, die ihm vom Reichsführer-SS besonders übertragen wurden,

die Hauptamtschefs, Kommandeure und Höheren SS- und Polizeiführer in ihren Zuständigkeitsbereichen.

Die SS-Richter waren zum Richteramt befähigte SS-Führer, die von Hitler selbst ernannt wurden, der Waffen-SS angehören mußten und dem Reichsführer-SS disziplinarisch unmittelbar unterstellt waren. Die Zugehörigkeit zur Waffen-SS war deshalb erforderlich, weil sich das Privileg der SS, eine eigene Strafgerichtsbarkeit zu haben, auf das Vorhandensein der Waffen-SS gründete. Nach einer Aufstellung des Statistisch-wissenschaftlichen Instituts des Reichsführers-SS vom 30. Juni 1944 gehörten 599 Angehörige des Hauptamtes SS-Gericht zur Waffen-SS und 6 zur Allgemeinen SS[165]. Die SS-Richter konnten –

[164] NO-679; vgl. Aussage Dr. Morgen vom 13. Juli 1946 – Aff. SS-65.

[165] Der Vorrang der Waffen-SS wird auch aus dem Erlaß des Hauptamtes SS-Gericht vom 15. Mai 1942 deutlich: »Wird gegen einen Angehörigen der Allgemeinen SS ein Strafverfahren durchge-

mit Ausnahme der beim Obersten SS- und Polizeigericht tätigen – durch zum Richteramt befähigte Reserveführer der Waffen-SS ersetzt oder vertreten werden. Im Kriege konnten sogar sonstige SS-Führer und Polizeioffiziere als Vorsitzende tätig sein, insbesondere bei Standgerichtsverfahren.

Neben den SS-Richtern gab es die SS-Gerichtsführer beziehungsweise die Gerichtsoffiziere der Polizei, deren Aufgabe es war, bei den einzelnen Dienststellen und Formationen die auf die Sondergerichtsbarkeit bezüglichen Geschäfte wahrzunehmen; sie waren vor allem als Hilfskräfte und Berater ihrer Kommandeure und als Untersuchungsführer tätig, konnten aber auch die Anklagevertretung übernehmen. Die Gerichtsführer gehörten nicht zum Gerichtsdienst, sondern zum Truppendienst; sie unterstanden also disziplinarisch derjenigen Dienststelle, bei der sie tätig waren, und waren nur fachlich dem Hauptamt SS-Gericht unterstellt. Es war erwünscht, vor allem aktive SS-Führer [beziehungsweise Polizeioffiziere] als Gerichtsführer einzusetzen, die ihre in dieser Stellung gemachten Erfahrungen später selbst als Chefs und Disziplinarvorgesetzte verwerten könnten. Deswegen sollten auch möglichst viele Führer vorübergehend einmal als Gerichtsführer tätig sein.

Die verfassungsorganisatorische und politische Bedeutung der SS- und Polizeigerichtsbarkeit bestand darin, daß sie einerseits die Eigenständigkeit der SS gegenüber Wehrmacht und Staat bestätigte und förderte, andererseits der SS auch einen bemerkenswerten Vorrang vor der Partei einräumte, die zwar immer den Anspruch erhob, dem Staat gegenüber souverän zu sein, jedoch nie die Gerichtshoheit in Strafsachen erlangte.

Die SS-Truppen

Im Frühjahr 1933 war die SS nur eine etwas vornehmere Variante der ungleich größeren und mächtigeren, aber als plebejisch geltenden SA. Wer damals glaubte, einer der nationalsozialistischen »Kampfformationen« beitreten zu müssen, sich dabei aber politisch und zeitlich nicht allzusehr engagieren

führt, während er bei der Waffen-SS dient, so sind als Kameradenbeisitzer Angehörige des gleichen Dienstgrades, den er in der Waffen-SS besitzt, zu berufen, auch wenn die Straftat, deren er verdächtig ist, vor Eintritt in die Waffen-SS begangen ist und er zur Zeit der Begehung der Straftat bei der Allgemeinen SS einen höheren Dienstgrad als bei der Waffen-SS innehatte.«

wollte, der ging zur SS. Eine noch harmlosere Form, der »nationalen Revolution« seinen Tribut zu zollen, war der Eintritt in die Fördererorganisation der SS. Das Fördernde Mitglied verpflichtete sich zur monatlichen Leistung eines bestimmten, nach eigenem Ermessen festzusetzenden Geldbetrags, der durch den örtlich zuständigen SS-Sturm eingezogen wurde; man durfte dafür das Abzeichen der Fördernden Mitglieder tragen und hatte im übrigen seine Ruhe; die FM-Beiträge wurden übrigens immer nur für die Allgemeine SS verwendet.

Von den vielen damals eingerichteten »wilden« Konzentrationslagern waren nur wenige in Händen der SS, darunter die beiden, allerdings besonders bekannten und berüchtigten KZ Dachau und Columbia-Haus in Berlin. Ferner wurden Angehörige der SS zusammen mit SA-Männern als sogenannte »Hilfspolizei« eingesetzt, die vor allem dazu diente, der erbarmungslosen Verfolgung der Gegner des Nationalsozialismus einen amtlichen Anstrich zu geben. Außerdem wurden in verschiedenen Städten »Sonderkommandos« gebildet; das war der Anfang der Entwicklung der bewaffneten SS-Truppen. Schließlich stellte sich Hitler unter der Führung von Sepp Dietrich aus 120 ausgesuchten SS-Leuten am 17. Juni 1933 wieder einmal eine »Stabswache« auf; sie erhielt auf dem Parteitag der NSDAP des gleichen Jahres die Bezeichnung »Leibstandarte Adolf Hitler« und wurde am 9. November auf Hitler persönlich vereidigt. Obgleich diese Vereidigung zunächst keine konkreten politischen Folgen zeitigte, ist ihre grundsätzliche Bedeutung doch mit der Verordnung zum Schutz von Volk und Staat vom 28. Februar 1933 zu vergleichen. Denn sie war einer der ersten Akte der Konstituierung der Führergewalt im öffentlichen Leben Deutschlands: Der Reichskanzler legte sich eine bewaffnete Mannschaft zu, die verfassungsorganisatorisch weder im Bereich des Staates noch in dem der Partei ihren Ort hatte, sondern dem Führer ausschließlich unterstellt und sogar auf ihn *persönlich* vereidigt war. Über den Einsatz dieser Mannschaft war Hitler niemandem Rechenschaft schuldig, und niemand außer ihm hatte über sie irgendein Kontrollrecht.

Die Bahn für die weitere Entwicklung der SS-Truppe wurde frei, als Hitler am 30. Juni 1934 Röhm und dessen Vertraute ermordet und auf diese Weise die SA als politischen Machtfaktor ausgeschaltet hatte. Neben Göring war bei dieser Aktion Himmler Hitlers wichtigster Gehilfe mit den ihm unterstehenden Dienststellen der Gestapo und des SD, mit der »Leibstandarte«

und den parallel zur »Leibstandarte« in verschiedenen Städten aufgestellten »Politischen Bereitschaften«. Hier traten also zum ersten Male die Machtinstrumente in Aktion, die der Kontrolle irgendeiner Instanz des Staates oder der Partei entweder bereits entzogen waren oder ihr nie unterstanden hatten. Noch am Abend des 30. Juni soll Sepp Dietrich von Hitler das Versprechen erhalten haben, daß die Leibstandarte zum Dank für ihre Verdienste zu einem modern bewaffneten Regiment ausgebaut werde. Sicher ist jedenfalls, daß Reichskriegsminister von Blomberg am 5. Juli 1934 den Wehrmachtbefehlshabern mitteilte, daß die SS Waffen für eine Division erhalten werde. Als Hitler nach der Vereidigung der Reichswehr auf seinen Namen am 2. August 1934 in einem Dankbrief an Herrn von Blomberg versicherte, die Reichswehr werde fortan der einzige Waffenträger der Nation sein, war diese Zusage bereits durch den Beschluß gebrochen, die Leibstandarte und die Politischen Bereitschaften zu einer stehenden, bewaffneten und kasernierten Truppe auszubauen. – Die meisten der von der SA eingerichteten Konzentrationslager wurden nach dem 30. Juni 1934 aufgelöst; den Rest bekamen SS-Wachmannschaften unter Führung von SS-Oberführer Theodor Eicke. Eicke hatte im Juni 1933 das KZ Dachau und dessen Wachtruppe übernommen, die er in einem Brief an Himmler vom 10. August 1936 selbst als »korrupt« bezeichnete. Diese Wachmannschaft unterstand anfangs noch dem SS-Oberabschnitt Süd, der nach Dachau diejenigen Leute schickte, die man aus irgendeinem Grunde los sein oder versorgt wissen wollte; bald wurde sie Eicke persönlich unterstellt. Am 4. Juli 1934 wurde Eicke »Inspekteur der KL und Führer der SS-Wachverbände« und organisierte die vier von der SA übernommenen KZ nach dem Muster von Dachau um. – So bestand die SS-Truppe Ende 1934 also aus den drei Teilen[166]:

- Verfügungstruppe [aus den bisherigen Politischen Bereitschaften und der Leibstandarte bestehend]
- Wachverbände
- Allgemeine SS.

Da die Tätigkeit der Verfügungstruppe und der Wachverbände angeblich im staatlichen Interesse ausgeübt wurde, wurden diese beiden Formationen zunächst teilweise und später ganz aus Mitteln der Kommunen und Länder [später des Reiches] finanziert, während die Allgemeine SS beim Reichsschatzmeister der

[166] Erlaß RFSS vom 14. Dezember 1934.

NSDAP etatisiert war. Für Organisation, Führung und Verwaltung aller drei Formationen war das SS-Hauptamt zuständig, in dem die Inspektionen der Verfügungstruppe [VT] und der Wachverbände allerdings bald eine gewisse unabhängige Sonderstellung einnahmen. – Der Ausbau der SS-Truppe erfolgte in völliger Eigenständigkeit, denn die SS war durch eine Parteiverfügung Hitlers vom 20. Juli 1934 aus der Unterstellung unter die Oberste SA-Führung herausgenommen und zur »selbständigen Organisation« erklärt worden, und zwar im Hinblick auf ihre großen Verdienste, »besonders im Zusammenhang mit den Ereignissen des 30. Juni 1934«.
Bei Einführung der allgemeinen Wehrpflicht im März 1935 hatte die SS-Verfügungstruppe bereits 9 Sturmbanne, einen Pioniersturmbann und eine Nachrichtenabteilung.

Im März 1936 bestand sie aus folgenden Einheiten in folgenden Standorten:

Leibstandarte [LAH]	Berlin-Lichterfelde
Standarte »Deutschland«	München, Dachau, Ellwangen [wobei der Sturmbann in Dachau von den dortigen Wachverbänden zu unterscheiden ist]
»2. Standarte«	Hamburg-Veddel, Arolsen, Wolterdingen b. Soldau, Unna und Wismar
Nachrichten-Sturmbann	Berlin-Adlershof
Pionier-Sturmbann	Leisnig.

Der letzte Vorkriegsstand [Sommer 1939] war:

LAH	Berlin-Lichterfelde
Standarte »Deutschland«	München-Freimann
Standarte »Germania«	Hamburg-Veddel, Arolsen, Radolfzell
Standarte »Der Führer«	Wien, Graz, Klagenfurt
Artillerie-Standarte [seit Sommer 1939]	
Aufklärungs-Abt.	Ellwangen
Pz.-Abw.-Abt.	Ellwangen
Fla.-M.-G.-Abt.	Ellwangen

Nachrichten-Abt. Unna [Nürnberg]
Pionier-Abt. Dresden.

Dazu die drei Junkerschulen Tölz [seit 1934], Braunschweig [seit 1935] und Klagenfurt. Die Ergänzung der Truppe erfolgte durch drei Ergänzungsstellen, denen bestimmte Rekrutierungsbezirke zugewiesen wurden; und zwar waren es die Ergänzungsstellen Berlin [Wehrkreis I bis IV und VIII], Hamburg [Wehrkreis IV und IX bis XI] und München [Wehrkreis V, VII, XII und XIII]. Nur die Leibstandarte durfte auf alle drei Ergänzungsstellen zurückgreifen, während den anderen Einheiten je eine Ergänzungsstelle zugewiesen wurde.

Die SS-Wachverbände faßte Eicke im Laufe des Jahres 1935 zu 5 Sturmbannen zusammen:

I »Oberbayern«
II »Elbe«
III »Sachsen«
IV »Ostfriesland«
V »Brandenburg«.

Aus Anlaß des Reichsparteitages 1935 in Nürnberg traten die Wachverbände zum ersten Male in der Öffentlichkeit auf. Daraufhin ordnete Hitler an, den Etat dieser Verbände zum 1. April 1936 auf den Reichshaushalt zu übernehmen; der Mannschaftsbestand wurde im Frühjahr 1936 von 1800 auf 3500 vergrößert. Mit Wirkung vom 29. März 1936 trugen die Verbände die Bezeichnung »SS-Totenkopfverbände« [TV]. Im April 1937 wurden die 5 Sturmbanne zu 3 Standarten zusammengefaßt, die die Namen »Oberbayern«, »Brandenburg« und »Thüringen« trugen. Ihre Standorte waren zunächst Dachau, Oranienburg [Sachsenhausen] und Frankenberg; die Standarte »Thüringen« wurde im Sommer 1937 von Frankenberg nach Weimar [Buchenwald] verlegt. Im Herbst 1938 wurde in Linz eine vierte Standarte »Ostmark« aufgestellt.

Von der Wehrmacht wurden die bewaffneten SS-Truppen mit ausgesprochen gemischten Gefühlen betrachtet. Anfangs überwog das Wohlwollen, das die durch den Versailler Vertrag eingeengte Reichswehr traditionell allen Wehrverbänden entgegenbrachte, die vormilitärische Ausbildung betrieben und auf diese Weise dazu beitrugen, die Zahl der waffenkundigen Männer zu vergrößern. Das änderte sich jedoch, als man feststellen mußte, daß die SS die militärische Ausbildung ihrer Leute keineswegs als subsidiäre Funktion gegenüber dem Heer auf-

faßte, sondern ihre Eigenständigkeit als bewaffnete Macht betonte. Die SS begann zum Beispiel, den direkten Verkehr der Wehrbehörden zu denjenigen Wehrdienstpflichtigen zu unterbinden, die in den Politischen Bereitschaften und den Wachverbänden standen. So war die Wehrmacht bald bemüht, die bewaffnete SS so klein wie möglich zu halten, was bis Kriegsbeginn im wesentlichen auch gelang. Denn die Wehrmacht hatte eine sehr gute Ausgangsposition, da Hitler es sich nicht leisten konnte, allzu offenkundig seine Zusage zu verletzen, daß sie der einzige Waffenträger der Nation sei. Andererseits war Himmlers Ausgangsposition viel schlechter als beim Ausbau der Sicherheitspolizei. Denn diese war von Anfang an staatlich privilegiert gewesen, und unter dem Vorwand der Sorge um die Sicherheit des Staates konnte der Anspruch der außernormativen Führergewalt leicht realisiert werden. Die bewaffneten SS-Truppen dagegen standen von vornherein eindeutig außerhalb des Staates, und Himmler mußte sich deshalb selbst geringe Privilegien und Gleichstellungen mit der Wehrmacht und anderen staatlichen Organen mühsam erkämpfen. Die Dienststelle der SS, die dafür zuständig war, war das im Sommer 1935 im SS-Hauptamt eingerichtete Amt für Sicherungsaufgaben unter SS-Oberführer Petri, der gleichzeitig dem Persönlichen Stab RFSS als Chef des Amtes für Angelegenheiten der Reichsverteidigung angehörte.
Daß die Wehrmacht sich das Recht vorbehalten hatte, die Einheiten der VT zu inspizieren und den Etat der bewaffneten SS auf seine Sachgerechtigkeit mitzuprüfen, wog relativ leicht, es hatte sogar eine positive Seite, da der SS auf diese Weise geholfen wurde, in Ausbildung und Ausrüstung primitive Fehler zu vermeiden. Eine ausgesprochene Erschwerung war es dagegen für die SS, daß ihr auf Wunsch der Wehrmacht bei der Werbung von Freiwilligen Beschränkungen auferlegt wurden. Es war der SS verboten, durch Inserate in den Zeitungen zu werben; sie war mehr oder weniger auf Mundpropaganda in anderen nationalsozialistischen Formationen, insbesondere der Hitlerjugend, angewiesen. So heißt es in einem Erlaß des Chefs des SSHA vom 27. Juni 1936 über Rekruteneinstellung in die SS-Verfügungstruppe: »Eine öffentliche Werbung in der Presse ist verboten, jedoch wird empfohlen, mit den zuständigen Dienststellen der Landesbauernschaft, des Arbeitsdienstes, den SA-Gruppen und den HJ-Gebietsführungen in Verbindung zu treten und sie zur Bekanntgabe der Einstellungsmöglichkeit

und Einreichung von Bewerbungen zu veranlassen.« Trotz dieser zur Verfügung stehenden Reservoire hat bei der bewaffneten SS während der Friedensjahre empfindlicher Nachwuchsmangel geherrscht. In einem Schreiben des Chefs SSHA vom 16. März 1939 heißt es: »Durch den Ausbau der SS-Verfügungstruppen und den stärkeren Aufbau der SS-Totenkopfstandarten müssen bis zum 20. 11. 1939 5000 taugliche Bewerber für die SS-Verfügungstruppen und bis zum 30. 9. 1939 6000 taugliche Bewerber für die SS-Totenkopfstandarten bereitgestellt sein. Diese großen Aufgaben können ohne starken Einsatz aller Führer der Allgemeinen SS und ohne tatkräftige Unterstützung der Führer für Ergänzung nicht bewältigt werden. Berichte zeigen, daß die notwendige Mithilfe nicht überall vorhanden ist.« Im Dezember 1938 setzte Himmler die Anforderungen an den Gesundheitszustand der SS-Bewerber herab. Bei Beginn des Krieges gestattete die Wehrmacht der SS zwar, auch in der Presse zu werben. Doch wurde für das Inserat ein bestimmter Text abgesprochen und vom OKH ausdrücklich genehmigt, an dem dann keine Veränderungen mehr vorgenommen werden durften.

Eine weitere Beschränkung für die SS bestand darin, daß nur der Dienst in der VT, nicht aber der in den TV als Wehrdienst im Sinne des Wehrgesetzes anerkannt wurde. Die Angehörigen der TV konnten zum Wehrdienst eingezogen werden, und was sie an Dienstzeit in der bewaffneten SS bereits hinter sich gebracht hatten, wurde von der Wehrmacht nicht angerechnet. Zur Illustration seien drei Passagen aus damaligen SS-Befehlen zitiert:

1. Sturmbannbefehl des TV-Sturmbanns »Sachsen« vom 16. Juni 1936: »Nach einer Verfügung der SS-Totenkopfverbände gehörte die 3. Standarte der Politischen Bereitschaften [SS-Sonderkommando ›Sachsen‹] nicht zur Verfügungstruppe. Infolgedessen darf die Dienstzeit in der 3. Standarte der Politischen Bereitschaften nicht auf die Heeresdienstpflicht angerechnet werden.«
2. Sturmbannbefehl des TV-Sturmbanns »Sachsen« vom 26. August 1936: »Sämtliche Männer des Jahrgangs 1914 und des ersten Vierteljahres des Jahrgangs 1915 sind morgen zur Aushebung nach Flöha befohlen, soweit sie nicht bereits ihrer Heeresdienstpflicht genügt haben.«
3. Verfügung des Chefs SSHA vom 20. Januar 1936: »Bei den bisherigen Verhandlungen mit Vertretern der Wehrmacht

und des Reichs- und Preußischen Innenministeriums konnte noch nicht erreicht werden, daß die SS-Führerschulen Braunschweig und Tölz als Bestandteile der SS-Verfügungstruppe gelten bezüglich der Anrechnung des Wehrdienstjahres.«

Während sich die Wehrmacht mit der VT abgefunden hatte, hat sie die Existenz weiterer bewaffneter SS-Einheiten bis zum Krieg nicht anerkannt. Auch die Reichsverwaltung hätte es gern gesehen, wenn die TV wieder aufgelöst worden wären, und selbst von seiten der Sicherheitspolizei wurden Eicke Schwierigkeiten gemacht. In dem oben bereits zitierten Brief an Himmler vom 10. August 1936 schrieb Eicke u. a.: »Im Geheimen Staatspolizeiamt kursieren Gerüchte, wonach die SS-Totenkopfverbände im Herbst 1936 meiner Führung entzogen und den SS-Oberabschnitten unterstellt werden sollen. Diese Gerüchte gehen vom Büro des Dr. Best aus. SS-Standartenführer Dr. Best vom Gestapa hat an gewisser Stelle erklärt, daß in den Konzentrationslagern eine Schweinerei herrsche; es sei an der Zeit, daß man die Lager wieder der Gestapo unterstelle.« Daß diese Absicht tatsächlich bestand, beweist das Gestapo-Gesetz vom 10. Februar 1936, nach dessen Bestimmungen die Konzentrationslager ja dem Gestapa unterstanden, was allerdings nie vollzogen worden ist. – Im Befehlsblatt des Inspekteurs KL und Führers der SS-Totenkopfverbände vom Februar 1937 verbot Eicke die Mißhandlung von Häftlingen und schrieb dazu: »Sosehr ich als Nationalsozialist für ein solches Vorgehen Verständnis habe, kann und darf ich dieses Verhalten nicht dulden, wenn wir nicht Gefahr laufen wollen, vom Innenministerium des Deutschen Reiches als unfähig zur Behandlung von Gefangenen bezeichnet zu werden.« In einem Wachtruppenbefehl der Wachtruppe »Sachsen« vom 3. Dezember 1935 wird vor unvorsichtigem Umgang mit Schußwaffen gewarnt: »Wenn aber ein Häftling verletzt oder durch solche Unvorsichtigkeit gar getötet wird, so würde die Staatsanwaltschaft zunächst Mord annehmen, und es würde lange dauern, bis das Gegenteil geglaubt wird.« Zu den Vorbereitungen zum Reichsparteitag 1936 erließ Eicke am 3. August 1936 eine Verfügung, in der er schrieb: »Zum zweiten Male seit Bestehen der SS-Totenkopfverbände nimmt der Führer Gelegenheit, seine Totenkopfbataillone an seinem Auge vorüberziehen zu lassen. Er sieht uns, weiß, wer wir sind, und erinnert sich an unsere Leistungen im Vorjahre. Erneut ringen wir um unsere Anerkennung und um unsere Existenzberechtigung.«

Daß aber auch die Verfügungstruppe Schwierigkeiten hatte, anerkannt zu werden, zeigen die beiden folgenden Beispiele: Einen Antrag des SS-Hauptamtes, die Angehörigen der VT und der Wachverbände den für die Wehrmacht geltenden Bestimmungen entsprechend von der polizeilichen Meldepflicht zu befreien, wurde vom RuPrMdI mit Verfügung vom 28. August 1935 abschlägig beschieden. – Fälle von Fahnenflucht bei VT und TV konnten mindestens noch 1936 von den ordentlichen Gerichten nicht bestraft werden, da die bestehenden Strafbestimmungen auf die bewaffneten SS-Verbände nicht anwendbar waren.
Die verfassungsorganisatorische Stellung der bewaffneten SS-Verbände blieb zunächst undefiniert. Tatsächlich hatten sie durch den auf den Führer persönlich geleisteten Eid ihren Platz im Bereich der unmittelbaren Führergewalt jenseits von Partei und Staat. Eine ausdrückliche generelle »Legalisierung« in dem von E. R. Huber beschriebenen Sinne ist in den ersten Jahren nicht erfolgt; die Einheiten erhielten lediglich von Fall zu Fall einzelne staatliche Rechte als Privilegien, wie zum Beispiel das Recht, Waffen zu tragen. Erst als die Institution »Reichsführer-SS und Chef der Deutschen Polizei« am 17. Juni 1936 errichtet war, war auch ein verfassungsorganisatorischer »Aufhänger« für die bewaffneten SS-Verbände vorhanden. Indem sie als polizeiliche Sonderformationen ausgegeben wurden, bekamen sie erstens einen definierbaren Ort im Gesamtgefüge der normativen staatlichen Ordnung; zweitens war damit gegenüber der Wehrmacht die Bewaffnung dieser Verbände plausibel zu machen, denn die Polizei war diejenige Formation, die Waffen trug, ohne daß der »einzige Waffenträger der Nation« sich deshalb in seinem Privileg geschmälert fühlen konnte; drittens war wegen der spezifischen Stellung des Reichsführers-SS und Chefs der Deutschen Polizei in der nationalsozialistischen Herrschaftsstruktur die Stellung der bewaffneten SS unmittelbar unter dem Führer gewahrt. – Diese Lösung fand ihren Niederschlag in der Anordnung Hitlers über die Stellung der bewaffneten SS-Verbände vom 17. August 1938 [Geheime Kommandosache], die in ihren wichtigsten Passagen folgendermaßen lautet:

»Durch Ernennung des Reichsführers-SS und Chef der Deutschen Polizei im Reichsministerium des Innern am 17.6.1936[167]

[167] RGBl I, S. 487.

habe ich die Grundlage zur Vereinheitlichung und Neugliederung der Deutschen Polizei geschaffen.
Damit sind auch die dem Reichsführer-SS und Chef der Deutschen Polizei bereits vorher unterstehenden Schutzstaffeln der NSDAP in eine enge Verbindung zu den Aufgaben der Deutschen Polizei getreten.
Zur Regelung dieser Aufgaben sowie zur Abgrenzung der gemeinsamen Aufgaben der SS und der Wehrmacht ordne ich zusammenfassend an:

1. Die SS in ihrer Gesamtheit, als eine politische Organisation der NSDAP, bedarf für die ihr obliegenden politischen Aufgaben keiner militärischen Gliederung und Ausbildung. Sie ist unbewaffnet.
2. Für besondere innerpolitische Aufgaben des Reichsführers-SS und Chefs der Deutschen Polizei, die ihm zu stellen ich mir von Fall zu Fall vorbehalte, oder für die mobile Verwendung im Rahmen des Kriegsheeres [SS-Verfügungstruppe] sind von der Anordnung der Ziffer 1 folgende bereits bestehende bzw. für den Mob.-Fall aufzustellende SS-Einheiten ausgenommen:
   die SS-Verfügungstruppe
   die SS-Junkerschulen
   die SS-Totenkopfverbände
   die Verstärkung der SS-Totenkopfverbände [Polizeiverstärkung].

Sie unterstehen im Frieden dem Reichsführer-SS und Chef der Deutschen Polizei, der ... allein die Verantwortung für ihre Organisation, Ausbildung, Bewaffnung und volle Einsatzfähigkeit hinsichtlich der ihm von mir zu stellenden innerpolitischen Aufgaben trägt. ... Die SS-Verfügungstruppe ist weder ein Teil der Wehrmacht noch der Polizei. Sie ist eine stehende bewaffnete Truppe zu meiner ausschließlichen Verfügung. Als solche und als Gliederung der NSDAP ist sie weltanschaulich und politisch nach den von mir für die NSDAP und die Schutzstaffeln gegebenen Richtlinien durch den Reichsführer-SS auszuwählen, zu erziehen und durch Einstellung von Freiwilligen, die ihrer Arbeitsdienstpflicht genügt haben, aus der Zahl der Wehrpflichtigen zu ergänzen.
...
Die gesetzlich aktive Wehrpflicht [§ 8 des Wehrgesetzes] gilt durch Dienst von gleicher Dauer in der SS-Verfügungstruppe als erfüllt.

Die SS-Verfügungstruppe erhält ihre Geldmittel durch das Reichsinnenministerium. Ihr Haushaltsplan bedarf der Mitprüfung durch das Oberkommando der Wehrmacht. –

...

Die Verwendung der SS-Verfügungstruppe im Mob.-Fall ist eine doppelte:

1. Durch den Oberbefehlshaber des Heeres im Rahmen des Kriegsheeres. Sie untersteht dann ausschließlich den militärischen Gesetzen und Bestimmungen, bleibt aber politisch eine Gliederung der NSDAP.
2. Im Bedarfsfalle im Innern nach meinen Weisungen. Sie untersteht dann dem Reichsführer-SS und Chef der Deutschen Polizei.

...

Die SS-Totenkopfverbände sind weder ein Teil der Wehrmacht noch der Polizei. Sie sind eine stehende bewaffnete Truppe der SS zur Lösung von Sonderaufgaben polizeilicher Natur, die zu stellen ich mir von Fall zu Fall vorbehalte. Als solche und als Gliederung der NSDAP sind sie weltanschaulich und politisch nach den von mir für die NSDAP und die Schutzstaffeln gegebenen Richtlinien auszuwählen, zu erziehen und durch Einstellung von SS-tauglichen Freiwilligen, die ihrer Wehrpflicht grundsätzlich in der Wehrmacht genügt haben, zu ergänzen. Besondere Ausnahmefälle unterliegen der Zustimmung der Wehrmacht. Sie unterstehen dem Reichsführer-SS und Chef der Deutschen Polizei, der mir für ihre Organisation, Ausbildung, Bewaffnung und volle Einsatzfähigkeit verantwortlich ist.«

Um dieses Dokument richtig zu verstehen, muß man beachten, daß es sich nicht um eine Rechtsverordnung irgendwelcher Art handelt, also nicht um die Setzung einer Rechtsnorm, sei es auch im weitesten Sinne verstanden, sondern um eine militärische Weisung; daher ist es eine »Geheime Kommandosache« [die erst später für den Gebrauch des SS-Hauptamtes zusätzlich als »Geheime Reichssache« ausgefertigt wurde] und enthält auch [hier nicht zitierte] Einzelheiten über Gliederung und militärische Unterstellung. Sie spiegelt die Form der »Legalisierung« der bewaffneten SS nur wider und stellt nicht etwa selbst diese »Legalisierung« dar. Der politische Zweck der Weisung war, die Wehrmacht über die bewaffneten SS-Truppen einerseits zu beruhigen und andererseits diese Truppen, insbesondere die Totenkopfverbände, der Wehrmacht gegenüber zu legitimieren; der technische Zweck der Weisung war, wie es in ihrem Text heißt, die »Abgrenzung der gemeinsamen Aufgaben der SS und der Wehrmacht«. Der Kernpunkt dieser Aufgabentrennung war im Grunde auch politischer Natur: Hitler stellt fest, daß die bewaffneten SS-Verbände eigentlich für die Verwendung im *Innern* da seien. Die Betonung ihrer »engen Verbindung zu den Aufgaben der Deutschen Polizei« hatte der Wehrmacht gegenüber nicht den Sinn einer verfassungsorganisatorischen Fixierung, sondern sollte besagen, daß die bewaffnete SS, sofern sie im Mobilmachungsfall nicht unter dem Befehl des Heeres eingesetzt würde, gegen innere Unruhen verwendet würde und die Wehrmacht selbst dadurch von dieser ihr unangenehmen Aufgabe befreit sei. Diese Tendenz hat Hitler später noch einmal kräftig unterstrichen in seinen »Äußerungen über die künftige Staatstruppenpolizei« vom 6. August 1940, in denen es u. a. hieß:

»Der Führer äußerte am 6. 8. 1940 gelegentlich des Befehls zur Gliederung der ›Leibstandarte Adolf Hitler‹ die im folgenden zusammengefaßten Grundsätze zur Notwendigkeit der Waffen-SS.

Das Großdeutsche Reich in seiner endgültigen Gestalt wird mit seinen Grenzen nicht ausschließlich Volkskörper umspannen, die von vornherein dem Reich wohlwollend gegenüberstehen. Über den Kern des Reiches hinaus ist es daher notwendig, eine Staatstruppenpolizei zu schaffen, die in jeder Situation befähigt ist, die Autorität des Reiches im Innern zu vertreten und durchzusetzen.

Diese Aufgabe kann nur eine Staatspolizei erfüllen, die in ihren Reihen Männer besten deutschen Blutes hat und sich ohne jeden Vorbehalt mit der das Großdeutsche Reich tragenden Weltanschauung identifiziert. Ein so zusammengesetzter Verband allein wird auch in kritischen Zeiten zersetzenden Einflüssen widerstehen.

...

Nach Bewährung im Felde in die Heimat zurückgekehrt, werden die Verbände der Waffen-SS die Autorität besitzen, ihre Aufgaben als Staatspolizei durchzuführen. Diese Verwendung der Waffen-SS im Innern liegt ebenso im Interesse der Wehrmacht selbst.

Es darf niemals mehr in der Zukunft geduldet werden, daß die deutsche Wehrmacht der allgemeinen Wehrpflicht bei kritischen Lagen im Innern gegen eigene Volksgenossen mit der Waffe eingesetzt wird. Ein solcher Schritt ist der Anfang vom Ende. Ein Staat, der zu diesem Mittel greifen muß, ist nicht mehr in der Lage, seine Wehrmacht gegen den äußeren Feind einzusetzen, und gibt sich damit selbst auf. Unsere Geschichte hat dafür traurige Beispiele. Die Wehrmacht ist für alle Zukunft einzig und allein zum Einsatz gegen den äußeren Feind des Reiches bestimmt.«

Dieser offenkundig ad usum Delphini, d. h. zur Beruhigung der Wehrmacht, abgefaßte Text, der keinerlei Zeugniswert für die tatsächlichen Pläne und Absichten Hitlers besitzt, gibt verstärkt die Tendenz der Anordnung vom 17. August 1938 wieder. In ihrem normativen Gehalt besagte diese, daß erstens die bewaffneten SS-Verbände zwar kein Teil der Polizei seien, wohl aber in so enger Verbindung zu den Aufgaben der Polizei stünden, daß in der Ernennung des RFSSuChdDtPol die Grundlage für die Regelung der Stellung der VT und TV zu sehen sei; zweitens daß diese Verbände politisch Gliederungen der NSDAP seien, jedoch zur ausschließlichen Verfügung des Führers stünden beziehungsweise von ihm von Fall zu Fall Sonderaufgaben zugewiesen bekämen. Im exakt juristischen Sinne allerdings waren VT und TV spätestens ab September 1936 keine Gliederungen der NSDAP mehr. Denn der Begriff der Gliederung war kein verfassungsrechtlicher, sondern ein zivilrechtlicher: Nach § 4 der Verordnung vom 29. März 1935 zur Durchführung des Gesetzes zur Sicherung der Einheit von Partei und Staat vom 1. Dezember 1933[168] waren »Gliederungen« der NSDAP diejenigen nationalsozialistischen Organisationen, die keine eigene Rechtspersönlichkeit besaßen, sondern mit der NSDAP als Körperschaft öffentlichen Rechts zivilrechtlich identisch waren und vermögensrechtlich eine Einheit bildeten. Der Reichsschatzmeister als Generalbevollmächtigter des Führers auf zivilrechtlichem Gebiet und gewissermaßen »gesetzlicher Vertreter« der NSDAP war für die Finanzierung und Etatisierung der Gliederungen zuständig und war für sie passiv legitimiert. Aus diesem zivilrechtlichen Verhältnis zum Reichsschatzmeister waren jedoch die VT und TV ausgeschieden: In Heft 39 vom 26. September 1936 der »Juristischen Wochenschrift« war S. 2696 folgende »Mitteilung bezüglich Passivlegitimation in SS-Angelegenheiten« veröffentlicht worden:

»Bei der Erhebung von Zivilklagen gegen einen Angehöri-

[168] RGBl I, S. 502.

gen der Schutzstaffel ist zur Ermittlung der Passivlegitimation die Frage genauestens zu prüfen, ob der SS-Angehörige
1. der Allgemeinen SS,
2. der SS-Verfügungstruppe oder
3. den SS-Totenkopfverbänden
angehört.
Die Allgemeine SS ist eine Gliederung der NSDAP[169].
Die SS-Verfügungstruppe und SS-Totenkopfverbände dagegen sind Teile der Schutzstaffel, welche durch den Reichs- und Preußischen Minister des Innern passiv legitimiert werden.
Demzufolge ist:
I. bei Zivilprozessen, die durch einen SS-Angehörigen der allgemeinen SS veranlaßt sind, die Klage zu erheben gegen:
   a] die NSDAP, vertreten durch den Reichsschatzmeister, und den SS-Angehörigen, wenn der SS-Angehörige fahrlässig in der Ausübung des SS-Dienstes gehandelt hat;
   b] den SS-Angehörigen allein, wenn der Anspruch auf einem persönlichen Rechtsverhältnis beruht;
II. bei Zivilprozessen, die durch einen SS-Angehörigen der SS-Verfügungstruppe oder der SS-Totenkopfverbände veranlaßt sind, die Klage *nur* zu erheben gegen:
   a] das Deutsche Reich, vertreten durch den Reichs- und Preußischen Minister des Innern, dieser vertreten durch den Verwaltungschef der Schutzstaffel der NSDAP, SS-Brigadeführer Pohl, München, Karlstr. 10, wenn der SS-Angehörige fahrlässig seine dienstlichen Obliegenheiten verletzt hat;
   b] den SS-Angehörigen allein, wenn der Anspruch auf einem persönlichen Rechtsverhältnis beruht.

Der Verwaltungschef der SS
[gez.] Pohl
SS-Brigadeführer.«

Demnach steht fest, daß die Anordnung Hitlers vom 17. August 1938 keine juristisch exakten und verbindlichen Aussagen über die verfassungsorganisatorische Stellung der bewaffneten SS enthielt. Diese war kein Teil der Polizei, im juristisch greifbaren Sinne aber auch kein Teil der NSDAP; sie war eben eine

[169] Vergleiche Anordnung zur Durchführung des Gesetzes zur Sicherung der Einheit von Partei und Staat und die 1. Ausführungsbestimmung RGBl 1935, S. 502 und 583.

Truppe, die unter dem RFSSuChdDtPol im Bereich der unmittelbaren Führergewalt stand und einen Teil der Führerexekutive jenseits von Partei und Staat bildete. Wie allen anderen Einrichtungen dieses Bereichs konnten auch ihr aufgrund der souveränen Führergewalt einzelne Attribute, Rechte und Zuständigkeiten aus dem Bereich des Staates oder der Bewegung zugewiesen werden, soweit solche Akte partieller Legalisierung politisch opportun erschienen.

Himmler war mit der Zahl der bewaffneten, im aktiven Dienst befindlichen Mannschaft, die die Wehrmacht ihm zugestanden hatte, nicht zufrieden. Er sann deshalb auf Mittel und Wege, die ihm gesetzten Schranken zu umgehen. Den ersten Versuch machte er in den Jahren 1936/37 mit den sogenannten »SS-*Grenz- und Wacheinheiten*«. Den Grundstock dieser Einheiten bildeten zwei Formationen von Grenzwachmannschaften der SS, die verschiedenen Ursprungs waren:

1. Am 1. Juli 1933 hatte Hitler angeordnet, an allen deutschen Grenzen den Zollgrenzdienst durch SS-Angehörige zu verstärken. So kamen damals etwa 2400 SS-Männer als sogenannte *Hilfsgrenzangestellte* [Higa] zur Zollverwaltung[170] und wurden von dieser zur Bewachung der »grünen« Grenze verwendet. Außerdem wurden den Higa-Einheiten, die zur Allgemeinen SS gerechnet und dort unter der Rubrik »SS-Reserve« geführt wurden, alle Zollbeamte zugewiesen, die Angehörige der SS waren. Higa-Einheiten gab es nur in den SS-Oberabschnitten Süd, Südwest, Rhein, Südost, Elbe und Main; der Gesamtbestand der Mannschaft betrug im Januar 1937 1495, im Dezember 1938 1565 Mann[171]. Als Österreich zum Reich kam, wurden die Higa-Einheiten des Oberabschnitts Süd zum 1. April 1938 aufgelöst. Im Februar 1935 wurde im SS-Hauptamt eine Abteilung »Higa« eingerichtet[172].
2. Im Winter 1934/35 wurde in Bayern die sogenannte SS-*Grenzüberwachung* [SSG] aufgestellt, deren ursprüngliche Aufgabe war, Nationalsozialisten aufzunehmen, die nach dem fehlgeschlagenen Putsch und dem Mord an Dollfuß aus Österreich fliehen mußten; das Stammpersonal hatte die »Politische Bereitschaft« Reutlingen gestellt. Die SSG war

[170] ›Schwarzes Korps‹, 21. August 1935.

[171] SS-Statistik 1937 und 1938; vgl. Himmlers Rede vor den preußischen Staatsräten vom 5. März 1936.

[172] Stabsbef. Chef SSHA vom 22. Februar 1935.

militärisch organisiert und hatte einen Führungsstab in München.

Mit Wirkung vom 1. April 1936 errichtete Himmler im SS-Hauptamt die Dienststelle eines »Inspekteurs der Grenz- und Wacheinheiten« mit dem Ziel, die Higa-Einheiten, die SSG und einige minder wichtige SS-Wachen zu einem bewaffneten Grenzschutzkorps zusammenzufassen. Inspekteur wurde der frühere Leiter der SA-Dienststelle »Chef des Ausbildungswesens« und spätere HSSPF Krakau, SS-Obergruppenführer Friedrich Wilhelm Krüger. Es gelang jedoch der Wehrmacht – möglicherweise mit Unterstützung Görings –, Himmlers Plan zu vereiteln. Das ergibt sich aus einer Tagebucheintragung Generaloberst Jodls vom 22. Juli 1937:

»Sitzung bei Göring. Anspruch der SS auf erhöhte Grenzsicherung durch SS begründet mit dem Eindringen von Kommunisten, Saboteuren und Attentätern. Verstärkung der Außenstellen der Gestapo um 4000 Mann wird zugestanden. Grenzschutzkorps abgelehnt.«

Himmler wurde also nur eine Vergrößerung des Personalbestandes der Gestapo genehmigt, womit er die echten sachlichen Erfordernisse einer verstärkten Grenzüberwachung erfüllen konnte. Im Oktober 1937 wurde daraufhin die SSG aufgelöst; ihre Angehörigen wurden, soweit sie eine Polizeiprüfung bestanden, in die Grenzpolizei übernommen. Während einer Übergangszeit blieb die Mannschaft noch in einer Einheit zusammengefaßt; in der »SS-Statistik 1937« wird eine Sondereinheit »Grenzpolizei« [mit einer Stärke von ca. 185 Mann] aufgeführt mit der Bemerkung: »Hieß bis Oktober 1937 SS-Grenzüberwachung.« Diese Einheit unterstand innerhalb der SS nunmehr dem SD-Hauptamt.

Der zweite, diesmal erfolgreiche Versuch Himmlers, über das von der Wehrmacht zugestandene Kontingent hinaus Mannschaften militärisch auszubilden, erfolgte in den Jahren 1938/39 unter der charakteristischen Bezeichnung »Polizeiverstärkung«. Die Grundlagen dafür finden sich in der oben ausführlich behandelten Anordnung Hitlers vom 17. August 1938:

»Verstärkung der SS-Totenkopfverbände [Polizeiverstärkung].

1] Die Verstärkung der SS-Totenkopfverbände ist eine Polizeitruppe, die im Bedarfsfall auf meinen Befehl, im Mob.-Fall jedoch grundsätzlich aufgestellt und bewaffnet wird.

2] Ihre Stärke bestimmt der Reichsführer-SS und Chef der Deutschen Polizei innerhalb der Gesamtstärke aller Polizeieinheiten, die ich für das Reichsgebiet festsetzen werde.

3] Organisation, Kräfteverteilung, Bewaffnung und Ausbildung der Verstärkung der SS-Totenkopfverbände richten sich ausschließlich nach den an sie herantretenden polizeilichen Aufgaben. Die Verantwortung für die volle Einsatzfähigkeit in dieser Beziehung trägt der Reichsführer-SS und Chef der Deutschen Polizei, der mir – bezüglich Bewaffnung und Ausrüstung nach vorherigem Benehmen mit dem Oberkommando der Wehrmacht – entsprechende Vorschläge zu machen hat.

4] Die Ausbildung der für den Kriegsfall vorgesehenen Verstärkung der SS-Totenkopfverbände im Alter zwischen 25 und 35 Jahren erfolgt im Frieden durch die Ergänzungseinheiten der SS-Totenkopfverbände.

5] Die Geldmittel für die Ausbildung der Verstärkung der SS-Totenkopfverbände werden durch das Reichsinnenministerium beim Oberkommando der Wehrmacht als R.V.-Sondermittel angefordert.«

Die Totenkopfverbände erhielten also neben der Bewachung der KZ eine neue Aufgabe: nämlich mit einer Art Krümpersystem kurzfristig Mannschaften militärisch auszubilden. Diese Mannschaften stammten aus der Allgemeinen SS und wurden aufgrund der Notdienst-Verordnung vom 15. Oktober 1938 einberufen. In einem Schreiben des Reichsministers des Innern in dieser Angelegenheit vom 12. Januar 1939 heißt es:

»Der Reichsführer-SS und Chef der Deutschen Polizei wird auf Grund des Führererlasses vom 17. August 1938 von Mitte Januar 1939 ab Angehörige der Jahrgänge 1903–1913, die der SS angehören, zu einer dreimonatigen Übung zur Verstärkung der SS-Totenkopfverbände [Polizeiverstärkung] einberufen. Die Einberufung wird auf die Notdienstverordnung vom 15. Oktober 1938[173] gestützt.«

Wie der Wert der Notdienst-Verordnung auf seiten der SS eingeschätzt wurde und wie mühsam die SS sich diese Regelung hatte erkämpfen müssen, das veranschaulicht ein Vortragsmanuskript vom September 1938 des SS-Oberführers Petri. Petri, der die Verhandlungen für die SS führte, schrieb darin unter anderem:

173 RGBl I, S. 1441.

»Der langjährige Verhandlungsweg zwischen den Dienststellen des Reichsführers-SS und den Reichsministerien, vor allem aber mit dem ehemaligen Reichskriegsministerium und dem jetzigen Oberkommando der Wehrmacht bis zu dem heutigen Stand der Beziehungen über die Einberufungen zu den SS-Totenkopfverbänden war derartig wechselvoll und dornenreich, der Standpunkt der Gegenpartei, vor allem des Reichskriegsministers und des Oberkommandos der Wehrmacht war zeitweise so unnachgiebig und ohne Einsicht, und nur allmählich durch die Unterstützung der innerpolitischen Lage [ich erinnere an den Fall von Blomberg] oder der außenpolitischen Lage [österreichische und sudetendeutsche Unternehmung] etwas nachgiebiger oder gefügiger geworden, so daß selbst für die Verhandlungsführer der große rote Faden, der aus diesem Labyrinth einmal herausführen mußte, nur mit größter Zähigkeit und manchmal auch Rücksichtslosigkeit festgehalten werden konnte. Aber von Interesse dürfte es für die SS-Oberabschnitte sein, jetzt einmal den Zusammenhang und den Weg zu übersehen, auf dem wir schließlich dahin gelangt sind, für die bevorstehende Einberufung der Verstärkung der SS-Totenkopfverbände ausgerechnet die Notdienstverordnung zur Anwendung zu bringen. Und ich stehe nicht an, meine rein persönliche Ansicht hierüber dahin festzulegen und vorwegzunehmen, daß die Anwendung dieser Notdienstverordnung für uns eben nur der letzte Notbehelf mangels einer anderen gesetzlichen Regelung sein kann, daß wir diese Notdienstverordnung nur so lange als Unterlage benutzen, als wir noch keine andere Lösung erkämpft haben, und daß der Kampf um eine solche neue, und zwar gesetzliche Lösung die vornehmste Aufgabe auf diesem Gebiet für das vor uns liegende Jahr 1939 sein muß.«

Am Polenfeldzug nahmen Einheiten der VT und der TV im Rahmen größerer Verbände des Heeres teil, so wie es in der Anordnung vom 17. August 1938 vorgesehen gewesen war. Nach dem Polenfeldzug wurde aus den Standarten »Deutschland«, »Germania« und »Der Führer« die SS-Verfügungsdivision gebildet; sie gab später die Standarte »Germania« zur Neuaufstellung der Division »Wiking« ab und erhielt selbst den Namen »Das Reich«. Ebenfalls nach dem Polenfeldzug wurde aus drei Totenkopfstandarten, ergänzt durch Männer, die als »Polizeiverstärkung« ausgebildet worden waren, die »SS-Totenkopfdivision« aufgestellt. Außerdem wurden aus den Männern der »Polizeiverstärkung« neun weitere »Totenkopfstandarten« gebildet; sie waren verteilt auf die Standorte Prag, Linz, Wien, Oranienburg, Brünn, Krakau, Tarnow, Danzig, Bromberg, Buchenwald, Radom, Warschau, Lodz, Posen und Przasnysz. Diese Totenkopfstandarten waren der Stamm für weitere SS-Divisionen, die später aufgestellt wurden. Für die Bewachung der Konzentrationslager dagegen wurden aus zum Teil nicht kriegsdienstfähigen Angehörigen der Allgemeinen SS die sogenannten »Totenkopfsturmbanne« neu aufgestellt.

Die Führungsspitze aller bewaffneten SS-Verbände war bis Mitte 1940 noch immer das SS-Hauptamt mit seinen Inspektionen, vor allem der Inspektion der Verfügungstruppe. Die Inspektion der KL und der Totenkopfverbände war bei Beginn des Krieges aufgeteilt worden in eine »Inspektion der Konzentrationslager« und eine »Generalinspektion der verstärkten SS-Totenkopfstandarten« [auch als »Inspektion der SS-T-Standarten« bezeichnet]. Als am 1. Juni 1940 die Inspektion der Verfügungstruppe noch im Rahmen des SSHA in das »Kommando der Waffen-SS« umgewandelt wurde, wurde die Inspektion der KL sogleich darin mit einbezogen. Am 1. August 1940 wurde sodann die Inspektion der SS-T-Standarten aufgelöst, und ihre Geschäfte wurden vom Kommando der Waffen-SS übernommen. Am 15. August 1940 schied das Kommando der Waffen-SS mit einigen Teilen des SSHA aus diesem aus und bildete den Grundstock des mit Wirkung vom gleichen Tage errichteten SS-Führungshauptamtes. – Die Auflösung der Inspektion der SS-T-Standarten war nicht nur eine organisatorische Maßnahme, sondern hatte auch eine verfassungsorganisatorische Seite. Mit ihr wurde nämlich die Unterscheidung aufgehoben zwischen den Teilen der bewaffneten SS, deren Dienst Wehrdienst im Sinne des Wehrgesetzes war, und den anderen, bei denen es sich nur um Notdienst im Sinne der Notdienst-Verordnung vom 15. Oktober 1938 handelte. Aus diesem Grunde war es auch nicht nur eine Namensänderung, sondern eine Maßnahme von rechtlicher Relevanz, als am 25. Februar 1941 auf Befehl des RFSS die SS-Totenkopfstandarten in »SS-Standarten« umbenannt wurden. Die Bezeichnung »Totenkopf« wurde zwar einerseits als Ehrentitel aufgefaßt und deshalb während des ganzen Krieges von der Totenkopfdivision als Traditionsbezeichnung beibehalten; andererseits aber war sie zwischen 1936 und 1940 beziehungsweise 1941 ein Stigma der wehrrechtlichen Unebenbürtigkeit, bei den Totenkopfstandarten wie bei den Totenkopfwachsturmbannen. Die *Bezeichnung* »Waffen-SS« kam im Winter 1939/40 auf. Im zusammenfassenden Bericht des OKW über den Polenfeldzug vom 23. September 1939 wurde noch von der »SS-Verfügungstruppe« gesprochen, im HVBl Teil A 1939 vom 2. Oktober 1939 [S. 84] findet sich die Bezeichnung »bewaffnete SS«. Dagegen liegt bereits vom 19. Januar 1940 eine Anordnung des Stellvertreters des Führers über »Die Ergänzung der Waffen-SS« vor, ebenso eine Anordnung des Reichsschatzmeisters der NSDAP vom 2. März 1940, in der diese Bezeichnung verwendet wurde. Allgemein üblich wurde die Verwendung der Bezeichnung nach Hitlers Reichstagsrede nach dem Westfeldzug am 19. Juli 1940.

Der *Begriff* »Waffen-SS« wurde schon im Krieg in der Öffentlichkeit vorzugsweise auf die militärischen Formationen der SS angewandt. Dementsprechend wird er auch in der Zeit nach dem Krieg verwendet, und die »Hilfsgemeinschaft auf Gegenseitigkeit« [Hiag] der ehemaligen Angehörigen der Waffen-SS knüpft daran die Behauptung, der Begriff habe auch tatsächlich nur die SS-Divisionen und deren Ersatzeinheiten umfaßt. Das ist jedoch nicht richtig. Vielmehr umfaßte der Begriff »Waffen-SS« alle diejenigen Formationen und Dienststellen der SS, die vom Reichsminister der Finanzen etatisiert wurden. Das erklärt sich historisch daraus, daß von Anfang an die bewaffneten Teile der SS mit denen, die aus staatlichen Mitteln finanziert wurden, identisch waren; das war die »bewaffnete SS«, welche Bezeichnung dann umgeformt wurde in Waffen-SS. Zu den vom RFM etatisierten Teilen der SS und somit zur »bewaffneten« oder »Waffen-SS« gehörte auch die gesamte Konzentrationslagerorganisation. Einen Beweis dafür liefert ein Schreiben des Wirtschafts-Verwaltungshauptamtes SS an den RFSS vom 11. Mai 1942, dessen erster Teil folgendermaßen lautet[174]:

> »Die Beratungen mit den Vertretern des Reichsministeriums der Finanzen über den *Haushalt der Waffen*-SS sind nach sechs Sitzungstagen mit einem vollen Erfolg abgeschlossen worden.
>
> Die wichtigsten Ergebnisse sind:
>
> 1.] Grundsätzlich hat der Reichsfinanzminister anerkannt:
>
> 7 [Vorjahr 4] *Friedensdivisionen der Waffen*-SS
> 3 [„ 2] *Junkerschulen*
> 5 [„ 2] Unterführerschulen

[174] NO-504.

1	[Vorjahr 0]	Musikschule
1	[„ 1]	Schule des Verwaltungsdienstes
1	[„ 0]	Artillerie-Meßschule
1	[„ 0]	Nachrichtenschule
1	[„ 0]	Kavallerieschule
1	[„ 0]	Kraftfahrtechnische Lehranstalt
1	[„ 0]	Gestüt [2 weitere vorbehalten]
3	[„ 0]	Remonteämter
1	[„ 0]	Remonteschule
2	[„ 1]	Truppenübungsplätze
4	[„ 4]	Hauptzeugämter
5	[„ 1]	Kraftfahrzeugdepots
2	[„ 0]	Kraftfahrzeugwerkstätten
3	[„ 1]	Kraftfahrschulen
7	[„ 5]	Kommandanturen
11	[„ 7]	*Konzentrationslager*
1	[„ 1]	*Frauen-Konzentrationslager*
2	[„ 0]	*Jugendschutzlager*
1	[„ 1]	Friedens-Bewachungsregiment.

Stärkemäßig beträgt der genehmigte Friedenshaushalt der Waffen-SS:

147.414 [Vorjahr 73.409] Köpfe
10.817 [Vorjahr 0] Pferde.«

Eine ganze Reihe von Dokumenten bestätigt, daß die Konzentrationslager einen Teil der Waffen-SS bildeten. Besonders häufig sind Dokumente mit Briefköpfen wie diesem:

Waffen-SS
Konzensrationslager Natzweiler
Kommandantur

In einem Schreiben des Wirtschafts-Verwaltungshauptamtes an die Kommandanten der Konzentrationslager vom 17. Januar 1944[175] wurde diesen verboten, gegen KZ-Aufseherinnen Arreststrafen zu verhängen. Wörtlich heißt es: »Ich werde dann in solchen Fällen gemäß der Anordnung des Hauptamtschefs entscheiden, ob eine Arreststrafe zu verhängen ist, ob der Fall dem zuständigen SS- und Polizeigericht zugeleitet werden soll oder ob die Beschuldigte *aus den Diensten der Waffen-SS auszuscheiden* hat.« Die Versetzungen von Angehörigen der Bewachungsmannschaften von einem KZ in ein anderes erfolgte stets über das SS-Führungshauptamt/Kommandoamt der Waf-

[175] NO-1549.

fen-SS. Das ist auch gar nicht anders denkbar, da die Inspektion der KL ja 1940 innerhalb des SSHA ins Kommando der Waffen-SS und mit diesem dann in das SSFHA übergeführt worden war; dort bildete sie das Amt VI bis zum Frühjahr 1942. Dann wurden die Konzentrationslager dem Wirtschafts- und Verwaltungshauptamt [WVHA] mit Wirkung vom 16. März 1942 als Amtsgruppe D unterstellt. Doch blieb auch nach diesem Datum das SSFHA hinsichtlich Bewaffnung, militärischer Vorschriften und militärischer Ausbildung der Bewachungsmannschaften federführend. Grund der Übertragung der Zuständigkeit für die Konzentrationslager vom Führungshauptamt auf das Wirtschafts-Verwaltungshauptamt war gewesen, daß es der SS im Verlauf des Krieges immer mehr darauf ankam, die Arbeitskraft der Häftlinge für die Ausrüstung der SS-Truppen und für die eigenen wirtschaftlichen Interessen auszunutzen. In diesem Sinne schrieb der Chef des WVHA, Oswald Pohl, am 30. April 1942 an Himmler:

> »Der Krieg hat eine sichtbare Strukturänderung der KL gebracht und ihre Aufgabe hinsichtlich des Häftlingseinsatzes grundlegend geändert. Die Verwahrung von Häftlingen nur aus Sicherheits-, erzieherischen und vorbeugenden Gründen allein steht nicht mehr im Vordergrund. Das Schwergewicht hat sich nach der wirtschaftlichen Seite hin verlagert. Die Mobilisierung aller Häftlingsarbeitskräfte zunächst für Kriegsaufgaben [Rüstungssteigerung] und später für Friedensbauaufgaben schiebt sich immer mehr in den Vordergrund.
>
> Aus dieser Erkenntnis ergeben sich notwendige Maßnahmen, welche eine allmähliche Überführung der KL aus ihrer früheren einseitigen politischen Form in eine den wirtschaftlichen Aufgaben entsprechende Organisation erfordert.«

Falsch ist schließlich auch die Behauptung, die Waffen-SS sei ein *»vierter Wehrmachtteil«* gewesen. Und zwar ist es erstens logisch falsch, denn die Unterscheidung der drei Wehrmachtteile Heer, Marine, Luftwaffe war eine Unterscheidung der Waffen*gattungen*, und die Waffen-SS stellte keine neue, vierte Waffengattung dar. Zweitens ist es politisch-historisch falsch; schon die oben gegebene Skizze der Entwicklung der bewaffneten SS-Verbände lehrt, daß diese in ausgesprochenem Gegensatz zur Wehrmacht und gegen deren Willen entstanden sind. Diese Gegensätze wurden in den Kriegsjahren an der Front zwar zum Teil gemildert, politisch aber haben sie sich noch verschärft und führten schließlich 1944 dazu, daß die Wehrmacht wesentliche Kompetenzen an den Reichsführer-SS abtreten mußte, insbesondere die Abwehr, den Befehl über das Ersatzheer, das Kriegsgefangenenwesen, das Heeresverwaltungsamt und die personelle Heeresergänzung. Schließlich wird die Behauptung, die Waffen-SS sei ein vierter Wehrmachtteil, auch durch den Sprachgebrauch der damaligen Zeit widerlegt. Beispiele dafür finden sich selbst aus der spätesten Zeit, wie etwa in einem Erlaß des Hauptamtes SS-Gericht vom 13. Februar 1945 über den Einsatz von Standgerichten im Wehrkreis III, in dem es u. a. heißt: »Zur sofortigen Aburteilung von Straftaten von *Angehörigen aller Wehrmachtteile und der Waffen*-SS werden an mir geeignet erscheinenden Orten des Streifendienstes Standgerichte errichtet.« Wohl war die Waffen-SS ein Teil der deutschen Kriegswehrmacht, wie das Teile des Reichsarbeitsdienstes und der »Organisation Todt« auch gewesen sind. Im verfassungsorganisatorischen Sinn dagegen hatten die bewaffneten Verbände der SS mit der Wehrmacht nie etwas zu tun. Die Wehrmacht war ein Organ der Staatsgewalt, die Waffen-SS ein Organ der Führergewalt.

Der Reichskommissar für die Festigung deutschen Volkstums

Die Institution »Reichsführer SS/Reichskommissar für die Festigung deutschen Volkstums« [RKF] entstand aufgrund des »Erlasses des Führers und Reichskanzlers zur Festigung deutschen Volkstums« vom 7. Oktober 1939. Dieser Erlaß, der seinerzeit nicht veröffentlicht und in der Presse nur sehr summarisch wiedergegeben wurde, lautete[176]:

> Erlaß des Führers und Reichskanzlers
> zur Festigung deutschen Volkstums vom 7. Oktober 1939.
>
> Die Folgen von Versailles in Europa sind beseitigt. Damit hat das Großdeutsche Reich die Möglichkeit, deutsche Menschen, die bisher in der Fremde leben mußten, in seinem Raum aufzunehmen und anzusiedeln und innerhalb seiner Interessengrenzen die Siedlung der Volksgruppen so zu gestalten, daß bessere Trennungslinien zwischen ihnen erreicht

[176] PS-686, vgl. ›Völkischer Beobachter‹ vom 26. Oktober 1939.

werden. Die Durchführung dieser Aufgabe übertrage ich dem Reichsführer-SS nach folgenden Bestimmungen:

I

Dem Reichsführer-SS obliegt nach meinen Richtlinien:

1. die Zurückführung der für die endgültige Heimkehr in das Reich in Betracht kommenden Reichs- und Volksdeutschen im Ausland,
2. die Ausschaltung des schädigenden Einflusses von solchen volksfremden Bevölkerungsteilen, die eine Gefahr für das Reich und die deutsche Volksgemeinschaft bedeuten,
3. die Gestaltung neuer deutscher Siedlungsgebiete durch Umsiedlung, im besonderen durch Seßhaftmachung der aus dem Ausland heimkehrenden Reichs- und Volksdeutschen.

Der Reichsführer-SS ist ermächtigt, alle zur Durchführung dieser Obliegenheiten notwendigen allgemeinen Anordnungen und Verwaltungsmaßnahmen zu treffen.
Zur Erfüllung der ihm in Absatz 1 Nr. 2 gestellten Aufgaben kann der Reichsführer-SS den in Frage stehenden Bevölkerungsteilen bestimmte Wohngebiete zuweisen.

II

In den besetzten ehemals polnischen Gebieten führt der Verwaltungschef Ober-Ost die dem Reichsführer-SS übertragenen Aufgaben nach dessen allgemeinen Anordnungen aus. Der Verwaltungschef Ober-Ost und die nachgeordneten Verwaltungschefs der Militärbezirke tragen für die Durchführung die Verantwortung. Ihre Maßnahmen sind den Bedürfnissen der militärischen Führung anzupassen. Personen, die zur Durchführung dieser Aufgaben mit Sonderaufträgen versehen sind, unterstehen insoweit nicht der Wehrmachtsgerichtsbarkeit.

III

Die dem Reichsführer-SS übertragenen Aufgaben werden, soweit es sich um die Neubildung deutschen Bauerntums handelt, von dem Reichsminister für Ernährung und Landwirtschaft nach den allgemeinen Anordnungen des Reichsführers-SS durchgeführt.
Im übrigen bedient sich im Gebiete des Deutschen Reiches der Reichsführer-SS zur Durchführung seines Auftrags der vor-

handenen Behörden und Einrichtungen des Reiches, der Länder und der Gemeinden sowie der sonstigen öffentlichen Körperschaften und der bestehenden Siedlungsgesellschaften. Falls über eine zu treffende Maßnahme zwischen dem Reichsführer-SS einerseits und der zuständigen obersten Reichsbehörde – im Operationsgebiet dem Oberbefehlshaber des Heeres – eine nach Gesetzgebung und Verwaltungsorganisation erforderliche Einigung nicht erzielt werden sollte, ist meine Entscheidung durch den Reichsminister und Chef der Reichskanzlei einzuholen.

Verhandlungen mit ausländischen Regierungsstellen und Behörden sowie mit den Volksdeutschen, solange sich diese noch im Auslande befinden, sind im Einvernehmen mit dem Reichsminister des Auswärtigen zu führen.

Sofern für die Seßhaftmachung zurückkehrender Reichs- oder Volksdeutscher Grund und Boden im Gebiet des Reiches benötigt wird, so finden für die Beschaffung des benötigten Landes das Gesetz über die Landbeschaffung für Zwecke der Wehrmacht vom 29. März 1935 [Reichsgesetzblatt I, S. 467] und die zu ihm ergangenen Durchführungsverordnungen entsprechende Anwendung. Die Aufgaben der Reichsstelle für Landbeschaffung übernimmt die vom Reichsführer-SS bestimmte Stelle. Die zur Durchführung der Maßnahmen erforderlichen Mittel stellt der Reichsminister der Finanzen dem Reichsführer-SS zur Verfügung.

Berlin, den 7. Oktober 1939
Der Führer und Reichskanzler
[gez.] Adolf Hitler
Der Vorsitzende des Ministerrates
für die Reichsverteidigung
[gez.] Göring
Generalfeldmarschall
Der Reichsminister und Chef
der Reichskanzlei
[gez.] Lammers
Der Chef des Oberkommandos
der Wehrmacht
[gez.] Keitel

Hitler hatte die neuen Aufgaben Himmlers in seiner Reichstagsrede vom 6. Oktober 1939 angekündigt, als er seine Gedanken über eine Neuordnung Europas nach dem deutschen Sieg über

Polen entwickelte. Die wichtigste Aufgabe, die sich aus dem »Zerfall« des polnischen Staates ergebe, so hatte Hitler gesagt, sei »eine neue Ordnung der ethnographischen Verhältnisse, das heißt: eine Umsiedlung der Nationalitäten, so daß sich am Abschluß der Entwicklung bessere Trennungslinien ergeben, als es heute der Fall ist«. Das Problem sei aber nicht nur auf das ehemalige Polen beschränkt, sondern es handle sich um eine weiter ausgreifende Aufgabe für den ganzen Osten und Südosten Europas. Dieser Absicht, die vorgesehene Neuordnung nicht auf das eben eroberte polnische Gebiet zu beschränken, entspricht die sehr allgemeine, auch keineswegs nur auf die polnischen Verhältnisse abzielende Formulierung der dem Reichsführer-SS erteilten Aufträge ebenso, wie eine bezeichnende Änderung des ersten Satzes der Präambel gegenüber einem noch existierenden Entwurf vom 29. September 1939[177]. Dort hatte es noch geheißen: »Das Problem von Versailles hat aufgehört zu bestehen«; jetzt lautete die Einleitung des Erlasses: »Die Folgen von Versailles in Europa sind beseitigt.«
Ähnlich wie beim Erlaß über die Höheren SS- und Polizeiführer und bei Hitlers Anordnung über die bewaffneten SS-Verbände vom 17. August 1938 fallen auch im Erlaß über die Festigung deutschen Volkstums die vagen Formulierungen auf, die mit Absicht gewählt wurden; was kann zum Beispiel die Wendung »Ausschaltung schädigender Einflüsse« alles beinhalten! Besonders bemerkenswert ist, daß die Bezeichnung »Reichskommissar« in dem Erlaß überhaupt nicht vorkommt; Himmler hat sie sich vielmehr aufgrund seiner neuen Ermächtigung erst selbst zugelegt. Es hieß deshalb in einem Runderlaß des Reichsministers für Ernährung und Landwirtschaft [RMEuL] vom 17. Januar 1940[178] mit Recht:

> »Nach dem Führererlaß vom 7. Oktober 1939 obliegen dem Reichsführer-SS alle Maßnahmen zur Festigung deutschen Volkstums nach den Richtlinien des Führers. Der Reichsführer-SS hat für diese Aufgaben das Reichskommissariat zur Festigung deutschen Volkstums gegründet.«

Sachlich war die Bezeichnung »Reichskommissar« zwar in etwa zutreffend, denn die dem RFSS übertragenen Aufgaben waren, wenn auch nur der Form nach, mit denen zu vergleichen, die in der Weimarer Republik Reichskommissaren übertragen wurden; es handelte sich damals um sachlich und zeitlich begrenzte

[177] NG-1467.
[178] NG-937.

Aufträge, die den Geschäftsbereich eines einzelnen Ministeriums überschritten und in einer Art begrenzter Sonderbevollmächtigung ohne politisch-parlamentarische und bürokratische Hemmungen erledigt werden sollten. Hätte man jedoch im Falle der »Festigung deutschen Volkstums« die Bezeichnung »Reichskommissar« in den Führererlaß aufgenommen, dann wäre sie »gesetzestechnisch« geworden, und man hätte der neuen Institution im Rahmen der gesamten Verwaltung einen normativ fixierten Platz zuweisen und schließlich bei der Formulierung des Erlasses alle irgendwie tangierten Ressorts beteiligen müssen. Das sollte vermieden werden, und deshalb beauftragte man nur den »Reichsführer-SS«, der bereits Exekutivbefugnisse hatte, und sparte sich auf diese Weise weitere Definitionen und Erklärungen. Die in Absatz III zugunsten des RMEuL angeführten Bestimmungen mußten nur deshalb aufgenommen werden, weil dieser von dem vorbereiteten Erlaß zufällig Wind bekommen hatte und auf einer ausdrücklichen Berücksichtigung bestand. Weil dem »Reichskommissar« kein bestimmter Platz in der Bürokratie zugewiesen war, brauchten auch seine Rechte gegenüber Behörden und sonstigen Dienststellen nur unbestimmt formuliert werden: er sollte »allgemeine Anordnungen und Verwaltungsmaßnahmen treffen« können und sich »der vorhandenen Behörden und Einrichtungen des Reiches« usw. »bedienen«. In der Praxis allerdings hatte er die gleichen Möglichkeiten, als ob ihm das Recht, Rechtsverordnungen zu erlassen und Weisungen zu geben, erteilt worden wäre. So wurden zum Beispiel die Höheren SS- und Polizeiführer bei den Reichsstatthaltern von Danzig/Westpreußen und Posen [später Warthegau] zwar gemäß § 2 der Durchführungsordnung zum Erlaß des Führers und Reichskanzlers über Gliederung und Verwaltung der Ostgebiete vom 2. November 1939 zu Beauftragten des Reichskommissars für die Festigung deutschen Volkstums bestimmt; bei den Oberpräsidenten von Schlesien und Ostpreußen aber genügte für den gleichen Zweck eine Anordnung des Reichsführers-SS[179].

Im Sinne des Erlasses vom 7. Oktober 1939 war der Reichskommissar für die Festigung deutschen Volkstums nicht eine Behörde, die ein bestimmtes Gebiet der Verwaltung zu bearbeiten hatte, sondern ein Führungsstab, der alle in Frage kommenden Dienststellen des Staates und der Partei, vor allem aber der SS, zur Erfüllung seines Auftrages einsetzen konnte. Ausschließ-

179 RGBl I, S. 2133; NG-937.

lich und im eigentlichen Sinne Dienststelle des Reichskommissars war zunächst nur der Führungsstab selbst; alle anderen für die Festigung deutschen Volkstums tätig werdenden Dienststellen waren dem Reichskommissar in verschiedenen Spielarten bedingt untergeordnet. Das war die Quelle der organisatorischen Kompliziertheit und verwaltungsrechtlichen Komplexheit der Gesamtinstitution. Sehr bald allerdings zeigte sich, daß die gestellten Aufgaben zu groß und zum Teil so völlig neu waren [z. B. der Vermögensausgleich für die Umsiedler], daß sie von bereits bestehenden Dienststellen nicht nebenbei erledigt werden konnten; und daß andererseits Leistungsfähigkeit und Macht des Reichskommissars um so größer sein würden, je mehr er in eigener Regie erledigte. Deshalb wurde der Grundsatz, sich ausschließlich bereits vorhandener Behörden zu bedienen, bald durchbrochen; es wurden neue Dienststellen gegründet, die ausschließlich den Aufgaben des Reichskommissars dienten und nicht bloß auf Zusammenarbeit mit dem Führungsstab angewiesen, sondern diesem unterstellt waren. Sie bildeten mit dem Führungsstab zusammen das, was man als den *engeren Befehlsbereich* des RKF bezeichnen kann.

Den Führungsstab errichtete der RFSS mit seiner ersten aufgrund der neuen Bevollmächtigung erlassenen Anordnung, deren Anfang lautete[180]:

> »Durch den Erlaß des Führers vom 7. 10. 1939 bin ich zum Reichskommissar zur Festigung deutschen Volkstums ernannt worden.
>
> Für die Leitung und Herausgabe der allgemeinen Anordnungen und Richtlinien und für die Durchführung bestimmter nur zentral zu erledigender Aufgaben richte ich die Dienststelle des Reichskommissars ein. Die Leitung habe ich dem SS-Oberführer Greifelt übertragen.«

Daß es nicht richtig ist, daß Himmler durch den Führererlaß zum Reichskommissar ernannt worden sei, wurde schon erwähnt. Der Führungsstab als solcher mußte in praxi nicht neu aufgestellt werden, sondern war in Gestalt der für die Umsiedlung der Südtiroler im Juni 1939 eingerichteten »Leitstelle für Ein- und Rückwanderung« bereits vorhanden. Diese Leitstelle hatte unter der Leitung von Greifelt zum Persönlichen Stab RFSS gehört. Sie erhielt Mitte Oktober 1939 die Bezeichnung »Dienststelle des Reichskommissars für die Festigung deutschen Volkstums« und hatte ursprünglich folgende Hauptabteilungen

[180] NO-3078.

I. Planungsfragen, Vorschläge, Anregungen
II. Lenkung des Menscheneinsatzes, Aufteilung der Umsiedler auf die neuen Gebiete
III. Ausgleich von Schadensfällen
IV. Beschaffung und Verwaltung der finanziellen Mittel
V. Zentralbodenamt, Beschlagnahme und Neuverteilung des Bodens
VI. Siedlungsamt.

Das *Zentralbodenamt* hatte mit den ihm unterstellten, in den besetzten Gebieten stationierten Bodenämtern seine eigene Vorgeschichte: Es war nämlich ursprünglich eine Einrichtung des Rasse- und Siedlungshauptamtes und bis ins Jahr 1940 hinein mit der Dienststelle RKF nur lose verbunden gewesen. Das RuSHA hatte sich 1938 diesen Verwaltungsapparat eingerichtet, um vor der Besetzung fremder Gebiete durch deutsche Truppen die Beschlagnahme allen jüdischen und sonst als staatsfeindlich bezeichneten landwirtschaftlichen Besitzes vorzubereiten und diesen dann sogleich bei der Besetzung zu übernehmen und darüber zu verfügen. Das war im Sinne des weiter oben [S. 84] bereits zitierten Briefes des damaligen Chefs des RuSHA geschehen, wonach für das Siedlungsproblem außerhalb der alten Reichsgrenzen, da es in erster Linie ein politisches Problem sei, die politische Organisation der SS zuständig sei. So wurde im Memelland jüdischer und litauischer landwirtschaftlicher Besitz durch Einsatzstäbe des RuSHA sichergestellt, und auch in Polen gingen Einsatzstäbe des RuSHA mit der Truppe mit, um »die Rechte des Reiches auf den Boden damaliger polnischer Staatsangehöriger wahrzunehmen«[181]. So wie eine Weile nach dem Schluß der Kampfhandlungen in den besetzten Gebieten die mobilen Einsatzgruppen des CSSD in eine stationäre Gliederung der Sicherheitspolizei und des SD übergeführt wurden, so auch die Einsatzstäbe des RuSHA in stationäre Bodenämter in verschiedenen polnischen Städten. Auch in Prag gab es ein Bodenamt, das schon im Sommer 1939 der Leiter des Siedlungsamtes des RuSHA, SS-Oberführer von Gottberg, übernommen hatte. Gottberg hatte sich dort eine starke und politisch selbständige Stellung geschaffen und hatte den Ehrgeiz, ein eigenes, vom RKF unabhängig bleibendes Reichssiedlungskommissariat zu schaffen, dessen Grundstock das Zentralbodenamt bilden sollte. Erst als von Gottberg Anfang 1940 wegen tatsächlicher oder angeblicher Unsauberkeiten in seiner dienstlichen Tätigkeit

[181] NO-5640.

und privaten Lebensführung seines Amtes enthoben worden war, erfolgte bald darauf die endgültige Eingliederung des Zentralbodenamtes in die Dienststelle RKF.

Mitte Juni 1941 wurde der Verwaltungsapparat des RKF reorganisiert. Die Dienststelle RKF wurde unter der neuen Bezeichnung »Stabshauptamt« [StHA/RKF] zum Hauptamt der SS erhoben und dem Schema der anderen Hauptämter entsprechend folgendermaßen neu gegliedert[182]:

Amtsgruppe A	Zentralamt	[u. a. Personalfragen, Gerichtsoffizier, Zentralregistratur]
	Amt I	Umsiedlung, Volkstum
	Amt II	Arbeitseinsatz
Amtsgruppe B	Amt III	Wirtschaft [später »gewerbliche W.«]
	Amt IV	Landwirtschaft
	Amt V	Finanzverwaltung
Amtsgruppe C	Amt VI	Planung
	Amt VII	Bauten
	Amt VIII	Zentral-Bodenamt.

Zum engeren Befehlsbereich des RKF gehörten neben der Dienststelle vor allem die *Beauftragten des* RKF. Als solche wurden zunächst die vier Höheren SS- und Polizeiführer bei den Oberpräsidenten von Ostpreußen und Oberschlesien und bei den Reichsstatthaltern von Danzig/Westpreußen und Warthegau ernannt. Sie trugen die amtliche Bezeichnung

Reichsstatthalter [bzw. Oberpräsident]
der Höhere SS- und Polizeiführer
Beauftragter des RKF.

Sie besaßen vom RKF abgeleitete Weisungsbefugnis gegenüber allen Behörden der Reichsstatthalter bzw. Oberpräsidenten und setzten diese Behörden für die Zwecke des RKF ein; daneben verfügten sie aber auch über je einen Stab von eigenen Sachbearbeitern, die sogenannten Ansiedlungsstäbe. Auf der Kreisstufe waren für RKF-Aufgaben auf seiten der SS die Kreisansiedlungsstäbe, auf seiten der Behörden die Landräte und Oberbürgermeister zuständig. Der Beauftragte des RKF konnte also mit 3 Gruppen von Dienststellen arbeiten: mit den Behörden des Reichsstatthalters, mit den eigenen Ansiedlungsstäben und mit allen ihm als HSSPF unterstellten Dienststellen der SS und Polizei. Waren die HSSPF als solche dem Reichsstatthalter »persönlich und unmittelbar«, so waren sie ihm in

[182] NO-4060, NO-3478.

ihrer Eigenschaft als Beauftragte des RKF überhaupt nicht unterstellt. Das ergab den unhaltbaren Zustand, daß der HSSPF die Behörden des Reichsstatthalters beschäftigen konnte, ohne diesen darüber auch nur informieren zu müssen. Deshalb wurde im Frühjahr 1940 die Regelung dahingehend abgeändert, daß die Reichsstatthalter selbst die Beauftragten des RKF wurden und die HSSPF ihre ständigen Vertreter waren. Jetzt waren diese immerhin zu einer Berichterstattung verpflichtet, und die Reichsstatthalter konnten ihnen de jure Weisungen erteilen; in der Praxis hatte natürlich die Unterstellung der HSSPF unter den RFSS beziehungsweise RKF in jedem Falle den Vorrang. Im Gau Danzig-Westpreußen blieb der HSSPF selbst Beauftragter des RKF, weil zwischen Himmler und dem Reichsstatthalter Forster scharfe politische Gegensätze herrschten und Forster sich weigerte, auch nur formal Himmler unterstellt zu sein. Unter diesen Umständen durfte der HSSPF allerdings kaum auf die ihm rechtlich zustehende Hilfe der Behörden des Reichsstatthalters rechnen, sondern mußte seine Maßnahmen ausschließlich mit eigenen Kräften und sogar im Kampf gegen Forsters Behörden treffen. Ähnlich variierten auch in den späteren Jahren, als in allen Gebieten des Altreiches und der besetzten Länder Beauftragte des RKF eingesetzt wurden, die Unterstellungsverhältnisse entsprechend den jeweiligen politischen Gegebenheiten. Die Regel war, daß in allen Gebieten, in denen größere Aufgaben vom RKF zu erledigen waren und in denen also wirklich die Behörden der Reichsstatthalter beansprucht wurden, diese auch als Beauftragte des RKF fungierten, während dort, wo wenig zu tun war [d. h. besonders im Altreich] die HSSPF direkt beauftragt waren. Eine Ausnahme machte der Gau Niederschlesien, wo der Gauleiter Hanke gewünscht hatte, daß der HSSPF in RKF-Angelegenheiten nur als sein ständiger Vertreter handeln dürfe. Besonders bemerkenswert ist die Ausnahme, die im Generalgouvernement seit 1942 bestand; dort wurde der HSSPF durch Führererlaß vom 7. Mai 1942 zum Staatssekretär für das Sicherheitswesen ernannt und handelte unmittelbar auf Weisung des RFSS sowohl in dessen Eigenschaft als Chef der Deutschen Polizei als auch in dessen Eigenschaft als RKF.

Zum engeren Befehlsbereich des RKF gehörten weiterhin eine Reihe von Gesellschaften privaten Rechts mit amtlichen Funktionen, die dem StHA unmittelbar unterstanden und ausschließlich mit Aufgaben des RKF beschäftigt waren; es waren, aus dem Blickwinkel des StHA gesehen, die sogenannten »angeschlossenen Dienststellen«. Ihr Rechtsstatus ist schwer durchschaubar; sie entsprachen wohl den Gesellschaften privaten Rechts, welche sich auch andere Hauptämter der SS als Dienststellen angegliedert hatten, wie etwa den »Deutschen Wirtschaftsbetrieben« des Wirtschafts- und Verwaltungshauptamtes oder den Gesellschaften, die mit der Euthanasie befaßt waren. Es handelte sich im Bereich des StHA in erster Linie um folgende Einrichtungen:

1. Die Deutsche Umsiedlungs-Treuhand GmbH [DUT]
Die DUT war eine Dienststelle des RKF. Sie besaß eine Rechtsform privaten Rechts, konnte aber als Reichsgesellschaft einen behördlichen Charakter beanspruchen[183]. Sie war am 3. November 1939 gegründet worden und hatte den Auftrag, die Umsiedler vermögensrechtlich zu betreuen, den Ausgleich der im Herkunftsland zurückgelassenen Vermögen vorzunehmen beziehungsweise, wo nötig, Kredite und Vorschüsse zu gewähren. Finanzbevollmächtigt für die DUT war das Amt Finanzverwaltung des StHA, sachlich zuständig das Amt Gewerbliche Wirtschaft des StHA.

2. Deutsche Ansiedlungsgesellschaft [DAG]
Die DAG stammt auch aus der Zeit vor der Ernennung des RKF. Sie war ursprünglich eine der drei Gesellschaften privaten Rechts gewesen, die sich das RuSHA 1938 gegründet hatte, um bei der Besetzung neuer Länder durch deutsche Truppen auch die größten Mengen beschlagnahmten staatsfeindlichen Besitzes auffangen zu können. Für den städtischen Grundbesitz waren damals die »Allod, Eigenheim und Kleinsiedlung GmbH« mit Sitz in Berlin und [für Österreich] die »Erste gemeinnützige Wohnungs- und Siedlungsbaugesellschaft für Kleinwohnungen« mit Sitz in Wien gegründet worden; für den gesamten landwirtschaftlichen und Forstbesitz einschließlich der landwirtschaftlichen Industrie [Molkereien, Zuckerfabriken usw.] aber die DAG, die im Frühjahr 1939 bereits 300000 Morgen eigenen und treuhänderischen Besitzes bewirtschaftete. Alle drei Gesellschaften unterstanden ursprünglich ausschließlich dem RuSHA und waren, wie sich der damalige Chef des RuSHA ausdrückte, »als regelrechte SS-Gesellschaften anzusprechen«. Im Rahmen der RKF-Organisation

[183] NO-4683, NO-4060, NO-3478, NO-4289, NO-4817. Die schwierige Frage, ob die Mitarbeiter der DUT dienstrechtlich als Angehörige des RKF anzusehen sind, kann und braucht hier nicht erörtert zu werden.

kam die DAG dann unter die Finanzaufsicht der für sie bevollmächtigten Finanzabteilung des StHA und erhielt die Aufgabe, Grundstücke, Inventar und Vieh der enteigneten Ausländer zu übernehmen und für die deutschen Siedler bereitzuhalten[184].
Neben den genannten Gesellschaften hat es für einzelne spezielle Zwecke noch andere gegeben. So erwähnte zum Beispiel Greifelt in einem Vortrag über die Tätigkeit des RKF drei sogenannte »Auffanggesellschaften für Kriegsteilnehmer«, deren Aufgabe es war, einen Teil der ehemals polnischen Betriebe der gewerblichen Wirtschaft vorläufig zu verwalten, um sie nach dem Kriege Kriegsteilnehmern zu übereignen[185]. Schließlich gehörten zum engeren Befehlsbereich des RKF noch einige dem StHA unmittelbar unterstellte Schulen für Volksdeutsche.
Da der RKF mit dem RFSS identisch war, war die uneingeschränkte Befehlsgewalt des RFSS gegenüber allen Dienststellen der SS und Polizei natürlich auch in RKF-Angelegenheiten gegeben. Da diese Dienststellen jedoch nicht ausschließlich, sondern nur teil- und zeitweise in RKF-Angelegenheiten tätig wurden, kann man ihren Kreis als den *weiteren Befehlsbereich* des RKF bezeichnen. Die unmittelbare Befehlsbefugnis hatte allerdings nur der RFSS/RKF selbst; das StHA dagegen war in RKF-Angelegenheiten gegenüber den Dienststellen der SS und Polizei nicht übergeordnet, sondern lediglich federführend. Ohne daß es dazu einer Zwischenschaltung des StHA bedurft hätte, galten die anderen Hauptämter *selbst* als Dienststellen des RKF, wenn sie einschlägige Aufgaben erfüllten. Daher finden sich in den Quellen Bezeichnungen wie »Der RKF – RuSHA« oder »Der RKF – RSHA« oder »Der RKF – RSHA Amt III«; letzteres war die Bezeichnung des Amtes für Volkstumsfragen des SD. Die wichtigsten Dienststellen dieses weiteren Befehlsbereiches des RKF waren die »Volksdeutsche Mittelstelle«, das RSHA und das RuSHA. Sie können im allgemeinen den drei im Erlaß vom 7. Oktober 1939 dem RKF übertragenen Aufgaben zugeordnet werden: Umsiedlung der Volksdeutschen einschließlich deren provisorischer Aufenthalt in den Lagern, Ausschaltung schädigender Einflüsse und Gestaltung neuer Siedlungsgebiete.

Die *Volksdeutsche Mittelstelle* [Vomi] war im Jahre 1936 von der NSDAP errichtet worden, und zwar als Zentrale für den ge-

184 NO-3162, NO-4060, NO-3478.
185 NO-4817.

samten finanziellen und politischen Verkehr mit den Volksdeutschen im Ausland. So diente sie als Instrument, die gesamte Volkstumspolitik in nationalsozialistische Regie zu nehmen. Die Volksdeutschen im Ausland, das heißt, alle diejenigen, die nach Abstammung und Sprache dem deutschen Volkstum zugehörten, ohne jedoch die deutsche Staatsangehörigkeit zu besitzen, sollten nicht wie bisher bloß unterstützt werden, um ihrer nationalen Eigenart entsprechend leben zu können, sondern sollten für die nationalsozialistische Politik aktiviert werden. Dabei bot die 1936 schon außerordentlich angespannte Devisenlage einen guten Vorwand, einerseits die reichsdeutschen Hilfsorganisationen [VDA, Gustav-Adolf-Verein, Reichsbund für das katholische Deutschtum im Ausland und andere] unter wirtschaftliche und politische Kontrolle zu nehmen, andererseits in die Führung der Volksgruppen Leute zu bringen, die mit dem Nationalsozialismus sympathisierten – also die gesamte Volkstumsarbeit gleichzuschalten. Außerdem sollte die Vomi den gesamten, jetzt intensivierten Verkehr zwischen den Auslandsdeutschen und den Reichsbehörden und Parteidienststellen vermitteln, der ja, da die Auslandsdeutschen keine deutschen Staatsbürger waren, weder über die deutschen Missionen noch über die Auslandsorganisationen der NSDAP erfolgen konnte.
Der organisatorische und rechtliche Standort der Vomi ist dem Erscheinungsbild nach außerordentlich komplex; er läßt sich nur bestimmen, wenn man sie als eine Institution der Führergewalt begreift. Vermögensrechtlich hat sie immer in den Zuständigkeitsbereich des Reichsschatzmeisters der NSDAP gehört. Auch verfassungsorganisatorisch war sie ursprünglich ein Teil der »Gesamtbewegung« gewesen und hatte als solche dem Stellvertreter des Führers unterstanden. Im Laufe des Jahres 1938 jedoch wurde sie Hitler persönlich unterstellt und kam somit in den Bereich der unmittelbaren Führergewalt, in dem es keine Unterscheidung mehr zwischen Institutionen des Staates und der Partei gab. Der Leiter der Vomi [seit 1. Januar 1937 SS-Obergruppenführer Werner Lorenz] führte einerseits das Reichsdienstsiegel und die Reichsdienstflagge, besaß aber andererseits seit dem 10. Januar 1938 für seinen Geschäftsbereich die Disziplinarbefugnisse eines Oberabschnittführers der SS und war später Gerichtsherr im Rahmen der SS- und Polizeigerichtsbarkeit. Im Oktober 1939 hatte Lorenz von Hitler persönlich und unmittelbar den Auftrag bekommen, die

Rückführung der Baltendeutschen zu organisieren; kurze Zeit darauf wurde er jedoch dem RKF unterstellt und verlor auf dem der Vomi eben neu übertragenen Aufgabengebiet der Umsiedlung das Privileg der unmittelbaren Unterstellung unter Hitler. Zugleich mit dem Stabshauptamt RKF wurde auch die Vomi im Juni 1941 zu einem der Hauptämter der SS erhoben. Die vorwiegend technisch-organisatorische neue Tätigkeit der Umsiedlung ließ die Vomi zu einem riesigen Apparat anschwellen, während sie andererseits mehr und mehr an politischem Gewicht verlor, da die ursprünglichen delikateren Aufgaben der Volkstumspolitik mit Fortgang des Krieges weniger wurden. Als insbesondere in den letzten Vorkriegsjahren die Volkstumspolitik noch im Mittelpunkt gestanden hatte, hatte die Vomi aus der direkten Unterstellung unter die Führergewalt jenseits von Partei und Staat große Vorteile gezogen: sie konnte mit den Volksdeutschen trotz deren fremder Staatsangehörigkeit direkt verhandeln, indem sie sich darauf berief, keine staatliche Institution zu sein; wenn ihr aber als Parteistelle politische Schwierigkeiten drohte, kehrte sie wieder die »staatlichen« Seiten ihres Wesens hervor.

Die Abgrenzung der Kompetenzen zwischen Hauptamt Vomi und StHA erfolgte durch einen Erlaß des RFSS/RKF vom 9. September 1942 wie folgt[186]:

Vomi	Volkstumsarbeit
	Betreuung der in Abt. 3 und 4 der »Deutschen Volksliste« Eingestuften
	Absiedlung, Transport und Versorgung der Umsiedler in den Lagern
	Führung der deutschen Volksgruppen.
StHA	Planung und Verwirklichung der Siedlungen
	Menscheneinsatz
	Wirtschaftliche Fragen der Umsiedlung, insbesondere Vermögensausgleich
	Propaganda für Siedlung.

Das Hauptamt Vomi hatte für die Wahrnehmung seiner Aufgaben 11 Ämter:

I Führungsamt
II Organisation, Personal
III Finanz-, Wirtschafts-, Vermögensverwaltung
IV Information
V Deutschtumserziehung

[186] NO-3088.

VI Sicherung deutschen Volkstums im Reich
VII Sicherung deutschen Volkstums in den neuen Ostgebieten
VIII Kultur und Wissenschaft
IX Politische Führung deutscher Volksgruppen
X Führung der Wirtschaft in den deutschen Volksgruppen
XI Umsiedlung.

Nur die Ämter VI und VII waren teilweise und das Amt XI ausschließlich für den RKF tätig. Die anderen Ämter behielten die alten Aufgaben der Vomi, die nur mittelbar etwas mit dem RKF zu tun hatten [Deutschtumserziehung, politische Führung der Volksgruppen] und bekamen ihr Geld auch weiterhin vom Reichsschatzmeister der NSDAP. Unter ihnen hatte Amt V [Deutschtumserziehung] den wesentlichen Teil der Aufgaben der Abteilung VI des Reichsinnenministeriums [Deutschtum] übernommen. Amt XI war das eigentliche RKF-Amt und arbeitete nur mit Betriebsmitteln des RKF; es war zuständig für die eigentliche Umsiedlungsarbeit und wuchs sich mit den vielen Hunderten von ihm verwalteten Lagern zu einem organisatorischen »Wasserkopf« im Gesamtrahmen des Hauptamtes aus.

Das *Reichssicherheitshauptamt* beziehungsweise der Chef der Sicherheitspolizei und des SD war im Rahmen der Tätigkeit des RKF zuständig für alle Angelegenheiten nicht-deutschen Volkstums im Reich und in den besetzten Gebieten, also für die Bevölkerung der besetzten Länder, die fremdvölkischen Minderheiten und Arbeitskräfte, für die »Aussonderung« fremden Volkstums und den gesamten Nachrichtendienst in Volkstumsfragen. Für die politische Beurteilung von Volksdeutschen mußte die Vomi die Stellungnahme des RSHA einholen.
Eine Sonderaufgabe des RSHA war die Einbürgerung der Umsiedler mit Hilfe der *Einwandererzentralstelle* [EWZ]. Der RFSS/RKF hatte den Chef der Sipo und SD persönlich mit der Einbürgerung beauftragt, und dieser richtete zu diesem Zweck Mitte Oktober 1939 die EWZ ein. Es handelte sich um eine Sammeldienststelle: Unter einem Stab, der im wesentlichen aus Mitarbeitern des Chefs Sipo und SD bestand, waren Abordnungen aller derjenigen Behörden und Dienststellen zusammengefaßt, die am Prozeß der Einbürgerung beteiligt waren. Auf diese Weise konnte die große Zahl der Umsiedler [bei Gründung der EWZ waren es allein 70000 Balten] rasch eingebürgert werden, ohne daß sie von einer zuständigen Stelle

zur anderen gehen mußten, während andererseits auch die zuständigen örtlichen Behörden entlastet wurden. Die EWZ wurde zunächst in Gdingen errichtet, im November 1939 nach Posen, im Frühjahr 1940 nach Berlin und im Herbst 1940 nach Litzmannstadt verlegt. Einen Verbindungsstab hatte sie in Berlin, Zweigstellen in Gdingen, Stettin und zeitweilig in Schneidemühl, Nebenstellen in Krakau und Paris. Außerdem wurden seit Mitte 1940 sogenannte »fliegende Kommissionen« gebildet, die zu den verschiedenen Lagern reisten und dort die Einbürgerung vornahmen.

Neben einigen Verwaltungsstellen des inneren Dienstes [für Organisation, Information, Personal usw.] setzte sich die EWZ für ihren eigentlichen Arbeitszweck aus folgenden Stellen zusammen, die jeweils von Kommandos der zuständigen Behörden und Dienststellen besetzt waren[187]:

1. Melde- und Ausweisstelle mit Lichtbildstelle
   [Ordnungspolizei und Sicherheitspolizei]
2. Gesundheitsstelle
   [Reichsgesundheitsämter]
3. RuS Dienststelle
   [RuSHA]
4. Vermögensstelle
   [Reichsfinanzministerium und Reichsbank]
5. Berufseinsatzstelle
   [Reichsarbeitsministerium]
6. Staatsangehörigkeitsstelle
   [Reichsinnenministerium Abt. I].

Die gleichen Stellen waren auch jeweils in den Außenstellen und den fliegenden Kommissionen vertreten. Aufgrund der rassebiologischen und politischen Bewertung wurde in der EWZ entschieden, ob eine Umsiedlerfamilie überhaupt eingebürgert oder etwa wieder zurückgeschickt beziehungsweise in welcher Gruppe sie eingebürgert wurde. Letzteres wurde als »Ansatzentscheidung« bezeichnet und war die Entscheidung darüber, ob eine Familie im Altreich [A-Fälle], im Osten [O-Fälle] oder gar nicht [S-Fälle] angesiedelt wurde. Es ist sehr bemerkenswert und charakteristisch, daß diese politisch wichtigsten Entscheidungen letztlich der Sicherheitspolizei vorbehalten blieben.

Wie der RFSS zum Zwecke der Festigung deutschen Volkstums ermächtigt war, sich der Behörden des Reiches zu bedienen, so faßte hier also der Chef der Sipo und des SD eine Reihe

[187] NO-3478, NO-3495.

von Behörden des Reiches und Dienststellen der SS zu einem bestimmten Zweck zusammen. Der einzelne zur EWZ kommandierte Beamte blieb rechtlich seiner ursprünglichen Behörde zugehörig. Die EWZ als solche aber stand ausschließlich unter der Dienstaufsicht von RSHA III [also des SD], das seinerseits RKF-Dienststelle war, soweit es für den RKF tätig wurde. Obgleich die EWZ also eine Einrichtung ausschließlich des Chefs der Sicherheitspolizei und des SD war, war sie doch auch eine Einrichtung des RKF; denn sie war ja vom CSSD im Auftrage des RKF und nur für dessen Zwecke eingerichtet worden, und der CSSD selbst galt als RKF-Dienststelle, soweit er für den RKF tätig wurde. Es entspricht dieser Zuordnung, wenn die EWZ sowohl dem Chef der Sipo und SD als auch dem RKF selbst, nicht aber dem StHA verantwortlich war. Auch über die Verwendung der der EWZ angewiesenen Gelder hatte nicht das StHA, sondern nur das RSHA zu befinden. Diese Gelder kamen vom Reichsministerium der Finanzen, da dieses aber nur mit *einer* Stelle der gesamten RKF-Organisation abrechnen wollte, liefen sie über das StHA zum RSHA Amt II, wo ein Konto »RKF« existierte. Von dort erhielt dann die EWZ ihre Betriebsmittel angewiesen.
Eine der EWZ verwandte Aufgabe und ähnliche Stellung hatte die *Umwandererzentrale*, die die Aussiedlung der im Warthegau von ihrem Besitz vertriebenen Polen zu besorgen hatte. Auch die Umwandererzentrale war dem RSHA in dessen Eigenschaft als Dienststelle des RKF unterstellt, allerdings nicht direkt, sondern unter Zwischenschaltung des Inspekteurs der Sipo und des SD im Warthegau. Die UWZ wurde im Frühjahr 1940 gegründet und befand sich in Litzmannstadt.

Das *Rasse- und Siedlungshauptamt* [RuSHA] war im Rahmen der Aufgaben des RKF überall dort zuständig, wo rassische Überprüfungen stattfanden. Es überprüfte also die volksdeutschen Umsiedler und diejenigen Deutschen aus dem Altreich, die im Osten siedeln wollten; außerdem wählte es aus den Angehörigen fremder Völker die Personen aus, die »eindeutschungsfähig« waren. Das RuSHA hatte Außenstellen in Prag und in Litzmannstadt, von denen aus von Fall zu Fall die sogenannten Eignungsprüfer an Dienststellen des RKF abgestellt wurden, zum Beispiel an die EWZ und die UWZ.
Über seinen engeren und weiteren Befehlsbereich hinaus konnte sich der RKF gemäß Führererlaß vom 7. Oktober 1939 der

vorhandenen Behörden und Einrichtungen des Reiches, der Länder und der Gemeinden sowie der sonstigen öffentlichen Körperschaften und der bestehenden Siedlungsgesellschaften »bedienen«. Bei dem umfassenden Zuständigkeitsanspruch, den der RKF stellte, einerseits und der Vagheit der entsprechenden gesetzlichen Vorschriften andererseits mußte diese Bestimmung endlose Kompetenzkonflikte auslösen. Sie bot dem RFSS einen Ansatzpunkt, anderen Dienststellen diejenigen Zuständigkeiten zu entwinden, auf die er selbst Wert legte. Den Totalitätsanspruch des RKF brachte Ulrich Greifelt 1940 in einem Aufsatz in der Zeitschrift »Deutsche Verwaltung«[188] in einer Weise zum Ausdruck, die in etwa an den ausschließlichen politischen Zuständigkeitsanspruch der Sicherheitspolizei erinnert. Er nahm für die Aufgabe des RKF eine »Sonderstellung« in Anspruch, die »nur in totaler Weise aufgefaßt und dementsprechend gelöst werden« könne. Es sei ein »Auftrag durchaus übergeordneter Natur«, zu dessen Ausführung »absolute Vollmachten« erteilt worden seien. Greifelt stellte fest, daß es »in den neuen Ostgebieten keine Lebensgebiete gibt, die nicht unter dem besonderen Gesichtspunkt der Festigung deutschen Volkstums betrachtet werden müssen«. Damit war die Tendenz der Tätigkeit des RKF klar zum Ausdruck gebracht, die in der Praxis der folgenden Jahre ihre Bestätigung fand.

Je mehr eine Instanz sachlich mit dem RKF konkurrierte, desto mehr bekam sie dessen unbegrenzten Machtanspruch zu spüren. Ein typisches Beispiel bietet der *Reichsminister für Ernährung und Landwirtschaft*. Es war ihm, wie schon weiter oben gesagt, gelungen, sich im Führererlaß vom 7. Oktober 1939 noch eine Garantie seiner Zuständigkeit zu sichern. In einem Rundschreiben an alle interessierten Stellen vom 17. Januar 1940[189] hob der Minister sein Privileg noch einmal hervor, daß der Reichskommissar seine allgemeinen Anordnungen nur an ihn [den Minister] unmittelbar gebe und daß die mittleren und unteren Siedlungsbehörden nur nach des Ministers Weisung zu arbeiten hätten. Allerdings mußte er auch einräumen, daß bei der Auswahl der Siedler das RuSHA eingeschaltet werden müsse. Vor allem aber konnte er in der Praxis nicht vermeiden, daß die Ansiedlungsstäbe des StHA und daß die DUT, die ja zu beurteilen hatte, welcher Ersatz den Umsiedlern für das in der Heimat zurückgelassene Vermögen zu stellen war, mitentschie-

[188] 1940, S. 17ff.

[189] NG-937.

den, an wen und in welcher Weise die zur Verfügung stehenden Grundstücke zu verteilen wären. Auch sahen sich die Beauftragten des RMEuL an Ort und Stelle stets der Front der Beauftragten der Göring unterstehenden »Haupttreuhandstelle Ost« [HTO], des RKF und der gesamten Polizei gegenüber, gegen die sie natürlich nichts ausrichten konnten – trotz der Rechte, die sie auf dem Papier besaßen. Zu den Besprechungen, die der RKF mit dem Leiter der HTO über die landwirtschaftlichen Vermögen führte, wurde der RMEuL nicht hinzugezogen, und in den Vereinbarungen zwischen RKF und HTO wurde er als quantité négligeable behandelt. Der RKF erfaßte und beschlagnahmte, die HTO verwaltete und nutzte, und die Beauftragten des RMEuL waren, soweit sie die Güter noch bewirtschafteten, politisch ohne Einfluß. Wo neue Bewirtschafter einzusetzen oder Bewirtschafter zu Besitzern zu erheben waren, bestimmte schon 1940 der RKF allein; der RMEuL mußte sich den Entscheidungen beugen und protestierte nur in einzelnen Fällen, wo ein vom RKF vorgesehener Mann fachlich ganz unzureichend qualifiziert war. Einen Verbindungsführer zum RMEuL zu ernennen hielt der RKF nicht für nötig.

Der RKF nahm aber dem RMEuL nicht nur jeden Einfluß auf die Siedlungspolitik, es gelang ihm vielmehr bald, sich umgekehrt den Einfluß auf die ihn interessierende Arbeit des Ministeriums zu sichern. Er setzte nämlich im Sommer 1942 durch, daß der Chef des Amtes Planung im StHA/RKF, SS-Oberführer Professor Meyer-Hetling, der schon seit Herbst 1939 Mitarbeiter des RKF war, in Personalunion Planungsbeauftragter für die Siedlung und Landesneuordnung beim Reichsleiter für Agrarpolitik, beim RMEuL und beim Reichsbauernführer und Leiter des Siedlungsausschusses für die besetzten Ostgebiete wurde[190]. Es wurde bestimmt, daß Meyer-Hetling die Grundsatzplanung für alle beteiligten Ämter aufzustellen und die Einzelplanungen des RMEuL, des Reichsbauernführers und des Reichsamtes für Agrarpolitik aufeinander abzustimmen hatte. Die betroffenen Ämter hatten mit dem von Staatssekretär Backe verfaßten Entwurf der Vereinbarungen vergeblich versucht, sich noch eine gewisse Freiheit zu bewahren; sie hatten Meyer-Hetling nur beauftragen wollen, die Grundsatzplanung »durchzuführen«, der RKF aber änderte den Entwurf ausdrücklich in »aufzustellen«; sie hatten formuliert, daß ihre

[190] NO-4060.

Planung mit der des RKF »in Einklang zu halten« sei, der RKF änderte in »in Einklang zu bringen« beziehungsweise einfach in »abzustimmen«. Die Hegemonie des RKF wurde schließlich noch dadurch gesichert, daß der Leiter des Amtes Landwirtschaft im StHA/RKF in Personalunion zum Leiter der Abteilung VIII des RMEuL [ländliche Besiedlung der neuerworbenen Gebiete und Neubildung deutschen Bauerntums im Altreich] ernannt wurde. Die ursprünglich dem RMEuL zugestandenen Privilegien gegenüber dem RKF waren durch diese Regelungen gegenstandslos geworden.
Entsprechende Erfahrungen machte der *Reichsminister des Innern* auf dem Arbeitsgebiet der sogenannten »Deutschen Volksliste«, wo die Zuständigkeit des Ministers für die Ein*bürgerung* der Umsiedler jegliche politische Bedeutung dadurch verlor, daß nur diejenigen eingebürgert werden konnten, die der RKF beziehungsweise die Einwandererzentralstelle des CSSD der Ein*deutschung* für würdig erklärten. Das Ministerium rettete in Volkslistenangelegenheiten zwar die Federführung für sich, aber die Entscheidungen lagen beim RKF, nicht zuletzt, weil dessen »Oberster Prüfungshof für Volkszugehörigkeitsfragen« die maßgeblichen Grundsatzentscheidungen fällte.
Über eine Zuständigkeit des RKF für die besetzten Ostgebiete war zunächst nichts vereinbart worden. So errichtete der RFSS/RKF bereits im August 1941 aus eigener Vollmacht und ohne vorherige Rücksprache mit dem *Reichsminister für die besetzten Ostgebiete* eine »Dienststelle Ostland« in Riga ein, das damals als Operationsgebiet galt und deshalb zwar bereits von den der Waffen-SS angehörenden Beauftragten des RKF, noch nicht aber von den zivilen Beamten des RMO betreten werden durfte. Als der RMO sich darüber bei Hitler beschwerte, entschied dieser im September 1941, daß die Zuständigkeit des RKF auf die besetzten Ostgebiete ausgedehnt werde. Seitdem verfügte der RKF dort über das »Menschenmaterial« und traf, ohne sich mit dem RMO je grundsätzlich zu einigen, seine Anordnungen aus eigener Machtvollkommenheit. Daß die Kompetenzkonflikte des RKF mit der NSDAP dadurch zugunsten des RKF unter Wahrung des Prestiges der Partei beigelegt wurden, daß man Himmler persönlich zum Leiter eines im Rahmen der Reichsleitung neu errichteten »Hauptamtes für Volkstumsfragen« machte, wurde weiter oben bereits dargelegt [vgl. S. 63].

Die Entwicklung der Führungsorganisation der SS

Die Hauptämter der SS

Bis 1929 waren die – noch sehr geringen – Führungs- und Verwaltungsaufgaben der SS innerhalb der Geschäftsstelle der Obersten SA-Führung miterledigt worden. Dann richtete Heinrich Himmler als neuer Reichsführer-SS eine eigene SS-Geschäftsstelle ein; sie bildete zusammen mit dem 1931 errichteten Rasse- und Siedlungsamt und dem ebenfalls 1931 ins Leben gerufenen Ic-Dienst die »Reichsführung SS«. Im RuS-Amt und Ic-Dienst fanden die beiden Aufgaben ihren organisatorischen Niederschlag, die Himmler für die SS neu in Anspruch genommen hatte, nämlich einen Führungsorden auf der Grundlage biologischer Auslese zu bilden und Sicherheitsorganisation der gesamten nationalsozialistischen Bewegung zu werden. Nachdem der Ic-Dienst im Jahre 1933 eine eigene Organisation mit der Bezeichnung »Sicherheitsdienst Reichsführer-SS« [SD] geworden war und ein eigenes Führungsamt erhalten hatte, standen also am Anfang der Entwicklung der Führungsorganisation der SS im Dritten Reich die drei Ämter
SS-Amt
RuS-Amt
SD-Amt
sowie die Adjutantur des Reichsführers-SS.
Das SS-Amt besorgte die Führung und Verwaltung der SS mit den Kernaufgaben
Führung
Verwaltung
Personalverwaltung
SS-Gericht.
Das RuS-Amt war beauftragt mit der »rassenmäßigen Ausrichtung« und der »Planung und Förderung des Siedlungswesens« der SS; die Kernaufgaben waren dementsprechend
Rassefragen
Bauern- und Siedlungsfragen
Sippenpflege
Schulung.
Der SD-RFSS geriet im Augenblick seines Entstehens bereits in eine Existenzkrise, die er erst im Herbst 1939 mit der Errichtung des Reichssicherheitshauptamtes überwand. Ursache dieser Krise war, daß sich für die Sicherungsaufgaben im System der nationalsozialistischen Herrschaft die Polizei als das geeignetere

Instrument anbot, weil sie dazu fachlich unvergleichlich besser geeignet war und weil es Himmler und Heydrich binnen sehr kurzer Zeit gelang, die politische Polizei uneingeschränkt in die Hand zu bekommen. So wurde der SD im Laufe der Jahre von der Exekutive ausgeschlossen und bekam nachrichtendienstliche Aufgaben zugewiesen. Außerdem war er die politische Organisation derjenigen Polizeiangehörigen, die Mitglieder der SS wurden. Über die Gliederung des SD-Amtes [beziehungsweise ab 1934 SD-Hauptamtes] gibt es keine sicheren Unterlagen. Es dürfte im wesentlichen aus den drei Abteilungen [beziehungsweise ab 1934 Ämtern]

I Verwaltung
II Inlandsnachrichtendienst
III Auslandsnachrichtendienst

bestanden haben.

Das Schwergewicht der Entwicklung der SS lag zwischen 1934 und 1939 erstens beim Ausbau der politischen Polizei und deren Integration in die Gesamtorganisation der SS und zweitens bei der Aufstellung bewaffneter und militärisch vollgültig ausgebildeter Verbände, nämlich der SS-Verfügungstruppe und der SS-Totenkopfverbände. Die wichtigen Veränderungen der Führungsorganisation der SS vollzogen sich dementsprechend im Bereich der Polizei und im SS-Amt beziehungsweise später SS-Hauptamt, außerdem im Bereich der SS-Verwaltung und der Adjutantur des RFSS, die 1934 zum »Persönlichen Stab RFSS« umorganisiert wurde.

Das SS-Amt war zuständig

- seit Frühjahr 1933 für die »Leibstandarte Adolf Hitler« und die sogenannten »Politischen Bereitschaften«, aus denen später die SS-Verfügungstruppe gebildet wurde
- seit Sommer 1934 für die von der SA übernommenen Konzentrationslager und die dazugehörigen sogenannten SS-Wachverbände, die ab 1936 die Bezeichnung »SS-Totenkopfverbände« trugen
- seit Sommer 1933 für die Hilfsgrenzangestellten der SS und seit Sommer 1934 die SS-Grenzüberwachung, die beide seit 1936 unter der Bezeichnung »Grenz- und Wacheinheiten« zusammengefaßt waren
- für die vielfältigen Verhandlungen und Auseinandersetzungen, die es wegen der neuen Formationen mit den staatlichen Behörden, insbesondere mit der Wehrmacht, gab.

Diese Ausdehnung der Kompetenz nach Umfang wie Bedeutung dürfte der Grund gewesen sein, daß Himmler das SS-Amt mit Wirkung vom 30. Januar 1935 zum SS-Hauptamt machte. Daß das RuS-Amt und das SD-Amt gleichzeitig Hauptämter wurden, dürfte mehr Rücksichtnahme auf Prestigefragen gewesen sein. Die Zunahme der Aufgaben des SSHA spiegelte sich in den kommenden Jahren in seinen Organisationsschemata wider; so finden sich als wichtigste Neuerungen

- Anfang 1935 Inspektion der Konzentrationslager
  Ergänzungsamt
  Fürsorgeabteilung
- Mitte 1935 Hauptabteilung Sicherungsaufgaben, die zuständig war für alle Verhandlungen mit der Wehrmacht
  Abteilungen für Reiter-, Motor-, Pionier- und Nachrichteneinheiten
- Herbst 1935 Inspektion der Verfügungstruppe
- Frühjahr 1936 Inspektion der Totenkopfverbände
  [mit der KZ-Inspektion vereinigt]
  Inspektion der Grenz- und Wacheinheiten
- zu einem nicht bekannten Zeitpunkt Inspektion der SS-Junkerschulen.

Anfang 1939 war das SSHA demnach wie folgt gegliedert [wobei die Inspektionen an die Zentralkanzlei angehängt waren]:
Zentralkanzlei
Führungsamt [I]
Personalamt [II]
[das Gerichtsamt (III) war damals schon ausgegliedert]
Verwaltungsamt [IV]
Sanitätsamt [V]
Erfassungsamt [VI]
Amt für Sicherungsaufgaben [VII]
Ergänzungsamt [VIII]
Beschaffungsamt [IX]
Amt für Leibesübungen [X]
Amt für Nachrichtenverbindungen [XI]
Versorgungs- und Fürsorgeamt [XII]
Schulungsamt [XIII].

In der Übertragung der Zuständigkeit für die Schulung vom RuSHA auf das SSHA, die aus diesem Organisationsplan zu entnehmen ist, kündigten sich schon die grundlegenden Veränderungen in der Führungsorganisation der SS an, die sich in den Jahren 1939/40 im Zusammenhang mit den Kriegsvorbereitungen und dem Krieg vollzogen.

Der *Persönliche Stab Reichsführer*-SS erhielt zwischen Frühjahr 1935 und Herbst 1936 den Rang eines Hauptamtes. Seine Zuständigkeiten kann man in zwei Hauptgruppen unterteilen

1. die üblichen Zuständigkeiten eines Persönlichen Büros, wie Adjutanturen, Protokoll-, Ordens- [Auszeichnungs-] und Gerichtsangelegenheiten
2. Angelegenheiten, an denen Himmler ein besonderes persönliches Interesse nahm, insbesondere
   - Gesellschaft »Das Ahnenerbe«
     [Forschungen zur germanischen Vorgeschichte, im Krieg vor allem Wehrforschung]
   - Verein »Lebensborn«
     [Entbindungsheime für Frauen von SS-Angehörigen und ledige Mütter]
   - Dienststelle Vierjahresplan
     [für den gesamten »Menscheneinsatz«, soweit er im Zusammenhang mit dem zweiten Vierjahresplan dem RFSSuChdDtPol übertragen worden war].

Außerdem gab es schon seit 1935 im Persönlichen Stab eine Reihe von Chefstellen, die sachlich mit den wichtigsten Ämtern des SSHA korrespondierten und deren Inhaber in Personalunion Chefs der betreffenden Ämter des SSHA waren:

Chef der Personalkanzlei im Pers. Stab RFSS	=	Chef des Personalamtes im SSHA
Chef des SS-Gerichts im Pers. Stab RFSS	=	Chef des Gerichtsamtes im SSHA
Verwaltungschef der SS im Pers. Stab RFSS	=	Chef des Verwaltungsamtes im SSHA
Chef des Amtes für Angelegenheiten der Reichsverteidigung im Pers. Stab RFSS	=	Chef des Amtes für Sicherungsaufgaben im SSHA
Inspekteur für Nachrichtenverbindungen im Pers. Stab RFSS	=	Chef des Amtes für Nachrichtenverbindungen im SSHA
Inspekteur für Leibesübungen im Pers. Stab RFSS	=	Chef des Amtes für Leibesübungen im SSHA
Chef des Versorgungs- und Fürsorgeamtes beim RFSS	=	Chef des Fürsorge- und Versorgungsamtes im SSHA.

Was es mit diesen Chefstellen im Persönlichen Stab auf sich hatte, wird in den zur Verfügung stehenden Quellen nirgends ausdrücklich gesagt. Doch liegt die Annahme sehr nahe, daß es sich gewissermaßen um Ministerialinstanzen in nuce handelte, die den Verwaltungsinstanzen innerhalb des SSHA zugeordnet werden mußten, erstens wegen des Wachstums der SS-Bürokratie selbst, zweitens weil die SS-Bürokratie in zunehmendem Maße mit der staatlichen Ministerialbürokratie Geschäfte abzuwickeln hatte und dafür gleichrangige Partner stellen mußte. Für diese Annahme spricht, daß aus drei dieser Chefstellen im Persönlichen Stab im Jahre 1939 neue Hauptämter gebildet wurden:

- Mit Wirkung vom 20. April 1939 wurde die Dienststelle »Der Verwaltungschef der SS« zum »Hauptamt Verwaltung und Wirtschaft« umgewandelt.
- Mit Wirkung vom 1. Juni 1939 wurde die Personalkanzlei im Persönlichen Stab RFSS umgewandelt in das SS-Personalhauptamt.
- Ebenfalls mit Wirkung vom 1. Juni 1939 wurde das SS-Gericht im Persönlichen Stab RFSS umgewandelt in das »Hauptamt-SS-Gericht«.
- Außerdem entfiel die Stelle des Chefs des Amtes für Angelegenheiten der Reichsverteidigung im Persönlichen Stab RFSS, als im August 1940 das SS-Führungshauptamt gebildet wurde.

Die Errichtung der Institution »Reichsführer-SS und Chef der Deutschen Polizei« am 17. Juni 1936 war der entscheidende Schritt auf dem Wege der Integration der Polizei in die SS. Im Zusammenhang damit wurden die beiden Hauptämter »Ordnungspolizei« und »Sicherheitspolizei« gebildet, die zwar *noch* staatliche Dienststellen, de jure sogar Teile des Reichsministeriums des Innern waren, jedoch, wie die Bezeichnung deutlich erkennen läßt und Organisationserlasse des RFSS beweisen, auch schon Glieder der Führungsorganisation der SS bildeten. Am 27. September 1939 wurde das SD-Hauptamt mit dem Hauptamt Sicherheitspolizei zum *Reichssicherheitshauptamt* vereinigt, das vom RFSS bald mit der »Gleichrichtung aller politischen Angelegenheiten der SS« betraut wurde. Darin fand die vollkommene Integration mindestens der Sicherheitspolizei in die SS ihren sinnfälligen Ausdruck.

Am 7. Oktober 1939 wurde der Reichsführer-SS durch »Erlaß des Führers und Reichskanzlers zur Festigung deutschen Volkstums« beauftragt »mit der Zurückführung der dafür in Betracht kommenden Reichs- und Volksdeutschen aus dem Ausland, mit der Ausschaltung des schädigenden Einflusses von volksfremden Bevölkerungsteilen, die eine Gefahr für das Reich und die deutsche Volksgemeinschaft bedeuten, und mit der Gestaltung neuer Siedlungsgebiete durch Umsiedlung« – mit anderen Worten mit der gesamten Umsiedlungs- und Germanisierungspolitik. Zur Erfüllung dieses Auftrages bildete Himmler einen eigenen Führungsstab und bediente sich außerdem – insbesondere für die Umsiedlung – der »Volksdeutschen Mittelstelle«, die 1936 als Zentrale für volkstumspolitische Angelegenheiten gegründet worden war. Mitte Juni 1941 wurden der Führungsstab und die Volksdeutsche Mittelstelle zu Hauptämtern erhoben; sie trugen die Bezeichnungen »*Reichskommissar für die Festigung deutschen Volkstums – Stabshauptamt*« und »*Hauptamt Volksdeutsche Mittelstelle*«.

Die Beauftragung des RFSS mit Germanisierungs- und Siedlungsaufgaben war für ihn eigentlich nichts Neues, da er ja Rasse- und Siedlungspolitik von Anfang an als sein Ressort betrachtete und dafür in frühester Zeit das Rasse- und Siedlungsamt gegründet hatte. Die 1939 gestellten konkreten Aufgaben der Umsiedlung und Deportationen, des »Menscheneinsatzes«, der Verwaltung immenser Vermögenswerte, der Regelung uferloser Verwaltungsaufgaben unterschieden sich jedoch wesentlich von der Rasse- und Bauernromantik des RuSHA. Deshalb verfiel das RuSHA, als das, was bisher Gegenstand unverbindlich-romantischer Schwärmerei und Wichtigtuerei gewesen war, plötzlich politische Wirklichkeit wurde. Am deutlichsten wird das im Bereich des Siedlungswesens. Das RuSHA hatte sich dafür in seinem Siedlungsamt einen Verwaltungsapparat geschaffen, der nach der Besetzung der »Resttschechei« und in den ersten Monaten des Krieges in Polen noch relativ selbständig war; Anfang 1940 wurde er jedoch aus dem Zuständigkeitsbereich des RuSHA herausgenommen und in den Führungsstab des RKF eingegliedert. Dem RuSHA blieb für den Rest des Krieges auf diesem Gebiet nur die Kompetenz der Werbung und fachlichen Ausbildung von Siedlungsinteressenten. Ebenso blieben dem RuSHA von seiner zweiten Kernaufgabe, dem Rassewesen, nur die fachlichen rassebiologischen Untersuchungen auf allen Gebieten, wo Himmler sie angeordnet hatte, sei es bei den Musterungsstellen der Waffen-SS, sei es bei der Beurteilung der Eindeutschungsfähigkeit von Umsiedlern in der »Einwandererzentralstelle« des Chefs der Sicherheitspolizei und des SD. Die Tätigkeit der Rasseprüfer war in der Gesamtorganisation der SS im Krieg überhaupt das eigentliche Ressort des RuSHA, was aber auch in dem Maße an Bedeutung verlor, wie Himmler wegen der zunehmenden Knappheit an Menschen seine rassebiologischen Idealforderungen zurückschraubte. Auch die romantische Vorstellung von der Vereinigung aller Menschen nordischer Rasse zeigte in dem Augenblick, wo die Voraussetzung für ihre Verwirklichung gekommen zu sein schien, sehr reale Aspekte. Im Vordergrund stand nämlich die Notwendigkeit, aus den Reihen der Volksdeutschen und aus anderen europäischen Nationen Soldaten für die Waffen-SS zu gewinnen. Aus diesem Grunde wurde für die sogenannte germanische Arbeit das SSHA zuständig, das für die Waffen-SS das Ergänzungswesen verwaltete. Auch seine dritte Kernaufgabe, die Schulung, mußte das RuSHA zwischen 1939 und 1942, stückweise zwar, aber schließlich doch ausnahmslos an das SSHA abgeben. So blieb dem RuSHA von seinen vier ursprünglichen Kernaufgaben nur die Sippenpflege, und auch das nur bedingt, da der »Lebensborn« eine selbständige Organisation geworden war, die beim Persönlichen Stab RFSS ressortierte. Immerhin blieb hier der Schwerpunkt des Sachgebietes beim RuSHA:

- Heiratsgenehmigungen [Heiratsamt]
- Abstammungsgutachten [Ahnentafelamt]
- Auskunftsstelle für Verluste der SS im Kriege
- Gräberoffiziere der Waffen-SS.

Vorübergehend, nämlich von 1942 bis 1944, war dem RuSHA auch das Fürsorge- und Versorgungswesen unterstellt, das vorher beim SSHA gewesen war. Mit Wirkung vom 1. April 1944 wurde dann das Versorgungswesen [gesetzliche Leistungen] analog dem der Wehrmacht in das Reichsarbeitsministerium übergeführt, während das Fürsorgewesen [freiwillige Leistungen des RFSS] beim RuSHA blieb.
Wie also das RuSHA in seinen Kernaufgaben stark beschnitten und dadurch im Kreise der übrigen SS-Hauptämter noch bedeutungsloser wurde, als es von Anfang an schon gewesen war, so verlor das SSHA seine Kernaufgaben alle vier restlos, als nach dem Aufbau der bewaffneten SS-Verbände aus der Soldatenspielerei der Allgemeinen SS ernst wurde. Denn die Errichtung einer Konkurrenzarmee zur Wehrmacht erforderte eine nach Rang und Arbeitspraxis entsprechend ernst zu neh-

mende Führungsorganisation, Verwaltung und Personalverwaltung. Diese entwickelten sich zunächst zwar noch im Rahmen des SSHA, wurden dann aber 1939/40 [wie vorher schon das Gerichtswesen] aus diesem herausgelöst und in eigenen Hauptämtern wahrgenommen.

Mit der Vermehrung der von Himmler übernommenen Aufgaben, insbesondere mit dem Aufbau der Verfügungstruppe und den Totenkopfverbänden, wuchsen auch die Verwaltungsgeschäfte. Deshalb wurde der Leiter des Verwaltungsamtes des SSHA, Oswald Pohl, mit Wirkung vom 1. Juni 1935 in Personalunion zum »Verwaltungschef der SS« im Persönlichen Stab RFSS und gleichzeitig zum Reichskassenverwalter der NSDAP ernannt. Als Verwaltungschef der SS unterstand er nunmehr Himmler unmittelbar und war Vorgesetzter sowohl des von ihm selbst geleiteten Verwaltungsamtes im SSHA als auch der Verwaltungsämter im RuSHA und SDHA. Die Dienststelle Verwaltungschef der SS bestand aus den Abteilungen Zentralkasse, Haushalt, Personal, Recht, Prüfung; das SS-Verwaltungsamt gliederte sich in die Hauptabteilungen Haushalt, Rechnungslegung, Bekleidung und Ausrüstung, Unterkunftswesen. Dabei wurden die Angelegenheiten der staatlich finanzierten bewaffneten SS-Verbände und die der von der Partei finanzierten Allgemeinen SS jeweils in der gleichen Hauptabteilung, jedoch in verschiedenen Abteilungen bearbeitet. – Mit Wirkung vom 20. April 1939 wurde die Dienststelle »Verwaltungschef der SS« zum Hauptamt mit der Bezeichnung »Hauptamt Verwaltung und Wirtschaft« erhoben. Das Verwaltungsamt SS blieb zwar noch bis Anfang 1942 bestehen, doch wurde seine Zuständigkeit auf die Verwaltungsaufgaben innerhalb des Kompetenzbereiches des SSHA beziehungsweise später der SSFHA [vgl. weiter unten] beschränkt. – Da der Reichsfinanzminister forderte, daß die Verwaltung der für die bewaffnete SS zur Verfügung gestellten staatlichen Mittel klar von der der Parteimittel getrennt gehalten werden müsse, wurde gleichzeitig mit dem »Hauptamt Verwaltung und Wirtschaft« ein »Hauptamt Haushalt und Bauten beim RFSSuChdDtPol im RMdI« gebildet, das Pohl im Range eines Ministerialdirektors in Personalunion übernahm[191]. In der Praxis allerdings wurden Reichsmittel und Parteimittel in *einem* Amt verwaltet,

[191] Dieses Hauptamt hatte trotz seiner Bezeichnung nichts mit dem Haushalt der Polizei zu tun. Verfügungstruppe und Totenkopfeinheiten galten nach der Anordnung Hitlers vom 17. August 1939 als Polizeiverbände besonderer Art; daher kam die Zuordnung zum RFSSuChdDtPol.

das lediglich nach außen einmal als »Hauptamt Verwaltung und Wirtschaft« und ein andermal als »Hauptamt Haushalt und Bauten« firmierte. So finden sich auf einem Geschäftsverteilungsplan von 1941 beide Hauptämter in folgender Weise zusammengefaßt

Amt I	Haushalt
Amt II	Bauten
Amt III A–D	Verwaltung und Wirtschaft.

Dabei war die Verwaltung der Allgemeinen SS zu einem Anhängsel der Verwaltung der bewaffneten SS in den Ämtern I und II geworden, während das Amt III ausschließlich für die zahlreichen Wirtschaftsunternehmen zuständig war, die die SS betrieb[192].

Mit Wirkung vom 31. Januar 1942 wurden die Dienststellen
Hauptamt Haushalt und Bauten
Hauptamt Verwaltung und Wirtschaft
Verwaltungsamt SS [im August 1940 aus dem SSHA ins SSF-HA übergeführt]
aufgelöst; statt dessen wurde zum 1. Februar 1942 das SS-*Wirtschafts-Verwaltungshauptamt* [WVHA] gebildet. Aus dem bisherigen Amt I wurden die beiden Amtsgruppen A und B, aus dem bisherigen Amt II die Amtsgruppe C und aus dem bisherigen Amt III die Amtsgruppe W gebildet. Schließlich wurde mit Wirkung vom 16. März 1942 die Verwaltung der Konzentrationslager dem WVHA unterstellt und bildete dort die Amtsgruppe D. Danach war das WVHA bis zum Kriegsende im wesentlichen unverändert wie folgt gegliedert:

Amtsgruppe A Truppenverwaltungsamt

Amt A I	Haushaltsamt
A II	Kassen- und Besoldungsamt
A III	Rechtsamt
A IV	Prüfungsamt
A V	Personalamt

Amtsgruppe B Truppenwirtschaft

Amt B I	Verpflegungswirtschaft
B II	Bekleidungswirtschaft, Rohstoffe und Beschaffungen
B III	Unterkunftswirtschaft

Amtsgruppe C Bauwesen

Amt C I	Allg. Bauaufgaben
C II	Sonderbauaufgaben

192 Über diese vgl. Enno Georg, Die wirtschaftlichen Unternehmungen der SS. Stuttgart 1963.

C III Techn. Fachgebiete
C IV Künstlerische Fachgebiete
C V Zentrale Bauinspektion
C VI Bauunterhaltung und Betriebswirtschaft

Amtsgruppe D Konzentrationslager

Amt D I Zentralamt
D II Arbeitseinsatz der Häftlinge
D III Sanitätswesen
D IV KL-Verwaltung

Amtsgruppe W Wirtschaftliche Unternehmungen

Amt W I Steine und Erden [Reich]
W II Steine und Erden [Ost]
W III Ernährungsbetriebe
W IV Holzbearbeitungsbetriebe
W V Land-, Forst- und Fischwirtschaft
W VI Textil- und Lederverwertung
W VII Buch und Bild
W VIII Sonderaufgaben

Dem Hauptamtschef direkt unterstellt:
Adjutantur
Persönliches Büro
Gerichts- und Fürsorgeoffizier
Wirtschaftsprüfer } Deutsche Wirtschaftsbetriebe GmbH
Betriebsinspekteur }
Haupteingangsstelle
Hauskommandant
Archiv.

Während die Bildung des Hauptamtes Verwaltung und Wirtschaft/Haushalt und Bauten vom Verwaltungschef der SS im Persönlichen Stab aus erfolgte, wurde die Bildung des SS-*Führungshauptamtes* [SSFHA] innerhalb des SSHA vorbereitet. Und zwar wurde am 1. Juni 1940 die Inspektion der Verfügungstruppe zum »Kommando der Waffen-SS« umgewandelt und diesem einige weitere Teile des Hauptamtes unterstellt, unter anderem die Inspektion der Konzentrationslager. Auch wurden etwa zur gleichen Zeit das Amt I des SSHA [Führungsamt] und das Amt für Sicherungsaufgaben zum »Zentralamt« zusammengefaßt. Mit Wirkung vom 15. August 1940 schieden dann das Kommando der Waffen-SS, das Zentralamt sowie das Amt für Nachrichtenverbindungen und das Verwaltungsamt SS aus dem SSHA aus und bildeten das SSFHA. Das SSFHA war die Kommandostelle zur militärischen Führung der Waffen-SS [soweit deren Verbände nicht im Einsatz dem ObdH unterstanden] und zur vor- und nachmilitärischen Führung und Erziehung der Allgemeinen SS. Das für letztere Aufgabe zuständige SS-Zentralamt wurde am 5. September 1940 in »Kommandoamt der Allgemeinen SS« umbenannt. Die Führung des SSFHA übernahm Himmler selbst; er ernannte Brigadeführer Jüttner zum Chef des Stabes.

Nach der Bildung der Hauptämter
Verwaltung und Wirtschaft/Haushalt und Bauten
SSFHA
SSPHA
SS-Gericht
hatte also das SSHA alle seine ursprünglichen Kompetenzen verloren. Gemäß einer Verfügung des RFSS vom 15. August 1940 verblieben ihm folgende Zuständigkeiten:
Erfassungsamt
Ergänzungsamt
Amt für Leibesübungen
Schulungsamt
Fürsorge- und Versorgungsamt.

So war es in der Hauptsache zu einem Hilfsamt für die Waffen-SS geworden. Eine gewisse Bedeutung gewann es allerdings dadurch wieder zurück, daß sein neuer Chef Gottlob Berger – ausgehend von der Zuständigkeit für die Rekrutierung der Waffen-SS – sich sehr stark in der Volkstumspolitik [Konkurrenz zur Vomi!] und der germanischen Arbeit engagierte. Im SSHA wurde die »Germanische Freiwilligen-Leitstelle« errichtet, die für alle Organisationen der Waffen-SS und der Allgemeinen SS in anderen Ländern zuständig wurde. Mit welchem Erfolg Berger auf diesem neuen Betätigungsfeld operierte, läßt sich einer Bemerkung Heydrichs entnehmen, der in seinem Brief an Daluege vom 30. Oktober 1941 das SSHA das »Ordenshauptamt der SS« nannte, eine Bezeichnung, die ursprünglich dem RuSHA zugekommen wäre.

Nach dem Stand vom 30. August 1943 war das SSHA wie folgt gegliedert:

Amtsgruppe A	Amt A I	Zentralamt
	Amt A II	Leitender Arzt
	Amt A III	Verwaltung
Amtsgruppe B	Amt B I	Ergänzungsamt der Waffen-SS
	Amt B II	Erfassungsamt
Amtsgruppe C	Amt C I	Amt Weltanschauliche Erziehung

	Amt C II	Amt für Leibeserziehung
	Amt C III	Amt Berufserziehung
Amtsgruppe D	Amt D I	Germanische Leitstelle
	Amt D II	Germanische Ergänzung
	Amt D III	Germanische Erziehung.

Hans Buchheim:
Befehl und Gehorsam

Schriftliches Sachverständigen-Gutachten für den Auschwitz-Prozeß, vor Gericht am 2. Juli 1964 auszugsweise mündlich vorgetragen.

Vorbemerkung

Die Frage nach bestimmten *Einzel*fällen, in denen SS- oder Polizeiangehörige Schaden an Leib oder Leben erlitten oder nicht erlitten hätten, wenn sie Befehle zur widerrechtlichen Tötung verweigerten, nicht ausführten oder versuchten, davon dispensiert zu werden, kann historisch-wissenschaftlich nicht beantwortet werden, denn es gibt dafür so gut wie keine zeitgenössischen Quellen. Die wenigen Fälle, die gegenwärtig immer wieder zitiert werden, um die eine oder die andere Behauptung zu stützen, sind fast nur aus nachträglichen Zeugenaussagen bekannt. Das heißt aber: Sie sind nur durch staatsanwaltschaftliche oder richterliche Vernehmungen nachprüfbar, also mit Mitteln, die dem Historiker nicht zur Verfügung stehen. Außerdem kann der Historiker aus *Einzelfällen* der einen oder anderen Version, auch wenn sie gesichert sind, keine verallgemeinernden Analogieschlüsse ziehen. Er kann eine feste Basis zur Lösung des Problems des Befehlsnotstandes vielmehr nur aus einer Untersuchung der geistig-politischen *Gesamtsituation* gewinnen, in der die Tötungsbefehle erteilt wurden und in der die Befehlsempfänger sich befanden. Eine derartige Untersuchung soll im folgenden geführt werden, um zu zeigen, wo sich der Gehorsamsanspruch für solche Befehle herleitete, inwieweit die Befehlsempfänger disponiert waren, die Befehle zu befolgen, und welche Möglichkeiten sie hatten, sich der Ausführung der Befehle zu entziehen.

Der Befehl in Weltanschauungssachen

Die Diskussion über den Befehlsnotstand bei den vom nationalsozialistischen Regime befohlenen Verbrechen wird heute so geführt, als gäbe es nur eine Frage: ob man unschuldig in eine Zwangslage geraten konnte. Dagegen gilt die Natur der erteilten Befehle als eindeutig klar: es seien alles »Befehle in Dienstsachen« gewesen, denen jeder Deutsche unbedingt gehorchen mußte, der irgendwo und irgendwie der Befehlsgewalt von Stellen des Staates, der Wehrmacht, der Partei, letztlich also in jedem Falle der Befehlsgewalt des Führers unterworfen war. In Wahrheit jedoch war die Natur der im Dritten Reich erteilten Befehle keineswegs so klar und eindeutig. Es gab vielmehr zwei verschiedene Arten der Legitimation von Befehlen und dementsprechend auch zwei verschiedene Wurzeln der Gehorsamspflicht.

Der Befehl ist ein Begriff aus dem militärischen Leben; er setzt, wie es in der berühmten HDv.[1] 300/1, der »Truppenführung«, hieß, »den Entschluß in die Tat um«. Deshalb muß er strikt gelten und erfordert einen Gehorsam, der das Befohlene nicht zum Gegenstand kritischer Überlegungen macht, sondern tut. Der Befehlsempfänger kann die Ausführung eines Befehls nicht von Bedingungen abhängig machen, insbesondere nicht von Schwierigkeiten, die sich dem Vollzug eventuell entgegenstellen oder von Gefahren, vor allem der Lebensgefahr, die der Vollzug mit sich bringt. Der militärische Gehorsam muß unbedingt sein. Diese Unbedingtheit kann sittlich zu Recht gefordert werden, weil der Geltungsbereich der strikten Befehlsgewalt in zweierlei Hinsicht begrenzt ist:

1. ist sie der Natur der Sache nach auf die Verfolgung militärischer Zwecke beschränkt. Außerhalb des militärischen Bereichs verliert die Befehlsgewalt nicht nur ihre Verbindlichkeit, sondern auch ihren Sinn;
2. sind militärische Zwecksetzungen nur dann gerechtfertigt, wenn sie übergeordneten staatlichen Zwecksetzungen dienen und wenn die militärische Ordnung in die umfassendere staatliche Ordnung eingebettet ist. Steht ein Befehl in Widerspruch zur staatlichen Ordnung, so verliert er seinen Sinn und seine Berechtigung, und wer einen solchen Befehl erteilt, verletzt selbst seine staatsbürgerliche Treuepflicht.

[1] Heeresdienstvorschrift.

Diese Zusammenhänge haben seinerzeit in § 47 MStGB[2] ihren Niederschlag gefunden. Dieser Paragraph bezieht sich auf den Fall, daß durch die Ausführung eines Befehls in Dienstsachen ein Strafgesetz verletzt, ein bürgerliches oder militärisches Verbrechen oder Vergehen bezweckt wird.

Unbedingter Gehorsam muß also nicht nur, sondern er *darf* auch gefordert werden, wenn der Zuständigkeitsbereich der Befehlsgewalt auf militärische Zwecke beschränkt ist und die Befehlsgewalt selbst in die Disziplin der umfassenderen staatlichen Ordnung eingefügt ist. Eine Armee, das innere Gefüge einer Truppe, die soldatischen Tugenden sind nicht Selbstzweck und tragen ihren Sinn nicht in sich selbst, sondern haben dienende Funktionen, wie es in dem Begriff »Wehrdienst« zutreffend zum Ausdruck kommt. So lagen die Verhältnisse in der deutschen Armee des Ersten Weltkrieges, in der Reichswehr der Weimarer Republik, in der Wehrmacht der nationalsozialistischen Zeit [mit bestimmten Einschränkungen, die noch zu erörtern sind], und so liegen sie auch heute – wiederum uneingeschränkt – in der Bundeswehr. Ein erheblicher Teil der Reichswehrsoldaten, insbesondere der Offiziere, waren zwar politische Gegner der Weimarer Republik, trotzdem fügten sie sich der sachlichen Notwendigkeit, ihr militärisches Geschäft mit der staatlichen Ordnung in Einklang zu halten, und beachteten die Pflicht staatsbürgerlicher Loyalität. Der Reichspräsident von Hindenburg betrachtete gerade aus soldatischem Pflichtbewußtsein die demokratische Verfassung, obwohl er sie gewiß nicht aus dem Herzen bejahte, doch als bindend und hielt sich nicht für berechtigt, sich über sie hinwegzusetzen.

Nach 1918 ging jedoch aus der deutschen soldatischen Tradition neben der Reichswehr als ihrem legitimen Träger noch ein zweiter Zweig hervor, der in Widerspruch zur staatlichen und schließlich sogar zur sittlichen Ordnung überhaupt geriet und dadurch der Perversion verfiel. Diese Entwicklung begann bei den *Freikorps*. Sie haben sich in den Revolutionsjahren ohne Zweifel große Verdienste um den Bestand des Reiches und der Republik erworben und waren zunächst keineswegs republikfeindlich eingestellt. Sie standen jedoch zum Staat nicht mehr in einem Verhältnis eindeutiger Unterordnung, sondern eher in freiwilliger Partnerschaft. Folglich leiteten Befehlsgewalt und Gehorsamspflicht sich nicht einfach von einer übergeordneten staatlichen Normativität und aus allgemeinen staatsbürger-

[2] Militärstrafgesetzbuch.

lichen Pflichten ab, sondern beruhten auf der politischen Überzeugung und der patriotischen Einsatzbereitschaft der Soldaten selbst, oft auch auf der Autorität einzelner Führer, in jedem Falle aber auf einem freiwilligen Konsens. Die politischen Ansichten und Sympathien der Truppe brauchten sich nur zu ändern – und sie änderten sich wirklich, als die Truppe sich von den Politikern der Republik enttäuscht fühlte –, um eine militärische Organisation entstehen zu lassen, die sich von der staatlichen Ordnung emanzipierte und gar in Gegensatz zu ihr trat. Diese Situation findet sich bei den *Wehrverbänden* [»Brigade Ehrhardt«, »Reichskriegsflagge«, »Frontbann« usw.]. Sie standen dem Staat bereits mehr oder minder feindlich gegenüber, außerdem hatten sie im Gegensatz zu den Freikorps keine militärischen Aufgaben mehr. Also waren die beiden Voraussetzungen entfallen, die das militärische Befehls-Gehorsams-Verhältnis rechtfertigen und in Disziplin halten; gleichwohl behielten die Wehrverbände die militärische Ordnung bei. Aus seiner normativen Verankerung gerissen und seiner sinnvollen Zwecksetzung beraubt, begann das Befehls-Gehorsams-Verhältnis sich zu verabsolutieren und wurde zum Schema, das auf beliebige Zwecke angewandt werden konnte, auch auf politische und unter Umständen auf verbrecherische. Hier war die soldatische Tradition auf eine schiefe Ebene geraten, die zum Landsknechtstum führte, ja, im extremen Falle bei den Nationalsozialisten zum politischen Gangstertum.

Die Emanzipation soldatischer Tradition und militärischer Ordnung vom Staat vollendete sich nämlich in der nationalsozialistischen Bewegung, insbesondere in den Kampfverbänden der SA und SS. Hitler erhob den Anspruch, daß seine Bewegung das Erbe der Frontsoldaten des Weltkrieges verwalte. So wie damals in den Soldaten, so sei das wahre Deutschland jetzt in den Männern der nationalsozialistischen Bewegung verkörpert, unter denen tatsächlich viele Frontsoldaten waren, insbesondere solche, die sich nicht wieder ins zivile Leben hatten zurückfinden können. Hitler stellte die Republik als ein raffiniert gehandhabtes Werkzeug der Alliierten hin: Durch das demokratische System werde der deutsche Hader verewigt und Deutschland ohnmächtig am Boden gehalten. Jeder, der dem Staat gehorche, sei ein Verräter an Volk und Reich; wer aber Hitler folge und das »System« bekämpfe, der erfülle seine Treuepflicht gegenüber dem wahren Deutschland. »Diesem System keinen Mann und keinen Pfennig«, lautete Hitlers Parole. Er trug keine Bedenken, sogar Maßnahmen der Landesverteidigung zu sabotieren, nur, weil sie von dem Staat getroffen wurden, den er haßte und negierte. Schon im Herbst 1922 verbot er seinen Anhängern, sich an amtlicherseits getroffenen, geheimen Vorbereitungen gegen eine etwaige französische Invasion zu beteiligen; zehn Jahre später weigerte er sich, die SA an dem vom Staat eingerichteten Grenzschutz-Dienst gegen Polen teilnehmen zu lassen. – Die nationalsozialistische Bewegung selbst wurde spätestens seit 1925 nach militärischen Grundsätzen geführt, SA und SS auch äußerlich nach militärischen Formen. Hitler beanspruchte als Führer eine uneingeschränkte Befehlsgewalt, der jedoch jeder Zusammenhang mit der staatlichen Ordnung fehlte. Die Gehorsamspflicht seiner Anhänger konnte daher nicht aus einer allgemeinen staatsbürgerlichen Pflicht abgeleitet werden, sondern wurde vom einzelnen freiwillig übernommen, aus weltanschaulichen oder politischen Gründen verschiedenster Art. Gegenstand der Befehlsgebung waren in den nationalsozialistischen Organisationen weltanschauliche und politische Ziele. Es ist bekannt und braucht deshalb nicht im einzelnen dargestellt zu werden, in welchem Ausmaß damals Stil und Terminologie der politischen Auseinandersetzung – übrigens nicht nur in den Reihen der Nationalsozialisten – militarisiert wurden, ein Vorgang, der sich für das echte politische und das echte militärische Denken gleichermaßen zerstörerisch auswirkte. Bürgerkriegsklima und bürgerkriegsähnliche Zustände wurden dadurch geradezu induziert.

Anstatt dem Staat diente die militärisch organisierte nationalsozialistische Bewegung ideologischen und nichtstaatlichen politischen Zielen beziehungsweise dem Willen Hitlers. Legitimiert wurde die Befehlsgewalt des Führers letztlich aus der geschichtlichen Sendung, die er für sich in Anspruch nahm. Er galt als Künder und Baumeister des Reiches, das die germanische Rasse gegen den jüdischen Todfeind erringen mußte. Dieser Kampf war das »Gesetz der Geschichte«, das durch die Befehle des Führers in die Tat umgesetzt wurde. Alle Bindungen gesetzlicher, sittlicher oder sachlicher Art besaßen dem »Gesetz der Geschichte«, dem »Lebensrecht des Volkes« gegenüber nur noch relative Geltung. Sie konnten beachtet werden und wurden tatsächlich weitgehend beachtet. Wo sie aber dem angeblichen geschichtlichen Auftrag beziehungsweise den tatsächlichen politischen Zwecken Hitlers im Wege standen, wurden sie suspendiert. Dann galt der Fememord als rechtmäßiger Vollzug und die Tötung politischer Gegner nicht als Mord, sondern als Tötung des Feindes im Kampf um das Reich. Die Schlägerkolonnen der SA in der Zeit vor 1933, damals die verkommenste Form einer abartigen soldatischen Tradition, stellten sich als die »braune Armee« des neuen, »aufziehenden« Reiches dar. Der Führerbefehl hatte nichts mehr mit dem militärischen Befehl zu tun, er war aus jeder normativen Bindung herausgenommen und setzte gewissermaßen die Entschlüsse der Geschichte in die Tat um.

In der nationalsozialistischen Literatur haben derartige Verstellungen hundertfachen Niederschlag gefunden. Als Beispiel sei eine Passage aus einem Buch über die SA zitiert[3]:

> »Und noch einmal marschieren die Freikorps. In der Nacht vom 3. zum 4. Mai 1921 bricht in Oberschlesien ein erneuter großer polnischer Aufstand los. Da greifen sie ein, da marschiert der Selbstschutz Oberschlesiens, der SSOS., geheim gegründet und aufgebaut. Bald ist halb Oberschlesien befreit. Und es wäre von den vorwärtsstürmenden Selbstschutzformationen völlig befreit worden, wenn nicht die ›deutsche Regierung‹ eingeschritten wäre.
>
> Dann werden die Freikorps endgültig und vollkommen aufgelöst.
>
> Und die Zeitfreiwilligen-Kompanien, die Bürgerwehren, die Einwohnerwehren.
>
> Auch deren stolzeste und stärkste: die Bayrische Einwohnerwehr.
>
> Das ist kein Widerspruch, sondern eine logische Entwicklung. Denn die von den November-Männern gerufenen Soldaten und Offiziere hatten ihre Schuldigkeit getan. Sie hatten den Bolschewismus im Lande und an den Grenzen niedergeschlagen und somit die Revolte von 1918 gerettet, sie hatten die aktivistischen Feinde der Republik vernichtet und somit die Republik gefestigt.
>
> Mehr sollten sie nicht.
>
> Und mehr konnten sie auch nicht.
>
> Denn ihnen fehlte eines: die klare politische Idee und das große politische Ziel.
>
> Sie haßten wohl die Revolte von 1918 auf das tiefste, sie verachteten und verabscheuten die Träger der Republik und sie hatten alle Machtmittel in der Hand. Aber sie sahen keinen

[3] J. K. von Engelbrechten, Eine braune Armee entsteht. München und Berlin 1937, S. 22f.

neuen volklichen und staatlichen Zustand der Deutschen, sie wußten nicht, warum und für was sie ihre Machtmittel einsetzen sollten.
Und sie waren auch nicht einheitlich organisiert. So viele Freikorps es gab, so uneinig waren ihre Führer. So wurde sie zerschlagen, die letzte Front.
So konnten sie gehen, die letzten Soldaten des Weltkrieges.
An die Stelle der Freikorps – meist als ihre Nachfolgeorganisationen – treten die nationalen ›Wehrverbände‹. Ihre Aufgabe ist, den Wehrgedanken im deutschen Volke wachzuhalten und zu pflegen und die Wehrfähigkeit ihrer Mitglieder durch ständige militärische Übungen zu erhalten. Politische Ziele verfolgen sie nicht, im Gegenteil, sie schließen sie von ihrer Arbeit aus.
Aber auch der ›Stahlhelm‹ und die vielen anderen, nach ihm entstehenden nationalen Wehrverbände, zum Beispiel der ›Wiking‹, der ›Wehrwolf‹, die ›Olympia‹ sind zu einer Neuordnung der deutschen Dinge nicht fähig. Auch nicht die ›Schwarze Reichswehr‹.
Weil sie unpolitisch sind.
Auch sie befinden sich in dem grundlegenden Irrtum, lediglich durch das Aufrechterhalten der militärisch-nationalen Tradition des Reiches die nationale Revolution der Deutschen vorbereiten und durchführen zu können. Auch ihnen fehlte das Wesentliche, Moderne, Tatsächliche. Fehlte das, was *Adolf Hitler* im Frühjahr 1920 in München schafft:
die große politisch-revolutionäre Idee:
den Nationalsozialismus.
Das große politisch-revolutionäre Ziel:
den völkischen Staat.
Die große politisch-revolutionäre Organisationsform:
die NSDAP.
Und als Träger dieser Organisation, dieses Ziels und dieser Idee den neuen deutschen Mannestyp:
den politischen Soldaten.
Das Wesentliche, Entscheidende dieses Typus ist, wie es schon im Wort ausgedrückt wird, die in ihm vollzogene Verschmelzung des Soldatentums mit dem Politischen.«

Der Begriff des *politischen Soldaten* hat während der nationalsozialistischen Zeit in seinem schillernden Doppelsinn eine große Rolle gespielt. Gemeint war damit einerseits der Soldat aus politischer Überzeugung, der weiß, wofür er kämpft; andererseits der Mann, der sich in der Politik als Soldat fühlt, der Politik so macht, als gelte es, einen Krieg zu führen. Eine groteske Variante dieser Art von politischem Soldaten war der Amtswalter der NSDAP, der an der »Front« der »Erzeugungsschlacht« stand und seine Befehle im »Kampf dem Verderb« erteilte. Er trug Uniform und goß auch Entscheidungen, die in Wirklichkeit durch Verhandlungen und Absprachen zustande gekommen waren, schließlich in die Form eines Befehls. Im großen und ganzen blieben aber diese Art von kämpferischem Gehabe und seine Terminologie im Dritten Reich rhetorisch; sie waren unschön, aber wenig effektiv. Selbst der Satz »Führer, befiehl, wir folgen Dir« hatte überwiegend deklamatorischen Charakter. Die gefährliche Variante des politischen Soldaten dagegen fand sich in der SS; sie verstand die »politische« Exekutive und die »politische« Verwaltung in schroffem Gegensatz zur staatlichen, dem Prinzip der Gesetzmäßigkeit folgenden Verwaltung und praktizierte sie außerhalb der Gesetze[4].

Es gab also nach 1918 zwei Zweige soldatischer Tradition nebeneinander, die in jeder Beziehung [institutionell, geistig, politisch] klar und eindeutig voneinander unterscheidbar sind: die legitime, den Sinn des Soldatentums und militärischer Organisation erfüllende Tradition in der Reichswehr, und die illegitime, abartige, soldatischen und militärischen Sinn verkehrende Tradition in der nationalsozialistischen Bewegung und ihren Kampfverbänden. Dementsprechend gab es auch zweierlei Befehlsgewalt und zweierlei Gehorsamspflicht: Einerseits die legitime Befehlsgewalt mit einer aus der Gesamtheit staatsbürgerlicher Pflichten hergeleiteten Gehorsamspflicht des Soldaten; andererseits die usurpierte, im Namen des Gesetzes der Geschichte sinnlos verabsolutierte Befehlsgewalt Hitlers mit der freiwillig übernommenen, ideologisch begründeten und grundsätzlich durch keine Normen eingeschränkten Gehorsamspflicht seiner Anhänger. Wenn die in der Reichswehr erteilten Befehle als *Befehle in Dienstsachen* bezeichnet werden, so kann man die in der nationalsozialistischen Bewegung erteilten Befehle »*Befehle in Weltanschauungssachen*« nennen. Beide haben nichts miteinander gemeinsam als den Formalismus des Befehls-Gehorsams-Verhältnisses.

Noch in den ersten anderthalb Jahren der Hitlerzeit standen die beiden Traditionszweige klar getrennt nebeneinander. Als aber nach dem Tode des Reichspräsidenten von Hindenburg Hitler

[4] Vgl. S. 83ff.

seine Stellung als Führer formell und materiell mit der Repräsentation des Deutschen Reiches identifizierte und die Staatsgewalt dabei in den Schatten der Führergewalt trat[5], verlor der Staat seine Souveränität an die Person Adolf Hitlers, und die staatliche Ordnung geriet grundsätzlich unter die Herrschaft des Führerwillens. Damit war es prinzipiell möglich geworden, daß der Befehl in Weltanschauungssachen, der bisher auf den Bereich der nationalsozialistischen Bewegung beschränkt gewesen war, in den Bereich des öffentlichen Lebens Eingang fand. Tatsächlich jedoch ließ Hitler Staat und nationalsozialistische Bewegung nicht ineinander verfließen, sondern hielt sie bewußt getrennt. Institutionell bewirkte er das durch die Ernennung eines »Stellvertreters des Führers« als Repräsentanten der Gesamtbewegung, politisch, indem er weiterhin zwischen einer nationalsozialistischen Kampfgemeinschaft als eigentlicher Willensträgerin und der breiten Masse des deutschen Volkes unterschied. Die Partei galt als »weltanschauliche Willensorganisation«[6], als »verkleinertes Volk in gesteigerter Potenz« und »kämpferische Truppe einer Weltanschauung«[7]. Prinzipiell zwar waren *alle* Deutschen dem totalitären Verfügungsanspruch unterworfen und waren vielfältiger politischer Nötigung ausgesetzt [»freiwilliger Zwang«]. Aber wenn man sich dem Regime auch nicht ausdrücklich widersetzen durfte, so konnte man sich doch im großen und ganzen auf die Verbindlichkeiten staatsbürgerlicher Loyalität zurückziehen und sich durch kleinere Konzessionen an die Bewegung [Eintritt in die NSV und ähnliches] von ernsteren Zumutungen loskaufen. Der Mehrheit der Deutschen, die sich so verhielt, stand eine Minderheit gegenüber, die sich aktiv und mit Eifer für die Ziele des Regimes einsetzte; diese Leute waren bereit, mehr zu tun, als staatsbürgerliche Loyalität und allgemeine Nötigung ihnen abforderten. Organisatorisch gesehen handelte es sich dabei um die Mitglieder der NSDAP und der Kampfverbände im engeren Sinne, vor allem der SS. Das heißt nicht, daß alle Mitglieder dieser Organisationen überzeugte Nazis und Aktivisten gewesen wären, daß es andererseits nicht Leute gegeben hätte, die den Nationalsozialismus aktiv unterstützten, ohne einer Organisation anzugehören; die tausend Varianten von äußerlichem und wirklichem Mittun sind ja bekannt. Aber wer einer der eigent-

[5] Vgl. S. 15ff.
[6] Himmler vor den Wehrkreisbefehlshabern am 21. September 1944.
[7] Gauweiler, Rechtseinrichtungen und Rechtsaufgaben der Bewegung. München 1939, S. 2.

lichen Kampforganisationen beitrat, erteilte damit dem Regime in greifbarer Weise einen Konsens; er riskierte, beim Wort genommen zu werden und Befehle in Weltanschauungssachen zu erhalten. Denn diese Organisationen blieben auch im Dritten Reich der eigentliche Ort für Führerbefehle in Weltanschauungssachen, und zwar unter Umständen auch für Führerbefehle, die nicht einmal nachträglich und sekundär mit der normativen Ordnung staatlicher Gesetzgebung in Einklang gebracht wurden, das heißt: die ungesetzlich waren.

Die tatsächlichen Verhältnisse im Dritten Reich waren sehr kompliziert. Führerbefehle in Weltanschauungssachen konnten eine gewisse Wirkung auf das allgemeine öffentliche Leben gewinnen, andererseits wurde der interne Betrieb der nationalsozialistischen Organisationen sehr weitgehend auf die Normativität staatlicher Gesetzgebung abgestimmt und dieser angeglichen[8]. Trotzdem blieb der fundamentale Unterschied zwischen den beiden Bereichen bestehen und auch wahrnehmbar. Die große Masse der Verfügungen des Stellvertreters des Führers, des Reichsschatzmeisters der NSDAP, der obersten Führung der SA und SS, waren Befehle in Weltanschauungssachen, denen gegenüber die Gehorsamspflicht ausschließlich auf dem durch Eintritt in die Organisationen erteilten ideologischen Konsens und nicht auf irgendwelchen allgemeinen staatsbürgerlichen Verbindlichkeiten beruhten. Besonders in der SA und SS blieb das Bewußtsein lebendig, daß der Befehl in Weltanschauungssachen der politischen Kampforganisation etwas anderes war als der militärische Befehl der Wehrmacht. So hieß es zum Beispiel in der Zeitschrift ›Der SA-Führer‹[9]:

> »Während die Wehrmacht die Grenzen unseres Landes und somit unsere Arbeit und Ehre zu verteidigen hat und hierzu jeder wehrfähige Deutsche herangezogen werden kann, hat die SA nicht nur unsere nationalsozialistische Idee zu verteidigen, sondern für deren Verbreitung und Verinnerlichung in unserem Volke zu sorgen. Die SA hat dafür zu sorgen, daß die Maßnahmen der nationalsozialistischen Regierung im Volke Verständnis finden, wie auch dafür, daß das Volk für nationalsozialistische Maßnahmen vorbereitet wird. Jeder einzelne SA-Mann hat dem deutschen Volksgenossen Vorbild für nationalsozialistisches Handeln zu sein. Daß für solche hohe Aufgaben niemand zwangsweise herangezogen

[8] Vgl. S. 24ff.
[9] Heft 4/1936, S. 27ff.

werden kann, sondern daß hierfür nur Männer in Frage kommen, die aus sich heraus das heiße Verlangen verspüren, an vorderster Front an der Vertiefung des nationalsozialistischen Gedankens mithelfen zu wollen, dürfte jedem verständlich sein.«

In der gleichen Zeitschrift war zu lesen[10]:

»Wird im Heer vom Soldaten der unbedingte Gehorsam verlangt gegenüber allen militärischen Befehlen, so wird in der SA vom SA-Mann und SA-Führer der unbedingte Gehorsam verlangt gegenüber allen nationalsozialistischen Grundsätzen und Lebensgesetzen.

Wohl werden die meisten treu und gehorsam ihre gesetzlichen Pflichten erfüllen, aber sie werden nicht immer darüber hinaus sich als Träger der Verantwortung und als Kämpfer für die nationalsozialistische Weltanschauung fühlen. Sie werden daher nicht Mitglied der freiwilligen Gliederungen.

Diese Männer würden aber dann ja auch nicht in diesen Organisationen jenen unbedingten Gehorsam zeigen, der auch hier gefordert wird.«

Da die SS im Gegensatz zu SA und NSDAP sich nicht darauf beschränkte, Willensträgerin zu sein, sondern die Exekutive selbst übernahm, soweit es politisch relevante Angelegenheiten betraf, weisen Äußerungen von dieser Seite eine entsprechende Variante auf; der freiwillige ideologische Konsens wurde aber auch hier als Grundlage der Gehorsamspflicht angesehen[11]:

»Politik und Wehrmacht marschierten in unserer Vergangenheit leider zu oft getrennt. In der Waffen-SS zum erstenmal ist die unlösbare Vereinigung geschaffen, in der Weise, daß Idee und Schwert zusammengehören, daß der politische Wille das Schwert des Soldaten bis zur Unbezwinglichkeit stärkt!

Daraus muß jeder Führer in der Waffen-SS die Erkenntnis ziehen, daß er als sein höchstes Vorbild den Führer sieht als herrlichste Vereinigung des politischen und militärischen Willensträgers der Nation.

Und die Freiwilligkeit wurde ein Gradmesser der inneren und äußeren Macht der Bewegung. Die Waffen-SS als die letzte Vollendung des nationalsozialistischen soldatischen Gedankens ist nichts anderes als eine Weiterführung der sol-

[10] Heft 2/1938, S. 23ff.

[11] ›SS-Leithefte‹, Heft 2/1942, S. 22f.

datischen Macht dieser Idee. Der Entschluß, zum soldatischen Korps des Führers zu stoßen, ist wiederum nichts anderes als der freie Wille zur Fortsetzung des damaligen politischen Kampfes auf einer anderen Ebene. So sind die Freiwilligen der Waffen-SS die Nachfahren der alten Kämpfer, die wünschen, mehr tun zu dürfen, als die Pflicht es erfordert, freiwillig den Kampf um Deutschland zu führen wie jene alten Gefolgsmänner des Führers.«

In einer Werbeschrift der Waffen-SS mit dem Titel ›Dich ruft die SS‹[12] heißt es:

»Du weißt, daß Soldat sein und sich als Soldat bewähren die Pflicht jedes Deutschen ist. Jene jungen Deutschen aber, die über ihre Kameraden an Haltung und Charakter hinausragen, wollen mehr als Soldaten sein; sie wollen nicht warten, bis sie eingezogen werden, sie wollen als Freiwillige kämpfen. Die besonderen Aufgaben der Schutzstaffel zwingen dazu, die unabänderlichen Gesetze der Auslese anzuwenden und die wertvollsten Kräfte für die SS zu gewinnen. Vertrauensvoll soll sich der junge Deutsche der Eignungsuntersuchung unterziehen, ob er SS-mäßig und gesundheitlich für die Waffen-SS geeignet ist. *Bei Ablehnung bleiben noch viele Möglichkeiten, sich der Nation vollwertig nutzbar zu machen.*«

Allerdings hat die Übernahme von Exekutivbefugnissen und öffentlichen Aufgaben bei der SS eine verfassungs-organisatorische Situation entstehen lassen, in der die Befehlsgewalt in Dienstsachen in die in Weltanschauungssachen doch so weit ineinander verflossen, daß es in vielen Fällen sehr schwer, manchmal sogar unmöglich ist, sie noch klar voneinander zu unterscheiden. Die Ursache dieser Verwirrung liegt darin, daß der SS als Führerexekutive in zunehmendem Maße staatliche Kompetenzen und Rechte übertragen wurden. Das gilt vor allem für die Entstaatlichung der Polizei und deren Integration in die SS[13]; hier wurde ein in sich normativ funktionierender Apparat in toto zum Instrument nicht-normativer beziehungsweise antinormativer Maßnahmen, also zum ausführenden Organ von Befehlen in Weltanschauungssachen gemacht. Solche Befehle konnten zum Beispiel in die Form von Polizeiverordnungen gekleidet sein, die ihrer äußerlichen Gestalt nach ein Teil der normativen Ordnung waren. Angesichts der tatsächlichen Funktion der SS im nationalsozialistischen Herrschaftssystem

[12] Ohne Datum, aber bestimmt nicht früher als im Sommer 1942 erschienen.

[13] Vgl. S. 33 ff.

und der Entwicklung des Verhältnisses von SS und Polizei wird der Historiker zwar in vielen Fällen nachweisen können, daß Anordnungen, die sich formal als zur normativen staatlichen Ordnung zugehörig darstellten, in Wirklichkeit ideologisch bedingt waren und ihnen nur nachträglich aus Gründen der Opportunität eine normative Gestalt gegeben worden ist. Es hieße jedoch, den Durchschnitt der Beamten überfordern, wenn man verlangte, sie hätten damals in der Lage sein müssen, zwischen echten normativen Anordnungen und ideologischen Befehlen in Gestalt normativer Anordnungen zu unterscheiden. Immerhin konnte der Inhalt der Anweisungen einen gewissen Anhaltspunkt geben: je mehr er nämlich in seiner Substanz ideologisch bedingt war, desto eher war zu vermuten, daß die normative Gestalt nur Tarnung und Verbrämung war. Es gab überdies *ein* Kriterium, das auch damals schon im Bereich der SS einen Befehl in Weltanschauungssachen *offenkundig und irrtumsfrei* als solchen erkennbar machte: nämlich wenn der Befehl unter ausdrücklicher Negierung oder Ignorierung aller bestehenden gesetzlichen Bestimmungen erteilt wurde. Davon wird noch die Rede sein.

Ein interessantes Beispiel dafür, daß der Unterschied von Pflichten, die aus dem weltanschaulichen Konsens erwuchsen, und solchen, die von Staats wegen allgemeinverbindlich waren, seinerzeit durchaus bewußt war, findet sich im Protokoll einer Sitzung, die beim Generalgouverneur Hans Frank in Krakau am 30. Mai 1940 stattgefunden hat. Gegenstand der Besprechung war die von Hitler befohlene Ermordung der polnischen Intelligenz. Dazu führte Frank aus:

> »Wenn jetzt in jeder Minute und Sekunde draußen im Westen Tausende des besten deutschen Blutes geopfert werden müssen, dann haben wir *als Nationalsozialisten* die Pflicht, daran zu denken, daß sich nicht etwa die polnische Nation auf Kosten dieser deutschen Opfer erhebt. Daher war es auch der Zeitpunkt, wo ich in Anwesenheit des SS-Obergruppenführers Krüger mit dem Kameraden Streckenbach dieses außerordentliche Befriedungsprogramm besprach, ein Befriedungsprogramm, das zum Inhalt hatte, nunmehr mit der Masse der in unseren Händen befindlichen aufrührerischen Widerstandspolitiker und sonst politisch verdächtigen Individuen in beschleunigtem Tempo Schluß zu machen und zu gleicher Zeit mit der Erbschaft des früheren polnischen Verbrechertums aufzuräumen. Ich gestehe ganz offen,

daß das einigen tausend Polen das Leben kosten wird, vor allem aus der geistigen Führerschicht Polens. Für uns alle *als Nationalsozialisten* bringt aber diese Zeit die Verpflichtung mit sich, dafür zu sorgen, daß aus dem polnischen Volk kein Widerstand mehr emporsteigt. Ich weiß, welche Verantwortung wir damit übernehmen.

...

Ich darf Sie bitten, meine Herren, uns mit Ihrer ganzen Energie bei der Durchführung dieser Aufgabe zu helfen. Was von mir aus geschehen kann, um die Durchführung dieser Aufgabe zu erleichtern, wird geschehen. Ich appelliere an Sie *als nationalsozialistische Kämpfer*, und mehr brauche ich wohl dazu nicht zu sagen. Wir werden diese Maßnahme durchführen, und zwar wie ich Ihnen vertraulich sagen kann, *in Ausführung eines Befehls, den mir der Führer erteilt hat.*

...

Meine Herren, wir sind keine Mörder. Für den Polizisten und SS-Mann, der auf Grund dieser Maßnahme *amtlich oder dienstlich* verpflichtet ist, die Exekution durchzuführen, ist das eine furchtbare Aufgabe. Wir können leicht Hunderte von Todesurteilen hier unterzeichnen; aber ihre Durchführung deutschen Männern, anständigen deutschen Soldaten und Kameraden zu übertragen, das bedeutet eine furchtbare Belastung. Ich bin deshalb auch dem Parteigenossen Siebert sehr dankbar für die Herausgabe des Erlasses, in welchem er den Polizeiorganen eine *gewisse Rücksichtnahme auf die physische Situation* der mit solchen Exekutionen betrauten Männern zur Pflicht macht. Ich würde Sie bitten, diesen Erlaß, wenn es irgend möglich ist, unter allen Umständen zu berücksichtigen. Aber nicht nur das, jeder Polizei- und SS-Führer, der nun die harte Pflicht hat, diese Urteile zu vollstrecken, muß auch hundertprozentig die Gewißheit haben, daß er hier in Erfüllung eines Richtspruches der deutschen Nation handelt. *Daher wird auch für diese Fälle der AB-Aktion das summarische Standgerichtsverfahren durchgehalten*, wie ich es mit dem Kameraden Streckenbach vereinbart habe, damit auf keinen Fall der Eindruck einer willkürlichen Aktion oder ein ähnlicher Eindruck entsteht.«

Hier wird deutlich unterschieden zwischen den *Pflichten des nationalsozialistischen Kämpfers*, der *aufgrund eines Führerbefehls* durchführt, was die *geschichtliche* Stunde fordert, und denjenigen Polizei- und SS-Angehörigen, die *amtlich oder dienstlich* verpflich-

tet sind, die Exekutionen zu vollziehen. Um ihretwillen soll ein summarisches polizeiliches Standgerichtsverfahren durchgehalten werden. Als Bindeglied zwischen den beiden Pflichtenkreisen steht die Phrase vom »Richtspruch der deutschen Nation«, mit der, ähnlich wie mit dem »Gesetz der Geschichte« oder dem »Lebensrecht des Volkes«, eine normative Grundlage vorgetäuscht wurde. Der Führerbefehl als solcher war, wie aus dem Text eindeutig hervorgeht, ein Befehl in Weltanschauungssachen, der kein Recht setzte, sondern seinen Ort jenseits der gesetzlichen Ordnung hatte.
Der zweite Bereich, in dem die verfassungsorganisatorische Situation dazu angetan war, die beiden Arten von Befehlsgewalt ineinander verfließen zu lassen, war die Wehrmacht. Da Hitler als Führer Oberster Befehlshaber der Wehrmacht war, hatte er grundsätzlich die Möglichkeit, ideologische Absichten in Befehle in Dienstsachen zu kleiden und dafür die legitime soldatische Gehorsamspflicht in Anspruch zu nehmen, die sich aus den allgemeinen staatsbürgerlichen Pflichten herleitet. Das ist auch wirklich vorgekommen; ein einfaches, aber sehr eindeutiges Beispiel war der Ende 1940 erteilte Befehl »des Führers und Obersten Befehlshabers der Wehrmacht«, daß Ehrenbezeigungen deutscher Soldaten vor dem Grabmal des Unbekannten Soldaten in Warschau ab sofort zu unterbleiben hätten, vor dem Grabmal des Unbekannten Soldaten in Paris jedoch weiter zu erweisen seien. Im allgemeinen jedoch blieben Hitlers Befehle an die Wehrmacht im Rahmen des Militärisch-Sachlichen, nicht zuletzt deshalb, weil er von der Wehrmacht vorwiegend militärische und kaum politische Dienste erwartete und forderte. In einigen Fällen, in denen Hitler ausgesprochen ideologisch bedingte Befehle erteilte, kleidete er sie in eine pseudo-militärische Begründung. Ein typisches Beispiel dafür war der Erlaß des Führers und Obersten Befehlshabers der Wehrmacht vom 13. Mai 1941 über die Ausübung der Kriegsgerichtsbarkeit im Gebiet »Barbarossa«, durch den die Bevölkerung des sowjetrussischen Gebiets praktisch als vogelfrei erklärt wurde. Zur Begründung heißt es in der Präambel[14]:

»Die Wehrmachtsgerichtsbarkeit dient in erster Linie der Erhaltung der Manneszucht.

Die weite Ausdehnung der Operationsräume im Osten, die Form der dadurch gebotenen Kampfesführung und die Besonderheit des Gegners stellen die Wehrmachtsgerichte vor

[14] Nbg. Dok. 50-C.

Aufgaben, die sie während des Verlaufs der Kampfhandlungen und bis zur ersten Befriedung des eroberten Gebietes bei ihrem geringen Personalbestand nur zu lösen vermögen, wenn sich die Gerichtsbarkeit zunächst auf ihre Hauptaufgaben beschränkt. Das ist nur möglich, wenn die Truppe selbst sich gegen jede Bedrohung durch die feindliche Zivilbevölkerung schonungslos zur Wehr setzt.«

Auf diesen Erlaß wurde dann der bekannte Kommissar-Befehl gestützt, der ebenfalls pseudo-militärische Gründe für ideologisch bedingte Maßnahmen anführt[15]:

»Im Kampf gegen den Bolschewismus ist mit einem Verhalten des Feindes nach den Grundsätzen der Menschlichkeit oder des Völkerrechts nicht zu rechnen. Insbesondere ist von den politischen Kommissaren aller Art als den eigentlichen Trägern des Widerstandes eine haßerfüllte grausame und unmenschliche Behandlung unserer Gefangenen zu erwarten.

Die Truppe muß sich bewußt sein:

1. In diesem Kampf ist Schonung und völkerrechtliche Rücksichtnahme diesen Elementen gegenüber falsch. Sie sind eine Gefahr für die eigene Sicherheit und die schnelle Befriedung der eroberten Gebiete.

2. Die Urheber barbarisch asiatischer Kampfmethoden sind die politischen Kommissare. Gegen diese muß daher sofort und ohne weiteres mit aller Schärfe vorgegangen werden.

Sie sind daher, wenn im Kampf oder Widerstand ergriffen, grundsätzlich mit der Waffe zu erledigen.«

Der Einbruch des Befehls in Weltanschauungssachen in das deutsche Staatsleben bildete für die echte militärische Befehlsgewalt der Wehrmacht eine ernste Gefahr. Denn die beiden Grundvoraussetzungen militärischer Befehlsgebung wurden dadurch in Frage gestellt: erstens wurde die umgreifende normative Ordnung des Staates durch die Führergewalt relativiert und zum Teil zerstört, zweitens konnte das militärische Befehlsgefüge nicht-militärischen, ideologischen Zwecken dienstbar gemacht werden. Darüber hinaus wurde die Ordnung von Befehl und Gehorsam durch den täglichen Mißbrauch in der Politik derart verzerrt, daß dies sich auf die Dauer auch auf den legitimen Gebrauch innerhalb der Wehrmacht auswirken mußte. Angesichts dieser Situation war der Putsch vom 20. Juli 1944 alles andere als ein Verstoß gegen die militärische Ordnung von

[15] H.-A. Jacobsen, 1939–1949, Der Zweite Weltkrieg in Chronik und Dokumenten. 5. Aufl., Darmstadt 1961, S. 572.

striktem Befehl und unbedingtem Gehorsam. Vielmehr war es – neben den noch tiefer liegenden Gründen der Gewissensentscheidung – ein Versuch, der außerhalb der Wehrmacht in voller Blüte stehenden und innerhalb der Wehrmacht auch schon vordringenden Perversion der soldatischen Tradition Einhalt zu gebieten. Es ist kein Zufall, daß am Putsch gegen Hitler gerade solche Offiziere führend beteiligt waren, die noch sicher in der unverfälschten preußisch-deutschen Tradition des Soldatentums standen. Sie hatten in einer Zeit weitverbreiteter Verwirrung der Begriffe und Werte nicht vergessen, daß aus sittlichen wie aus politischen Gründen unbedingter Gehorsam nur gefordert werden kann, wenn der Befehl durch eine normative Ordnung diszipliniert wird und auf militärische Zwecke beschränkt bleibt.

Die Mentalität der SS

Wie bei den Nationalsozialisten überhaupt, so war auch in der SS der Bestand an weltanschaulicher Doktrin und theoretischen Lehrsätzen erstaunlich gering. Das überlieferte Schulungsmaterial bietet im großen und ganzen das Übliche, was man aus der Zeit des Dritten Reiches kennt: tendenziöse Biologielehre und verballhornte deutsche Geschichte. Diese war zum Verbindungsstück zusammengeschrumpft zwischen der breit und romantisiert dargestellten germanischen Vorzeit und der ebenso ausführlich und verfälscht abgehandelten »Kampfzeit« der Bewegung seit 1918. Selbst der so dürftige Unterrichtsstoff hatte aber kaum Einfluß auf das Denken der SS-Angehörigen; es gab in der SS keine strenge ideologische Schulung oder Lerndisziplin, die sich auch nur entfernt mit der kommunistischen vergleichen ließe. In den politischen Unterrichtsstunden wurde ebenso »gegammelt« wie in denen der Wehrmacht, des Arbeitsdienstes und anderer Organisationen. Was auf theoretischem Gebiet wirklich gefordert wurde, war lediglich die Zustimmung zu einigen Grundbegriffen wie etwa »Führerprinzip« oder »Rassenpflege«; auch sie waren jedoch vage und wurden mit erheblichen Bedeutungsunterschieden verwendet. Die ganze Terminologie war unscharf, die Gedanken waren ungeordnet. So verherrlichte man das mittelalterliche Reich und warf im gleichen Atemzug der katholischen Kirche vor, sie sei im Mittelalter steckengeblieben. Man benannte eine SS-Division nach dem Prinzen Eugen, gleichzeitig jedoch meinte der Chef des SS-Hauptamtes, Gottlob Berger, in einem Gespräch mit dem Großmufti von Jerusalem, es würde um Deutschland besser stehen und die deutsche altgermanische Kultur wäre nicht zugrunde gegangen, wenn seinerzeit bei Wien die Vorsehung nicht den Europäern, sondern den Mohammedanern den Sieg gegeben hätte.

Das theoretische Element spielte also in der SS eine Nebenrolle; das eigentlich Tragende und Verbindende war statt dessen eine bestimmte *Mentalität.* Treffend schrieb Graf Schwerin von Krosigk in seinem Buch ›Es geschah in Deutschland‹[16], der SS-Orden sei nicht durch ein politisches Ziel, sondern durch Verpflichtung zu einer Charakterhaltung und zu einem Lebensstil zusammengehalten worden. So bestand die Erziehung der SS nicht in theoretischer Schulung, sondern in Beeinflussung der Mentalität: durch die Handhabung des Dienstes, den Stil des Zusammenlebens, den Jargon, die Bewertung der Verhaltensweisen im Alltag und ähnliches. Auf diese Weise erlernte der SS-Mann

- die Grundhaltung des Kämpfers um des Kampfes willen;
- ohne Überlegung gehorchen;
- Härte als Abhärtung, aber auch als Verhärtung gegenüber allen mitmenschlichen Regungen;
- Verachtung der »Minderwertigen« und Hochmut gegenüber allen, die nicht dem Orden angehörten;
- Kameradschaft und Kameraderie;
- daß es kein »unmöglich« geben darf.

Hinzu kamen einige vereinfachte und verabsolutierte Gegnervorstellungen: »der Jude«, »der Bolschewismus«, »der östliche Untermensch«. Alles das war übrigens nicht auf die SS beschränkt, sondern war charakteristisch für die nationalsozialistische Mentalität überhaupt. Die Besonderheit der SS bestand in der Intensität, mit der diese Mentalität gepflegt wurde, und in der Konsequenz, mit der man auch wirklich danach handelte.

Die SS-Mentalität weist allenthalben Zusammenhänge mit der allgemeinen geistigen Entwicklung im 19. und 20. Jahrhundert auf. Es handelt sich dabei allerdings nicht um bewußt übernommene Lehren und Theorien, sondern um Einflüsse einer bürgerlichen Vulgärphilosophie, in die bestimmte philosophische Lehrmeinungen abgesunken, dort anonym geworden und bereits in einen gewissen Verwesungszustand übergegangen

[16] Tübingen 1951, S. 250.

waren. Aus diesem »Komposthaufen« bürgerlichen Denkens ist die Mentalität der SS zu einem guten Teil erwachsen. Für die wissenschaftliche Interpretation bedeutet das, daß sie zwar mehr oder minder deutliche Anklänge an bestimmte einzelne philosophische Theorien feststellen kann, nicht aber versuchen darf, unmittelbare Zusammenhänge herauszupräparieren und präzise Linien geistiger Deszendenz zu ziehen, die es in Wirklichkeit nicht gab. Vage Andeutungen in der Darstellung beruhen deshalb nicht auf einer Ungenauigkeit des Forschens, sondern entsprechen der Eigenart des Forschungsgegenstandes. Manche zeitgeschichtliche und zeitkritische Untersuchung krankt daran, daß der Autor die Zusammenhänge zwischen dem Nationalsozialismus und bestimmten philosophischen Lehren zu theoretisch zu explizieren und zu lückenlos nachzuweisen versucht.

Im Gegensatz zur SA stand die SS ursprünglich nicht in der Tradition der Wehrverbände, sondern war als Kaderorganisation für jeden beliebigen politischen Einsatz, insbesondere für die Sicherheit Hitlers und anderer Parteiführer gegründet worden[17]. Gleichwohl wurde auch sie militärisch organisiert und soldatisch »ausgerichtet«. Infolgedessen resultierte die Mentalität der SS aus zwei Hauptkomponenten: erstens dem reinen Pragmatismus eines politischen Kaders und zweitens dem Geist jenes abartigen Zweiges der deutschen soldatischen Tradition, der sich nach dem Ersten Weltkrieg entwickelte. Im offiziellen Selbstverständnis stand die »soldatische Haltung« im Vordergrund, für die Praxis des Alltages dagegen war der Pragmatismus bestimmend. Mit beiden Komponenten muß sich die Interpretation befassen, wobei die »soldatische« kompliziertere Zusammenhänge aufweist.

Das Wort »soldatisch« spielte in der SS eine große Rolle. Doch hatte man den Begriff seiner militärisch-normativen Züge entkleidet und verstand ihn im Sinne einer allgemeinen »kämpferischen« Haltung, entsprechend den spezifisch nationalsozialistischen Vorstellungen von »politischen Soldaten«. Ein General der Wehrmacht hat einmal sehr treffend gesagt, die Angehörigen der Waffen-SS seien keine Soldaten, sondern Kämpfer gewesen. Was war damit gemeint?

Soldat sein ist im besten Sinne des Wortes ein Beruf; die Soldaten bilden einen Stand neben den anderen Ständen. Dazu gehört, daß der Soldat sein Handwerk gelernt hat, das Kriegs-

[17] Vgl. S. 31.

handwerk, und daß er dort kämpft, wo das Kämpfen seinen Ort und Sinn hat: nämlich im Kriege. Kämpfer-Sein dagegen ist nicht ein Beruf, sondern das, was man eine Haltung nennt, eine Grundeinstellung zum Leben, ein charakteristisches Sich-Geben. Man kann ein Kämpfer sein, auch ohne das Soldatenhandwerk erlernt zu haben. Während der Beruf des Soldaten klar und deutlich von dem des Politikers, des Künstlers, des Gelehrten zu unterscheiden ist, kann man ein Kämpfer auch *als* Politiker, *als* Künstler, *als* Gelehrter sein. Auch der »faustische Mensch«, der um die Probleme ringt, ist ein Kämpfer. Beim Kämpfer denkt man nicht an die Aktualität einzelner Kampfhandlungen, sondern an eine Lebenshaltung, die auch auf Situationen angewandt wird, die für normales Denken mit Kampf und Krieg nichts zu tun haben. Diese kämpferische Grundhaltung korrespondierte bei den Nationalsozialisten mit der Anschauung, das Leben überhaupt sei seinem Wesen nach Kampf. – Der Wert des soldatischen Einsatzes verliert nichts dadurch, daß er unterstützt wird durch eine geschickte Politik, durch gute strategische Führung, durch wohlorganisierten Nachschub und durch Bundesgenossen. Im Gegenteil: der Soldat hat einen Anspruch darauf, daß ihm solche Hilfe in jedem nur möglichen Maße geleistet wird. Der Kämpfer dagegen erfüllt sein Wesen um so vollkommener, je mehr er auf sich selbst gestellt ist und je aussichtsloser sein Kampf wird; denn um so reiner können die kämpferischen Qualitäten hervortreten und sich bewähren. Natürlich muß auch der Soldat Kampfgeist besitzen und in äußersten Situationen, in denen »kein anderer für ihn eintritt«, ein Kämpfer sein. Doch bleibt das bei ihm die äußerste Möglichkeit, für die er sich zwar bereithalten muß, die aber nicht das Grundgesetz seines Alltags ist. Der SS-Mann dagegen soll in seinem täglichen Leben ständig von dieser äußersten Möglichkeit bestimmt, er soll Kämpfer aus Prinzip, Kämpfer um des Kampfes willen sein. Es ist charakteristisch für die pervertierte soldatische Tradition, die ihre Verankerung in einer umfassenden Ordnung verloren hatte und keine realen militärischen Aufgaben mehr besaß, daß sie den Kampf verabsolutierte und sich mit einer den »Kampf ums Dasein« verherrlichenden Ideologie verband. Hitler schrieb in seinem Buch ›Mein Kampf‹[18]:

»Ja, man kann sagen, daß ihre [der NS-Bewegung] Stärke und damit ihre Lebensberechtigung überhaupt nur so lange

[18] Einbändige Volksausgabe, München 1933 u. ö., S. 385.

in Zunahme begriffen ist, solange sie den Grundsatz des Kampfes als die Voraussetzung ihres Werdens anerkennt, und daß sie in demselben Augenblick den Höhepunkt ihrer Kraft überschritten hat, in dem sich der vollkommene Sieg auf ihre Seite neigt. Es ist mithin einer Bewegung nur nützlich, diesem Siege in einer Form nachzustreben, die zeitlich nicht zum augenblicklichen Erfolg führt, sondern die in einer durch unbedingte Unduldsamkeit herbeigeführten langen Kampfdauer auch ein langes Wachstum schenkt.«

Aus einer solchen Grundeinstellung werden sittliche Qualitäten, die an sich nur den Grenzsituationen menschlicher Existenz zugeordnet sind, zur Maxime des täglichen Lebens gemacht, und die Normativität des Alltags wird dabei in Frage gestellt. So war das Ethos der SS ein Ethos des unaufhörlichen Angespannt-Seins. Jedes Sich-Entspannen, jedes Gelöst-Sein galt schon als Müdewerden und war eine schwere Sünde gegen den SS-Geist. Der SS-Mann sollte immer im Dienst sein und »nach dem Kampfe den Helm fester binden«. Himmler hat einmal die Gemütlichkeit als eine für das deutsche Volk tödliche Gefahr bezeichnet. Da jedoch ein normaler Mensch nicht ständig in höchster Anspannung leben kann, vor allem, wenn dafür gar keine objektive Notwendigkeit besteht, hatten die rigoristischen Forderungen unvermeidlich seelische Verkrampfungen, Phrasendrescherei und geistigen Terror zur Folge.

Im Hintergrund der Ideologie des »Kampfes um des Kampfes willen« stand der sogenannte »heroische Realismus«. Davon wußte natürlich die Masse der SS-Angehörigen, auch die Masse der SS-Führer, nichts. Trotzdem muß man sich mit dieser Idee befassen, weil sie die kämpferische Komponente der SS-Mentalität verständlicher macht; außerdem läßt sie begreiflich werden, warum die SS auch für Menschen mit größerem geistigen Anspruch eine gewisse Anziehungskraft haben konnte. Der Grundgedanke des heroischen Realismus war von Ernst Jünger formuliert worden, den Begriff selbst hatte Werner Best geprägt. Ernst Jünger hatte 1930 einen Sammelband ›Krieg und Krieger‹ veröffentlicht, zu dem neben Autoren wie Friedrich Georg Jünger, Ernst von Salomon und Friedrich Hielscher auch Best einen Beitrag geliefert hatte, und zwar über das Thema ›Der Krieg und das Recht‹. Darin beschrieb Best den Nationalismus als eine innere Haltung, die die friedlose, von Kampf und Spannung erfüllte Wirklichkeit der Welt bejahe. Sie erstrebe keine Erlösung, denn sie wisse aus unmittelbarer Gewißheit, daß alles Leben, daß die Dynamik des Kosmos in Spannung, Kampf und Unruhe bestehe. Wörtlich schrieb Best weiter:

»Aus dieser Bejahung der Wirklichkeit, aus der Ablehnung eines Erlösungsziels muß eine andere Sittlichkeit erwachsen als aus der Teleologie der anderen Lehren. Jene richten notwendig den Sinn alles Handelns auf ihr Ziel und schreiben damit den Inhalt dieses Handelns vor. Was der Einzelne in jedem Einzelfall zu tun habe, ist Gegenstand der Orthodoxie und der Intoleranz.

Die Sittlichkeit der neuen Haltung kann kein ›was‹ vorschreiben, weil sie kein solches kennt. Sie ist nicht auf ein Ziel eingestellt und dient nicht einer Erfüllung oder Vollendung. Jeder Augenblick stellt den vorhergehenden wieder in Frage. Kein Wert, für den jeweils gekämpft wird, hat Anspruch und Aussicht auf Sicherheit und Dauer. So bleibt als Maß der Sittlichkeit nicht ein Inhalt, nicht ein Was, sondern das Wie, die Form. ›Nicht wofür wir kämpfen, ist das Wesentliche, sondern *wie* wir kämpfen.‹ [Ernst Jünger: ›Der Kampf als inneres Erlebnis‹, S. 78.] Der Kampf ist das Notwendige, Ewige, die Kampfziele sind zeitbedingt und wechseln. Deshalb kann es auch auf den Erfolg des Kampfes nicht ankommen. Siegen zu wollen, ist der immanente Sinn jedes Kampfes, aber nicht der Sieg entscheidet über den Wert des Kämpfers. Die Hoffnung auf Sieg darf nicht einmal bestimmend sein für den Kämpfenden. *Kämpfen in der Erwartung, daß man selbst siegen oder daß die ›gute Sache‹ irgendwann doch einmal triumphieren werde, das können auch die anderen, denen nur der Glaube an ein letztes Ziel den gegenwärtigen Kampf erträglich macht. Dagegen ist die Bejahung des Kampfes auf verlorenem Posten für eine verlorene Sache das Kriterium der neuen Haltung: auf den guten Kampf kommt es an, nicht auf die ›gute Sache‹ und auf den Erfolg.* So ersteht aus realistischer Bejahung der Wirklichkeit eine heroische Sittlichkeit; deshalb mag ... die den Nationalsozialismus tragende innere Haltung als *heroisch-realistische* gekennzeichnet werden.«

Jüngers Kernsatz »Nicht wofür wir kämpfen ist das Wesentliche, sondern *wie* wir kämpfen« gehört zu jener romantischen Vergeistigung politischer Begriffe, auf die sich reflektierende deutsche Nationalisten schon im Verlauf des Ersten Weltkrieges zurückzuziehen begannen, als deutlich wurde, daß der Krieg verloren war[19]. In den ersten Kriegsjahren hatte auch Jünger

[19] Zum Folgenden vgl. Hans Buchheim, Totalitäre Herrschaft. München 1962, S. 123ff.

noch ein normales Verhältnis zum Kampf gehabt und seinen Sinn im Sieg gesehen. Als aber ein Sieg nicht mehr zu erwarten war, setzte bei Jünger die Sublimierung und Spiritualisierung politischer Vorstellungen ein. Das gilt unter anderem auch für den Begriff »Deutschland«: Jüngers Beitrag zu dem zitierten Sammelband ›Krieg und Krieger‹ handelte von der »totalen Mobilmachung«. Darin heißt es, im Ersten Weltkrieg habe es Deutschland noch an dem geistigen Rüstzeug für eine totale Mobilmachung gefehlt, doch werde es daran in Zukunft nicht mehr mangeln. Denn die Gefallenen seien aus einer unvollkommenen in eine vollkommene Wirklichkeit, *aus dem Deutschland der zeitlichen Erscheinung in das ewige Deutschland* eingegangen und hätten den Zurückbleibenden ein absolutes Maß menschlichen Vermögens hinterlassen. Das Ergebnis des Krieges sei der Gewinn des *tieferen Deutschland* gewesen, und daher deute sich für das neue Geschlecht, das in keiner Idee dieser Welt und der Geschichte seine Befriedigung finden könne, als neue Rüstung eine Mobilmachung des Deutschen an. – Hier wurde also die politische Realität »Deutschland« fast religiös sublimiert und auf diese Weise eine Flucht angetreten aus der Wirklichkeit, in der Deutschland besiegt war, in eine erdachte »höhere« Wirklichkeit eines »inneren Reiches«, von der aus gesehen die faktische Niederlage nur noch wie eine unerhebliche Äußerlichkeit wirkte. Das »tiefere Deutschland« war dem Zugriff der Feinde unerreichbar, war unbesiegbar, aber es sollte andererseits die Quelle der Kraft sein, die Feinde schließlich doch wieder ganz real zu Boden zu zwingen. Diese Spiritualisierung ist eine äußerst gefährliche Form politischer Romantik und korrespondierte aufs beste mit den totalitären Absolutheitsforderungen des Nationalsozialismus.
Historisch gesehen gehören auch das »tiefere Deutschland«, der Nationalismus als innere Haltung und der Kampf um des Kampfes willen in die pervertierte Tradition des Soldatentums, das sich von der umgreifenden Ordnung emanzipierte, weil es die Niederlage Deutschlands nicht wahrhaben und sich mit einem besiegten Staat nicht abfinden wollte. Die Vergeistigung politischer Realitäten hatte logischerweise auch deren Verabsolutierung zur Folge und hing mit der Verabsolutierung von Befehl und Gehorsam zusammen. Man darf Ernst Jünger gewiß nicht uneingeschränkt der pervertierten soldatischen Tradition zurechnen, doch hat er de facto viel zu deren Fundierung und Verklärung beigetragen. – Die frei schwebende Ethik des

heroischen Realismus besitzt ohne Zweifel auch verwandte Züge mit dem Existentialismus. Auf der Hand liegen Zusammenhänge mit Autoren, wie Saint-Exupéry und dem weniger bekannten Franzosen René Quinton, dessen Aphorismensammlung über das Heldentum unter dem Titel ›Die Stimme des Krieges‹ 1936 im Verlag des faschistischen ›Grauen Korps‹ in Zürich erschien. Bei Quinton liest man zum Beispiel: »Die Summe aller militärischen Tugenden macht noch keinen Helden«, oder: »Das Heldentum ist ein Zustand der Seele«, »Das Heldentum ist das Glück des Hingerissenseins aus Freude am Kampf«, »Die Helden lieben die Niederlage, weil sie ihnen den Auftrag zu neuen Aufgaben gibt und sie zu neuem Einsatz treibt. So hat der Held kein Verhältnis zum Sieg, setzt er doch seinem Auftrag ein Ende.« Das sind die wesentlichen Bestandteile des »heroischen Realismus«: die Unterscheidung von Soldat und Kämpfer [bei Quinton: Militär und Held], der Kampf um des Kampfes willen und das gebrochene Verhältnis zum Sieg.
Der große Vorfahre dieser Mentalität war kein geringerer als Friedrich Nietzsche, der im ›Zarathustra‹ [Kapitel ›Vom Krieg und Kriegsvolke‹] schrieb:

»Ich sehe viel Soldaten: möchte ich viel Kriegsmänner sehn!
›Ein-form‹ nennt man's, was sie tragen: möge es nicht Einform sein, was sie damit verstecken.
Ihr sollt mir solche sein, deren Auge immer nach einem Feinde sucht – nach *eurem* Feinde. Und bei einigen von euch gibt es einen Haß auf den ersten Blick.
Euren Feind sollt ihr suchen, euren Krieg sollt ihr suchen, euren Krieg sollt ihr führen und für eure Gedanken! Und wenn euer Gedanke unterliegt, so soll eure Redlichkeit darüber noch Triumph rufen! Ihr sollt den Frieden lieben als Mittel zu neuen Kriegen. Und den kurzen Frieden mehr als den langen.

...

Ihr sagt, die gute Sache sei es, die sogar den Krieg heilige? Ich sage euch: der gute Krieg ist es, der jede Sache heiligt.
Der Krieg und der Mut haben mehr große Dinge getan, als die Nächstenliebe. Nicht euer Mitleiden, sondern eure Tapferkeit rettete bisher die Verunglückten.

...

Ihr dürft nur Feinde haben, die zu hassen sind, aber nicht Feinde zum Verachten. Ihr müßt stolz auf euern Feind sein: dann sind die Erfolge eures Feindes auch eure Erfolge.«

Das Idealbild des heroischen Kämpfers erfuhr beim Eintauchen in die pragmatisch bestimmte Wirklichkeit der SS erhebliche Brechungen. Als politischer Kader war die SS ja alles andere als eine zweckfreie Veranstaltung eigenständiger Charaktere; sie war vielmehr eine ausschließlich zweckbestimmte Organisation. Der »heroische Realismus« stellte zwar nicht die Frage nach der Wahrheit, wohl aber die nach dem richtigen sittlichen Verhalten, er war überhaupt einer philosophischen Einstellung entsprungen. Die SS dagegen verdankte ihre Existenz und ihre Sonderstellung innerhalb der nationalsozialistischen Bewegung keinerlei geistigen Motiven, sondern ausschließlich banalen praktischen Zwecken. Wenn Himmler als Reichsführer-SS den Ehrgeiz hatte, seiner Organisation trotzdem einen eigenen Geist zu geben, so stand dafür kein anderer Kristallisationskern zur Verfügung als eben der praktische Zweck. Daher war der wirkliche Angelpunkt der SS-Ideologie der Einsatz »als solcher«. Es ging nicht um philosophische und ethische Fragen, sondern um die optimale Einsatzbereitschaft und Einsetzbarkeit der Mannschaft zu handfesten Zwecken. Dem zu dienen, war der Sinn des SS-Geistes. Er entsprang der gleichen Erkenntnis, aus der manche Industriemanager sich um das seelische Wohl ihrer Arbeiter kümmern: daß nämlich die Leistungsfähigkeit eines Betriebes beziehungsweise einer Organisation nicht nur durch technische Maßnahmen gesteigert werden kann, sondern auch durch die Pflege oder Mobilisierung geistiger und seelischer Kräfte.

Der Kämpfer des »heroischen Realismus« zeichnete sich durch die völlige Zweckfreiheit seiner Ethik und durch absolute Eigenständigkeit aus. Der Kämpfer der SS dagegen hatte uneingeschränkt und für beliebige Zwecke verfügbar zu sein. Der Kämpfer des »heroischen Realismus« war nicht nur in seiner Weise ein Moralist, sondern auch extremer Individualist, ja Subjektivist. Sein Auge sucht *seinen* Feind; er stellt sich aus seiner Spontaneität heraus dem Kampf, nicht um seiner guten Sache willen und nicht, um zu siegen, sondern nur um sich zu bewähren. Dem SS-Mann dagegen wurde der Feind vorgeschrieben; ihm wurde gesagt, daß seine Sache die einzig und absolut gute sei, die ihrer Natur nach siegen müsse und deshalb siegen werde. Obgleich der Kampf um des Kampfes willen gepriesen wurde, kam es in der Praxis doch entscheidend auf den Erfolg an. Der SS-Mann war eingespannt in die Disziplin und Zweckhaftigkeit seiner Organisation und kämpfte jeweils an dem Platz, auf den man ihn stellte. So blieb vom »heroischen Realismus« in der Praxis der SS nur der auf sich selbst gestellte Kämpfer übrig, der die letzten geistigen und moralischen Reserven mobilisierte. Diese Bewährung trug ihren Sinn nicht mehr in sich selbst, ja, sie war als Bewährung überhaupt nur noch von sekundärer Bedeutung gegenüber der Forderung, das Einsatzziel der Organisation zu erfüllen. Der SS-Mann war zwar noch auf sich selbst gestellt, aber er war nicht mehr eigenständig; so erlag er dem uneingeschränkten Verfügungsanspruch seiner Organisation, da er ihm nichts mehr entgegenzusetzen hatte.

Trotz aller Unterschiede liegt die Affinität von heroischem Realismus und Pragmatismus auf der Hand; es ist begreiflich, warum eine rein zweckbestimmte Organisation sich mit einer völlig unzweckhaften Ideologie drapierte. Denn gerade der extreme Subjektivismus des heroischen Kämpfers, der jeden objektiven Sachbezug als unwesentlich betrachtet, kann beliebigen Zwekken dienstbar gemacht werden, wenn man nur dafür sorgt, daß die subjektive Gewissensbilanz des Heroen ausgeglichen bleibt. Eine freischwebende Ethik, die die Frage nach der objektiven Wahrheit nicht kennt, besitzt keine Kriterien, um die Zusammenhänge zu beurteilen, in denen ihr die Möglichkeit zur abstrakten sittlichen Bewährung geboten wird. Wem der gute Krieg jede Sache heiligt, wem es nicht darauf ankommt, wofür, sondern nur, wie er kämpft, der ist in einzigartiger Weise dafür disponiert, sich unter Umständen auch für verbrecherische Ziele heroisch einzusetzen. Während der heroische Kämpfer wähnt, allein auf sich selbst gestellt zu sein, wird er mitsamt dieser fragwürdigen Basis seiner Existenz in den Dienst des totalitären Verfügungsanspruches genommen – und merkt es entweder gar nicht oder zu spät. Deshalb sind in der SS die Pragmatiker den romantischen Idealisten immer überlegen gewesen. Es ist bezeichnend, daß der Erfinder des Begriffs »heroischer Realismus«, Werner Best, schließlich am Meister des von keinen Idealvorstellungen beirrten Pragmatismus, Reinhard Heydrich, gescheitert ist. Best, seit 1934 enger Mitarbeiter Heydrichs, geriet zu diesem in ein zunehmend gespanntes Verhältnis, das im Jahre 1940 zu so heftigen Auseinandersetzungen führte, daß Best aus der Sicherheitspolizei ausschied und als Kriegsverwaltungschef der Wehrmacht ins besetzte Frankreich ging. Seine Bemühungen um ein wenigstens menschlich faires Arrangement wurden von Heydrich kühl zurückgewiesen. Best erwog daraufhin schon im Jahre 1940, das zu tun, was die meisten aktiven Nationalsozialisten erst 1945 gezwungenermaßen taten: nämlich nach dem Krieg aus der Politik auszuscheiden und sich eine Stelle in der Industrie zu suchen.

Im Alltag der SS entstand aus der Verquickung von Pragmatismus und dem heroischen Prinzip des Kampfes um seiner selbst willen die Vergötzung der *Leistung* um ihrer selbst willen. Tatsächlich maßgebender Wert wurde die Leistungsfähigkeit schlechthin. Der ideale SS-Mann setzte seinen Ehrgeiz darein, jeden Auftrag auszuführen, ohne viel nach dessen Sinn und Berechtigung zu fragen oder sich Rechenschaft über die angewandten Mittel zu geben. Es war typisch, daß Eichmann noch als Angeklagter in Jerusalem stolz darauf war, daß seine Organisation so tadellos geklappt hat und wie am Schnürchen lief. Das Wort »unmöglich« durfte es in der SS nicht geben. In einer Rede vor den Oberabschnittsführern und Hauptamtschefs der SS sagte Himmler am 17. Juli 1942:

> »Ich muß wiederholen, das Wort ›unmöglich‹ darf es bei uns niemals geben. Es ist unmöglich, meine Herren, daß irgendeiner mal meldet: Ich kann das und jenes nicht aufstellen, oder: Ich kann mit so wenig Leuten nicht auskommen, oder: Mein Bataillon ist nicht ausgebildet, oder: Ich fühle mich nicht einsatzfähig. Meine Herren, diese Meldungen gibt es nicht! Wenn es nämlich diese Meldungen geben würde, dann kämen wir ja zurück in die Zeiten der Kabinettskriege ... Das Wort ›unmöglich‹ darf es nicht geben und wird es niemals bei uns geben. Es ist unmöglich, daß wir einmal dem Führer sagen: wir haben nichts mehr, mein Führer. Meine Herren, und wenn ich die Verkehrspolizisten in Berlin von der Straße wegholen müßte, ich bringe immer wieder ein Bataillon auf die Beine, auch wenn mir alles stöhnt und jammert.«

Die erteilten Aufträge mußten ausgeführt werden, ob durch Können und Willensenergie oder durch Bedenkenlosigkeit und Schläue, das war gleich. Da nur der Effekt bewertet wurde, war Rücksichtslosigkeit genauso angesehen wie Geschicklichkeit; Gerissenheit und Heroismus lagen nahe beieinander – in Quintons Aphorismen findet sich der Satz: »Das Unmögliche ist der Sinn des Heldischen.« In der SS-Literatur war es Heroismus, der das Unmögliche möglich machte, in den Briefen und Anordnungen der SS-Praxis wurde zu diesem Zweck vorwiegend an den Geist der efficiency appelliert. Ohne diesen Geist, ohne einen rücksichtslosen Pragmatismus hätte die SS im Laufe von nur 10 Jahren gewiß nicht zu einem so ungeheuer großen, dabei aber doch leidlich funktionierenden Machtapparat ausgebaut werden können.

Der Geist der efficiency war es also, der die SS eigentlich beherrschte. Der Heroismus diente dabei als Vehikel und Verbrämung, mag er auch in der kämpfenden Truppe der Waffen-SS sich echt entfaltet haben. Die bare Leistungsmentalität aber, die weder nach der Wahrheit fragt, noch sich für Ethik interessiert, sondern den Ehrgeiz hat, alles möglich zu machen, ob es um eine gute oder schlechte, eine wichtige oder unwichtige Sache geht, sie war nicht nur ein Spezifikum der SS, sondern sie ist ein Spezifikum unserer Zeit überhaupt. So finden wir also hinter der romantischen Stilisierung und der heroischen Allüre in der SS als eigentlich wirkende Kraft ein Stück Geist unserer Zeit – befreit von allen Einschränkungen positiver und moralischer Normen, denen außerhalb des totalitären Herrschaftsbereichs die efficiency noch unterworfen ist. Der »heroische Kämpfer« war in Wirklichkeit der Mann, der gleichgültig genug war, sich überall einsetzen zu lassen, und der rücksichtslos und vif genug war, jeden Auftrag erfolgreich zu erfüllen. Das ist nicht so erstaunlich, wie es zunächst scheint, denn schließlich waren es Durchschnittsmenschen unserer Zeit, die sich in der SS entfalteten.

Gewisse Einzelzüge der SS-Mentalität standen mit dem »heroischen Realismus« in unmittelbarem Zusammenhang. Das gilt zum Beispiel für die Ketzerromantik, die in der SS eine große Rolle gespielt hat. Im Ketzer sah man das Urbild des ausschließlich auf sich selbst gestellten Menschen, des Menschen also, der keine anderen Wege gehen will, als die, die er sich selber gebaut hat, der sich selbst verdächtig wird, wenn er nicht unruhig ist, dem es beim Ringen um die Wahrheit mehr auf das Ringen als auf die Wahrheit ankommt. Himmler wollte die SS in die Tradition des europäischen Ketzertums rücken, in der er wiederum das germanische Heidentum fortgesetzt sah. Mitte der dreißiger Jahre schickte er einen SS-Führer namens Otto Rahn auf eine Reise in diejenigen Landschaften Europas, in denen es einmal Ketzerbewegungen gegeben hatte. Die Beobachtungen und Reflexionen seiner Reise schrieb Rahn in einem Buch nieder mit dem Titel ›Luzifers Hofgesind. Eine Reise zu Europas guten Geistern‹[20]. Es ist ein charakteristisches Dokument der SS-Mentalität. Auch bei der Ketzerromantik

[20] Leipzig und Berlin 1937.

handelt es sich im Grunde um einen Zug des Geistes unserer Zeit überhaupt, denn in diesem Punkte sind die kämpferische Haltung aus Prinzip und die kritische Haltung aus Prinzip miteinander verwandt. Und so wie der Kämpfer um des Kampfes willen ein gebrochenes Verhältnis zum Sieg, so hat der Kritiker um der Kritik willen ein gebrochenes Verhältnis zur Wahrheit. Wenn in der gegenwärtigen öffentlichen Diskussion die Fanatiker des Kampfes auch von niemandem erbitterter angefeindet werden als von den Fanatikern der Kritik, so besteht doch zwischen beiden eine teutonische Gemeinsamkeit.

Am Anfang dieses Kapitels wurde gesagt, daß die Abwandlung des soldatischen Denkens ins rein Kämpferische dadurch erfolgte, daß aus dem Soldatentum die militärisch-normative Komponente eliminiert wurde. Dafür gibt es eine bemerkenswerte Bestätigung: es läßt sich nämlich bei den SS-Totenkopfverbänden, wenigstens in den ersten Jahren ihres Bestehens, überraschenderweise ein ausgesprochener *antimilitärischer Affekt* beobachten. Der Chef der Totenkopfverbände, Theodor Eicke, schrieb im ersten Befehlsblatt, das er im Februar 1937 herausgab: »Im inneren Dienstbetrieb dürfen niemals Gepflogenheiten aufkommen, wie sie beim Heere zwischen Kompaniechef und Feldwebel üblich sind.« Im darauffolgenden Monat war an der gleichen Stelle zu lesen:

> »Ein Stabsscharführer hat einen SS-Mann zur Bestrafung gemeldet, weil der SS-Mann *außer Dienst* einen Rottenführer kameradschaftlich mit ›Du‹ angesprochen hat. Der betreffende Stabsscharführer handelte wie ein Kommißfeldwebel, nicht aber als Nationalsozialist.«

Wieder einen Monat später schrieb Eicke:

> »Die SS-Totenkopfverbände sind ein wichtiger Bestandteil der Schutzstaffel. Ihre Aufgaben im Frieden und im Kriege liegen fest. Wir gehören weder zum Heer oder Polizei, *noch zur Verfügungstruppe*. Die Grundlage unseres inneren Zusammenhalts ist die Kameradschaft, wie sie sich unter Nationalsozialisten auf Grund unserer Weltanschauung zwangsläufig ergeben muß. Die Einheiten der SS-Totenkopfverbände rechnen sich bewußt zur Allgemeinen SS und können daher weder von Offizieren noch Unteroffizieren geführt werden.
>
> ...
>
> Von nun an werde ich damit beginnen, SS-Führer, die sich nur wie Offiziere, Unterführer, die sich nur wie Unteroffi-

ziere, SS-Männer, die sich nur wie Musketiere benehmen, in die Allgemeine SS versetzen zu lassen.

...

Daß über manche Befehle geschimpft wird, ist selbstverständlich und wird nicht übel genommen, solange das mit einem anständigen Fluche zum Ausdruck kommt; jedoch ist Bedingung, daß dem Befehl sofort der Gehorsam folgt. Ob ein Befehl zweckmäßig oder, *wie manche sagen*, ›*militärisch*‹ ist, unterliegt nicht der Nachprüfung durch Untergebene.«

Im Juni 1937 las man im Befehlsblatt:

»Was nützt uns das Symbol, der Totenkopf, wenn er zum Lametta am Kragen wird und wir bei dem lächerlichen Versuch, eine militärische Organisation nachzubilden, schon in den Anfängen steckenbleiben... Wir müssen die Männer lehren, selbstlos das bißchen ›Ich‹ zu vergessen, damit sie sich, wenn es sein muß, vorbehaltlos einsetzen und verbissen ihre Pflicht erfüllen... Diese Männer hat kein Wehrgesetz gerufen, sie kamen freiwillig, um dem Führer zu dienen; sie gaben deshalb, dem inneren Drange folgend, schon früh das Elternhaus auf, um sich von der Schutzstaffel körperlich und geistig formen zu lassen. Dieser freie Wille wiegt schwerer als ein Gesetz; er muß daher dankbar anerkannt und sorglich gehütet werden; aus ihm kommen dereinst Leistungen und Taten. Ohne diesen freien Willen gibt es keinen Gehorsam, keine Treue, kein Ehr- und Pflichtgefühl. Die drückende Verantwortung, den freien Willen in soldatische Tugenden umzuformen, liegt auf den Schultern derjenigen, die das Schicksal als Führer, Lehrer und Erzieher berufen und vor die Front gestellt hat... Es ist daher trefflich eingerichtet, daß SS-Führer keine Beamte sind, die der Staat auch dann versorgt, wenn sie ein Leben lang im Beamtentrott neben ihren Pflichten herliefen und lediglich den Paragraphen zum Gesetz ihres Handelns machten.«

Aus der SS-Verfügungstruppe gibt es entsprechende Zeugnisse eines antimilitärischen Affektes nicht, obgleich vergleichbares Quellenmaterial durchaus vorhanden ist. Im Gegenteil: aus der Zeit nach 1939 finden sich manche Belege, daß in den aus der Verfügungstruppe hervorgegangenen Divisionen der Waffen-SS die Tendenz bestand, sich mehr der Wehrmacht als der übrigen SS zugehörig zu fühlen und sich den Formen der Wehrmacht anzugleichen. Im ersten Teil über ›Die SS – das Herrschaftsinstrument‹ wurde [S. 134f.] bereits ein Brief zitiert, in dem Himmler diese Tendenzen in der Waffen-SS kritisierte. Auch hatte er verschiedentlich Anlaß, der Waffen-SS ausdrücklich die Verwendung militärischer Dienstgradbezeichnungen zu verbieten, so zum Beispiel am 11. August 1941:

> »In letzter Zeit ist mir aufgefallen, daß von SS-Führern als Dienstgradbezeichnungen die Wehrmachtsdienstgrade angewandt werden.
> In einer SS-Division wurden sogar dienstlich und außerdienstlich nur die Wehrmachtsdienstgrade gebraucht. Es sind außer und im Dienst – auch im Feldpostverkehr – von allen SS-Führern nur die Dienstgradbezeichnungen der SS anzuwenden.«

In diesem Zusammenhang gehört auch die Bemerkung eines SS-Führers in einem Bericht über die SS-Division »Wiking« vom Januar 1942: Der Divisionskommandeur, General Felix Steiner, sei »geistig wehrmachtstypisiert mit dem Plus des Schwergewichts in der Tradition, mit dem Minus, für unsere politische Problematik schwer zugänglich zu sein«.
Der Unterschied der Einstellung der Totenkopfverbände und der Verfügungstruppe zum Militärischen erklärt sich aus der Verschiedenheit ihrer Aufgaben und ihres Verhältnisses zur staatlichen Ordnung. Ohne Zweifel gehörte zwar auch die Verfügungstruppe in den Bereich der Führerexekutive jenseits von Partei und Staat. Aber erstens war sie von vornherein nur für militärische Zwecke vorgesehen und hatte dementsprechend rein militärischen Dienst; zweitens galt der Dienst in der Verfügungstruppe mit allen dienstrechtlichen Konsequenzen für den einzelnen als gesetzlicher Wehrdienst. Dadurch kam er zwar verfassungs-organisatorisch nicht dem Staat zugute, sondern nach wie vor dem souveränen Führer, er war aber doch sekundär legalisiert und in die staatliche Normativität integriert[21]. Man findet also bei der SS-Verfügungstruppe und bei den Divisionen der Waffen-SS die beiden Ursachen, die den pervertierten Zweig soldatischer Tradition nach 1918 hatten entstehen lassen, wieder rückgängig gemacht: Sie hatten wieder echte militärische Aufgaben zugewiesen bekommen und waren wenigstens sekundär in die normative Disziplin staatlicher Ordnung wieder eingefügt worden. Die Gehorsamspflicht in der

[21] Die Möglichkeit, in der SS-Verfügungstruppe den gesetzlichen Wehrdienst abzuleisten, ist vergleichbar mit der Zuteilung von Beamtenplanstellen an die Parteikanzlei der NSDAP; dienstrechtlich waren es echte Beamtenplanstellen, die Parteikanzlei wurde dadurch aber trotzdem nicht etwa zur staatlichen Behörde, sondern es blieb eine Diskrepanz zwischen der verfassungs-organisatorischen Stellung der Institution und der dienstrechtlichen Stellung ihrer Angehörigen.

Verfügungstruppe beruhte zwar weiterhin in erster Linie auf dem ideologischen Konsens, doch konnte sie auch aus den allgemeinen staatsbürgerlichen Pflichten abgeleitet werden, da der Dienst ja gesetzlicher Wehrdienst war. Es handelt sich bei Verfügungstruppe und Waffen-SS also um einen Vorgang echter »Remilitarisierung« im Bereich der außernormativen Führergewalt. Wenn man bedenkt, daß andererseits die Wehrmacht trotz ihrer eindeutigen Zugehörigkeit zum Bereich staatlicher Normativität in zunehmendem Maße den Einflüssen der Führergewalt ausgesetzt war, so ist es nicht erstaunlich, daß in der Praxis eine Angleichung von Waffen-SS und Wehrmacht stattfand, zumal sie gemeinsam im gleichen Kriegseinsatz standen.
Im Gegensatz zur Verfügungstruppe hatten die Totenkopfverbände mit der Bewachung der Konzentrationslager eine ausgesprochen politische Aufgabe. Zudem war der Dienst in dieser Truppe kein gesetzlicher Wehrdienst, ja [bis zum Frühjahr 1939, wo Leute aufgrund der Notdienstverordnung eingezogen wurden] überhaupt ohne gesetzliche Grundlage. Sehr treffend sagte Himmler im Mai 1944 in einer Rede in Kochem: »Dieser Dienst in den Totenkopfverbänden galt nicht als Wehrdienst... Die Männer hatten nicht einen Vertrag auch nur für einen Tag. Wenn einer von denen im Jahre 1935/36 im Dienst verunglückte, der bekam keine Versorgung. Denn er war ja ein Zivilist, der zufällig Uniform und Gewehr trug, aber eigentlich gar nicht dazu berechtigt war.« Hier also waren die Bedingungen der abartigen soldatischen Tradition in krasser Form geblieben, und die Gehorsamspflicht beruhte auf nichts anderem als dem freiwilligen ideologischen Konsens. Folglich gab es für militärische Normativität keine Basis. Allerdings dürfte der antimilitärische Affekt in den Totenkopfverbänden auch eine persönliche Mitursache gehabt haben: Eicke war nämlich im Ersten Weltkrieg nur Zahlmeister gewesen, während Paul Hausser, der Inspekteur der Verfügungstruppe, noch als aktiver Offizier der Reichswehr gedient hatte.
Die Unterschiede der Mentalität in der Verfügungstruppe und den Totenkopfverbänden zeigen übrigens, daß das, was über die Mentalität der SS generell gesagt werden kann, in den einzelnen Teilen der Gesamtorganisation verschiedenartig akzentuiert war. Das gilt zum Beispiel auch für die typologischen Unterschiede zwischen Führern des SD und der Waffen-SS, zwischen einem KZ-Kommandanten und einem Berufsideologen im SS-Hauptamt.

Härte und Kameraderie

Ein wichtiger Zug der SS-Mentalität war die Apotheose der *Härte.* Was man sich darunter vorstellte, resultierte aus einer soldatischen und aus einer weltanschaulichen Komponente; sie sind deutlich voneinander unterscheidbar, wenn sie auch in der Praxis häufig miteinander verquickt waren, etwa in der Forderung, der SS-Mann dürfe weder sein eigenes noch fremdes Blut schonen. Einerseits ist die Erziehung zur Härte Teil der Ausbildung jedes Soldaten. In der SS wurde sie in dem Maße übertrieben, in dem die Vorstellung vom Soldatentum zum schlechthin Kämpferischen verzerrt war; wenn darüber hinaus der Drill die letzten Reste von Eigenständigkeit brechen sollte, artete sie in Demütigung und Verletzung der Menschenwürde aus. Die andere Komponente der Härte entsprang der Inhumanität der nationalsozialistischen Weltanschauung; sie forderte Gefühllosigkeit, Unbarmherzigkeit und Unmenschlichkeit gegenüber allen Gegnern. »Ein Grundsatz muß für den SS-Mann absolut gelten«, lehrte Himmler, »ehrlich, anständig, treu und kameradschaftlich haben wir zu Angehörigen unseres eigenen Blutes zu sein und sonst zu niemandem.« Dieser Satz findet sich in der berühmt gewordenen Rede vor den SS-Gruppenführern in Posen am 4. Oktober 1943[22]; die ganze Passage lautet folgendermaßen:

> »Es ist grundfalsch, wenn wir unsere ganze harmlose Seele mit Gemüt, wenn wir unsere Gutmütigkeit, unseren Idealismus in fremde Völker hineintragen. Das gilt, angefangen von Herder, der die ›Stimmen der Völker‹ wohl in einer besoffenen Stunde geschrieben hat und uns, den Nachkommen, damit so maßloses Leid und Elend gebracht hat. Das gilt, angefangen bei den Tschechen und Slowenen, denen wir ja ihr Nationalgefühl gebracht haben. Sie selber waren dazu gar nicht fähig, sondern wir haben das für sie erfunden.
>
> Ein Grundsatz muß für den SS-Mann absolut gelten: ehrlich, anständig, treu und kameradschaftlich haben wir zu Angehörigen unseres eigenen Blutes zu sein und zu sonst niemandem. Wie es den Russen geht, wie es den Tschechen geht, ist mir total gleichgültig. Das, was in den Völkern an gutem Blut unserer Art vorhanden ist, werden wir uns holen, indem wir ihnen, wenn notwendig, die Kinder rauben und sie bei uns großziehen. Ob die anderen Völker im Wohlstand

[22] PS-1919.

leben oder ob sie verrecken vor Hunger, das interessiert mich nur soweit, als wir sie als Sklaven für unsere Kultur brauchen, anders interessiert mich das nicht. Ob bei dem Bau eines Panzergrabens 10000 russische Weiber an Entkräftung umfallen oder nicht, interessiert mich nur insoweit, als der Panzergraben für Deutschland fertig wird. Wir werden niemals roh und herzlos sein, wo es nicht sein muß; das ist klar. Wir Deutsche, die wir als einzige auf der Welt eine anständige Einstellung zum Tier haben, werden ja auch zu diesen Menschentieren eine anständige Einstellung einnehmen, aber es ist ein Verbrechen gegen unser eigenes Blut, uns um sie Sorge zu machen und ihnen Ideale zu bringen, damit unsere Söhne und Enkel es noch schwerer haben mit ihnen. Wenn mir einer kommt und sagt: ›Ich kann mit den Kindern oder den Frauen den Panzergraben nicht bauen. Das ist unmenschlich, denn dann sterben die daran‹, – dann muß ich sagen: ›Du bist ein Mörder an Deinem eigenen Blut, denn, wenn der Panzergraben nicht gebaut wird, dann sterben deutsche Soldaten, und das sind Söhne deutscher Mütter. Das ist unser Blut.‹ Das ist das, was ich dieser SS einimpfen möchte und – wie ich glaube – eingeimpft habe, als eines der heiligsten Gesetze der Zukunft: Unsere Sorge, unsere Pflicht, ist unser Volk und unser Blut; dafür haben wir zu sorgen und zu denken, zu arbeiten und zu kämpfen, und für nichts anderes. Alles andere kann uns gleichgültig sein. Ich wünsche, daß die SS mit dieser Einstellung dem Problem aller fremden, nicht germanischen Völker gegenübertritt, vor allem den Russen. Alles andere ist Seifenschaum, ist Betrug an unserem eigenen Volk und ist ein Hemmnis zu einer früheren Gewinnung des Krieges.«

An einer anderen Stelle der Rede heißt es auch:

»Den fremden Völkern gegenüber wollen wir asiatische Gesetze in Anwendung bringen... Haben wir einen Russen oder einen Slawen – blutlich gesehen – vor uns, dann wollen wir ihm gegenüber niemals unsere heiligen Gesetze anwenden, sondern die erprobten russischen Kommissargesetze.«

Auch in einer Rede vor Befehlshabern der Wehrmacht in Bad Schachen am 14. Oktober 1943 schilderte Himmler mit offenkundiger Bewunderung die Rücksichtslosigkeit der russischen Kommissare und forderte, daß die germanischen Menschen dem etwas Eigenes entgegensetzen sollen, was sie ebenso hart mache. Daß diese »Härte« auch gegenüber eigenem Blut gefordert wurde, wenn es in den Adern politischer Gegner floß, lehrt ein Absatz aus der Rede, die Himmler im März 1936 vor den preußischen Staatsräten hielt. Dort sagte er:

»Als Wahnsinn muß jedoch diese ritterliche Einstellung betrachtet werden, wenn sie dem Judentum oder dem Bolschewismus gegenüber angewandt wird, der Unmoral, Betrug und Lüge als Voraussetzung seines politischen Kampfes hat und der nach typisch jüdischem Prinzip jedes Nichtvernichten des Gegners als Schwäche ansieht. Ebenso kommt es einer Selbstaufgabe gleich, einen ritterlichen Kampfmaßstab gegenüber einem um die irdische Macht kämpfenden Jesuiten anzuwenden, der in einer für uns unverständlichen Form die Lüge durch die niemals zurückgenommene Lehre von der ›reservatio mentalis‹ moralisch begründet.«

Die weltanschaulichen Wurzeln der inhumanen Härte finden sich in vielfältigen Varianten bei Hitler selbst, angefangen von seinem Buch ›Mein Kampf‹ bis zu Äußerungen der spätesten Zeit. So führte er in einer Ansprache vor Offizieren der Wehrmacht am 22. Juni 1944 folgendes aus:

»Zu den Vorgängen, die wesentlich unveränderlich sind, durch alle Zeiten hindurch gleich bleiben und sich nur in der Form der angewandten Mittel ändern, gehört der Krieg. Die Natur lehrt uns bei jedem Blick in ihr Walten, in ihr Geschehen hinein, daß das Prinzip der Auslese sie beherrscht, daß der Stärkere Sieger bleibt und der Schwächere unterliegt. Sie lehrt uns, daß das, was den Menschen dabei oft als Grausamkeit erscheint, weil er selbst betroffen ist oder weil er durch seine Erziehung sich von den Gesetzen der Natur abgewandt hat, im Grunde doch notwendig ist, um eine Höherentwicklung der Lebewesen herbeizuführen. Es ist eine andere Weltordnung und ein anderes Weltgesetz nicht denkbar in einem Universum, in dem die Fixsterne Planeten zwingen, um sie zu kreisen, und Planeten Monde in ihre Bahn bringen, in dem im gewaltigsten, gigantischsten Geschehen Sonnen eines Tages zerstört werden und andere an ihre Stelle treten. Sie lehrt uns, daß auch, was im Großen gilt, im Kleinen genau so als Gesetz selbstverständlich ist.

Sie kennt vor allem nicht den Begriff der Humanität, der besagt, daß der Schwächere unter allen Umständen zu fördern und zu erhalten sei, selbst auf Kosten der Existenz des Stärkeren. Wer die Weltgeschichte von einem solchen falschen Standpunkt aus betrachtet, der muß irre werden an einer göttlichen Gerechtigkeit, muß irre werden an einer Vernunft dieses ganzen Daseins. Denn er wird immer auf die Tatsache stoßen, daß schwache Völker, die scheinbar nichts getan haben, von den großen Nationen überwältigt, überwunden, beseitigt und oft auch ausgerottet werden. Allein nur der verbogene Mensch, der in seinem Denken nicht mehr ganz klar sehende Mensch, kann zu einer solchen Auffassung kommen. Denn man muß sich nur die Frage vorlegen: wo wäre diese Natur hingeraten, wenn ein anderes Gesetz Geltung besessen hätte? Die Natur kennt in der Schwäche keinen Milderungsgrund, sondern im Gegenteil, die Schwäche ist der Grund der Verurteilung.

Diese Welt haben nicht wir Menschen geschaffen, sondern wir sind nur ganz kleine Bakterien oder Bazillen auf diesem Planeten. Wir können diese Gesetze vielleicht ableugnen, wir können sie nie beseitigen. Wir können sie ablehnen, wir werden uns aber dann den Folgen nicht entziehen können, die aus einer solchen Ablehnung entstehen, nämlich daß wir selbst als Schwache zugrunde gehen und daß Stärkere an diese Stelle treten. Wenn das Menschengeschlecht plötzlich zu einer solchen Humanität zurückfinden würde, so würden an die Stelle der heutigen Menschen andere Wesen treten; denn es ist nicht viele Millionen Jahre her, daß menschenähnliche Erscheinungen auf diesem Erdball tätig sind, kaum dreihunderttausend Jahre, durch Gerippe nachweisbar, und kaum zehntausend Jahre durch Spuren einer sogenannten menschlichen Kultur.

Der Krieg ist also das unabänderliche Gesetz des ganzen Lebens, die Voraussetzung für die natürliche Auslese des Stärkeren und zugleich der Vorgang der Beseitigung des Schwächeren.

Das, was dem Menschen dabei als grausam erscheint, ist vom Standpunkt der Natur aus selbstverständlich weise. Ein Volk, das sich nicht zu behaupten vermag, muß gehen und ein anderes an seine Stelle treten. Ein Wesen auf dieser Erde wie der Mensch kann sich nicht dem Gesetz entziehen, das für alle anderen Wesen auch gültig ist. ...

Die Natur streut die Wesen auf die Welt aus und läßt sie dann um ihr Futter, um ihr tägliches Brot ringen, und der Stärkere behält oder erobert diesen Platz und der Schwächere verliert ihn oder er bekommt keinen. Mit anderen Worten, der Krieg selbst ist an sich unvermeidlich. Er wird immer wieder kommen, die Ursachen, die Anlässe mögen verschiedener Natur sein. Letzten Endes aber wird in jedem Kampf die Kraft der Völker von der Vorsehung gewogen. Die Kleinheit eines Staates, einer Nation oder eines Volkes bestimmt nicht etwa die Natur zu einem Mitleid, sondern im Gegenteil, was nicht stark genug ist, wird von ihr unbarmherzig beseitigt, und in dieser scheinbar unbarmherzigen Grausamkeit liegt letzten Endes die kalte Vernunft. Vor der Natur ist eben zu allen Zeiten Unrecht Schwäche gewesen. Sie prüft nicht das sogenannte Recht, das sich Menschen setzen, sondern sie prüft das Recht, das die Natur selbst aufstellt, nämlich das Recht der Kraft und der Stärke. Wer dieses Recht nicht besitzt, wer die Kraft nicht hat, ist in den Augen der Natur nicht lebensfähig.«

Entsprechende Gedanken äußerte auch Himmler 1936 in seiner Schrift ›Die SS als antibolschewistische Kampforganisation‹:

»Wir halten es für richtig, demgegenüber festzustellen, daß, solange es Menschen auf der Erde gibt, der Kampf zwischen Menschen und Untermenschen geschichtliche Regel ist, daß dieser vom Juden geführte Krieg gegen die Völker, solange wir zurückblicken können, zum natürlichen Ablauf des Lebens auf unserem Planeten gehört.«

Im Kriege sagte er in einer Rede vor Wehrkreisbefehlshabern:

»Echte Kriege aber, echte Rassenkriege, sind unbarmherzig und werden ausgefochten bis zum letzten, bis der eine oder der andere restlos besiegt ist.«

In Verbindung mit der sozialdarwinistischen Ausmerzungs- und Züchtervorstellung führte die Härte zu der Forderung, Menschen in feindlichen Völkern, die »gutes Blut« haben, entweder zu töten oder mit Gewalt einzudeutschen. In einer Rede wehrte sich Himmler gegen den Vorwurf, es sei ungermanisch gewesen, die Führungsschicht der Polen systematisch umzubringen[23]:

»...Es tut mir leid, ich halte es für richtig und ich glaube, daß es richtig ist. Wir mußten zunächst dem Gegner seine führenden Köpfe nehmen, da waren die Leute im Westmarkverband, in den aufständischen Verbänden, das war die polnische Intelligenz. Die mußten weg, da half nun nichts. Die klugen Reden und Ratschläge, die mir von manchen Stellen gegeben wurden, daß darüber die eigene Truppe Schaden leiden könnte, die weiß ich selbst. Von den Herren,

[23] (Vgl. S. 247) PS-1918.

glaube ich, die mir den Ratschlag gegeben haben oder die mir den Ratschlag gaben, ist kein einziger bei der Exekution selbst dabei gewesen. Ich kann Ihnen sagen, es ist scheußlich und furchtbar für einen deutschen Menschen, wenn er das ansehen muß. Das ist es, und wenn es nicht scheußlich und furchtbar für uns wäre, dann wären wir ja keine deutschen Menschen mehr und wären wir ja keine Germanen. Ebenso scheußlich wie es ist, ebenso notwendig ist es gewesen und wird es auch in vielen Fällen noch sein, daß wir es durchführen. Wenn wir nämlich jetzt nicht die Nerven haben, dann werden diese schlechten Nerven an unseren Söhnen und an unseren Enkeln wieder ausgehen. Dann können wir wieder exerzieren und können den politischen Wahnsinn von tausend Jahren im nächsten Jahrhundert wieder vollziehen. Dazu haben wir nicht das Recht. Denn wenn wir in der heutigen Zeit leben, von Adolf Hitler erzogen worden sind und das Glück haben, im Reich Adolf Hitlers oder unter der Hand Adolf Hitlers für Deutschland wirken zu können, dann haben wir gütigst nicht schwach zu sein. Es muß immer so sein, daß eine solche Exekution für unsere Männer das Schwerste sein muß. Und es muß trotzdem immer so sein, daß sie niemals weich werden, sondern daß sie das mit zusammengebissenen Lippen machen.«

Ähnlich bei einer anderen Gelegenheit[24]:

»Es ist ganz klar, daß es in diesem Gemisch von Völkern [gemeint sind die Slawen] immer wieder einige rassisch sehr gute Typen geben wird. Hier haben wir, glaube ich, die Aufgabe, deren Kinder zu uns zu nehmen, sie aus der Umgebung herauszunehmen, und wenn wir sie rauben oder stehlen müßten. Das mag unser europäisches Empfinden seltsam berühren und mancher wird mir sagen: Wie können Sie so grausam sein, einer Mutter ihr Kind wegnehmen zu wollen. – Darauf darf ich die Antwort geben: Wie können Sie so grausam sein, daß Sie einen genialen künftigen Feind auf der anderen Seite lassen wollen, der dann Ihren Sohn und Enkel umbringt. – Entweder wir gewinnen das gute Blut, das wir verwerten können, und ordnen es bei uns ein oder, meine Herren – Sie mögen es grausam nennen, aber die Natur ist grausam – wir vernichten dieses Blut. Wir können es aber vor unseren Söhnen und unseren Ahnen nicht verantworten, dieses Blut drüben zu lassen, damit unser Gegner fähige

[24] Rede in Bad Schachen, am 14. Oktober 1943.

Führer und fähige Kommandeure bekommt. Es ist feige, wenn die heutige Generation sich um eine Entscheidung herumdrückt und sie den Nachkommen überläßt.«

Daß sich solche Gedankengänge nicht erst im Krieg entwickelt haben, beweisen Himmlers Expektorationen über Kerenski in seiner Schrift ›Die SS als antibolschewistische Kampforganisation‹: Die Behandlung Kerenskis sei ein Schulbeispiel arischer Gutmütigkeit gewesen. Seine jüdische Mutter sei wegen Beteiligung an anarchistischen Anschlägen zum Tode verurteilt worden, doch habe der Vater des letzten Zaren sie begnadigt, weil sie im Begriff gewesen sei, Mutter dieses Kerenski zu werden. »Und ausgerechnet dieser durch arische Gutmütigkeit zum Leben gekommene Kerenski setzt den letzten Zaren ab und ist Wegbereiter des Bolschewismus.«

Als Vorbild der Härte galt in der SS Reinhard Heydrich, besonders nach seinem Tode. Carl Jakob Burckhardt schreibt über ihn in seinen Erinnerungen[25]:

»Heydrich stellte sich vor mich hin und indem er über meine linke Schulter schaute, sagte er gepreßt: ›Man hält uns für Bluthunde im Ausland, ist es nicht so?‹ Und dann: ›Es ist fast zu hart für den Einzelnen, aber hart wie Granit müssen wir sein, sonst geht das Werk unseres Führers zugrunde. Viel später wird man uns danken für das, was wir auf uns genommen haben.‹«

In den Erinnerungen eines ehemaligen SS-Junkers heißt es:

»Aber meinem Bericht muß ich noch die Erinnerung an den ›blonden Gott‹ Reinhard Heydrich hinzufügen – er wäre sonst nicht vollständig. Heydrich war damals fast schon eine mystische Gestalt. Es gab kaum ein Zimmer in der Junkerschule, in dem nicht sein Bild hing – öfter als das Bild des Reichsführers selbst. Und ich kann die Beinamen nicht alle wiedergeben, mit denen er geschmückt wurde. Besonders eine Eigenschaft wird bei ihm hervorgehoben: seine Härte! Wie sehr er sich und seinen Körper mit eiserner Disziplin beherrschte, bewies nichts besser als jene Sekunden nach dem Attentat, als er, tödlich getroffen und von rasendem Schmerz geschüttelt, noch die Kraft aufbrachte, nach der Pistolentasche zu greifen, sie zu öffnen und fünf Schüsse den Attentätern nachzujagen. Interessant ist auch, daß ihn die Bilder fast ausnahmslos als Gewinner des ›Reichsgepäckmarsches‹ zeigen.«

[25] ›Meine Danziger Mission‹, München 1960, S. 56.

In der Gestalt Heydrichs findet man die soldatische und die weltanschauliche Komponente der Härte für die SS beispielhaft miteinander verschmolzen.
Wie die soldatische Erziehung zur Härte in Demütigung und Inhumanität umschlug, lehrt ein charakteristisches Beispiel aus den bereits zitierten Erinnerungen eines ehemaligen Angehörigen der Waffen-SS:

> »Eine besondere Methode der Demütigung war: Wenn jemand beim Einführen der Patronen in den Patronenstreifen durch Zufall eine dieser Patronen zu Boden fallen ließ, so mußte er diese mit dem Mund aufheben. Ich habe mir immer wieder vorgenommen: das werde ich nicht tun. Man kann mit mir machen, was man will, aber ich hebe keine Patronen mit dem Munde auf, sondern nur mit der Hand. Dabei nehme ich mir auch vor, diese Situation nicht herauszufordern, sondern alles zu tun, um zu verhindern, daß mir eine Patrone auf den Boden fällt. Nun passierte es mir aber doch. In solch einer Situation gibt es keinen Befehl mehr, sondern der Unterführer zeigt nur mit dem Daumen nach unten, und der Betreffende weiß schon, was er zu tun hat. Auch bei mir zeigt er mit dem Daumen nach unten – ich bücke mich und hebe die Patrone mit der Hand auf. Wie ein Raubtier auf seine Beute losspringt, so kommt er auf mich zu, führt sein Gesicht ganz nahe an das meine heran, so daß zwischen seiner Nase und meiner Nase keine zwei Millimeter sind, und brüllt in dieser Stellung, was er kann. Ich verstehe natürlich nichts, denn seine Stimme überschlägt sich fast im Brüllen. Am Ende vernehme ich nur noch, daß er schreit: ›Haben Sie vergessen, was zu tun ist?‹ Nachdem er ausgebrüllt hat, übergibt er mich dem stellvertretenden Gruppenführer. Der macht mit mir dann zehn Minuten lang ›Theatervorstellung‹. Das ist eine sehr lange Zeit, während man aus dem Laufschritt nicht herauskommt. Dazu noch gewürzt mit allen bekannten und bewährten ›Einlagen‹. Nach einer solchen Vorstellung kann man sein Hemd auswringen. Dann übergibt mich dieser wieder dem Unterführer selbst. Das erste ist, daß er befiehlt: ›Schmeißen Sie die Patrone weg!‹ Nun, darauf war ich nicht gefaßt. Schon bin ich nahe daran, aufzugeben. Ich werfe die Patrone weg – etwa 2 m von mir entfernt fällt sie zu Boden, und er deutet wieder mit dem Daumen nach unten. Ich zögere eine Sekunde. Dies bemerkend, kommt er auf mich zu. Da bin ich fast soweit, daß ich sie mit dem

Munde aufgehoben hätte. Dann aber – gedacht habe ich nichts mehr dabei, und ich weiß auch nicht warum – habe ich die Patrone wieder mit der Hand aufgehoben. Jetzt ist es gänzlich aus! Er wird rot, brüllt Unverständliches, übergibt die Gruppe dem stellvertretenden Gruppenführer und übernimmt mich selbst. Er beginnt mit 50 Kniebeugen mit vorgehaltenem Gewehr. Dabei muß ich laut zählen. Nun, ich habe schon daheim viel Sport getrieben, und ich bin hier an alles gewöhnt. Aber nach 10 Minuten ›Theatervorstellung‹, bei der ich schon fast knieweich war, noch 50 Kniebeugen mit vorgehaltenem Gewehr machen, das ist schon ein starkes Stück! Ich sage nicht, daß man das physisch nicht durchhalten kann. Es ist nur die Frage, ob man nicht moralisch vorher fertig wird. Und so kommt es auch. Bei 20 Kniebeugen höre ich auf zu zählen. Ich kann nicht mehr! Ich mache noch eine Kniebeuge, dann nehme ich das Gewehr ab und stehe auf. Ich kann nicht sagen, daß ich etwas dabei denke, ich weiß nur, daß ich am Ende bin. Ich höre noch einmal das Brüllen, aber das interessiert mich nicht mehr, weil ich mich plötzlich nicht mehr beherrschen kann. Ich muß weinen, obwohl das nicht mannhaft und nicht soldatisch ist. Ich kann auf seine Fragen nicht mehr antworten, dieser Weinkrampf schüttelt mich derart, daß ich auch nicht mehr reden kann. Ich habe keine Wut und spüre auch keinen Schmerz. Ich bin einfach am Ende. Wie er das sieht, brüllt er: ›Achtung!‹ Und dann: ›Sie Schlappschwanz! Sie Muttersöhnchen! Sie Heulbase! Einen heulenden SS-Mann gab es noch nie! Da drehen sich alle Gefallenen in ihren Gräbern um! Mit so was will man an die Front gehen... usw... usf...‹ Und dann wird ›Sammeln‹ geblasen. Damit ist die Übung vorläufig zu Ende. Er gibt mir noch den Befehl, eine Woche lang sämtliche Klos im ersten Stock sauber zu machen und nachher zwecks Besichtigung ihm zu melden. Und dann befiehlt er noch schnell: ›Werfen Sie die Patrone weg!‹ Ich tue dies und ohne überhaupt darauf zu warten oder auch nur hinzusehen, ob er mit dem Daumen hinunterzeigt, hebe ich sie mit dem Munde auf...«

An diesem Bericht fällt auf, daß die Demütigung des SS-Rekruten sich qualitativ nicht mehr von der eines KZ-Häftlings unterschied. Mutatis mutandis hätte sich der gleiche Vorgang in einem Konzentrationslager abspielen können. In *beiden* Fällen handelte es sich um Sumpfblüten einer zur Inhumanität per-

vertierten soldatischen Tradition. Denn auch die Konzentrationslager und die Art der Häftlingsbehandlung waren ja ein Stück jenes abartigen Soldatentums, wenigstens in der Zeit, bevor sie ausgesprochene Arbeitslager wurden, also bis 1942. Die Lager sollten dazu dienen, die politischen Gegner der Nationalsozialisten umzuerziehen; gegründet worden waren sie von ehemaligen Soldaten, von SA- und SS-Leuten, und diese praktizierten Erziehung eben so, wie sie Erziehung zu verstehen in der Lage waren: nämlich militärisch beziehungsweise was sie für militärisch hielten. So wurde der Betrieb in den KZ in militärischen Formen aufgezogen, die Häftlinge mußten exerzieren und wurden mit den übelsten Kasernenhofmißbräuchen gequält. Appell, Grußformen, Strammstehen, Rapport und viele andere Bezeichnungen und Praktiken stammten aus dem militärischen Leben, wobei die Bewacher offenbar nicht auf den Gedanken kamen, daß es aus ihrer Sicht eigentlich eine Blasphemie war, die »Untermenschen« an dem von ihnen so glorifizierten Soldatentum teilnehmen zu lassen. Daß die deutschen Folterknechte ihre Gefangenen drillten wie auf dem Kasernenhof, dagegen nie auf den Gedanken kamen, sie einer »Gehirnwäsche« zu unterziehen, ist charakteristisch.
Ein weiteres Beispiel für Inhumanität gegen die eigenen Leute sei aus dem zeitgenössischen Brief eines anderen SS-Mannes zitiert:

»Unser Kommandeur war ein verrückter Hund! Kaum waren wir nämlich eine Zeit draußen, als immer wieder Sabotagen vorkamen. Auch Partisanenüberfälle gab es. Bei solchen Vorfällen wußte der Chef nichts Besseres, als aus der ahnungslosen Bevölkerung der Orte, wo diese Dinge geschehen sind, jeweils zehn oder zwanzig Menschen aufhängen zu lassen. Und er gab mir immer wieder den Befehl: ›Fertigen Sie einen Galgen an!‹ Du kannst Dir vorstellen, wie erschrocken ich war, als ich diesen Befehl zum erstenmal erhielt. Ich sagte auch zu ihm: ›Sturmbannführer! Ich bitte Sie, mich von diesem Befehl zu befreien.‹
Und er sagte nur: ›Sie Schlappschwanz! Sie wollen ein SS-Mann sein!‹ Und ich mußte den Befehl ausführen. Der Bleistift zitterte in meiner Hand, als ich an meinem Tisch saß und überlegte, wie ich einen Galgen anfertigen soll. Ich habe keinen gezeichnet – ich ging nur in die Schreinerabteilung und bat die Leute dort, mir behilflich zu sein. Ich brauchte nicht lange zu bitten – sie hatten schnell einen Galgen fertig und

ich konnte melden: ›Sturmbannführer, Befehl ausgeführt!‹ Ich war bei der Hinrichtung nicht anwesend, aber von da an sah ich Tag und Nacht einen Galgen, den ich hatte anfertigen lassen, mit einem Gehenkten. – Meinem Chef machte es natürlich Spaß, mich zu quälen, und so oft eine Hinrichtung war – und das war nicht selten – hörte ich von ihm den ironischen Befehl: ›Sturmmann X, Sie sind ja Fachmann im Galgenbau. Bauen Sie einen für zwei, drei, vier Mann.‹ Und ich ging immer wieder in die Schreinerei, und der Galgen wurde angefertigt. Alle fuhren in Urlaub, nur mich ließ er nicht fahren. Er hatte natürlich Angst, ich würde nicht zurückkehren. Er sagte immer wieder zu mir: ›Sie haben noch Urlaubssperre.‹ Aber vor acht Wochen fuhr er auf eine Mine auf und wurde zerrissen. Da bekam ich einen neuen Chef, und der ließ mich heimfahren. Aber ich werde nicht zurückkehren, weil sie einen Henkersknecht aus mir gemacht haben. Ich habe nur den sehnlichsten Wunsch, daß ich das Bild vergessen könnte, das ich Tag und Nacht sehe: einen Galgen mit zwei, drei, vier, fünf Gehängten [sic] daran. Was haben die aus mir gemacht! Einst wollte ich Ingenieur werden – ›Galgenbauer‹ nannte mich mein Chef. Ich kann nicht zurückkehren – es mag geschehen, was will – ich gehe nicht zurück zu Verbrechern!...«

Die Beispiele vom »Galgenbauer« und von dem Rekruten, der die Patrone mit dem Mund aufheben mußte, weisen auf einen weiteren sehr wichtigen Tatbestand hin: Mit ganzer Grausamkeit traf die Härte nur diejenigen SS-Männer, die aus irgendeinem Grunde nicht oder noch nicht richtig »dazu«gehörten, also die Rekruten und diejenigen, die – zu Recht oder zu Unrecht – als Einzelgänger und Schwächlinge galten. Das war also nicht anders als bei der Wehrmacht, wo diejenigen mit Vorliebe gedrillt wurden, die aus irgendeinem Grunde »aufgefallen« waren; wen der Unteroffizier einmal aufs Korn genommen hatte, der kam so leicht nicht wieder in die Normalität frei. Für alle dagegen, die in der SS wirklich dazugehörten, die für voll genommen wurden, wurde nicht nur der Grundsatz der Härte, sondern der überspannte Rigorismus überhaupt aufgefangen und weitgehend neutralisiert durch die *Kameraderie*. Es wurde schon gesagt, daß die rigoristischen Idealforderungen der SS von einem geistig und seelisch normal veranlagten Menschen nicht entfernt erfüllt werden konnten, und daß sich deshalb die einen verkrampften und die anderen zu Phrasendrescherei und Heuchelei Zuflucht nahmen. Die allgemein und in der Hauptsache wohl unbewußt geübte Weise, sich mit dem Rigorismus erträglich einzurichten aber war die Kameraderie. Sie bot ein moralisches Existenzminimum, ohne daß man das Idealbild heroischer Existenz aufgeben mußte. Während Kameradschaft bedeutet, daß Menschen zueinanderhalten und füreinander einstehen, heißt Kameraderie, daß sie untereinander nicht mehr die Würde der Eigenständigkeit achten, sich dafür aber gegenseitig Zugeständnisse machen. Unter Berufung auf die »Kameradschaft« konzediert man einander immer mehr Schwächen, deckt wechselseitig Verfehlungen, vertuscht gemeinsames Versagen gegenüber Vorgesetzten und Außenstehenden. Das alles aber behält den Schein soldatischer Tugend, weil es sich als treues Zusammenhalten und wechselseitiges Füreinander-Einstehen deuten läßt; einer mißt sich nur am Verhalten der anderen und nicht mehr an objektiven Maßstäben. Auf diese Weise sinkt das gemeinsame moralische Niveau mehr und mehr ab, ohne daß man sich dessen recht bewußt wird. Eine bereits verrottete Gemeinschaft vermag sich noch an ihrem »Korpsgeist« erbauen, auch wenn sie in Wirklichkeit längst aller heroischen Ideale spottet. Solche Verhältnisse herrschten nicht gleichmäßig in der ganzen SS; gerade dort aber, wo es an echtem militärischem Einsatz fehlte und wo gar, wie etwa in den Konzentrationslagern, die SS-Leute unumschränkte Herren über völlig entrechtete Menschen waren, stand anstelle echter Kameradschaft die Kameraderie in voller Blüte.

Soweit die überlieferten Quellen das Studium des Alltags der SS ermöglichen, stößt man allenthalben auf die *Tendenz zur milderen Praxis*, mit der die Apotheose der Härte und der Rigorismus des offiziellen Selbstverständnisses neutralisiert wurden. Gegenüber anderen war jede Härte recht, untereinander aber sah man sich die Schwächen nach; das war noch die alte Mentalität der Schlägerkolonnen der »Kampfzeit« und deren Ganovenmoral. Gerade in den Konzentrationslagern und den Kommandos, die verbrecherische Befehle auszuführen hatten, spielten »alte Kämpfer« der SS – man nannte sie schon damals »Rabauken« – und österreichische Illegale aus der Dollfuß-Schuschnigg-Zeit eine maßgebende Rolle.

Wieweit auch in den Divisionen der Waffen-SS strikte Forderung und mildere Praxis unter Umständen auseinanderklafften, davon zeugt das Protokoll einer SS-Richtertagung vom Mai

1943. Gegenstand der Besprechung waren die Verstöße gegen das bekanntlich strenge Verbot, mit andersrassigen Frauen zu verkehren[26]:

»Gelegentlich der Richtertagung am 7. 5. 1943 kam in der allgemeinen Aussprache obiges Problem zur Diskussion. Von Seiten des Hauptamtes und von Seiten der einzelnen Chefrichter wurde die Forderung als vordringlich bezeichnet, eine Änderung dieses Befehls des Reichsführers-SS herbeizuführen.

Auf Aufforderung von SS-Standartenführer Dr. Reinecke nahmen zu dieser Frage die einzelnen in Betracht kommenden Chefrichter Stellung:

1.] SS-*Stubaf. Greineder, LSSAH:*

Geschlechtsverkehr bei der Leibstandarte mit andersrassigen Frauen sei sehr häufig. Das käme schon dadurch, daß die Nachschubformationen und ähnliche Verbände viele weibliche andersrassige Hilfskräfte hätten. Es hätte sich vielfach fast die Einrichtung eines Kebsweibes herausgebildet.

2.] SS-*Stubaf. Pfau, Div. ›Reich‹:*

Die Verhältnisse bei der Division ›Das Reich‹ sind ähnlich.

3.] SS-*Stubaf. Heinz*, SS- *und Polizeigericht Kiew:*

Seiner Ansicht nach verstoßen mindestens 50% sämtlicher SS- und Polizeiangehörigen gegen diesen Befehl. Ihm sei bekannt geworden, daß der Kommandeur der LSSAH erklärt habe, für seine Verbände gelte dieser Befehl nicht. ›Dieser Befehl ist von Leuten gemacht worden, die nur theoretisch Bescheid wissen.‹

4.] SS-*Stubaf. Kaminski*, SS- *und Pol. Rußland-Mitte:*

SS-Ogruf. von dem Bach drückt alle Augen zu. Dabei werde das Problem auch im Zusammenhang mit dem Problem des § 175 gesehen.

Als man dem Obergruppenführer von dem Bach vorgeschlagen habe, doch dann Bordelle einzurichten, habe der Obergruppenführer erklärt, er für seine Person ginge in kein Bordell.

5.] SS-*Hstuf. Aumund, Div. ›Reich‹:*

SS-Obergruppenführer Krüger habe angedroht, gerichtliche Bestrafungen wegen Ungehorsams gegen diesen Befehl kämen nicht in Frage. Wenn schon bestraft werden müßte, dann nur auf dem Disziplinarwege, um die Form zu wahren, aber getarnt.

[26] Bundesarchiv, NS 7/G 3.

6.] SS-*Stubaf. Zentgraf, Pol. Div.:*
Bei der Polizeidivision würde das Verfahren ebenso wie von Aumund für ›Reich‹ geschildert gehandhabt.
7.] SS-*Hstuf. Siedel, 2. Brigade:*
S. hebt die Unzuträglichkeiten, die besonders durch die lange Dauer des Verfahrens entstehen – Entscheidung des RFSS bei Anordnung, Vorbehalt des RFSS zur Bestätigung, Lichtbilderbeschaffung – hervor. Strafen, die nach 1 Jahr weisungsgemäß ausgesprochen würden, seien der Truppe völlig unverständlich und verfehlten ihren Zweck, um so mehr, als sich die Männer oftmals zwischenzeitlich bewährt hätten.
8.] SS-*Stubaf. Sachs,* SS- *u. Pol. Krakau:*
Stubaf. Sachs hält den Befehl auch für die Verhältnisse im Generalgouvernement für unhaltbar. Wenige Ungeschickte würden erwischt und bestraft. Meist seien es die Einfältigen, die das erste Mal aus sexueller Not gegen den Befehl verstießen, erwischt und bestraft würden. Die Gerissenen, die gegen den Befehl laufend verstießen oder feste Verhältnisse hätten, würden nicht festgestellt und demzufolge auch nicht bestraft. Eine gerechte Behandlung könne nicht gewährleistet werden. Schon aus diesem Grunde werde der Befehl nie Verständnis bei der Truppe finden . . .«

Welche Folgen eine Kombination von Härte gegenüber anderen und Kameraderie in den eigenen Reihen haben konnte, lehrt ein Brief eines Generals der Polizei namens Herf an seinen bekannteren Namensvetter, Obergruppenführer von Herff, den Chef des SS-Personalhauptamtes, vom 19. Juli 1943:

»Mein lieber Max!
Du hast mich nun in langen Jahren ziemlich genau kennengelernt, vielleicht schätzt Du mich sogar, ich denke es wenigstens.
Ich weiß nicht, ob ich hier *bleiben* kann!
Es gibt Dinge, bei denen ich keinen Spaß verstehe, bei denen ich auch zur kleinsten Aufgabe meiner Gedanken nicht bereit bin. Das sind Meldungen dienstlicher Art.
Meiner Ansicht nach sind die Meldungen, die von hier abgehen, an den Reichsführer ›frisiert‹!
Man sprach – lange bevor ich hier einpassierte – in der Ukraine ganz offen davon, daß die Verlustmeldungen der eigenen Truppe falsch seien. Man sagte, daß die Ziffern künstlich kleingehalten würden, um die ›Erfolge‹ in beson-

derem Licht erscheinen zu lassen. Ich wage nicht anzudeuten, aus welchen Gründen das geschah.
Als ich einen Tag hier war, wurde mir vom Ia ganz offen gesagt, daß hier Dinge sich abspielten, die unrichtig wären. Die gleiche Versicherung gab mir der bisherige Chef des Stabes, dem man im übrigen meinen Posten versprochen hatte! Das war alles am 2. Tage meines Hierseins. Ich habe beiden Herren erklärt, daß ich unter diesen Umständen hier nicht bleiben könnte. Man riet mir zu, den Versuch zu machen und die Lage zu ändern. Ich habe das bekanntlich getan. Gestern hat ein Gauleiter und Generalkommissar Geheimberichte hier veröffentlicht, *ohne dies zu wollen und zu wissen*, [die für den Führer bestimmt waren!] aus denen hervorgeht, daß bei rund 6000 toten ›Partisanen‹ etwa 480 Gewehre gefunden wurden. Kurz und gut, es wurde eben *alles erschossen*, um die Feindzahl zu heben und damit die eigenen ›Heldentaten‹! Ich sehe ganz klar vor Augen, daß mit diesem System der Anfang vom Ende für den Winter 43/44 gegeben ist, im Hinterland und damit vielleicht auch für die Front. Das Wachsen der Banden ist aber einzig und allein auf diese Art der Behandlung der Russen zurückzuführen.
Ich habe Dir bereits früher mehrfach meine Bedenken über die Art des ›Kolonisierens‹ mitgeteilt, arbeitet man heute aber mit dem System, dann habe ich keine Lust, daß man später mal auf Grund der Akten mir nachweist, daß ich ja mitschuldig sei an der Irreführung des Reichsführers-SS. *Es müssen Tote vorhanden sein*, sie mögen herkommen, woher sie wollen, sonst ist der betreffende Führer kein Führer und kein Soldat. Daß er dann auch keine Auszeichnung bekommt, das kommt noch hinzu.
Der Reichsführer-SS ›mag‹ mich; mir tut das alles sehr leid, da meine Liebe zu ihm bestimmt noch größer ist, aber ... Max ... ich bin kein Gauner und werde auch keiner werden.
Ich habe die Frage der ›6000/480‹ – siehe oben, sofort in dem Sinne gestern abend angeschnitten. Antwort? ›Sie scheinen nicht zu wissen, wie die Banden die Waffen vernichten, um dem Tod zu entgehen und um sich reinzuwaschen.‹ Wie einfach muß es dann sein, diese Banden niederzukämpfen – – – wenn sie die Waffen vernichten!
Lieber Max, ich diene der Sache, nicht einer Person und auch nicht einer Reihe von Trugschlüssen.
Ich danke Dir sehr herzlich für die lieben kameradschaft-

lichen Gedankengänge, die Du für mich gehabt hast, aber ... ich muß verzichten.

Die Beweggründe habe ich Dir kurz klargestellt.

Wenn Du willst, rufe mich mal nach Berlin, ich komme gerne, Du kannst Dir ja denken, daß mir diese Zeilen nicht gerade leicht fielen, sie bilden den Abschluß meiner Laufbahn, auch darüber bin ich mir klar.

Herzlichst!
Dein E.«

Herr von Herff übersandte diesen Brief dem Obergruppenführer Wolff, Chef des Hauptamtes Persönlicher Stab RFSS, mit dem Bemerken, er wisse, daß die Behauptungen Herfs der Wahrheit entsprächen, denn sie würden durch viele andere Quellen bestätigt. Nach dem zitierten Dokument war die Bereitschaft, fremdes Blut nicht zu schonen, offenkundig recht verbreitet; es fällt deshalb schwer zu glauben, daß die Tötungen der Juden nur unter großen Skrupeln der Beteiligten und unter unmittelbarer Bedrohung von Leib und Leben stattgefunden haben sollten.

Die Tendenz zur milderen Praxis fand ihre Entsprechung auch bei Himmler selbst, der gegenüber seinen *eigenen* Leuten ja kein Berserker war, sondern sich eher betulich-fürsorglich zeigte. Das gehörte zum Ordensgeist, wie er ihn verstand. Bei Strafsachen, die ihm vorgelegt wurden, war er geneigt, auch die Verdienste eines Delinquenten in Rechnung zu stellen und pädagogischen Erwägungen Raum zu geben, die dem zu Bestrafenden die Möglichkeit zur Rehabilitierung und Besserung gaben. – Ein Beispiel, daß Himmler auch in der eigenen Praxis dem Rigorismus seiner Worte nicht unbedingt entsprach, bezieht sich auf einen Befehl Görings vom April 1943, mit dem allen Dienststellen streng verboten wurde, Käufe auf den schwarzen Märkten der besetzten Gebiete zu tätigen. Mit Geheimschreiben vom 27. April 1943 übersandte Himmler den Befehl Görings an die Hauptamtschefs, Höheren SS- und Polizeiführer usw. mit dem Zusatz:

»Ich erwarte eine *strikte und beispielhaft korrekte* Durchführung dieses Befehls. Die Chefs der Hauptämter, die Höheren SS- und Polizeiführer und die Befehlshaber und Kommandeure der Waffen-SS und Polizei sind mir persönlich für die Durchführung verantwortlich.«

Drei Tage vorher aber hatte er an den Chef des Wirtschafts-Verwaltungshauptamtes, Obergruppenführer Pohl, geschrieben:

»Der Reichsmarschall ließ mich neulich bitten, wir möchten jetzt auf den schwarzen Märkten im Gesamtrahmen sehr zurückhaltend sein, da der Reichsmarschall eine Baisse auf diesen schwarzen Märkten erzeugen will.
Einzelgenehmigungen, wie für 3 Millionen RM Lebensmittel für die N.P.E.A. würde er immer gern geben. Wenn wir Stoffe und andere Ausrüstungsgegenstände haben können, so bitte ich, mich nur jeweils davon zu verständigen.«

Wer den zweiten Brief kennt, wird kaum noch davon zu überzeugen sein, daß ein Verstoß gegen die »strikte und beispielhaft korrekte« Durchführung des Befehls von Göring ernste Folgen nach sich gezogen hätte.

Der Befehl in Weltanschauungssachen und die normative Ordnung

Bei der Darstellung der Organisation von SS und Polizei wurde gezeigt, daß es im nationalsozialistischen Herrschaftssystem eine normative und eine nicht-normative, in der Praxis antinormative Exekutive gab. Diesen beiden Exekutivbereichen lassen sich die zwei Arten von Befehlen grundsätzlich zuordnen: der Befehl in Dienstsachen dem normativen, der Befehl in Weltanschauungssachen dem nicht-normativen Bereich. Der tatsächliche Sachverhalt war allerdings erheblich komplizierter; denn Normativität und nicht-normatives Handeln waren nicht lediglich in zwei klar voneinander unterscheidbaren Bereichen gewissermaßen institutionalisiert, sondern sie kamen darüber hinaus auch im jeweils anderen Bereich zur Wirkung. Das heißt: im normativen Bereich ist ein Prozeß der Relativierung und allmählichen Auflösung von Normen zu beobachten, während sich im nicht-normativen Bereich mannigfache normative Regelungen ausbildeten. Beispiele für die Aufweichung und Auflösung überkommener Normen waren etwa die Auslegung von Gesetzen nach weltanschaulich-nationalsozialistischen Gesichtspunkten, Eingriffe Hitlers in die Unabhängigkeit der Justiz, Generalklauseln in neuen Gesetzen, die Erteilung von ungewöhnlich weitgehenden Sondervollmachten an einzelne Behörden oder die Gewährung von Straffreiheit für Taten, »zu denen sich der Täter durch Übereifer im Kampfe für den nationalsozialistischen Gedanken hat hinreißen lassen«[27].

[27] Gesetz vom 23. April 1936 – RGBl. I, S. 379.

Daß andererseits im Bereich der nationalsozialistischen Bewegung allenthalben normative Regelungen getroffen wurden, hat seinen einfachen Grund darin, daß menschliches Zusammenleben entgegen dem uneingeschränkten Verfügungsanspruch totalitärer Herrschaft ohne solche Regelungen nicht möglich ist. Sie waren allerdings vorwiegend technisch-organisatorischer Natur und wurden um politischer Zweckmäßigkeit willen leicht suspendiert. Die Erfahrung lehrt, daß zum Beispiel die Reichsleitung der NSDAP sich auch über selbst erlassene Vorschriften hinwegsetzte, wenn es ihr politisch opportun schien. Die in der nationalsozialistischen Bewegung im Laufe der Jahre ausgebildeten Rechtsnormen sind zu einem wesentlichen Teil auf das Bestreben zurückzuführen, den außernormativen Führungsanspruch im Sinne des von E. R. Huber umschriebenen Legalitätsbegriffs[28] in die bestehende staatliche Ordnung hineinzuinterpretieren. Eine Zusammenstellung der auf diese Weise entstandenen gesetzlichen Bestimmungen bietet die 1936 von Haidn und Fischer herausgegebene Sammlung ›Das Recht der NSDAP‹.

Auch in der SS wurden, von Jahr zu Jahr zunehmend, normative Regelungen ausgebildet. Das rasche Wachstum der Organisation und ihrer Aufgaben erforderte eine fachgerechte bürokratische Technik, zumal die weitgehende Finanzierung aus Mitteln des Reiches dazu zwang, die Bestimmungen der staatlichen Finanzverwaltung zu beachten. Echte Rechtsnormen wurden auch im Dienstrecht und Versorgungswesen und in der SS- und Polizeigerichtsbarkeit ausgebildet beziehungsweise übernommen. Das änderte jedoch nichts an der Tatsache, daß die SS der Prototyp nicht-normativer Exekutive war und entsprechend geführt wurde. Mehr noch als im übrigen Bereich der nationalsozialistischen Bewegung galten in der SS alle Normen nur »auf Abruf« und konnten, wo immer politische Zwecke es erforderten, suspendiert werden. Ein typisches Beispiel dafür, wie sich Himmler über selbstgeschaffene Normen hinwegsetzte, bietet der folgende Brief des dienstältesten SS-Richters beim SS- und Polizeigericht Berlin an das Hauptamt SS-Gericht vom 14. Januar 1942[29]:

»Unter Bezugnahme auf die gestrige Rücksprache zwischen SS-Stubaf. B. und dem Unterzeichneten wird mitgeteilt, daß der Verurteilte Z. inzwischen zum SS-Uscha. befördert und

[28] Vgl. S. 23.

[29] NO-5053.

zum Kriegsverdienstkreuz eingereicht worden ist. Dem Unterzeichneten wurde dies anläßlich der Ende Dezember 1941 erfolgten Durchreise des SS-Hstuf. X berichtet, der Z. mit eigenen Augen als SS-Uscha. gesehen hat und der authentisch von einer Äußerung des SS-Ogruf. Jeckeln zu Z. des Inhalts berichtete, daß es dem SS-Ogruf. leid täte, dem Z. das Kriegsverdienstkreuz nicht haben mitbringen zu können.
Nach Auffassung des SS-Hstuf. X liegen diesen begünstigenden Maßnahmen gegenüber Z. persönliche Anordnungen des RFSS zugrunde.
Der Unterzeichnete hätte hierüber bereits berichtet, wenn nicht von dort aus zu gleicher Zeit die Akten angefordert worden wären; der Unterzeichnete schloß hieraus, daß das Vorstehende bereits bekannt sei.
Eine Rückfrage bei SS-Ogruf. Jeckeln aus diesem Anlaß erscheint dem Unterzeichneten nicht notwendig, weil SS-Hstuf. X über diese Dinge aus eigener, persönlicher Kenntnis und Beobachtung berichtete; es könnte sich also nur noch darum handeln zu erfahren, auf wessen Veranlassung diese Maßnahmen erfolgen.
SS-Hstuf. X hat hier von den jetzigen Verdiensten Z.s berichtet: sie sind in dessen besonders häufiger Hinzuziehung zu Judenaktionen zu erblicken.
Der Unterzeichnete braucht wohl nicht zu erwähnen, daß die Behandlung des Falles Z., angefangen von der Umwandlung der Ausstoßung [aus der SS, d. Verf.] in den Ausschluß über das Absehen von einer auch nur teilweisen Urteilsvollstrekkung bis zur neuerlichen Beförderung des Z., in ihm selbst sowohl als auch bei dem Richterkameraden SS-Ostuf. M. ständige und starke *Gewissenskonflikte* auslöst. Ganz abgesehen davon, daß die Ausnahmebehandlung des Z. sowohl dem RFSS-Befehl zuwiderläuft, daß an Angehörige der Bewährungseinheiten keine Auszeichnungen verliehen werden dürfen, und daß sie auch nicht in Einklang zu bringen ist mit dem Grundsatz der SS-Gerichtsbarkeit, daß SS-Führer wegen ihrer Verfehlungen mindestens doppelt so hart bestraft werden müssen als Unterführer oder Männer, stehen dem Unterzeichneten aus seiner SS-richterlichen Praxis naturgemäß eine ganze Reihe von Fällen vor Augen, in denen junge SS-Männer, wegen einer Eigentumsverfehlung geringfügigen Ausmaßes hart bestraft, gnadenlos von jeder wirklichen Bewährungsmöglichkeit ausgeschlossen blieben, ob-

wohl sie vor ihrer Tat ordentliche Soldaten und SS-Männer gewesen waren [manche mit EK-Auszeichnungen!], obwohl sie während der Vollstreckung der Strafe gezeigt hatten, daß sie ihre Tat bitter bereut und obwohl auch von ihnen mancher Frau und Kind hatte, die in bewegenden Gnadengesuchen oftmals vortrugen, sie wüßten ihren Mann oder Vater lieber vor dem Feind gefallen als noch einen Tag im Gefängnis. Der Unterzeichnete hat immer wieder versucht, für diese Gattung von Verurteilten einen Gnadenerweis mit dem Ziel einer Frontbewährung zu erreichen, er ist aber trotz Befürwortung der seinerzeitigen Vorschläge durch SS-Ogruf. Ritterkreuzträger Hausser stets gescheitert, wie sich aus mehreren Akten der SS-Div. ›Reich‹ nachweisen läßt.

Bei alledem kann der Unterzeichnete als verantwortungsbewußter SS-Richter von dem Inhalt der Akte Z. und von den neuerlichen Mitteilungen des SS-Hstuf. X nur mit größter Bitterkeit Kenntnis nehmen. Er ist der Auffassung, daß der RFSS namens aller SS-Richter gebeten werden müßte, die Gründe für die besondere Behandlung des Falles Z. bekanntzugeben, wenn es sich bewahrheiten sollte, daß auch die neuerliche Beförderung des Z. auf eine Anordnung des RFSS zurückgeht.«

Es handelte sich hier also um einen eklatanten Fall von Suspendierung selbst gesetzter Rechtsnormen, und zwar interessanterweise im Zusammenhang mit der Judenvernichtung, also der außernormativen Maßnahme par excellence. Umgekehrt gab es im Zusammenhang mit dieser außernormativen Maßnahme normative Bestimmungen von zweitrangiger Bedeutung, die dazu dienen sollten, die Kontrolle über die Judenverfolgung und Judenvernichtung nicht zu verlieren und unter den Exekutoren Disziplin zu wahren. Am bekanntesten ist die Äußerung Himmlers, daß jeder, der sich auch nur eine Mark aus dem Besitz der Opfer aneigne, des Todes sei – übrigens auch ein typischer Himmlerscher Rigorismus, dem eine beträchtlich mildere Praxis gegenüberstand. Ein anderes Beispiel ist ein SS-Befehl Himmlers vom 16. August 1935, der Einzelaktionen gegen Juden verbot:

»1. Ich verbiete aufs schärfste jede Einzelaktion irgendeines SS-Angehörigen gegen Juden.

2. Die Lösung der Judenfrage ist, wie auch bisher die Lösung aller Fragen, eine Sorge des Führers und nicht eine Sorge von Einzelnen.

3. Zuwiderhandlungen, auch in der leisesten Form, werden mit Ausstoßung aus der SS bestraft.«

In einem Feldurteil des Obersten SS- und Polizeigerichts vom 9. Juni 1943 gegen einen SS-Untersturmführer, der auf eigene Faust mit großer Grausamkeit Hunderte von Juden getötet hatte, heißt es:

»... *Wegen der Judenaktionen als solcher soll der Angeklagte nicht bestraft werden. Die Juden müssen vernichtet werden, es ist um keinen der getöteten Juden schade.* Wenn sich auch der Angeklagte hätte sagen müssen, daß die Vernichtung der Juden Aufgabe besonders hierfür eingerichteter Kommandos ist, soll ihm zugute gehalten werden, daß er sich befugt gehalten haben mag, auch seinerseits an der Vernichtung des Judentums teilzunehmen. Wirklicher Judenhaß ist der treibende Beweggrund für den Angeklagten gewesen. Er hat sich dabei allerdings in Alexandria zu Grausamkeiten hinreißen lassen, die eines deutschen Mannes und SS-Führers unwürdig sind. Diese Übergriffe lassen sich auch nicht, wie der Angeklagte will, damit rechtfertigen, daß sie nur gerechte Vergeltung für das Leid seien, das die Juden dem deutschen Volke angetan haben. Es ist nicht deutsche Art, bei der notwendigen Vernichtung des schlimmsten Feindes unseres Volkes bolschewistische Methoden anzuwenden. An solche grenzt die Handlungsweise des Angeklagten bedenklich. Der Angeklagte hat es zu einer so üblen Verrohung seiner Männer kommen lassen, daß sie sich unter seinem Vorantritt wie eine wüste Horde aufführten. Die Manneszucht ist vom Angeklagten in einer Weise aufs Spiel gesetzt worden, wie es schlimmer kaum denkbar ist. Mag der Angeklagte auch sonst für seine Männer gesorgt haben, so hat er doch durch sein Verhalten seine Dienstaufsichtspflicht gröblichst verabsäumt, wozu nach SS-mäßiger Auffassung auch gehört, daß er seine Männer nicht seelisch verkommen läßt. Der Angeklagte hat sich deshalb insoweit nach § 147 MStGB strafbar gemacht. Da diese Strafvorschrift jedoch nur Gefängnis oder Festung bis zu 15 Jahren als Strafrahmen vorsieht, ist die Anwendung des § 5 a der Kriegssonderstrafrechtsverordnung geboten, da eine derartige Auflösung der Manneszucht eine schwerere Strafe erheischt ...«

Normative Regelungen aus technisch-organisatorischen oder aus disziplinären Gründen, oder aber auch um das Ideal einer Ordensbildung zu verwirklichen; andererseits die Setzung und

Verwirklichung politischer Ziele außerhalb jeder Norm, verbunden mit der Forderung, sich, wo immer nötig, über bestehende Normen hinwegzusetzen; dann aber wieder in manchen Fällen das Bestreben, außernormativen Maßnahmen einen legalen Tarnanstrich zu geben; endlich auch die Praxis, einzelne SS-Dienststellen zur Verfolgung außernormativer Zwecke mit Rechten und Kompetenzen staatlicher Behörden auszurüsten – das alles führte im Laufe der Jahre in der SS zu einer verwirrenden Verquickung normativer und nicht-normativer Elemente, die oft sogar in ein und demselben Vorgang miteinander vermengt waren. So verbot Eicke als Inspekteur der KZ im Jahre 1937 den Wachtruppenangehörigen, Häftlinge zu mißhandeln, und schrieb dazu: »So sehr ich als Nationalsozialist für ein solches Vorgehen [nämlich die Mißhandlung, d. Verf.] Verständnis habe, kann und darf ich dieses Verhalten nicht dulden, wenn wir nicht Gefahr laufen sollen, vom Innenministerium des Deutschen Reiches als unfähig zur Behandlung von Gefangenen bezeichnet zu werden.« Alle drei Monate mußten die Wachtruppen-Angehörigen eine Erklärung unterschreiben, daß sie sich an den Häftlingen nicht vergreifen dürfen, und trotzdem wurde der Willkür und Grausamkeit freier Lauf gelassen. Überhaupt sind die KZ ein interessantes Forschungsobjekt für die Verquickung von normativem und nicht-normativem Verhalten und Handeln. Obgleich sie im Grunde immer eine spezifische Einrichtung der anti-normativen Exekutive waren, haben sich in ihnen normative Regelungen der verschiedensten Art ausgebildet, ohne doch je eine wirkliche Garantie für die Häftlinge darzustellen. Wer zur Häftlingsprominenz gehörte, war vor den Willkürakten der Wachmannschaften ziemlich sicher, aber jeder Tag konnte ihm doch den Sturz in die Anonymität der Masse der Häftlinge bringen, für die auch nicht der geringste Schutz objektiv gesichert war.

In einer Anordnung des Stabshauptamtes des Reichskommissars für die Festigung deutschen Volkstums vom 20. Januar 1942 heißt es:

> »Auf Befehl des Reichsführers-SS haben sich alle ungedienten Männer im Dienste des Reichskommissars für die Festigung deutschen Volkstums [auch Nichtangehörige der SS], die den Jahrgängen 08 und jünger angehören, zum freiwilligen Waffendienst in der Waffen-SS zu melden.«

In diesem Falle legitimierte sich der Befehl des Reichsführers-SS letztlich aus weltanschaulicher Verbindlichkeit, während die

»Freiwilligkeit« der Meldung aus dem Bezug auf die staatlich normative Regelung der Rekrutierung der Waffen-SS zu verstehen ist. Die ans Groteske grenzende Paradoxie dieser Anordnung wurde möglich, weil sie Personen betraf, die sich bereits in einem Kompetenzbereich des RFSS [nämlich der Dienststelle des Reichskommissars für die Festigung deutschen Volkstums] befanden und in einen anderen [nämlich in die Waffen-SS] eintreten sollten; dieser Vorgang ist zu vergleichen mit der Heranziehung von Angehörigen der Allgemeinen SS [und nur solche konnte es ja treffen] zu den Totenkopfsturmbannen aufgrund der Notdienstverordnung[30]. Die Notdienstverordnung war staatlicher Zwang; er wurde aber in diesem Falle nur auf solche Personen angewendet, die früher aufgrund freiwilliger Entscheidung der Allgemeinen SS beigetreten waren und sich damit der Befehlskompetenz in Weltanschauungssachen des Reichsführers-SS bereits unterworfen hatten. Im Falle der Angehörigen der Dienststellen des Reichskommissars für die Festigung deutschen Volkstums war der Anteil echter Freiwilligkeit insoweit geringer, als es sich um Volksdeutsche handelte, für die in vielen Fällen die Aktivität in der SS mehr oder weniger Zwang war. Immerhin lehrt der Bericht eines der seinerzeit von dem zitierten Befehl Betroffenen, daß es nicht völlig ausgeschlossen war, sich der befohlenen Freiwilligkeit zu entziehen; es heißt in dem Bericht:

»Ich wurde im Spätherbst 1939 als baltendeutscher Umsiedler zunächst für die Umsiedlungs-Treuhand-AG [UTAG] in Riga dienstverpflichtet und im Frühjahr 1941 zur Zentrale der genannten Gesellschaft, der Deutschen Umsiedlungs-Treuhand GmbH, nach Berlin versetzt. Beide Gesellschaften waren vom ›Reichskommissar für die Festigung deutschen Volkstums‹ mit der vermögensrechtlichen Abwicklung der baltischen Umsiedlung beauftragt. Eine größere Zahl der jüngeren Mitarbeiter der Gesellschaft erhielt im Januar oder Februar 1942 durch die Post eine Aufforderung, sich zur Musterung für die Waffen-SS einzufinden. Die Aufforderung begann meiner Erinnerung nach mit den Worten: ›Der Reichsführer-SS hat für Sie die Einstellungs-Untersuchung zum Eintritt in die Waffen-SS angeordnet. Sie haben sich ...‹ Meine Kollegen sind, soweit mir bekannt, ohne Ausnahme der sehr scharf und ›amtlich‹ wirkenden Aufforderung gefolgt, vor allem, nachdem die Geschäftsleitung mitgeteilt

[30] Vgl. S. 175f.

hatte, nur diejenigen Mitarbeiter könnten weiter uk-gestellt werden, welche für die Waffen-SS gemustert worden wären. Ich habe damals an die Stelle, von welcher die Musterungsaufforderung ausging, einen Brief geschrieben und gesagt, ich verzichte auf den mir damit ermöglichten ›freiwilligen Eintritt in die Waffen-SS‹, ich sei für die Wehrmacht gemustert und wolle nach meiner Einberufung auch dort Dienst tun. Einige Wochen später erhielt ich ein neues Schreiben von der SS, das etwa mit den Worten begann: ›Sie haben es für möglich gefunden, der Aufforderung des Reichsführers-SS nicht Folge zu leisten.‹ Es wurde ein neuer Termin genannt und gedroht, ein erneutes Nicht-Erscheinen würde Folgen haben. Diese zweite Aufforderung habe ich gleichfalls nicht befolgt, obwohl mir meine Geschäftsleitung nach Rückfrage beim ›Reichskommissariat für die Festigung deutschen Volkstums‹ mitteilte, sie würde mich vor eventuellen Maßnahmen der SS nicht schützen können; man war aber bereit, mich an die Außenstelle unserer Gesellschaft in Riga zu versetzen, um mich aus dem ›Schußfeld‹ zu bringen – wo ich dann weiter nichts mehr von der Sache hörte. Meine Landsleute und Kollegen, die der ersten Aufforderung gefolgt waren, sind fast alle früher oder später zur Waffen-SS gekommen. – Rückblickend halte ich es für einen Zufall, daß mir nichts geschehen ist. Das Ausbleiben einer Reaktion mag daran gelegen haben, daß es sich bei mir um einen Einzelfall handelte. Sollten sich tatsächlich mehrere meiner Kollegen geweigert haben, zur Musterung zu erscheinen, dann hätte die SS ohne Zweifel schärfer durchgegriffen ...«

Ein weiteres Beispiel für das Nebeneinander normativer Regelungen und nicht-normativer Maßnahmen war folgender Sachverhalt:

Durch Führerbefehl vom 2. August 1944 wurde der Reichsführer-SS ermächtigt, Soldaten und Beamte des Heeres, der Waffen-SS und der Polizei über die zuständigen Personalstellen auszutauschen. Himmler hatte also die Vollmacht, Angehörige des Heeres in die Waffen-SS, Angehörige der Waffen-SS in die Polizei usw. zu überstellen. Neben dieser Generalvollmacht blieben jedoch die ins einzelne gehenden Bestimmungen für den freiwilligen Übertritt aktiver Soldaten der Wehrmacht in die Waffen-SS nicht nur unverändert bestehen, sondern es wurden sogar noch Mitte Februar 1945 für das Heerespersonalamt Richtlinien herausgegeben, wonach ein solcher Übertritt nur

Soldaten gestattet war, die Angehörige der Allgemeinen SS waren oder die als hauptamtliche HJ-Führer in die SS-Division »Hitlerjugend« eintreten oder die wegen entsprechender Fachkenntnisse zu den SS-Jagdverbänden übertreten wollten. Daß so eng gefaßte und differenzierte Bestimmungen trotz der Generalbevollmächtigung des RFSS noch getroffen wurden, dürfte damit zusammengehangen haben, daß ein Übertritt, der den Charakter eines Wechsels der beruflichen Laufbahn hatte, noch nach den Normen des Dienstrechtes gemessen wurde, während die Überstellungen aus Erfordernissen des Einsatzes einfach aus der Kompetenz der Führergewalt entschieden wurden.
In der SS war also – oft bis in den Einzelvorgang hinein – normatives und nicht-normatives Verhalten ineinander verschränkt. Dabei blieb allerdings der Herkunft der SS und ihrer Zugehörigkeit zum Bereich des ideologischen Konsenses beziehungsweise der Führergewalt entsprechend die nicht-normative Komponente immer die spezifische und maßgebende. Im Bereich grundsätzlich nicht-normativen Handelns bauten sich ständig Zusammenhänge normativer Regelungen auf, die jedoch – einem elektrischen Spannungsfeld vergleichbar – zusammenbrachen, wann immer auf nicht-normatives Handeln umgeschaltet wurde. Seit 1945 machen sich die in kriegsgerichtlichen Verfahren, Spruchkammerverfahren und den jetzt geführten Kriminalprozessen Angeklagten, ebenso aber auch die Kläger in dienst- und versorgungsrechtlichen Streitfällen die Oszillation zwischen Normativität und nicht-normativem Handeln oft und mit Erfolg zunutze, indem sie nicht-normative Maßnahmen, die an sich dem Befehlsbereich in Weltanschauungssachen zugehören, aus deren sekundären normativen Merkmalen rechtfertigen. Dagegen kann man zu einer historisch richtigen Beurteilung der SS und ihres Wirkens nur kommen, wenn man berücksichtigt, daß die nicht-normative Komponente letztlich die primäre und maßgebende war. Das lehrt nicht nur die geschichtliche Erforschung der Entwicklung der SS, sondern ist auch durch rein logische Überlegungen zu erweisen: denn nicht-normatives Denken hat seiner Natur nach die Möglichkeit, sich normativ zu drapieren, ohne dabei etwas von seiner Eigenart zu verlieren. Normatives Denken dagegen hebt sich selbst auf, wenn es nicht-normativen Gesichtspunkten Raum gibt. – Allerdings bedarf auch unser heutiges *historisches* Bild vom Dritten Reich und von der SS einer gewissen Korrektur: zwar ist es im ganzen völlig zu Recht von der entscheidenden Rolle des anti-

normativen Prinzips geprägt, viele Einzelzüge werden jedoch zu simpel und daher falsch gesehen, weil man den Einfluß, den normatives Denken immerhin noch hatte, unterschätzt. Mit anderen Worten ausgedrückt: viele Historiker setzen den »Willkür-Koeffizienten« bei der Beurteilung bestimmter einzelner Ereignisse zu hoch an.

Wie bereits erwähnt [S. 226f.] gab es in der Gesamtorganisation der SS trotz der verwirrenden Verquickung normativer und nicht-normativer Elemente dennoch einige Kommandos und Aufgaben, die *auch damals offenkundig und unverkennbar* der nicht-normativen Exekutive beziehungsweise der Befehlsgebung in Weltanschauungssachen zugehörten. Und zwar waren es diejenigen Kommandos, die ausdrücklich von der Bindung an die Gesetze befreit waren, und diejenigen Aufgaben, die unter ausdrücklicher Suspendierung gesetzlicher, unter Umständen auch sittlicher Normen befohlen und durchgeführt wurden. Es handelte sich dabei, organisatorisch gesehen, in erster Linie um die Gestapo, deren Befugnisse sich nicht aus einzelnen Gesetzen und Verordnungen, sondern aus dem ihr erteilten »politischen Gesamtauftrag« herleiteten, um die Einsatzkommandos des Chefs der Sicherheitspolizei und des SD, die KZ-Bewachung und die Kommandos der Vernichtungslager, für die alle grundsätzlich das gleiche gilt wie für die Gestapo[31]. Ein typisches Beispiel sind die »Richtlinien für die Aussonderung von Zivilpersonen und verdächtigen Kriegsgefangenen des Ostfeldzuges in den Kriegsgefangenenlagern«, die als Anlage 1 dem Einsatzbefehl Nr. 8 des Chefs der Sicherheitspolizei und des SD vom 17. Juli 1941 beigegeben waren[32]. In diesen Richtlinien heißt es:

> »Die Wehrmacht muß sich umgehend von allen denjenigen Elementen unter den Kr. Gef. befreien, die als bolschewistische Triebkräfte anzusehen sind. Die besondere Lage des Ostfeldzuges verlangt daher besondere Maßnahmen, die *frei von bürokratischen und verwaltungsmäßigen Einflüssen* verantwortungsfreudig durchgeführt werden müssen.
>
> Während den bisherigen Vorschriften und Befehlen des Kriegsgefangenenwesens ausschließlich *militärische* Überlegungen zu Grunde lagen, muß nunmehr der *politische* Zweck erreicht werden, das Deutsche Volk vor bolschewi-

[31] Die Herauslösung aus der normativen gesetzlichen Ordnung wird ausführlich im ersten Teil: ›Die SS – das Herrschaftsinstrument‹, S. 83ff., behandelt.

[32] NO-3414.

stischen Hetzern zu schützen und das besetzte Gebiet alsbald fest in die Hand zu nehmen.«

Hier wird in charakteristischer Weise zwischen militärischen und politischen Zwecken unterschieden, wobei letztere weltanschaulich bestimmt waren und durch besondere Maßnahmen [nämlich »Sonderbehandlung«] außerhalb der Normativität erreicht werden sollten. Dem Einsatzbefehl gemäß wurden besondere Kommandos »in Stärke von einem SS-Führer und vier bis sechs Mann« in die Gefangenenlager abgestellt, die die für »Sonderbehandlung« in Frage kommenden Personen festzustellen hatten.

Das spezifische Merkmal derjenigen Befehle in Weltanschauungssachen, die auch damals schon irrtumsfrei als solche erkennbar waren, ist also, daß sie weder von normativen Bestimmungen abgeleitet, noch auch nachträglich und wenigstens äußerlich auf die normative Ordnung abgestimmt wurden. Vielmehr wurden die bestehenden gesetzlichen Bestimmungen und sittlichen Normen ignoriert oder ausdrücklich suspendiert; die Legitimation beschränkte sich auf außernormative, ideologisch-politische Argumente. Die Diskrepanz zur normativen Ordnung wurde also nicht überdeckt, sondern blieb offen bestehen, und zwar nicht nur in der Befehlsgebung, sondern auch in der Durchführung, die ebenfalls außerhalb der Gesetzlichkeit erfolgen mußte und nach Hitlers Willen sicher auch erfolgen sollte. Soweit für Hilfsmaßnahmen Personen doch aufgrund *staatlicher* Dienstpflicht herangezogen werden mußten, verwendete man die Notbrücke der teilweisen sekundären Legalisierung. So war es zum Beispiel bei der Vernichtung der Juden: Der eigentliche Tötungsbefehl ging von Hitler aus und wurde jenseits aller Normativität von Himmler an einige ausgewählte SS-Führer weitergeleitet unter Berufung auf deren weltanschaulich begründete Treuepflicht. Für die Hilfsmaßnahme der Deportation der zu tötenden Juden mußten dagegen auch staatliche Dienststellen in Anspruch genommen werden [Finanzämter, Reichsbahn usw.]. Da diese Stellen nur aufgrund einer amtlichen Anweisung tätig werden konnten, erging der bekannte Auftrag Görings in seiner Eigenschaft als Vorsitzendem des Ministerrats für die Reichsverteidigung an den Chef der Sicherheitspolizei und SD vom Juli 1941[33],

»alle erforderlichen Vorbereitungen in organisatorischer, sachlicher und materieller Hinsicht zu treffen für eine Ge-

[33] PS-710.

samtlösung der Judenfrage im deutschen Einflußgebiet in Europa. Sofern hierbei die Zuständigkeiten anderer Zentralinstanzen berührt werden, sind diese zu beteiligen«.

Man hat oft nicht verstanden, warum ein so wichtiger und kritischer Befehl erstens von Göring erteilt wurde und zweitens erst erging, nachdem die Aktionen schon einige Monate in Gang waren. Das Problem löst sich auf, wenn man erkennt, daß der Auftrag Görings ja gar keinen auslösenden Charakter hatte, sondern nur für einen schon bestehenden außernormativen Befehl die Notbrücke der sekundären Legalisierung zum Verwaltungsgebrauch baute. Dabei wurde den Personen, die hier dienstlich herangezogen wurden, der wahre Zweck der Aktion verschwiegen und in der Wendung »Gesamtlösung der Judenfrage« verhüllt. Es handelt sich im Prinzip um das gleiche Verfahren wie das »summarische Standgerichtsverfahren«, das Generalgouverneur Frank bei der Ermordung der polnischen Intelligenz angeordnet hatte [vgl. S. 228 f.]. Natürlich werden viele der Beteiligten trotzdem gewußt haben, was das Ziel der Deportation war, und es bleibt deshalb das Problem bestehen, wieweit sie moralisch verpflichtet gewesen wären, sich der Teilnahme zu entziehen. Formal gesehen aber wurden die unter Berufung auf die normativ begründete Dienstpflicht Herangezogenen von dem Zweck nicht informiert. Obgleich die Anerkennung der Führergewalt und ihrer Legitimation durch die geschichtliche Sendung Hitlers von jedem Deutschen gefordert wurde, hat Hitler doch keinem Staatsbürger zugemutet, Befehle in Weltanschauungssachen, die in offener Diskrepanz zu den geltenden Gesetzen standen, in voller Kenntnis ihrer Ungesetzlichkeit auszuführen. Dafür wurde vielmehr die spezifische Treuepflicht zum Führer vorausgesetzt, die über jede staatsbürgerliche Loyalitätspflicht hinausging.

Eine zutreffende Beurteilung des Gehorsams gegenüber verbrecherischen Führerbefehlen ist nur möglich, wenn man sich von der falschen Vorstellung frei macht, daß alle Führerbefehle in eine einheitliche Rechtsordnung passen müßten und jeder Führerbefehl rechtsetzende Wirkung gehabt habe. Zwar gab es die Einheit der Führergewalt. Sie war aber nicht normativer Natur, sondern bestand in einer angeblichen außer-normativen geschichtlichen Vollmacht. Nur durch sie waren die außernormativen Führerbefehle verbindlich, dagegen waren sie nicht

*rechts*verbindlich. Die Pflicht des Gehorsams ihnen gegenüber war folglich keine Rechtspflicht [und sie wurde als solche auch damals nicht verstanden], sondern eine Treuepflicht, die der Befehlsempfänger durch seinen freiwilligen Konsens mitbegründet hatte. Der Inhalt der außer-normativen Befehle wurde durch den Führerbefehl auch nach damaligen Vorstellungen nicht rechtsgültig, sondern blieb vom geltenden Recht nicht gedeckt, hatte also unverkennbaren Unrechtscharakter. Gerade das gehörte aber zu den Pflichten des überzeugten Gefolgsmannes des Führers, daß er aus weltanschaulicher Überzeugung das geschichtlich Notwendige unter Umständen auch unter bewußter Verletzung der Gesetze tat und die daraus resultierende Spannung ertrug. Das entsprach der Tradition des Kampfes der Nationalsozialisten gegen die Weimarer Republik. Immerhin konnte er im Dritten Reich die Gewißheit haben, daß er im Namen des Gesetzes nicht zur Rechenschaft gezogen werden würde. Andererseits ergibt sich aus der Natur der Sache, daß er nicht in einen Befehlsnotstand geraten konnte, der vergleichbar wäre mit der Befehlsnotstandssituation eines Beamten oder Soldaten, die nur auf Grund allgemeiner staatsbürgerlicher Pflicht dienten. Es entspricht daher nicht der historischen Wahrheit, wenn immer wieder behauptet wird, was Otto Ohlendorf in seinem Gnadengesuch vom Juli 1950 in ausführlicher Darlegung nachzuweisen suchte, daß die Gehorsamspflicht der zu Massenverbrechen befohlenen SS-Angehörigen die gleiche gewesen sei wie die jedes beliebigen deutschen Soldaten, Beamten und Staatsbürgers überhaupt, daß solche Befehle grundsätzlich jeden hätten treffen können und daß die Verweigerung des Gehorsams gegenüber solchen Befehlen die *staatsbürgerliche* Treuepflicht verletzt hätte.
Daß für die Täter kein Zwang bestand, der ebenso jeden beliebigen Deutschen hätte treffen können, erhellt auch daraus, daß es sich ja um Maßnahmen handelte, deren Notwendigkeit zu begreifen nach nationalsozialistischer Auffassung die breite Masse des deutschen Volkes damals gar nicht reif genug war. Himmler sagte in einer seiner Reden:

> »Damit möchte ich die Judenfrage abschließen. Sie wissen nun Bescheid, und Sie behalten es für sich. Man wird vielleicht in ganz ganz später Zeit sich einmal überlegen können, *ob man dem deutschen Volk etwas mehr darüber sagt*. Ich glaube, es ist besser, wir – wir insgesamt – haben das für unser Volk getragen, haben die Verantwortung auf uns genommen [die

Verantwortung für eine Tat, nicht nur für eine Idee] *und nehmen dann das Geheimnis mit in unser Grab.*«

Entsprechend hatte sich Generalgouverneur Frank in der oben [S. 227ff.] zitierten Sitzung vom 30. Mai 1940 über die von Hitler befohlene Ermordung der polnischen Intelligenz ausgedrückt: »Wenn ich hier im Lande nicht die alte nationalsozialistische Kämpfergarde der Polizei und SS hätte, mit wem wollten wir dann diese Politik machen? Das könnte ich nicht mit der Wehrmacht tun, überhaupt mit niemandem; das sind so ernste Dinge, und wir stehen hier als Nationalsozialisten vor einer so ungeheuer schwierigen und verantwortungsvollen Arbeit, *daß wir auch nur im engsten Kreise überhaupt über diese Dinge reden können.*«

Für Taten, deren Notwendigkeit nur ein enger Kreis Auserwählter einzusehen vermochte, konnte unmöglich eine allgemeine staatsbürgerliche Gehorsamspflicht in Anspruch genommen werden, so etwa, wie jedermann verpflichtet ist, als Soldat für sein Land sein Leben zu wagen. Hier konnte Gehorsam vielmehr nur unter dem Appell an einwandfreie nationalsozialistische Gesinnung und besondere Treuepflicht gegenüber dem Führer gefordert werden. Das bedeutet aber, daß jeder der Täter eine genau definierbare Mitschuld trägt, die – und das ist das mindeste – in seinem ideologischen Konsens begründet ist. Dieser Konsens brauchte nicht in einer echten inneren Überzeugung bestanden zu haben und es mußten auch keineswegs speziell und ausdrücklich die befohlenen Verbrechen bejaht werden. Der Konsens war vielmehr erteilt durch den Beitritt zur SS und wurde so lange nicht zurückgezogen, als sich einer nicht ernstlich bemühte, aus der SS wieder auszutreten und auf diese Weise aus dem Bereich außerordentlicher, weltanschaulich begründeter Verpflichtungen in den Bereich normaler staatsbürgerlicher Loyalitätspflicht zurückzukehren. Auch daß die verbrecherischen Befehle Führerbefehle waren oder auf Führerbefehle zurückgingen, machte sie nicht allgemeinverbindlicher. Denn die Führergewalt hatte zwar grundsätzlich die Staatsgewalt relativiert und ihr nur noch Geltung »auf Abruf« belassen, tatsächlich aber gab es zwei Arten von Führerbefehlen. Die einen wurden mit der bestehenden normativen Ordnung in Einklang gehalten, und sei es auch nur durch nachträgliche gesetzesgerechte Interpretation von an sich rechtswidrigen Anordnungen; die anderen Führerbefehle waren ausschließlich weltanschaulich begründet und wurden mit der bestehenden normativen Ordnung nicht in Einklang gebracht. Musterbeispiele der zweiten Art sind Hitlers Euthanasieanordnung vom 1. September 1939 und sein Judenmordbefehl.

Eine treffende Definition der Mitschuld jedes einzelnen Täters an den weltanschaulich motivierten Massenverbrechen findet sich in einem Gerichtsurteil gegen einen ehemaligen Führer der Sicherheitspolizei. Dort heißt es[34]:

»Es liegt der Einwand nahe, worin nun aber trotzdem das Verschulden des Angeklagten eigentlich bestehe, da jeder andere, der an seiner Statt ... gewesen wäre, mit überwiegender Wahrscheinlichkeit ebenso gehandelt hätte. Dem ist zu erwidern, daß dann auch jeder andere hätte verurteilt werden müssen, der die Rechtswidrigkeit des Befehls erkannte und nicht als im Notstand befindlich handelte... Wer in den Jahren der nationalsozialistischen Gewaltherrschaft in der Geheimen Staatspolizei den Rang eines SS-Obersturmbannführers erreichte, hat, wenn nicht besondere Umstände zu einer anderen Beurteilung führen müssen, eine Lebensführungsschuld auf sich geladen, und diese ist es, die dann die einzelne Tatschuld nach sich zieht... Es mag sein, daß der Angeklagte in den Jahren, in denen er aus der Staatspolizei noch hätte verhältnismäßig leicht ausscheiden können, mit keinem einzigen Fall dienstlich zu tun hatte oder auch nur davon hörte, der nicht auch heute von den Polizeibehörden und dem Verfassungsschutzamt in der gleichen Weise behandelt würde. Aber andere, ungezählte Millionen des deutschen Volkes wußten, ohne jener Organisation anzugehören, daß im gesamten Staatswesen Unrecht geschah und daß die Geheime Staatspolizei nicht das Unrecht im Staat bekämpfte, sondern verdeckte, förderte, selbst beging. Wenn der Angeklagte dafür jahrelang blind und taub war, ist es seine Schuld, die ihn mit der ihr eigenen Folgerichtigkeit nun zum strafrechtlich verantwortlichen Gehilfen eines Mörders werden ließ.«

Es ist ein Spezifikum totalitärer Herrschaft, sei sie kommunistisch oder nationalsozialistisch, daß sie vorgibt, das Gesetz der Weltgeschichte zu kennen, und den Anspruch erhebt, mit ihrer Politik dieses Gesetz zu erfüllen[35]. Dieser Anspruch muß konsequenterweise dazu führen, daß die positiven und sittlichen Normen des Handelns relativiert und suspendiert wer-

[34] Diese Passage wird hier nur insoweit zitiert, als sie treffende Aussagen zur Schuldfrage aus *historischer* Sicht enthält, die *juristischen* Bemerkungen sind ausgelassen.

[35] Vgl. hierzu: Hans Buchheim, Totalitäre Herrschaft. München 1962, S. 18ff.

den. Denn die Weltgeschichte, sofern sie nicht ausdrücklich unter moralischen oder heilsgeschichtlichen Gesichtspunkten betrachtet wird [und das ist bei den geschichtsphilosophischen Theorien der totalitären Systeme nicht der Fall], verläuft jenseits von Gut und Böse, von Recht und Unrecht. Das Gesetz ihrer Entwicklung wird wertneutral, fast wie ein Naturgesetz vorgestellt. Beispiele für den Nationalsozialismus sind die weiter oben [S. 249ff.] zitierten Ausführungen Hitlers und Himmlers über den Kampf ums Dasein. Wenn Menschen ihre Entscheidungen nach einem solchen Gesetz richten, kann die Alternative von Recht und Unrecht logischerweise nur noch zweitrangige Bedeutung haben; denn in erster Linie stellt sich die Frage, was das Gesetz der Geschichte jeweils fordert. Die angebliche geschichtliche Notwendigkeit wird also zur obersten Instanz erhoben und erhält Vorrang vor den gesetzlichen Normen wie auch vor den Geboten der Moral. Die Kriterien der Beurteilung von Maßnahmen werden aus der vermeintlichen Kenntnis der geschichtlichen Gesetzmäßigkeit bezogen und nicht aus den Geboten mitmenschlichen Verhaltens. Ja, in der letzten Konsequenz kann der Mensch sogar dem Wahn verfallen, er sei verpflichtet, um der geschichtlichen Notwendigkeit willen die elementarsten Regungen mitmenschlichen Empfindens in sich abzutöten. Diese Vorstellung findet sich zum Beispiel in einer Schrift Reinhard Heydrichs ›Wandlungen unseres Kampfes‹ [1935], wo es heißt:

> »Um unser Volk zu erhalten, müssen wir dem Gegner gegenüber hart sein, auch auf die Gefahr hin, dem einzelnen Gegner damit einmal wehe zu tun und eventuell auch bei manchen sicherlich wohlmeinenden Menschen als unbeherrschte Rohlinge verschrien zu werden. Wenn wir nämlich als Nationalsozialisten unsere geschichtliche Aufgabe nicht erfüllen, weil wir zu objektiv und menschlich waren, so wird man uns trotzdem nicht mildernde Umstände anrechnen. Es wird einfach heißen: Vor der Geschichte haben sie ihre Aufgabe nicht erfüllt.«

In den Reden Himmlers kehrt dieser Gedanke immer wieder, wenn er betont, wie schwer es sei, den Befehl zur Judenvernichtung durchzuführen, wie sehr die Aufgabe an sich dem Wesen des germanischen Menschen zuwider sei, daß man sich dazu aber um der Zukunft des Volkes willen überwinden müsse. – Wer in dieser Weise die angebliche geschichtliche Notwendigkeit zur Maxime seines Tuns erhebt, braucht deshalb sein angeborenes Rechtsempfinden nicht verloren zu haben, er kann auch durchaus noch in der Lage sein, die Stimme des Gewissens zu hören. Aber weder die Gesetze noch das Gewissen werden in der Konfliktsituation für ihn den Ausschlag geben, sondern er wird sie als »bürokratische Formalitäten«, als »Privatsache«, »Humanitätsduselei« oder »inneren Schweinehund« abtun, die gegenüber der geschichtlichen Notwendigkeit zurücktreten müssen. Er wird sich sogar dazu versteigen, in der Abtötung der Stimme des Gewissens und humaner Empfindungen im Interesse der geschichtlichen Notwendigkeit eine sittliche Leistung, die Überwindung einer privaten Schwäche zugunsten des gemeinen Wohls zu sehen. Diese Perversion wird unter anderem dadurch gefördert, daß ja die allgemeine Moralanschauung unserer Zeit sowieso dazu neigt, den Wert der Tugend nicht in ihrem Inhalt zu sehen, sondern in der Selbstüberwindung.

Wenn die Frage gestellt wird, ob die an den nationalsozialistischen Massenverbrechen Beteiligten dabei ein Unrechtsbewußtsein gehabt hätten, so muß das also generell bejaht werden. Die charakteristische Geisteshaltung der Täter beruhte nämlich nicht auf einer totalen Umwertung aller Werte, bei der ein für allemal Recht für Unrecht erklärt worden wäre und umgekehrt; sie bestand auch nicht in einer absoluten Verneinung positiver und moralischer Normen überhaupt; sondern sie bestand darin, daß an sich anerkannte und im normalen Leben auch beachtete Normen für den Ausnahmefall im Namen einer geschichtlichen [oder auch politischen] Notwendigkeit suspendiert wurden. Das entsprach der Suspendierung geltender Gesetze zugunsten der baren politischen Zweckhaftigkeit im institutionellen Bereich. Von den an den Verbrechen Beteiligten ist also im allgemeinen zu sagen [ohne daß damit schon über die Besonderheiten des Einzelfalls voraus entschieden werden könnte], daß sie ein partiell *suspendiertes Unrechtsbewußtsein* besaßen. Im Herbst 1942 hatte das Hauptamt SS-Gericht durch den SS-Richter beim Reichsführer-SS bei Himmler anfragen lassen, wie eigenmächtige Judenerschießungen ohne Befehl und Befugnis zu beurteilen seien. Himmler entschied wie folgt[36]:

»Maßgebend für die Frage, ob und welche Bestrafung bei Judenerschießungen ohne Befehl und Befugnis zu erfolgen hat, sind die Beweggründe.

[36] NO-1744.

1.] Bei rein politischen Motiven erfolgt keine Bestrafung, es sei denn, daß die Aufrechterhaltung der Ordnung eine solche erfordert. Ist Letzteres der Fall, dann kann je nach Lage des Falles gerichtliche Verurteilung aus § 90 oder 149 MStGB oder aber disziplinare Ahndung stattfinden.

2.] Bei eigensüchtigen oder sadistischen bzw. sexuellen Motiven erfolgt gerichtliche Ahndung, und zwar gegebenenfalls auch wegen Mordes bezw. Totschlages.«

Wie diese Entscheidung zeigt, war auch bei Himmler selbst durchaus noch der Begriff davon vorhanden, daß es sich um Mord handelte, doch wurde unter dem Aspekt politischer Zielsetzung der Unrechtscharakter der Tat als aufgehoben betrachtet. Felix Kersten, der Masseur Himmlers, berichtet in seinen Erinnerungen[37], er habe Himmler einmal gefragt, wie er denn mit seinen schlechten Taten fertig werde; dieser habe darauf geantwortet: »Man darf die Dinge nicht unter kleinen ichbezogenen Gesichtspunkten betrachten, sondern muß das Gesamtgermanentum ins Auge fassen, das ja auch sein Karma hat. Einer muß sich opfern, auch wenn dies manchmal sehr schwer ist und darf nicht an sich denken. Es ist natürlich angenehmer, sich mit den Blumenbeeten statt mit den Kehrichthaufen und der Müllabfuhr eines Staates zu befassen, aber ohne diese Arbeit würden die Blumenbeete nicht gedeihen. Im übrigen versuche ich, für mich selbst einen Ausgleich zu schaffen, daß ich, wo ich nur immer kann, helfe und Gutes tue, Unterdrückten beistehe und Ungerechtigkeiten beseitige. Glauben Sie, ich bin mit dem Herzen bei all den Dingen, die einfach aus der Staatsraison getan werden müssen? Was gäbe ich darum, Kultusminister wie Rust zu sein und mich nur positiven Aufgaben widmen zu können!«

Wenn es sich bei den Tätern um aus ideologischen Gründen suspendiertes Unrechtsbewußtsein gehandelt hat, wird auch erklärlich, daß die Massenverbrechen zum Teil von Leuten begangen wurden, die im guten bürgerlichen Sinn anständig waren, und daß man unter den Beteiligten Menschen findet, die unter normalen Verhältnissen ein Verbrechen nicht nur nicht begehen, sondern auch nicht in Gedanken erwägen würden. Sicher hat es unter den Beteiligten auch echte Verbrechernatu-

[37] Felix Kersten, ›Totenkopf und Treue‹, Hamburg 1952, S. 188ff. Die Mitteilung Kerstens kann natürlich nicht die Beweiskraft eines zeitgenössischen Dokuments haben. Immerhin zeugt der Erinnerungsband im ganzen von einer guten Kenntnis der Person Himmlers und enthält viele Angaben, die durch dokumentarische Zeugnisse bestätigt werden. Unter diesen Umständen kann die zitierte Stelle wenigstens als zusätzliche Illustration angeführt werden.

ren mit der ganzen Variationsbreite verbrecherischer Motive gegeben, doch sind diese Fälle für die historische Fragestellung ohne besonderes Interesse, weil sie nicht die typischen sind.
Durch einige Faktoren wurde die Suspendierung des Unrechtsbewußtseins noch erleichtert und gefördert, so zum Beispiel durch die im Sozialdarwinismus wurzelnde Anschauung, daß es dem Menschen möglich und erlaubt sei, seine Mitmenschen zu Objekten biologischer Manipulationen zu machen. Durch biologische Züchtungsmaßnahmen nach Vorbild der Kreuzung von Pflanzen und Vieh wollte man wertvolles Erbgut fördern, was dagegen als minderwertig oder gar gefährlich galt, sollte ausgemerzt werden. In beiden Fällen mußte die Zerstörung aller mitmenschlichen Bezüge die Folge sein, besonders wenn gewisse Menschengruppen nicht nur als »Untermenschen«, sondern gar als »Schädlinge« und »Krankheitserreger« im Volkskörper bezeichnet wurden. Da konnte es nicht ausbleiben, daß man sie mit der Mentalität eines Kammerjägers oder Desinfektors umbrachte. In seiner Schrift über ›Die SS als antibolschewistische Kampforganisation‹ [1937] schrieb Himmler, der Kampf zwischen Menschen und Untermenschen sei geschichtliche Regel, solange es Menschen auf Erden gebe. Man könne beruhigt zu der Überzeugung kommen, daß dieses Ringen auf Leben und Tod mit den Juden wohl genauso Naturgesetz sei, »wie der Kampf des Menschen gegen irgendeine Seuche, wie der Kampf des Pestbazillus gegen den gesunden Körper«.
Ein anderes Moment, das die Suspendierung des Unrechtsbewußtseins erleichterte, war die Vortäuschung einer Kampfsituation. Der Krieg wurde als ein Krieg des Judentums gegen das deutsche Volk hingestellt, als ein Rassekrieg auf Leben und Tod. Schon am 30. Januar 1939 hatte Hitler in seiner Reichstagsrede gedroht, wenn es dem internationalen Finanzjudentum gelingen sollte, die Völker noch einmal in einen Weltkrieg zu stürzen, so werde das Ergebnis die Vernichtung der jüdischen Rasse in Europa sein. Ebenso äußerte er sich am 1. Januar 1944, das jüdische Ziel der Vernichtung Europas werde am Ende die sichere Ausrottung des Judentums in Europa bringen[38]. Die Maßnahmen gegen die Juden wurden also als Kampfmaßnahmen hingestellt, bei denen die Tötung des Feindes kein Mord sein könne. Selbst wenn man sich auf diesen absurden Standpunkt stellen wollte, müßte man doch zu der Schlußfolgerung kommen, daß die Juden, soweit sie sich in

[38] ›Der Hoheitsträger‹, 62. Folge.

Hitlers Machtbereich befanden, damit den Status von Kriegsgefangenen gehabt hätten. Doch lehrt die systematische Ermordung der gefangenen russischen Kommissare, daß im Rasse- und Weltanschauungskrieg nationalsozialistischer Prägung auch der kriegsgefangene Feind umgebracht wurde.

Ein letztes förderndes Moment, das in seiner Bedeutung nicht unterschätzt werden darf, war, daß sowohl die Opfer als auch ihre Mörder aus ihrer normalen sozialen Umwelt herausgenommen waren und sich in einem sozialen Ausnahmezustand befanden. Die jüdischen Opfer waren, wenigstens im Gebiet des »Großdeutschen Reiches«, schon seit Jahren systematisch sozial isoliert worden, aber auch die Henker waren es während des Einsatzes »irgendwo im Osten«. Da die Mordaktionen obendrein unter strengster Geheimhaltung stattfanden, war die Versuchung nicht gering, die Taten, da sie außerhalb jeder sozialen Kontrolle stattfanden, auch vor dem Gewissen als nicht geschehen zu betrachten. Wer würde denn später zu Hause danach fragen, was man in einem Wald bei Minsk oder hinterm Stacheldraht von Auschwitz einem unbekannten Juden angetan hat!

Wie die Quellen lehren, ging auch Himmler selbst von der Auffassung aus, daß die Pflicht zur Durchführung der – wie er sagte – »sehr harten Maßnahmen« nicht aus staatsbürgerlicher Loyalität und gesetzlichen Verpflichtungen abzuleiten war, sondern auf einem ausdrücklichen ideologischen Konsens beruhte, den er allerdings bei jedem SS-Mann voraussetzte. Zwar gibt es über diesen Punkt von ihm nicht viele authentische Äußerungen. Die bisher bekanntgewordenen zeigen aber, daß er bei den »sehr harten Maßnahmen« an weltanschauliche Festigkeit und an Treue zur nationalsozialistischen Bewegung appellierte. Bereits in seiner Rede vor den preußischen Staatsräten am 5. März 1936 hatte er ausgeführt, daß die Bekämpfung eines politischen Gegners im Gegensatz zur Bekämpfung krimineller Verbrechen nur von einem soldatischen weltanschaulichen Korps geleistet werden könne:

> »Nur ein solcher Apparat wird fähig sein, diesen fanatischen, überzeugten Gegner zu bekämpfen, der ebenso fanatisch und ebenso überzeugt von der Weltanschauung unseres Staates ist. *Eide allein genügen dafür nicht*. Unumgänglich notwendig ist die blutlich bedingte innerste Einstellung jedes Einzelnen, da er sonst nicht fähig sein wird, die ewig wachen, an keine Dienststunden gebundenen Augen gegenüber dem Gegner

zu haben und für die eigene Nation und für den uns vom Schicksal gesandten und geliebten Führer dieser Nation ein treuer Wächter zu sein.«

In einer Rede vor dem Führerkorps der Leibstandarte sagte Himmler am 7. September 1940:

»Meine Herren, es ist bedeutend leichter in vielen Fällen – und das möchte ich Ihnen einmal sagen, oder möchte ich Ihnen einmal, Sie werden mir das gern zugeben, wieder ins Gedächtnis rufen: Es ist bedeutend leichter in vielen Fällen, mit einer Kompanie ins Gefecht zu gehen, wie mit einer Kompanie in irgendeinem Gebiet eine widersetzliche Bevölkerung kulturell tiefstehender Art niederzuhalten, Exekutionen zu machen, Leute herauszutransportieren, heulende und weinende Frauen wegzubringen und deutsche Volksgenossen über die Grenze aus Rußland herüberzuholen und dort zu versorgen. Ich möchte etwas sagen: Wir müssen beginnen, auch in der Gesamt-Waffen-SS, daß wir die übrige große Tätigkeit der Gesamt-SS und -Polizei erblicken und sehen, daß Sie die Tätigkeit, die der Mann im grünen Rock tut, genau so als wertvoll ansehen wie die Tätigkeit, die Sie tun. Daß Sie die Tätigkeit, die der Mann des SD oder der Sicherheitspolizei tut, genau so als lebensnotwendiges Stück unserer Gesamttätigkeit ansehen wie das, daß Sie mit der Waffe marschieren können. Sie sind die Beneidenswerten, denn wenn Sie etwas tun, wenn eine Truppe sich einen Ruhm erwirbt, dann kann von Ruhm gesprochen werden und dann kann sie ausgezeichnet werden dafür. Viel schwerer ist an vielen Stellen – und ich will damit Ihre Taten wirklich nicht herunter tun, ich bin der Letzte – aber viel schwerer ist, das glauben Sie mir, an vielen Stellen dieses stille Tun-müssen, die stille Tätigkeit, *dieses Postenstehen vor der Weltanschauung*, dieses Konsequent-sein-müssen, Kompromißlos-sein-müssen, das ist an manchen Stellen viel, viel schwerer.«

In einer Rede vor Teilnehmern eines politisch-weltanschaulichen Lehrgangs in Sonthofen am 26. Mai 1944 schließlich sagte Himmler über die Judenvernichtung:

»Nun werden Sie eines begreifen. Diese Maßnahmen im Innern des Reiches können nicht von einer Polizei, die nur aus Beamten besteht, durchgeführt werden. *Dazu hätte ein Korps, das nur seinen Beamteneid geleistet hat, nicht die Kraft. Diese Maßnahmen konnten nur getragen und durchgeführt werden von einer in sich bis zum äußersten gefestigten Organisation, von fanatischen und zutiefst überzeugten Nationalsozialisten.* Die SS rechnet sich dazu und behauptet von sich, dafür geeignet zu sein und hat die Aufgabe übernommen.«

In diesem Zusammenhang ist von Bedeutung, daß die spezifische Tugend der SS die *Treue* war, die *vor* der Tugend des Gehorsams rangierte; der Leitsatz der SS hieß: »Meine Ehre heißt Treue.« Himmler schrieb über Treue und Gehorsam in seiner Schrift ›Die Schutzstaffeln als antibolschewistische Kampforganisation‹:

»Als dritte Richtlinie und Tugend, die zum Aufbau und Wesen dieser Schutzstaffel notwendig ist, sind die Begriffe Treue und Ehre zu nennen. Beide sind unlösbar voneinander. Sie sind niedergelegt in zwei Sätzen, in dem Satz, den der Führer uns geschenkt hat: ›Meine Ehre heißt Treue‹ und in dem Satz des alten deutschen Rechts: ›Alle Ehre von Treue kommt.‹ Viele Dinge, so lehren wir den SS-Mann, können auf dieser Erde verziehen werden, eines aber niemals, die Untreue. Wer die Treue verletzt, schließt sich aus aus unserer Gesellschaft. Denn Treue ist eine Angelegenheit des Herzens, niemals des Verstandes. Der Verstand mag straucheln. Das ist manchmal schädlich, jedoch niemals unverbesserlich. Das Herz aber hat immer denselben Pulsschlag zu schlagen, und wenn es aufhört, stirbt der Mensch genauso wie ein Volk, wenn es die Treue bricht...

Die vierte Richtlinie und Tugend, die für uns gilt, ist die des Gehorsams; des Gehorsams, der bedingungslos aus höchster Freiwilligkeit kommt, aus dem Dienst an unserer Weltanschauung, der bereit ist, jedes, aber auch jedes Opfer an Stolz, an äußeren Ehren und an all dem, was uns persönlich lieb und wert ist, zu bringen; des Gehorsams, der nicht ein einziges Mal zaudert, sondern bedingungslos jeden Befehl befolgt, der vom Führer kommt oder rechtmäßig von den Vorgesetzten gegeben wird; des Gehorsams, der ebenso in der Zeit des politischen Kampfes, wenn der Freiheitswille glaubt, sich empören zu müssen, stilleschweigt, der bei wachesten Sinnen und gespanntester Aufmerksamkeit gegen den Gegner, wenn es verboten ist, nicht den Finger rührt, der ebenso bedingungslos gehorcht und zum Angriff geht, auch wenn er einmal glauben sollte, es in seinem Herzen nicht überwinden zu können...«

In gleichem Sinne hat sich Himmler später noch oft geäußert. Es handelt sich tatsächlich um einen bedingungslosen Gehorsam, der da gefordert wurde, aber er bezog sich, wie das Zitat lehrt, eben nicht auf Befehle in Dienstsachen, sondern auf Befehle in Weltanschauungssachen! Es war nicht der Gehorsam soldatischer Pflichterfüllung, der von jedem Staatsbürger zu fordern ist, sondern der Gehorsam des weltanschaulichen Kämpfers, der auf der Treue basierte, die, wie Himmler oft betonte, darin gezeigt wird, daß einer *mehr tut als die Pflicht*. Bei Quinton heißt es: »Der Held handelt nicht aus Pflicht, er handelt aus Liebe«; dem entspricht es, wenn Himmler sagte, Treue sei eine Angelegenheit des Herzens, nicht des Verstandes. Diese Erhebung der Treue zur Kardinaltugend der SS entsprach völlig den realen Gegebenheiten: da es gegenüber dem Befehl in Weltanschauungssachen eine allgemeine staatsbürgerliche Gehorsamspflicht weder vor 1933 noch in den darauffolgenden Jahren geben konnte, bedurfte es einer anderen Basis, die eine Kontinuität des Konsenses garantierte, und das war eben die Treue. Nach der Dienstvorschrift der SA hat Hitler bereits im November 1921 zu den nationalsozialistischen »Saalordnern« im Vorraum des Hofbräuhauses gesagt:

> »Ihr werdet heute zum ersten Male auf Biegen und Brechen der Bewegung die Treue halten müssen. Keiner von uns verläßt den Saal, außer sie tragen uns als Tote hinaus. Wer feige zurückweicht, dem reiße ich persönlich die Armbinde herunter und nehme ihm das Abzeichen.«

Zuweilen wird behauptet, daß Menschen, die durch und durch überzeugte Nationalsozialisten waren, nicht in der Lage gewesen seien, das Verbrecherische gewisser Maßnahmen und Befehle zu erkennen, und daß sie deshalb nicht schuldhaft gehandelt hätten, sondern Opfer arglistiger Irreführungen geworden seien. Demgegenüber kann auf eine ganze Reihe von Zeugnissen verwiesen werden, daß Menschen, über deren nationalsozialistische Gesinnung kein Zweifel besteht, sehr wohl in der Lage waren, das Abgleiten ins Verbrecherische zu bemerken und das unter Umständen auch ausgesprochen haben[39]. Das bekannteste Beispiel ist die Kritik, die bei vielen Nationalsozialisten Hitlers Einmarsch in die sogenannte Rest-Tschechei im März 1939 gefunden hat, weil er dadurch eklatant das Selbstbestimmungsrecht und das Prinzip der Identität von völkischer und politischer Gemeinschaft verletzte, die bis dahin für viele Menschen glaubwürdige Elemente der nationalsozialistischen Argumentation und Agitation gewesen waren.

[39] Vgl. auch den zitierten Brief von General Herf.

Was der Generalgouverneur Hans Frank über die Zerstörung des Rechts durch SS und Gestapo schrieb, wurde bereits im Zusammenhang der Darstellung der Organisation von SS und Polizei [S. 95 f.] zitiert.

Der Kommandeur der Sicherheitspolizei und des SD in Weißruthenien schrieb am 20. Juli 1943 in einer Aktennotiz über seine Auseinandersetzungen mit Generalkommissar Kube:

»Ich betonte, daß es mir unverständlich sei, daß deutsche Menschen wegen einiger Juden uneins würden. Ich könne immer wieder feststellen, daß man meinen Männern und mir Barbarei und Sadismus vorwerfe, während ich lediglich meine Pflicht täte. Sogar die Tatsache, daß Juden, die sonderbehandelt werden sollten, ordnungsgemäß durch Fachärzte Goldplomben entfernt worden seien, sei zum Gegenstand von Unterhaltungen gemacht worden. Kube entgegnete, diese Art unseres Vorgehens sei eines deutschen Menschen und eines Deutschlands Kants und Goethes unwürdig. Wenn der deutsche Ruf in aller Welt untergraben würde, so sei es unsere Schuld. Im übrigen sei es auch richtig, daß meine Männer sich an diesen Exekutionen geradezu aufgeilen würden. Ich habe gegen diese Darstellung energisch protestiert und betont, daß es bedauerlich sei, daß wir über diese üble Arbeit hinaus auch noch mit Schmutz übergossen würden.«

Werner Best veröffentlichte 1942 in der Zeitschrift ›Reich, Volksordnung, Lebensraum‹ einen Aufsatz ›Herrenschicht oder Führungsvolk‹, in dem er den Herrenrasse-Wahn kritisierte. Er schrieb unter anderem:

»Im Verhältnis des Führungsvolkes zu den übrigen Völkern der Großraumordnung ist zu beachten, daß Führung auf die Dauer nie ohne oder gegen den Willen der Geführten ausgeübt werden kann. Glaubt man aber die Volkspersönlichkeit der geführten Völker aufheben und dennoch ihre menschliche Substanz dem eigenen Volk als einer Herrenschicht unmittelbar dienstbar machen zu können, so treten die Folgen ein, die hier an dem Beispiel des römischen Imperiums und an anderen Beispielen aufgezeigt worden sind. Das Leben läßt sich nicht zwingen und nicht betrügen...

Als stärkstes Volk eines Völkerkreises mit gleichem Raumschicksal in enger Zusammenarbeit mit seinen Bundesgenossen eine völkische Großraumordnung zu schaffen und sie als echtes Führungsvolk nach lebensgesetzlicher Hinsicht zu führen, ist für ein Volk die höchste erreichbare Stufe der

Selbstentfaltung, weil sie Dauer in lebensgesetzlicher Entwicklung verbürgt *statt des Niedergangs, der einem kurzen Herrenwahn unentrinnbar folgt.*«

In diesem Zusammenhang sei schließlich noch aus einem Brief einer Frau von Löwis vom 25. November 1940 zitiert, die der Frau des Obersten Richters der NSDAP, Walter Buch, gegenüber ihrem Entsetzen über die Morde an Geisteskranken Ausdruck gab. Buch schrieb über Frau von Löwis, daß sie einer »vom Himmel gestiegenen nordischen Göttin« gleiche, glühend an der Bewegung hänge und als Frauenschaftsführerin sich große Verdienste erworben habe. Frau von Löwis also schrieb:

»...Mein Vertrauen auf eine siegreiche Überwindung aller Schwierigkeiten und Gefahren, die sich dem ›größeren Deutschland‹ auf seinem Weg entgegengestellt haben, ist bis jetzt durch nichts erschüttert worden, und ich habe mich im Glauben an den Führer unbeirrt durch alle Dickichte gekämpft; aber bei dem, was jetzt an uns herantritt, wird einem, wie mir gestern eine junge, 100%ige Parteigenossin sagte, die im rassenpolitischen Amt mitarbeitet, einfach der Boden unter den Füßen weggezogen.

Sie wissen sicher von den Maßnahmen, durch die wir uns zur Zeit der unheilbar Geisteskranken entledigen, aber vielleicht haben Sie doch keine rechte Vorstellung davon, in welcher Weise und in welch ungeheuerlichem Umfang es geschieht, und wie entsetzlich der Eindruck ist im Volk! Hier in Württemberg *spielt sich die Tragödie in Grafeneck auf der Alb ab*, wodurch dieser Ort einen ganz schauerlichen Klang bekommen hat. Anfangs wehrte man sich instinktiv dagegen, die Sache zu glauben oder hielt die Gerüchte zum mindesten für maßlos übertrieben. Mir wurde noch bei unsrer letzten Arbeitstagung auf der Gauschule in Stuttgart Mitte Oktober von ›gutunterrichteter‹ Seite versichert, es handle sich nur um die absoluten Kretinen, und die ›Euthanasie‹ werde nur in ganz streng geprüften Fällen angewendet. Jetzt ist es ganz unmöglich, diese Version noch irgendeinem Menschen glaubhaft zu machen und die absolut sicher bezeugten Einzelfälle schießen wie Pilze aus dem Boden. Man kann vielleicht 20% abziehen, aber selbst wenn man 50% abziehen wollte, wäre damit nichts gebessert. Das Furchtbare und Gefährliche ist ja nicht so sehr die Tatsache an sich; wenn ein Gesetz geschaffen worden wäre in der Art des Sterilisationsgesetzes, das eine bestimmte Kategorie von Kranken unter schärfster fachmännischer Prüfung festgesetzt hätte, Kranke, die wirklich keinen Funken des Erkennens und menschlichen Fühlens mehr in sich tragen, dann bin ich überzeugt, daß nach anfänglicher Aufregung die Gemüter sich beruhigt und die Menschen sich damit abgefunden hätten, vielleicht leichter als mit dem Sterilisationsgesetz. Man hätte in einigen Jahren vielleicht schon kaum mehr begriffen, warum man dieses wohltätige Gesetz nicht schon längst eingeführt habe. Aber so, wie die Sache sich jetzt abspielt, sind die Wirkungen in jeder Hinsicht unabsehbar. Man kann darüber verschiedener Meinung sein, inwieweit Menschen sich das Recht anmaßen dürfen, über Tod und Leben ihrer Mitmenschen zu entscheiden; eins steht jedoch wohl fest: Dieses Recht muß gesetzlich streng festgelegt und mit höchster Gewissenhaftigkeit ausgeübt werden, wenn nicht den gefährlichsten Leidenschaften und dem Verbrechen Tür und Tor geöffnet werden soll. Es war doch von jeher eine beliebte Methode, sich z. B. unbequemer Verwandten dadurch zu entledigen, daß man sie für verrückt erklärte und im Irrenhaus unterbrachte...

Es sind ja durchaus nicht nur die hoffnungslos Verblödeten und Umnachteten, die es trifft, sondern wie es scheint werden allmählich *alle* unheilbar Geisteskranken – daneben auch Epileptiker, die geistig gar nicht gestört sind – erfaßt. Darunter befinden sich vielfach Menschen, die am Leben noch Anteil nehmen, ihr bescheidenes Teil Arbeit leisten, die mit ihren Angehörigen in brieflichem Verkehr stehen; Menschen, *die, wenn das graue Auto der SS kommt, wissen, wohin es geht und was ihnen bevorsteht.* Und die Bauern auf der Alb, die auf dem Feld arbeiten und diese Autos vorbeifahren sehen, wissen auch, wohin sie fahren, und sehen Tag und Nacht den Schornstein des Krematoriums rauchen. Wir wissen doch auch, daß unter den unheilbar Geisteskranken sich viele geistig hochstehende Menschen befinden, solche, die nur partiell gestört und solche, die nur periodisch gestört sind, und die dazwischen Zeiten vollkommener Klarheit und erhöhter Geistestätigkeit haben. Genügte es denn nicht, daß man sie sterilisiert hat, und ist es nicht entsetzlich zu denken, daß über diesen allen nun das Damoklesschwert von Grafeneck hängt?

Wie ich das alles so hinschreibe, erfaßt mich wieder dermaßen die Ungeheuerlichkeit dieser Dinge, daß ich meine, ich müsse aus einem bösen Traum erwachen! Und ausgerechnet jetzt soll die Frauenschaft eine große Werbeaktion in

Szene setzen! Was ist das aber für Werbematerial für die katholische Kirche!

Jetzt klammern die Menschen sich noch an die Hoffnung, daß der Führer um diese Dinge nicht weiß, nicht wissen *könne*, sonst würde er dagegen einschreiten; auf keinen Fall wisse er, in welcher Weise und in welchem Umfang sie geschehen. Ich habe aber das Gefühl, als dürfe es nicht mehr lange so weitergehen, sonst ist auch dieses Vertrauen erschüttert. Es ist ja immer ergreifend, gerade bei einfachen Menschen diesem Vertrauen, diesem selbstverständlichen: ›Der Führer weiß davon selbstverständlich nichts‹ zu begegnen, und diese Waffe müssen wir blank erhalten wie keine andere! Aber wir können es nicht dadurch erreichen, daß wir möglichst lange versuchen, den Leuten Sand in die Augen zu streuen, sie mit Ausreden und Beschwichtigungen hinzuhalten, wenn sie uns fragen; mit Ausreden, die wir selbst nicht glauben. Ich bin auch überzeugt, daß es sich einmal schwer rächen würde, wenn man das gesunde Gefühl des Widerstandes gegen diese Vorgänge im Volk abstumpfen und zum Schweigen bringen wollte; es ist das Gefühl für Recht und Gerechtigkeit, ohne das ein Volk unweigerlich auf die schiefe Ebene gerät...«

Konnte man sich den Befehlen in Weltanschauungssachen entziehen?

Auf die Frage, ob man sich Befehlen in Weltanschauungssachen entziehen konnte, gibt es keine allgemeingültige, auf jeden Fall anwendbare Antwort. Denn welche Möglichkeiten sich jeweils boten, hing nicht zuletzt von den Umständen des Einzelfalles ab. Immerhin gibt es einige Faktoren, die erfahrungsgemäß immer wieder eine Rolle spielten, indem sie die Chancen zum Teil vergrößerten, zum Teil verringerten. Eine kurze Erörterung dieser Faktoren mag helfen, für den jeweils zu entscheidenden Einzelfall eine angemessene Beurteilungsgrundlage zu finden. In den weiteren Zusammenhang dieses Problems gehört auch, über die Gründe zu sprechen, aus denen tatsächlich die Befehle in Weltanschauungssachen befolgt worden sind, und zu erörtern, inwieweit die Besonderheit der SS seinerzeit erkennbar war, und welche Möglichkeiten bestanden, aus der SS wieder auszutreten.

Völlig sicher ist zunächst, daß es überhaupt keinen, auch *keinen weltanschaulichen Zwang* gegeben hat, über die befohlenen Tötungen als solche hinaus *Grausamkeiten zu begehen*. Himmler hat oft betont, daß die Männer, die die »sehr schwere Aufgabe« durchzuführen haben, »anständig« bleiben müßten. Nach dem weiter oben zitierten Feldurteil des Obersten SS- und Polizeigerichts vom 9. Juni 1943 gehörte es zu der Verantwortung des Führers eines Erschießungskommandos, es nicht zur Verrohung seiner Männer kommen zu lassen. Andererseits aber konnte man sich natürlich durch Roheit gegenüber den Opfern oder gegenüber KZ-Häftlingen hervortun und konnte bei manchen Vorgesetzten sogar mit Beifall rechnen, wenn sich die Grausamkeiten als Folge eines heftigen Abscheus gegen Juden und Staatsfeinde darstellten. Ein Hinweis darauf, daß die Grausamkeiten aus dem freien Willen der einzelnen begangen wurden, findet sich in der Aufzeichnung von Rudolf Höss über den Rapportführer des KZ Auschwitz[40]. Höss schrieb: »P. ist hauptsächlich daran schuld, daß es zu diesen wüsten Ausschreitungen, zu den unmenschlichen Mißhandlungen der Häftlinge kommen konnte. Er als Rapportführer hätte das meiste verhindern können – aber im Gegenteil, er wollte das ja, um seinen Machtgelüsten zu frönen.«

Der Befehl in Weltanschauungssachen leitete sich nicht aus normativen Bestimmungen ab und wurde in den gravierenden Fällen auch nicht nachträglich mit diesen Bestimmungen in Einklang gebracht, sondern unter ausdrücklicher Suspendierung der Normativität erteilt und ausgeführt. Daraus folgt logischerweise, daß derjenige, der in der spezifischen Treuepflicht zum Führer stand, beziehungsweise diese nicht kündigen wollte, die Ausführung eines solchen Befehls auch nicht unter Berufung auf Paragraphen verweigern konnte. Die Verbindlichkeit des Befehls war ja keine Rechtsverbindlichkeit, sondern außernormativ. Im mentalen Klima der SS-Kommandos, die mit der Durchführung der Befehle in Weltanschauungssachen befaßt waren, hätte es absurd und herausfordernd gewirkt, wenn sich einer auf § 47 MStGB berufen hätte angesichts von Aufgaben, die angeblich doch von einzigartiger Bedeutung für die Zukunft des Volkes waren und die von einem kleinen Kreis Auserwählter verstanden und vollzogen werden konnten. Zwar ist dieser Paragraph im Gesamtbereich der SS nicht aufgehoben

[40] Bisher nicht veröffentlicht.

worden; noch im Sommer 1944 wurde in den Mitteilungen des Hauptamtes SS-Gericht darauf Bezug genommen. Aber bei den Befehlen, bei denen sowieso *jede* Normativität suspendiert war, war eben auch der § 47 MStGB suspendiert. Eine Berufung auf diesen Paragraphen war um so weniger möglich, als der Mord an den Juden, sofern er nicht mit Sadismus und Disziplinlosigkeit verbunden war, ausdrücklich für notwendig und nicht-verbrecherisch erklärt worden war. Sie brachte überdies eine Gefahr mit sich, die jemand, der sich verbrecherischen Befehlen ernstlich entziehen wollte, gerade vermeiden mußte: es durfte keine Situation entstehen, in der die Ablehnung eines solchen Befehls wie die Verweigerung eines Befehls in Dienstsachen wirkte und leicht als solche ausgelegt werden konnte. Wer sich vor der angetretenen Mannschaft *hochoffiziell* geweigert hätte, jüdische Frauen und Kinder zu erschießen, wäre dieser Situation gefährlich nahe gekommen; er hätte selbst dazu beigetragen, das äußere Bild seines Verhaltens als offenkundigen Verstoß gegen allgemeine gesetzliche Pflichten [z. B. angebliche Wehrkraftzersetzung] hinzustellen. Natürlich kann die ausdrückliche Befehlsverweigerung als Möglichkeit nicht völlig ausgeschlossen werden, aber sie bedeutete ein erhebliches und unnötiges Risiko. Dagegen gab es eine ganze Reihe von Möglichkeiten, sich der Ausführung derartiger Befehle zu entziehen, die ohne besonderes Risiko waren und eher Erfolg versprachen. Sie können generell in folgende Gruppen eingeteilt werden:

1. Unter vorgeblicher Anerkennung der objektiven Richtigkeit der weltanschaulich begründeten Befehle sowie der Treuepflicht einzugestehen, daß man subjektiv den daraus resultierenden Anforderungen nicht gewachsen sei.
2. Unter vorgeblicher Anerkennung der objektiven Richtigkeit der weltanschaulich begründeten Befehle sowie der Treuepflicht sachliche Einwände erheben, die auf den geistigen Horizont und die Mentalität der Vorgesetzten zugeschnitten waren [Opposition des *Ja – aber*].
3. Ohne Abgabe ausdrücklicher Erklärungen sich stillschweigend zu entziehen.

Diese Möglichkeiten waren zahlreicher und realer, als von den Betroffenen heute in der Regel eingestanden wird. Sie seinerzeit genutzt zu haben, würde den Forderungen einer historisch-kritischen Erörterung der Schuldfrage vollauf genügen, denn es kann billigerweise von niemandem verlangt werden, daß er

sich heroisch verhält oder etwas tut, was von vornherein aussichtslos ist. Immerhin ist es nötig, von den Betroffenen erheblichen Mut zu erwarten, denn sie waren in die Zwangslage geraten, weil sie mindestens den freiwilligen ideologischen Konsens erteilt hatten, wenn sie sich nicht noch darüber hinaus durch weitere freiwillige Akte in die Lage gebracht haben, radikale Befehle in Weltanschauungssachen zu empfangen.
Zuweilen wird heute behauptet, das Eingeständnis, den unter Berufung auf die Treuepflicht gestellten Anforderungen subjektiv nicht gewachsen zu sein, sei mit einem Treue*bruch* gleichzusetzen, und es habe dafür das Wort Himmlers gegolten, wer die Treue breche, der müsse »aus dem Leben kommen«. Man zitiert in diesem Zusammenhang aus Himmlers Rede vor den SS-Gruppenführern in Posen am 4. Oktober 1943:

> »Sollte im Bereich Ihres Gesichtskreises jemals einer dem Führer oder dem Reich untreu sein, und sei es auch nur in Gedanken, so haben Sie dafür zu sorgen, daß dieser Mann aus dem Orden kommt, und wir werden dafür sorgen, daß er aus dem Leben kommt.«

Was Himmler damit meinte, erhellt aus dem Beispiel, welches er anführte: »Fälle, wie ein Fall Badoglio in Italien, dürfen und werden sich in Deutschland nicht ereignen.« Himmler meinte also eindeutig den Fall des *Verrates*. Es hat aber nichts mit Verrat zu tun, wenn jemand offen eingesteht, einer unter Berufung auf die Treuepflicht gestellten Anforderung nicht gewachsen zu sein.
Zu den oben angeführten 3 Gruppen von Möglichkeiten, sich der Ausführung verbrecherischer Befehle zu entziehen, ist im einzelnen folgendes zu sagen:

Zu Punkt 1:

Das Eingeständnis, den gestellten Anforderungen subjektiv nicht gewachsen zu sein [ohne ihre Berechtigung objektiv in Frage zu stellen], war naheliegenderweise auf die körperliche und seelische Verfassung zu beziehen. Angesichts der begangenen Taten dürfte es für einen normal veranlagten Menschen kaum nötig gewesen sein, eine derartige Schwäche zu simulieren; man brauchte nur zuzugeben, was den Tatsachen entsprach: daß man die Nerven nicht hatte, die Massentötungen auszuführen. Ein solches Verhalten ist keine irreale nachträgliche Forderung; es bedurfte allerdings des Mutes einzugestehen, daß man in einen bestimmten Kreis von Menschen mit einer bestimmten Mentalität nicht passe. Die Möglichkeiten, ein solches Eingeständnis einzuleiten, waren gegeben. Höss schreibt in seinen bereits zitierten Erinnerungen an den Rapportführer von Auschwitz:

»Bei den Exekutionen war P. stets zugegen, er hat wohl auch die meisten Tötungen durch Genickschuß durchgeführt. Ich habe ihn viel beobachtet, konnte aber nie die leiseste Triebregung sehen. Gleichmütig und gelassen ohne jegliche Hast und unbeweglichen Gesichts führte er sein schauriges Werk durch. Auch bei seinem Dienst an den Gaskammern konnte ich bei ihm auch nicht eine Spur von Sadismus bemerken. Sein Gesicht war stets verschlossen und unbeweglich. Er war auch psychisch so verhärtet, daß er ununterbrochen töten konnte, ohne sich dabei etwas zu denken. *P. war auch der Einzige* von denen, die unmittelbar mit den Vernichtungen zu tun hatte, *der nicht einmal in einer ruhigen Stunde mich ansprach und sein Herz ausschüttete über das grausige Geschehen.*«

Nur wenn man von der unzutreffenden Vorstellung ausgeht, als habe in den SS-Kommandos, den Dienststellen der Gestapo, den Einsatzgruppen und den Konzentrationslagern zwischen den dort tätigen Männern keine andere Verbindung bestanden als ein nahezu anonymes striktes Befehls-Gehorsams-Verhältnis, kann man glauben, es habe keine Ansatzpunkte für den subjektiv begründeten Willen gegeben, von der Ausführung verbrecherischer Befehle suspendiert zu werden. In Wirklichkeit bot mindestens die Kameraderie mit Sicherheit Mittel und Wege. Die wissenschaftlich-historische Beweisführung wäre hier überfordert, wenn sie positiv einzelne Möglichkeiten aufzählen sollte; sehr wohl aber kann sie zeigen, daß die Wirklichkeit des Lebens in der SS nicht so rigoristisch war, wie es nach den offiziellen damaligen Äußerungen den Anschein hat. Daraus folgt, daß die mannigfachen Möglichkeiten, sich unangenehmen Aufträgen zu entziehen, wie sie die Erfahrung aus jeder Truppe und Behörde kennt, auch in der SS vorhanden waren. Am meisten gefährdet waren wohl diejenigen, die, aus welchen Gründen immer, als nicht in die »Gemeinschaft« passend empfunden und deshalb Opfer böswilliger Schikanen wurden, so, wie oben am Beispiel des »Galgenbauers« demonstriert. Andererseits hatten diejenigen besonders gute Chancen, die sich durch Leistung ausgezeichnet hatten, in ihrem ganzen Habitus den damaligen Idealen entsprachen, die sich als Nationalsozialisten verdient gemacht hatten [»Alte Kämpfer«] oder hohe Kriegsauszeichnungen besaßen.

Ein speziell der SS entsprechendes Argument, dessen sich allerdings nur Leute bedienen konnten, die schon länger der SS angehörten, bot sich aus folgendem Sachverhalt: Nach Himmlers Willen sollte die SS ein Orden sein, und er hatte im Laufe der Jahre ein Idealbild dieses Ordens entwickelt. Gerade unter den älteren SS-Angehörigen gab es angesehene, über alle politischen Zweifel erhabene Kreise, die nicht damit einverstanden waren, daß dem Orden polizeiliche und angeblich polizeiliche Aufgaben übertragen wurden. Es gab eine SS-interne Diskussion, ob die polizeilichen Aufgaben mit dem Ordensprinzip überhaupt vereinbar waren; auch bei Himmler selbst findet man solche Überlegungen zuweilen angedeutet. Diese Diskussion bot dafür in Frage kommenden Personen einen glaubwürdigen und sinnvollen Ansatzpunkt, sich Befreiung von der Ausführung verbrecherischer Befehle zu erwirken. Auch subjektiv-religiöse Gründe dürften nicht so wenig Aussichten gehabt haben, wie es bei einer oberflächlichen Betrachtung scheinen will; mit Sicherheit war in dieser Beziehung bei Himmler selbst mit einer gewissen Toleranz zu rechnen. Sie hätte allerdings mit dem Verzicht auf eine weitere Karriere in der SS erkauft werden müssen; im Frieden wäre die Rücksichtnahme auf religiöse Skrupel vermutlich mit einer Entlassung aus der SS verbunden gewesen, im Krieg mit der Versetzung zu einer der Front-Divisionen der Waffen-SS. Der Einwand, daß Himmler sich kaum für die Gewissensnöte eines kleinen Scharführers oder Untersturmführers interessiert haben dürfte, ist nicht stichhaltig. Es gibt zahlreiche Zeugnisse dafür, daß sich Himmler in außerordentlichem Umfang um Einzelheiten und Kleinigkeiten gerade auch von rein menschlichem Belang in seinem Befehlsbereich gekümmert hat; das hängt mit seinen Ordensvorstellungen zusammen. So gibt es, um nur ein Beispiel aus sehr vielen zu zitieren, eine Korrespondenz über den Frühstücksküchenzettel der Frauen in den Lebensborn-Heimen. Himmler hatte angeordnet, daß die Frauen statt Brötchen morgens Haferbrei bekommen sollten. Nach einiger Zeit wurde ihm mitgeteilt, daß die Frauen murrten und die gewohnten Brötchen verlangten. Daraufhin schrieb Himmler persönlich, daß der Haferbrei natürlich den Geschmacksrichtungen der Frauen entsprechend verschieden zubereitet werden müsse: für die einen salzig und kräftig, für die anderen mit Milch und

Zucker, für wieder andere mit Obst usw. – Die Angehörigen der verschiedenen Sonderkommandos, die mit der Durchführung von Befehlen in Weltanschauungssachen beauftragt waren, waren zudem ja nicht irgendwelche beliebigen Männer, die sich aus der breiten Masse der Waffen-SS-Angehörigen überhaupt nicht hervorhoben, sondern es handelte sich um einen überschaubaren Kreis von Menschen, die schon wegen ihres streng geheimen einmaligen Auftrages ein besonderes Interesse fanden.

Wertlos ist für die Frage, wie man sich unter Hinweis auf subjektive Gründe der Ausführung verbrecherischer Befehle hätte entziehen können, die in diesem Zusammenhang jetzt oft zitierte Passage aus der Rede Himmlers vor den SS-Gruppenführern in Posen am 4. Oktober 1943:

> »Wenn also einer glaubt, er könne die Befolgung eines Befehles nicht verantworten, dann hat er das ehrlich zu melden; ich kann es nicht verantworten, ich bitte, mich davon zu entbinden. Dann wird wohl in den meisten Fällen der Befehl kommen: Sie haben das doch durchzuführen. Oder man denkt: der ist mit den Nerven fertig, der ist schwach. Dann kann man sagen: Gut, gehen Sie in Pension, Befehle müssen aber heilig sein. Wenn die Generäle gehorchen, dann gehorchen die Armeen von selbst.«

Denn diese Stelle bezieht sich nach Wortlaut und Zusammenhang nur auf SS-Führer im Generalsrang und auf den militärischen Einsatz.

Zu Punkt 2:

Die Opposition des Ja – aber ist charakteristisch für das Leben unter totalitärer Herrschaft überhaupt. Denn wenn der Opposition grundsätzlich jede Legitimität abgesprochen wird, muß sie sich in Formen der Zustimmung kleiden. Das *Nein*, das eigentlich gemeint ist, würde von vornherein verworfen werden, deshalb äußert es sich als Sorge, das an sich erstrebenswerte Ziel einer Anordnung könne durch bestimmte Maßnahmen, die ihm dienen sollen, gerade verfehlt werden. Ein Musterbeispiel solcher Opposition war folgender Fall:

Am 1. Mai 1942 bat Reichsstatthalter Greiser [Reichsgau Wartheland] Himmler um Genehmigung, 20–25 000 Polen mit offener Tuberkulose vergasen zu lassen. Der Höhere SS- und Polizeiführer im Warthegau, Koppe, schrieb zwei Tage später an Obersturmbannführer Rudi Brandt im Persönlichen Stab RFSS, er halte die vom Gauleiter Greiser angestrebte Lösung für die einzig mögliche und bitte deshalb, dem Reichsführer entsprechend zu berichten. Himmler schrieb daraufhin am 27. Juli 1942 an Greiser:

»Ich habe keine Bedenken dagegen, daß die im Gebiet des Reichsgaues Wartheland lebenden, mit offener Tuberkulose behafteten Schutzangehörigen und Staatenlosen polnischen Volkstums, soweit ihre Krankheit nach amtsärztlicher Feststellung unheilbar ist, der Sonderbehandlung im Sinne Ihres Vorschlages unterzogen werden. Ich würde jedoch bitten, daß die einzelnen Maßnahmen vorher mit der Sicherheitspolizei eingehend besprochen werden, damit die Durchführung möglichst unauffällig erfolgen kann.«

Als die Vorbereitungen für die Tötung der Polen schon ziemlich weit fortgeschritten waren, machte Dr. Kurt Blome, stellvertretender Leiter des Hauptamtes für Volksgesundheit der NSDAP, in einem Brief an Greiser vom 18. November 1942 jedoch Bedenken geltend, die der charakteristischen *Ja-aber*-Taktik folgten:

»... Auf Ihren Wunsch hin habe ich die entsprechenden Vorbereitungen mit den in Frage kommenden Stellen getroffen, um dieses Radikalverfahren anlaufen und innerhalb eines halben Jahres durchführen zu lassen. Sie sagten mir, daß Sie von zuständiger Stelle die Zustimmung für die Sonderbehandlung erhalten und auch die entsprechende Unterstützung zugesagt bekommen haben. Bevor aber die Aktion nun endgültig anläuft, halte ich es für richtig, daß Sie sich noch einmal ausdrücklich dahingehend versichern, daß der Führer mit einer solchen Lösung wirklich auch einverstanden ist.

Ich könnte mir denken, daß der Führer, nachdem er schon vor längerer Zeit die Aktion in den Irrenanstalten abgestoppt hat, im Augenblick eine ›Sonder-Behandlung‹ der aussichtslos Kranken politisch nicht für zweckmäßig oder tragbar hält. Bei der Euthanasie-Aktion handelte es sich um erbkranke Menschen deutscher Staatsangehörigkeit. Jetzt würde es sich um Infektiöserkrankte eines unterworfenen Volkes handeln.

Daß der in Aussicht genommene Weg die einfachste und radikalste Lösung darstellt, steht außer allem Zweifel. Wenn die Garantie einer restlosen Geheimhaltung gegeben wäre, könnte man Bedenken – gleich welcher Art – zurückstellen. Ich halte aber eine Geheimhaltung einfach für unmöglich.

Daß diese Annahme zutrifft, dürfte die Erfahrung gelehrt haben. Wenn nun diese Kranken – wie geplant – in das Altreich angeblich zur Behandlung bzw. Heilung geschickt werden, in Wirklichkeit aber nicht zurückkommen, so merken eines Tages auch bei der besten Geheimhaltung die Angehörigen der Kranken, daß hier ›irgend etwas nicht in Ordnung geht‹. Es ist auch zu bedenken, daß sich sehr viele polnische Arbeitskräfte im Altreich befinden, diese Rückfragen über den Verbleib ihrer Angehörigen halten, daß eine gewisse Anzahl Deutscher mit Polen verwandt oder verschwägert ist, also auf diese Art und Weise vom Abtransport der Kranken Kenntnis erhält. Sehr bald würden bestimmte Nachrichten über die Aktion durchsickern, die von der feindlichen Auslandspropaganda aufgegriffen werden. In welcher Form dies geschieht und welcher Methoden man sich dabei bedient, das hat die Euthanasie-Aktion gelehrt. Politisch dürfte diese neue Aktion noch mehr ausgewertet werden, da es sich hier um Angehörige einer besiegten Nation handelt. Auch die Kirche wird nicht schweigen. – Man wird auch nicht bei der Polemik über diese Aktion stehenbleiben. Gewisse Kreise, die daran interessiert sind, werden das Gerücht im Volk ausstreuen, daß man gleiche Methoden in Zukunft auch gegenüber den deutschen Tuberkulösen anwenden wird. Ja, daß damit zu rechnen ist, daß in Zukunft mehr oder weniger alle unheilbaren Kranken erledigt würden. Ich erinnere in diesem Zusammenhang an das immer wiederkehrende Beispiel aus jüngster Zeit, wo die ausländischen Sender im Zusammenhang mit der Ernennung von Prof. Brandt zum Generalkommissar die Nachricht verbreiteten, daß sein Auftrag dahin gehe, sich um die Schwerversehrten möglichst wenig, aber um die Wiederherstellung der Leichtverwundeten um so mehr zu kümmern. Und Schwarzhörer gibt es mehr als genug. –
Es ist des weiteren in Rechnung zu stellen, daß das beabsichtigte Verfahren für unsere Feinde ein ausgezeichnetes Propagandamaterial nicht nur bei den italienischen Ärzten und Wissenschaftlern, sondern beim ganzen italienischen Volk infolge der starken katholischen Bindungen abgibt. Daß der Feind die Ärzteschaft der Welt mobilisieren wird, steht ebenfalls außer allem Zweifel. Und dies ist ja um so leichter möglich, als von altersher die allgemeine Auffassung vom ärztlichen Tun und Handeln dahin geht, ›dem armen, unschul-

digen Kranken sein Leben möglichst lange zu erhalten und seine Leiden zu mildern‹.

Ich glaube daher, daß dem Führer diese Gesichtspunkte vor Beginn der Aktion vorgetragen werden müssen, denn meines Erachtens kann nur er allein alle Zusammenhänge übersehen und entscheiden ...«

Am 21. November machte Greiser Himmler von diesen Bedenken Mitteilung und war offenkundig bestrebt, sie zu zerstreuen:

»... Ich erlaube mir, Ihnen eine Abschrift des Blome'schen Briefes vom 18. November zur gefl. Kenntnisnahme zu übersenden mit der Bitte, insbesondere die Seiten 3, 3a und 4 zu lesen und mir alsdann mitteilen zu wollen, ob Sie es für nötig halten, den Führer über diesen Stand des Verfahrens zu unterrichten und evtl. zu befragen, oder ob ein solches Vorgehen verneint werden muß.

Ich für meine Person glaube nicht, daß der Führer in dieser Angelegenheit noch einmal befragt werden muß, um so mehr, als er mir bei der letzten Rücksprache erst bezüglich der Juden gesagt hat, ich möchte mit diesen nach eigenem Ermessen verfahren.

Ich bitte Sie, Reichsführer, mir alsbald Ihre Stellungnahme zu übermitteln, damit das zum Anlaufen gekommene Verfahren keine unnötige Verzögerung erhält.«

Himmler jedoch antwortete am 3. Dezember 1942:

»Ihren Brief vom 21. 11. 1942 habe ich erhalten. Ich glaube auch, daß es richtiger ist, die von Pg. Dr. Blome geltend gemachten Bedenken zu berücksichtigen. In der beabsichtigten Weise gegen die Kranken vorzugehen, ist meiner Ansicht nach nicht möglich, zumal ja an eine praktische Auswertung der Untersuchungen – wie Sie mir mitteilen – erst in einem halben Jahr herangegangen werden könnte.

Ich schlage Ihnen vor, ein geeignetes Gebiet herauszusuchen, in das dann die unheilbaren Tuberkulose-Kranken geschickt werden könnten. Über die Unheilbaren hinaus könnte man in dieses Gebiet auch sehr gut noch andere leichter Tuberkulosekranken tun. Diese Aktion müßte selbstverständlich auch in geeigneter Form propagandistisch ausgewertet werden.

Ich habe mir, bevor ich diesen Brief schrieb, noch einmal eingehend überlegt, ob nicht der ursprüngliche Gedanke doch in irgendeiner Form durchgeführt werden sollte. Ich bin aber zu der Überzeugung gekommen, daß es richtiger ist, auf dem anderen Weg vorzugehen.«

So war es Blome gelungen, durch die Taktik des *Ja – aber* Tausenden von Polen das Leben zu retten. Er hätte das gewiß nicht erreicht, sondern wäre mit Sicherheit mindestens in Ungnade gefallen, wenn er sich in »Humanitätsduseleien« ergangen und gegen den Greiserschen Plan unter Berufung auf Recht und Menschlichkeit protestiert hätte.

Entsprechendes Verhalten war mutatis mutandis natürlich auch auf tieferen Ebenen der Hierarchie möglich. Allerdings mußte die taktische Linie streng eingehalten werden, und es durften weder die wahren humanitären Gründe der Opposition durchscheinen noch durfte politische Kritik oder Kritik an der SS und Polizei zum Ausdruck kommen. Beispiel eines in der taktischen Anlage ausgesprochen ungeschickten Schrittes ist der Brief des damaligen Amtsarztes von Warschau und Bezirksleiters des Reichs-Tuberkulose-Ausschusses im Generalgouvernement vom 7. Dezember 1942, der möglicherweise sogar in der gleichen Angelegenheit geschrieben worden ist, in die Blome eingriff. In diesem an Hitler gerichteten Brief heißt es:

»Bei einer Regierungsbesprechung über die Tuberkulosebekämpfung wurde uns von dem Leiter der Abteilung Bevölkerungswesen und Fürsorge, Oberverwaltungsrat W., als geheime Reichssache mitgeteilt, es sei beabsichtigt, oder werde erwogen, bei der Umsiedlung von 200000 Polen im Osten des Generalgouvernements zwecks Ansiedlung deutscher Wehrbauern mit einem Drittel der Polen – 70000 alten Leuten und Kindern unter 10 Jahren so zu verfahren, wie mit den Juden, das heißt, sie zu töten. Wenn diese Mitteilung nicht dienstlich erfolgt wäre, so würde ich sie in das Reich der Fabel verweisen. Ich weiß auch nicht, inwieweit dieser Gedanke schon der Ausführung genähert wurde. Andererseits habe ich in den 2 Jahren meiner Tätigkeit im Generalgouvernement allzu viele Fehler untergeordneter Stellen miterlebt, um eine solche Mitteilung als Phantasiegebilde leicht nehmen zu können. Auch ist die Zahl der Menschen, die davon reden, jetzt schon zu groß und hat den Kreis berechtigter Mitwisser weit überschritten.«

Auch der Schreiber dieses Briefes führte zunächst Gesichtspunkte der Opportunität an [der Feindpropaganda keinen Stoff liefern usw.]. Dann aber fuhr er fort, er sei zu der Überzeugung gekommen,

»daß wir kein Interesse an der Verringerung der polnischen Volkszahl oder der Zerstörung ihres Bevölkerungsauftriebes haben. Von allen Fremdarbeitern ist rassisch der Pole als ein uns nahestehendes Element zu betrachten und sehr viel weniger gefährlich als die Rassen im Südosten, deren Bevölkerungsdruck wir auf die Dauer aus eigener Kraft nicht standhalten können. Das Bild, welches Polizei und SD von Polen entwerfen, ist vielleicht allzu einseitig. Mancher Ansatz zur Einordnung, der sich auf polnischer Seite in den letzten Jahren zeigte, ist unter diesem polizeilichen Gesichtspunkt nicht ernst genommen und wieder verschüttet worden. Die Mehrzahl des Volkes ist sehr müde und elend und sucht den Frieden auch mit uns. 10 Unruhestifter aber machen den guten Willen von Hunderten zunichte. Die deutschen Fachleute, welche aus Polen wichtige Arbeitsleistung für den deutschen Sieg herausholen, urteilen in manchen Dingen anders als die Männer, welche gegen die Unterwelt der Widerstandsbewegung kämpfen müssen. Aus beiden Anschauungen zusammen ergibt sich ein richtiges Bild. Hören Sie, mein Führer, deshalb die Männer der Rüstungskommandos und der Industrie, sowie die Landwirtschaft. Und lassen Sie sich vortragen vom Geopolitiker, vom Bevölkerungspolitiker, ja vielleicht vom Psychologen und vom Arzt. Dann entscheiden *Sie*, mein Führer, über das Schicksal Polens und seiner Menschen. Hier im Generalgouvernement soll ein Lebensraum Großdeutschlands sein, der langsam mit dem Mutterlande verwächst. Als leergebrannte Öde wird dieses Land eine solche Aufgabe in Jahrzehnten nicht erfüllen. Polen braucht eine harte Hand, aber nicht in der Zerstörung, sondern im Aufbau. Wir haben Millionen Polen im Reich eingedeutscht. Wir werden das auch im Warthegau leisten und es ist nicht unmöglich, den Polen des Generalgouvernements zum loyalen Mitarbeiter zu erziehen. Aber vergessen wir nicht, daß eine der wenigen sympathischen Eigenschaften der Polen die Liebe zum Kinde ist und daß wir mit dem Leben polnischer Kinder den letzten Funken von Verständigungsbereitschaft auslöschen würden.«

Himmler, dem der Brief zur Kenntnis gebracht worden war, ließ Ende März 1943 beim Reichsgesundheitsführer Dr. Conti fragen, was mit dem Briefschreiber geschehen sei: »Der Reichsführer-SS beabsichtigt, Dr. H. wegen seiner staatsgefährlichen Ansichten für die Dauer des Krieges in ein Konzentrationslager einzuweisen.« – Bemerkenswert ist allerdings auch, daß sich Himmler zwei Wochen später auf die Fürsprache von Dr. Conti hin bereit erklärte, gegen den Briefschreiber nichts weiter zu unternehmen.

Zu Punkt 3:

Zu den Möglichkeiten, sich verbrecherischen Befehlen stillschweigend zu entziehen, ist grundsätzlich das gleiche zu bemerken, was schon zu Punkt 1 gesagt worden ist: das rigoristische äußere Bild, das die SS von sich selbst zeichnete, rechtfertigt nicht die Annahme, es sei auch in Wirklichkeit so hart und so streng zugegangen und es habe die üblichen, aus der Erfahrung beim Militär bekannten Wege, sich zu drücken, nicht gegeben. Einer dieser Wege war, sich in irgendeiner anderen Funktion so unentbehrlich zu machen, daß man von dort nicht wegkommandiert wurde. Ein ehemaliger Angehöriger der Waffen-SS schreibt in seinen Erinnerungen:

> »Dabei glaube ich aber jetzt schon zu wissen, daß dieser ›Gehorsam bis in den Tod‹ keine Begrenzung duldet. Diese Probleme bewegen mich nicht jetzt erst, jetzt aber besonders. Sie bewegen mich seit jener Zeit, als ich einsehen mußte, daß man sich nicht auf die Weise einer Tat entziehen kann, indem man einen Befehl nicht ausführt oder Widerstand leistet. Im Gegenteil: ich weiß jetzt, daß man durch Widerstand oder durch *Befehlsverweigerung* nur noch mehr reizt, und auch, daß noch so feste Vorsätze schnell zu brechen sind. Schon seit Wochen verfolge ich aus diesen Erkenntnissen heraus eine gewisse Methode, und zwar gehe ich davon aus, daß man sich am besten bei seinen Vorgesetzten *unentbehrlich* macht. Das ist mir bis zu einem gewissen Grade auch schon gelungen. Ich glaube jedenfalls nicht, daß mein derzeitiger Kompaniechef mich für eine KZ-Bewachung freigeben würde.«

Von sehr zweifelhaftem Wert ist dagegen das Rezept, eine Krankheit zu simulieren, denn das ist eine Kunst, die nicht jedermann beherrscht und die gerade guten Charakteren sehr schwer fallen dürfte.

Unter die Rubrik des legendären Rigorismus der SS gehört die immer wieder aufgestellte Behauptung, ein SS-Angehöriger, der einen Befehl in Weltanschauungssachen verweigert oder versucht hätte, von der Ausführung eines solchen Befehls dispensiert zu werden, hätte damit rechnen müssen, von seinem Vorgesetzten kurzerhand selbst getötet oder in ein KZ eingewiesen zu werden. Daß dieser Behauptung heute so leicht Glauben geschenkt wird, beruht auf einem Denkfehler. Man weiß aus eigener Erfahrung oder aus der Überlieferung und historischen Darstellungen, daß SS-Dienststellen und auch einzelne SS-Angehörige in zahllosen Fällen Willkürakte schwerer und leichter Art begangen haben. Kein Deutscher und kein Mensch in den von Deutschland besetzten Gebieten war davor sicher, nicht Opfer dieser Willkür zu werden, die ja bei der SS als außernormativer Exekutive nicht etwa akzidentiell, sondern spezifisch war. Für jeden war die SS eine latente Gefahr, allein schon durch ihre Existenz verbreitete sie eine Atmosphäre des Terrors. Es ist jedoch völlig unbegründet, aus der Tatsache, daß die SS gegenüber *anderen* mit Willkür und Härte verfuhr, den Schluß zu ziehen, daß sie in gleicher Weise sich auch gegenüber ihren *eigenen* Leuten verhalten habe und daß auch die SS-Angehörigen selbst in ständiger Furcht hätten leben müssen. Dieser Schluß findet nicht nur keine Bestätigung in den historischen Quellen, sondern er erweist sich auch bei einfacher logischer Überlegung als falsch. Denn in dem Maße, in dem Himmler seinem höheren Führerkorps, den Hauptamtschefs, Divisionskommandeuren, Einsatzgruppenführern, Höheren SS- und Polizeiführern usw. willkürliches Verhalten gegenüber ihren Untergebenen gestattet, insbesondere ihnen etwa eine freie Verfügung über deren Leben eingeräumt hätte, in dem Maße hätte er seiner eigenen Macht und Autorität Abbruch getan. Eine gesicherte Führung dieser riesenhaften, zu einem wesentlichen Teil im außernormativen Bereich agierenden Organisation war nur möglich, wenn sie in sich eine strenge Ordnung besaß, die auch wirklich eingehalten wurde. Himmler hat das selbst, wenn auch in einer sehr ideal gefärbten Weise, ausgesprochen, als er in seiner Rede in Kochem am 25. Mai 1944 ausführte:

»...

Es war selbstverständlich, daß diese harten Zugriffe [in diesem Falle war die Beschaffung von Zwangsarbeitern gemeint, auf alle anderen ›harten Zugriffe‹ ist das aber natürlich in gleicher Weise zu beziehen] ohne gesetzliche Grundlage erfolgten. Ich weiß, daß das – das habe ich schon erwähnt – vielen schwer aufs Herz fiel, aus bester Überlegung und aus anständigster Sorge. Zur gleichen Zeit aber, in derselben

Zeit, in der als Schutzstaffel und als Polizei, die ja neu organisiert wurde, diese Zugriffe nur nach dem inneren Recht, das wir unserem Volke gegenüber hatten und nach der inneren Verpflichtung vollzogen, *haben wir in unseren eigenen Reihen immer wieder Recht geschaffen und haben uns selbst nach strengsten Gesetzen ausgerichtet* ...«

Daß Himmler diese positive Einstellung zu einer geordneten und strengen SS-Gerichtsbarkeit ernst meinte, beweist folgendes Vorkommnis: Bei dem gegen Ende des Krieges zunehmenden Mangel an frontverwendungsfähigen Männern war Himmler bemüht, alle sich bietenden Ersatzmöglichkeiten auszuschöpfen. Dazu gehörte unter anderem auch, daß in der Einheit Dirlewanger[41] zunächst Wilddiebe und später sogar KZ-Häftlinge als Soldaten eingesetzt wurden und daß verurteilten SS-Angehörigen die Gelegenheit zur Rehabilitierung durch Frontbewährung geboten wurde. Dieser Rehabilitierungseinsatz erfolgte unter anderem ebenfalls in der Einheit Dirlewanger, die also keine Straf-, sondern eine Bewährungseinheit war und den Charakter einer Freiwilligen-Abteilung der Waffen-SS hatte. Im Zusammenhang mit dem Bemühen, Nachersatz für Dirlewanger zu erhalten, legte der Chef des SS-Hauptamtes, Obergruppenführer Berger, Himmler am 22. März 1944 folgenden Befehlsentwurf vor:

»... Um für die schwierige Ersatzfrage Abhilfe zu schaffen, wünsche ich, daß SS-Obersturmbannführer *Dirlewanger* oder ein von ihm im Einvernehmen mit SS-Obergruppenführer *Berger* bestellter, in der Bandenbekämpfung erfahrener, Sonderbeauftragter aus den Insassen der Strafvollzugslager und Haftanstalten der SS und Polizei diejenigen Angehörigen der Waffen-SS heraussucht, die nach ihrem Charakter und ihrer Straftat zu einem Einsatz bei *Dirlewanger* geeignet sind. Dabei ist entsprechend der Dringlichkeit und Wichtigkeit der Bandenbekämpfung möglichst großzügig zu verfahren. Die ausgesuchten Männer haben die Möglichkeit, sich durch tapferen Einsatz zu rehabilitieren. Diese Anordnung geht allen allgemeinen oder besonderen Anordnungen über den Strafvollzug vor.

Die Untersuchungsführer haben bei allen schon angefallenen oder künftig anfallenden Ermittlungssachen gegen Angehörige der Waffen-SS zu überprüfen, ob diese nach dem Cha-

[41] Darüber ausführlich Hellmuth Auerbach, ›Die Einheit Dirlewanger‹. In Vjh. f. Zeitgesch. 10 (1962), S. 250–263.

rakter ihrer Person und ihrer Straftat SS-Obersturmbannführer *Dirlewanger* zur Verfügung gestellt werden können und bejahendenfalls sind sie ihm zur Verfügung zu stellen. Die *Ermittlungsverfahren sind* bis nach Bewährung bei SS-Obersturmbannführer *Dirlewanger auszusetzen* . . .«

Hier wurde also vorgeschlagen, SS-Angehörige, gegen die lediglich ein Ermittlungsverfahren lief, ohne Gerichtsurteil zwar nicht in eine Strafeinheit, wohl aber in eine Bewährungseinheit einzuweisen, in der der Dienst mit wesentlich erhöhter Lebensgefahr verbunden war. Obwohl Himmler sonst durchaus dazu neigte, sich mit aller Rücksichtslosigkeit Nachersatz zu beschaffen, hat er diesen Befehlsentwurf nicht unterschrieben. Der SS-Richter beim RFSS teilte dem Hauptamt SS-Gericht in einem Schreiben vom 6. Juni 1944 vielmehr mit:

»Die Abstellung von SS- und polizeigerichtlichen Untersuchungsgefangenen zum SS-Sonderregt. Dirlewanger hat der Reichsführer-SS abgelehnt, *weil eine derartige Maßnahme das Ende jeder Strafrechtspflege in der SS und Polizei bedeuten würde.*«

Aufschlußreich ist auch folgender Befehl Himmlers vom 20. Februar 1944 über die Gerichtsbarkeit in der Einheit Dirlewanger:

»1. Im Kampfeinsatz hat der Kommandeur über alle Angehörige dieses so gesondert zusammengesetzten Bataillons das Gerichtsrecht über Leben und Tod.

2. Die Rehabilitierung der früheren Wilderer geschieht ohne Mitbeteiligung des Hauptamtes SS-Gericht auf dem Wege über SS-Obergruppenführer Berger und SS-Gruppenführer Nebe im Reichssicherheitshauptamt durch das Reichsjustizministerium. Von der erfolgten Rehabilitierung erhält das Hauptamt SS-Gericht Mitteilung durch SS-Obergruppenführer Berger.

3. Über die KZ-Häftlinge erhält der Kommandeur des Bataillons, SS-Obersturmbannführer Dirlewanger, die Gerichtsbarkeit über Leben und Tod auch im Ruhequartier und der Feldgarnison.

4. Die Wilderer unterstehen nach ihrer Rehabilitierung der SS-Gerichtsbarkeit. Solange sie noch nicht rehabilitiert sind, hat der Kommandeur auch im Ruhequartier und in der Feldgarnison das Recht über Leben und Tod.

5. Zur Rehabilitierung eingesetzte ehemalige SS-Männer unterliegen im Ruhequartier und in der Feldgarnison der SS-Gerichtsbarkeit.«

Hier wurde einem Kommandeur das *Gerichts*recht über Leben und Tod eingeräumt, aber eben in einem ganz bestimmten extremen Ausnahmefall, den die Einheit Dirlewanger zweifelsohne darstellte. Und auch in diesem Falle waren sogar die bereits rehabilitierten Wilderer und die nicht rehabilitierten SS-Angehörigen im Ruhequartier der SS- und Polizeigerichtsbarkeit unterstellt. Gerade die ausdrücklichen Ausnahmebestimmungen beweisen außerdem, daß normalerweise in der SS ein Kommandeur nicht das Recht hatte, einen seiner Untergebenen einfach über den Haufen zu schießen. Das war nur in *einer* Situation möglich, in der es von Hitler für die gesamte Wehrmacht angeordnet war, nämlich bei Auflösung der Disziplin. Die betreffende Anordnung wurde im Führerbefehl Nr. 7 vom 24. Februar 1943 getroffen:

»Ich habe erfahren, daß es bei den in den letzten Wochen befohlenen Rückzugs- und Räumungsbewegungen teilweise zu unerfreulichen, undisziplinierten und für den tapferen Frontsoldaten niederziehenden Bildern, besonders in den Großstädten und auf Hauptrückmarschstraßen gekommen ist. Das ist untragbar, der deutschen Wehrmacht unwürdig und kann die schwersten Folgen haben.

Es liegt daran, daß die Vorgesetzten sich nicht mit allen Mitteln durchsetzen.

Ich habe nicht vor, das einreißen zu lassen.

Je härter die Zeit, um so härter müssen die Mittel sein, mit denen der Vorgesetzte seinen Willen durchdrückt.

Ich verlange deshalb, daß jeder Vorgesetzte – Offizier wie Unteroffizier oder in besonderen Lagen jeder beherzte Mann – die Durchführung seiner Befehle und die Aufrechterhaltung von Disziplin und Ordnung nötigenfalls mit Waffengewalt zu erzwingen und *Ungehorsame auf der Stelle zu erschießen hat.* Das ist nicht nur sein Recht, sondern seine Pflicht. Tut der Vorgesetzte das nicht, setzt er sich derselben Lage aus. Es ist falsch, auf eine spätere gerichtliche Bestrafung zu warten. Sofort ist einzuschreiten.

Ich werde jederzeit solche energischen Führer vor etwaigen juristischen Folgen ihrer Handlungen schützen und verlange dies von allen höheren Vorgesetzten. Ich werde daher auch rücksichtslos gegen alle die Vorgesetzten einschreiten, die ihre Autorität nicht mit allen Mitteln unter vollem Einsatz ihrer Person zu wahren wissen. Sie trifft dieselbe Strafe wie die Unbotmäßigen, gegen die sie nicht eingeschritten sind.

Ich wünsche, daß dies als mein Befehl nochmals ausdrücklich und immer wieder, besonders in harten Lagen, bekanntgegeben wird.«

Ein Kommandeur konnte einen seiner Leute auch nicht ohne weiteres in ein Konzentrationslager einweisen. Zwar wird aus der Frühzeit der Konzentrationslager glaubwürdig berichtet, daß der damalige Inspekteur der Konzentrationslager, Eicke, Angehörige der Wachmannschaft, die sich eine schwere Verfehlung zuschulden haben kommen lassen, kurzerhand unter die Häftlinge steckte. Abgesehen davon, daß nichts darüber bekannt ist, ob es sich dabei um eine regelrechte KZ-Haft von langer Dauer gehandelt hat oder nur um einen Arrest, war ein solches Vorgehen nur in einer Zeit möglich, als die SS im allgemeinen und das Konzentrationslagerwesen im besonderen noch wenig durchorganisiert waren; und auch damals konnte sich wohl nur ein Mann wie Eicke so etwas leisten. In den Kriegsjahren jedenfalls konnte ein KZ-Kommandant nicht eigenmächtig einen seiner Wachtruppenangehörigen ins KZ bringen, mindestens nicht, ohne selbst eine Bestrafung zu riskieren. Nach Ausweis der Quellen war überhaupt nur Himmler selbst in der Lage, einen SS-Angehörigen aus der Truppe direkt in ein Konzentrationslager einzuweisen. Wenn der Chef des SS-Hauptamtes, Obergruppenführer Berger, in einem Stabsbefehl vom 2. Oktober 1943[42] drohte: »Wer in Zukunft noch einmal gegenüber Insubordination weich wird, den lasse ich ins Konzentrationslager abführen«, so kann bei einiger Kenntnis des Charakters von Berger diese eine Stelle nicht als Beweis dafür gelten, daß er tatsächlich das Recht gehabt hätte, jemanden ins KZ einzuweisen. – Theoretisch dürfte die Möglichkeit bestanden haben, daß ein Angehöriger einer SS-Einheit bei einem politischen Vergehen von der Gestapo in Schutzhaft genommen wurde; ein Quellenbeleg dafür ist allerdings nicht bekannt.

Es bleibt die Frage offen, warum Menschen, die an sich keine verbrecherischen Neigungen besitzen, regelmäßig an der Ausführung verbrecherischer Befehle teilnahmen, ohne ernsthaft Wege zu suchen, davon dispensiert zu werden. Zur Begründung der Antwort muß man von der allgemeinen Erfahrung ausgehen, daß der Mensch von Natur aus bestrebt ist, sich in seiner sozialen Umwelt zu bewähren und deren fundamentalen Anschauungen und Verhaltensregeln zu entsprechen. Dieses Be-

[42] NO-321.

streben ist auch dann nicht unbedingt moralisch zu verwerfen, wenn der einzelne dabei teilweise gegen seine eigene Überzeugung handelt. Denn er wird im allgemeinen in weitgehendem Maße auf seine soziale Umwelt angewiesen sein, und es ist auch denkbar, daß er sich nur deswegen fügt, weil er meint, in der Erkenntnis des Richtigen selbst nicht weit genug fortgeschritten zu sein. So kann etwa ein überzeugter Kommunist gewisse Forderungen, die die Partei an ihn stellt, zwar für moralisch nicht vertretbar halten, er kann dabei aber aufgrund seiner Gesamtüberzeugung von der Richtigkeit des Kommunismus und im Vertrauen auf die Moralität seiner Führer zu der Ansicht kommen, daß seine subjektiven Bedenken nur darauf beruhen, daß er im Verständnis der Doktrin noch nicht genügend Fortschritte gemacht habe. Solche Gründe, entgegen persönlichen Überzeugungen den Forderungen der sozialen Umwelt doch zu entsprechen, sind natürlich nur innerhalb sehr enger Grenzen zu rechtfertigen. Jenseits dieser Grenzen, insbesondere aber, wenn offenkundig verbrecherische Handlungen gefordert werden, macht sich der Betroffene schuldig, wenn er nicht den Mut findet, entweder sich zu weigern oder, falls das nicht möglich ist, sich aus seiner Umwelt zu lösen. Schwache Charaktere neigen jedoch dazu, dem sozialen Beharrungsvermögen weit über die gebotenen Grenzen hinaus nachzugeben. *Denn auch wenn keine Strafen drohen, erfordert es erheblichen Mut, sich in seiner sozialen Umwelt »unmöglich« zu machen* und sich von ihr zu lösen. Im normalen Leben hat es gewöhnlich keine besondere Bedeutung, wenn jemand entgegen besserer Einsicht die Kraft nicht findet, sein soziales Beharrungsvermögen zu überwinden; in einer Gemeinschaft wie der SS aber mußte diese Schwäche früher oder später zur Schuldverstrickung führen. Man braucht nicht zu bezweifeln, daß manche Angehörige der verschiedenen Sonderkommandos unter den Maßnahmen litten, die sie durchführen mußten. Größer als dieses Leiden jedoch war bei ihnen der Mangel an Mut zuzugeben, daß sie den Anforderungen der selbstgewählten Gemeinschaft nicht gewachsen waren. So konnte es geschehen, daß sie gar nicht versuchten, dispensiert zu werden, obgleich sich Chancen dafür boten. Eine besonders primitive Form dieses Verhaltens liegt bei denjenigen vor, die einfach keinen Ärger haben wollten und den bequemsten Weg gingen. Obgleich sie es sonst mit dem unbedingten Gehorsam nicht so genau nahmen und sich, wo es nur ging, drückten, nahmen sie den Satz »Befehl ist Befehl« gern als billige Ent-

schuldigung, wo es Unannehmlichkeiten bereitet hätte, sich der Mitwirkung an einem Verbrechen zu entziehen.
Nicht die – objektiv ohnehin unbegründete – Angst, daß schon ein Versuch, von der Teilnahme an verbrecherischen Maßnahmen dispensiert zu werden, das Leben kosten könne; auch nicht die irrige Meinung, daß das Befohlene rechtens sei, dürfte also die Angehörigen der Sonderkommandos veranlaßt haben, den Befehlen Folge zu leisten, sondern ein schuldhaftes soziales Beharrungsvermögen und der Mangel an Mut, sich in ihrer sozialen Umwelt »unmöglich« zu machen und aus dem Rahmen zu fallen. Leicht wäre ein ernsthafter Versuch, sich herauszulösen, ganz gewiß nicht gewesen, lebensgefährlich aber auch nicht. – Dieser Mangel an Mut wiegt um so schwerer, als die Betreffenden ja nicht ohne eigenes Zutun in die kritische Lage geraten waren. Denn

1. war der Eintritt in die SS freiwillig,
2. mußte der Eintretende mindestens eine Allgemeinvorstellung von der fragwürdigen Besonderheit dieser Organisation haben,
3. ist es wenigstens bis zum Beginn des Krieges durchaus möglich gewesen, aus der SS wieder auszutreten.

Zu Punkt 1:

Ungefähr bis Mitte 1942 war niemand gezwungen, irgendeiner der Teilorganisationen der SS beizutreten, sondern der Eintritt beruhte auf echter Freiwilligkeit. Es war auch keineswegs so, wie man es heute zuweilen dargestellt findet, daß jeder national und militärisch begeisterungsfähige junge Deutsche kein anderes Ziel gekannt hätte, als ausgerechnet zu den bewaffneten SS-Verbänden zu gehen. Obgleich die Stärke dieser Verbände in der Vorkriegszeit nur ca. 25 000 Mann betrug [VT 1935: 9000, 1936: 10000, 1937: 12000; TV 1935: 2500, 1936: 3500, 1937: 5000], hatte die SS trotzdem große Schwierigkeiten, den erforderlichen Nachwuchs zu bekommen. Es gibt aus den Jahren 1936 bis 1939 mehrere Erlasse des SS-Hauptamtes, in denen der Mangel an Freiwilligen beklagt und intensive Freiwilligenwerbung angeordnet wurde. In einem Erlaß des Chefs des SS-Hauptamtes vom 6. November 1937 wurde angeordnet, daß jeder HJ-Bann bis 15. Januar 1938 mindestens 15 und bis zum 1. Juni 1938 mindestens 10 SS-geeignete Freiwillige zu benennen habe. Aus diesen Angaben darf man schließen, daß es in einem 75-Millionen-Volk schon etwas Besonderes war, wenn einer zur bewaffneten SS ging – oder auch zur Allgemeinen SS, die im Dezember 1938 rund 200000 Mann stark war.

Zu Punkt 2:

Als im Jahre 1933 die SA auf dem Höhepunkt ihrer Macht stand und das Hauptinstrument des nationalsozialistischen Terrors war, traten diejenigen, die lediglich glaubten, eine Konzession machen zu müssen, in die damals als vornehmer und harmlos geltende SS oder in den »Stahlhelm« ein. Nach dem 30. Juni 1934 dagegen kehrten sich die Verhältnisse um: die SA wurde harmlos, während die SS, nachdem sie bei der Liquidierung der SA-Führer mitgewirkt hatte, rasch einen finsteren Ruf gewann.

In der heutigen Diskussion über die nationalsozialistische Zeit wird mit Recht immer wieder betont, daß kein Deutscher, der damals erwachsen war, sich von einer Mitverantwortung freisprechen kann, daß andererseits aber auch viele engagierte Nationalsozialisten Hitlers verbrecherische Politik nicht gewollt haben, sondern ehrlicherweise meinten, Deutschlands Wohl zu dienen. Doch darf über solchen Feststellungen die historische Tatsache nicht in Vergessenheit geraten oder gar mit Absicht vernebelt werden, *daß es in Deutschland zwischen 1933 und 1945 drei klar voneinander unterscheidbare Gruppen gab:* eine Minderheit überzeugter »Nazis«, eine Minderheit überzeugter Nazi-Gegner und eine große Mehrheit von Menschen, die das Regime über sich ergehen ließen oder auch mitmachten, soweit sie meinten, mitmachen zu müssen, die jedoch keine überzeugten und aktiven Gefolgsleute des Führers waren. Die »richtigen Nazis« bildeten eine von den anderen klar sich abhebende Gruppe, über die *Werner Bergengruen* in seinen ›Schreibtischerinnerungen‹ sehr treffend sagt:

> »Ich meine die sonderbare Isolierung, in der sich mit all seinen Anhängern dies auf seine Volksverbundenheit so stolze Regime befand. Man lernte bald jene Vorsicht in kleinen Dingen, deren es zum Überleben bedurfte. Man sprach mit Vertrauenswürdigen, nicht mit Leuten, die nach dem Dritten Reich rochen. Bevor man eine Einladung annahm, erkundigte man sich möglichst, wer an Gästen da sein werde. Waren Braune zu erwarten, so ging man nicht hin. War eine Begegnung unvermeidlich, so sprach man mit ihnen nicht

mehr als das Notwendigste. *Manchmal war es fast, als handele es sich bei den Männern der Partei und den ihr angeschlossenen Körperschaften um Angehörige einer Invasions- und Okkupationsarmee, welche die Sprache des von ihnen bewältigten Landes nur ungenügend beherrschten und infolgedessen von den Gesprächen und Gedanken der unterdrückten Einheimischen wenig erfuhren.* Niemand sagte ihnen etwas, und sie selbst wären kaum auf den Gedanken verfallen, sich nach anderen Informationsquellen als den sich ihnen so freigebig anbietenden des Regimes umzutun. Trat etwas an sie heran, das ihr Bild hätte trüben können, so mögen sie an einen vereinzelten Unglücksfall oder an einen Irrtum untergeordneter Stellen geglaubt, sich in ihr blindes Vertrauen auf den Gottgesandten geflüchtet und das Erfahrene geschwind verdrängt haben.«

Man wußte bald, wer im eigenen Lebensbereich Nazi war und nahm sich vor ihm in acht. Bei Menschen, denen man zum ersten Male begegnete, lernte man rasch, anhand gewisser Symptome auf ihre politische Gesinnung zu schließen. Ursula von Kardoff hat das in ihren ›Berliner Aufzeichnungen‹ aus Anlaß ihrer ersten Begegnung mit dem Journalisten Richard Thilenius beschrieben:

»Ich finde, man kann das Klima eines Anti-Nazis sehr schnell spüren. Er sagt nicht: ›Der Führer.‹ Er sieht die Lage im Osten skeptisch an. Er liest die ›Frankfurter Zeitung‹ oder die ›DAZ‹, er geht lieber in französische Filme als in die Monsterfilme der Ufa, er verachtet das Haus der Deutschen Kunst, liest Burckhardt, Spengler, englische Romane oder französische Lyrik, kennt die betreffenden Stellen in ›Dichtung und Wahrheit‹ über den Dämon Menschen oder bei Heine über die Warnung vor dem germanischen Gott Thor oder das Gedicht von Gottfried Keller über die Denunzianten oder das Gedicht von Claudius ›S'ist Krieg, s'ist leider Krieg, doch begehre ich, nicht schuld daran zu sein‹. Er hört sich lieber Kammermusik als Wagneropern an und drückt sich in jeder Form vor Aufmärschen und Parteikundgebungen, er hat eine gewisse pessimistische Art, über die Ernährungs- oder über die Benzinlage zu reden und mit besonderem Nachdruck auf Stalingrad zu verweisen. Möglich, daß Provokateure auch so vorgehen, aber sie machen es meist sehr viel gröber.«

Die hier aufgeführten Merkmale beziehen sich überwiegend auf ein überdurchschnittliches geistiges Niveau. Entsprechende

Kennzeichen gab es aber auch in Kreisen einfacherer Menschen. *Der aktive, seine politische Einstellung betonende Nazi war in Deutschland in der Minderheit, wenn nicht gar eine Seltenheit, jedenfalls war er im Bewußtsein der Bevölkerung etwas Besonderes.* Unter den vielen nationalsozialistischen Organisationen aber wurde im Volk keine so sehr mit dem Regime und seinen aktiven Anhängern identifiziert wie die SS. Sie war im öffentlichen Bewußtsein keine Mitläufer-Organisation wie die Deutsche Arbeitsfront, die SA, die nationalsozialistischen Standesorganisationen und bis zu einem gewissen Grad auch die NSDAP selbst, sondern sie galt wirklich als das, was sie zu sein beanspruchte: die Kerntruppe des Regimes. Wer zur SS ging, tat nicht ein Übriges, weil er glaubte, nicht umhin zu können, sondern er bekannte sich öffentlich zu dem Regime und stellte sich ausdrücklich in dessen Dienst. Auch die Zusammenhänge, die zwischen SS und Gestapo, zwischen SS und Konzentrationslagern bestanden, waren dem allgemeinen Bewußtsein präsent, wenn auch gewiß nicht in einer den wirklichen Verhältnissen entsprechenden Artikulation. Diese allgemeine Bewußtseinslage spiegelt sich auch in manchen Äußerungen Himmlers wider.

So heißt es zum Beispiel in seiner Schrift über ›Die SS als antibolschewistische Kampforganisation‹:

> »Ich weiß, daß es manche Leute in Deutschland gibt, denen es schlecht wird, wenn sie diesen schwarzen Rock sehen; wir haben Verständnis dafür und erwarten nicht, daß wir von allzu vielen geliebt werden. Achten werden und sollen uns alle, denen Deutschland am Herzen liegt, fürchten sollen uns die, die irgendwie und irgendwann dem Führer und der Nation gegenüber ein schlechtes Gewissen haben müssen. Für diese Menschen haben wir eine Organisation ausgebaut, die Sicherheitsdienst heißt, und ebenso stellen wir als SS die Männer für den Dienst in der Geheimen Staatspolizei.«

Und in seiner Rede vor den Preußischen Staatsräten sagte Himmler von der 1920 bis 1923 nationalsozialistisch durchsetzten politischen Polizeiabteilung in München, diese sei verhaßt gewesen, »so wie wir heute verhaßt sind«.

Wer also später als 1934 in die SS eingetreten ist, konnte wissen, was er tat. Natürlich waren Bildungsgrad und politische Herkunft nicht ohne Einfluß auf die Erkenntnis der Bedeutung des Schrittes. Ein Bauernbursche, der 1937 in einen Totenkopfsturmbann eingetreten ist, ist anders zu beurteilen als ein Rechtsreferendar, der damals zum SD ging. Zwar konnte keiner, der in die SS eintrat, wissen, daß er einmal den Befehl erhalten könnte, an organisiertem Massenmord teilzunehmen, wohl aber mußte jeder gewärtig sein, zu einem Kommando zu kommen, wo er rechtswidrige Befehle auszuführen hatte. Er akzeptierte durch seinen Eintritt gewisse Prinzipien und Übungen, die dazu prädestiniert waren, bei gegebener Gelegenheit schuldhaftes Verhalten gewissermaßen auszukristallisieren. Zwar ist niemand, der in einem totalitären System lebt, sicher davor, von diesem in eine tragische Zwangslage gebracht zu werden, in der er schuldig wird. In die SS einzutreten bedeutete aber, eine solche Situation fahrlässig zu riskieren. Eine Ausnahme machen in dieser Beziehung am ehesten noch diejenigen, die in die SS-Verfügungstruppe eintraten; diese war zwar auch eine Kerntruppe des Regimes, sie erhielt aber offenkundig eine ausschließlich militärische Ausbildung und hatte nichts mit dem politischen Einsatz der Allgemeinen SS, mit politisch-polizeilichen Angelegenheiten und mit den Konzentrationslagern zu tun. *Alle* jedoch, die der SS beitraten, verließen den Bereich, in dem man nur zur normalen staatsbürgerlichen Loyalität verpflichtet war und traten in den Bereich des Befehls in Weltanschauungssachen ein. *Alle* erteilten durch ihren Beitritt den ideologischen Konsens und erklärten sich bereit, mehr zu tun als ihre Pflicht.

Das alles gilt auch für diejenigen, die nach dem 30. Januar 1933 in die politische Polizei und nach 1936 [dem Jahr, in dem Himmler Chef der Deutschen Polizei wurde] in eine andere Sparte der Polizei, vor allem in die Sicherheitspolizei, eingetreten sind. Denn die politische Polizei bildete von Anfang an ein wichtiges Machtinstrument des nationalsozialistischen Regimes, und die übrige Polizei war seit 1936 unverkennbar mit der SS verbunden. Anders liegen die Dinge dagegen bei Polizeibeamten, die schon *vor* 1933 in der politischen Polizei tätig gewesen waren oder schon *vor* 1937 einer anderen Sparte der Polizei angehört hatten und später nicht irgendwann der SS beitraten. Zur angemessenen Beurteilung ihrer Lage muß man davon ausgehen, daß zuerst die politische Polizei, später die gesamte Sicherheitspolizei und bis zu einem gewissen Grade die gesamte Polizei überhaupt in einem konsequent verlaufenden, über die ganze Zeit der nationalsozialistischen Herrschaft sich hinziehenden Prozeß aus dem Zusammenhang mit der staatlichen Verwaltung herausgelöst und in die SS integriert wurden. Im Verlaufe dieses Prozesses der Entstaatlichung der deutschen Polizei, der weiter oben beschrieben wurde, gerieten die alten Polizeibeamten allmählich aus dem Bereich der Befehle in Dienstsachen in den der Befehle in Weltanschauungssachen, oder genauer ausgedrückt: der Bereich der Befehle in Dienstsachen blieb bestehen und wurde allmählich von Befehlen in Weltanschauungssachen und von Elementen der nicht-normativen Exekutive überlagert beziehungsweise durchwirkt. Der Polizeibeamte konnte diesen Prozeß zwar erkennen, es war für ihn jedoch sehr schwer, bei den schrittweisen Veränderungen zu entscheiden, wann der Punkt erreicht sei, an dem das weitere Mitwirken an der polizeilichen Exekutive nicht mehr zu vertreten war. Und zwar war das um so schwieriger, solange ihm keine Teilnahme an offenkundigen Verbrechen zugemutet wurde und der überwiegende Teil des polizeilichen Einsatzes auch dann sekundär legalisiert war, wenn er Zwecken der nicht-normativen Exekutive diente. Schließlich stand der alte Polizeibeamte in seinem in normalen Zeiten erwählten und erlernten Beruf, aus dem auszuscheiden nicht leicht zumutbar war. Natürlich gab es auch für diese Gruppe Grenzen, die der einzelne nicht überschreiten durfte, ohne schuldig zu werden, und selbstverständlich hängt im Einzelfall viel davon ab, wieweit einer freiwillig die Entwicklung gefördert hat, in die er geraten war; aber generell ist festzustellen, daß alte Polizeibeamte in die Lage kommen konnten, typische Befehle in Weltanschauungssachen zu empfangen, *ohne* je den ausdrücklichen ideologischen Konsens erteilt zu haben.

Zu Punkt 3:

Wer die besondere Eigenart der SS und ihrer Mentalität doch erst erkannte, nachdem er bereits eingetreten war, hatte mindestens bis zu Beginn des Krieges die *Möglichkeit, wieder auszutreten.* Ohne jede Schwierigkeit konnten das vor allem diejenigen tun, die bis Mitte 1934 eingetreten waren, also in der Zeit, in der die SS noch allgemein als eine harmlosere Variante der SA galt. Denn ihr Wunsch, die Formation wieder zu verlassen, traf sich mit Himmlers Wunsch, die durch die Masseneintritte von 1933 aufgeblähte Organisation wieder zu verkleinern und nur solche Männer in der SS zu haben, die auch wirklich am Dienst interessiert waren. In seiner Kochemer Rede vom 25. Mai 1944 sagte Himmler:

> »Ich darf Ihnen sagen, die einzig wirklich gefährliche Zeit, die ich für die Schutzstaffel in der Entwicklung sah, war nicht

etwa das Verbot der SA und SS im Jahre 1932, sondern die einzig gefährliche Zeit waren der Februar und März 1933, wo in dem Siegesjubel der Machtergreifung sehr viele einzelne Führer der örtlichen Einheiten, der Stürme und Sturmbanne auf einmal von dem Begriff der Minderheit weg – und dazu übergingen, nun in Massen aufzunehmen. Das war eine gefährliche Zeit. Und ich habe zwei Jahre gebraucht, um durch Anspannung des Dienstes, durch noch größere Belastung und noch größere Forderungen alle die, die nicht zu uns paßten und die die Härte nicht hatten, um bei uns bleiben zu können, aus der Schutzstaffel wieder auszuscheiden, also alles das, was Konjunktur war.«

Auch für die Jahre 1937 und 1938 sind zahlreiche Austritte aus der SS zu belegen. Über diese Zeit gibt es eine sehr ausführliche Statistik der SS, in der auch die Zahl der Entlassungen angegeben ist. Demnach hat es im Jahre 1937 aus dem gesamten SS 7960 Entlassungen gegeben [ohne Ausschlüsse oder Ausstoßungen, die in den Statistiken gesondert angegeben werden]. Von diesen 7960 Entlassungen entfielen 84 auf die Verfügungstruppe, 146 auf die Totenkopfverbände und der Rest auf die Allgemeine SS. Von diesen Fällen wiederum erfolgten bei der Verfügungstruppe 23 und bei den Totenkopfverbänden 81 auf eigenen Antrag. Unter den Entlassungsgründen sind im Falle der Totenkopfverbände angegeben: 13 wegen Übertritts zum Heer oder zum Reichsarbeitsdienst, 14 aus gesundheitlichen und 40 aus beruflichen Gründen. Für 1938 sind in der Statistik nur die Entlassungen aus der Allgemeinen SS angegeben; es waren 5638, davon 5104 auf eigenen Antrag. Unter den Gründen rangierten berufliche Gründe mit 2074 Fällen weit an der Spitze; es folgten Übertritt zur Wehrmacht in 936 und Krankheit in 905 Fällen. 173 Mann wurden, ohne selbst einen Antrag gestellt zu haben, »wegen Interesselosigkeit« entlassen. Auch die Entlassungen aus der Allgemeinen SS sind für die Frage, wieweit man sich rechtzeitig der Gefahr entziehen konnte, rechtswidrige Befehle in Weltanschauungssachen zu erhalten, nicht ohne Bedeutung. Denn von den Einberufungen zu den SS-Totenkopfsturmbannen aufgrund der Notdienstverordnung vom 15. Oktober 1938 konnten ja nur Mitglieder der Allgemeinen SS betroffen werden. Das Versäumnis, eine gebotene Möglichkeit, aus der Allgemeinen SS auszutreten, nicht genutzt zu haben, kommt in folgendem Fall besonders gravierend zum Ausdruck: In einem Erlaß des SS-Hauptamtes vom

12. Januar 1939 heißt es, daß alle diejenigen SS-Männer, die erst nach ihrem 45. Lebensjahr in die Schutzstaffel eingetreten sind, zu entlassen seien, »deren Interesse an der Schutzstaffel nicht auf weltanschaulichem, sondern auf wirtschaftlichem Gebiet liegt und die infolgedessen bei ihrer Einberufung betrübt oder bestürzt waren, daß der schwarze Rock ihnen nicht nur Vorteile bringt, sondern daß auch dienstliche Anforderungen an sie gestellt werden«. Wer diese Möglichkeit nicht ergriff, der wurde schon einen Monat später für den Mobilmachungsfall karteimäßig für die Konzentrationslagerbewachung vorgemerkt. Am 31. August 1939 mußten viele von diesen Männern bei den Konzentrationslagern einrücken. Ein Beispiel für das Ausscheiden aus den Totenkopfverbänden aus Interesselosigkeit findet sich im Wachtruppenbefehl des Sturmbannes »Sachsen« vom 22. November 1935, wo es heißt:

> »Immer wieder werden von Jungbauern Entlassungsgesuche eingereicht mit der Begründung, daß sie plötzlich den Erbhof übernehmen wollen. Die Wachtruppe hat kein Interesse an solchen Männern, denen die Aufgabe der Wachtruppe nicht klar geworden ist. Alle Entlassungen werden daher befürwortend weitergereicht.«

Im Wachtruppenbefehl vom 1. April 1937 gab Eicke bekannt:

> »Wer in den Totenkopfverbänden nicht gehorchen kann und nach Kompromissen sucht, *muß* gehen; dabei kann auf niemand Rücksicht genommen werden. Alleine schon unser Abzeichen zwingt dazu, alles Persönliche zurückzustellen. Auch hier kann gesagt werden, wer nicht freudig und freiwillig gehorcht, ist nicht SS-Mann sondern Zweck-Mann; es kann für uns alle keine größere Freude geben, als ihn loszuwerden.«

Der Text eines Entlassungsbescheides vom Sommer 1938 lautete folgendermaßen[43]:

> »*Sie werden mit Wirkung vom* 26. Juli 1938 *aus der Schutzstaffel entlassen.*
>
> Begründung:
>
> Durch Ihre berufliche Tätigkeit sind Sie zur ordnungsgemäßen Dienstleistung in der SS nicht mehr in der Lage. Ihrem eigenen Antrage v. 21. 6. 38 auf Entlassung war daher gemäß SS-Befehlsblatt Nr. 5 v. 25. 5. 36 Ziffer 6, 2e stattzugeben.
>
> Eine evtl. spätere Wiederaufnahme in die SS müßte die Mög-

[43] Es handelt sich um einen Vordruck, der kursiv gesetzte Text ist gedruckt, der übrige mit Schreibmaschine ausgefüllt.

lichkeit zur uneingeschränkten Dienstleistung zur Voraussetzung haben.

Für die der SS bisher geleisteten Dienste danke ich Ihnen.

Gegen die verfügte Entlassung steht Ihnen das Recht der Beschwerde unmittelbar an: ... innerhalb einer Frist von 7 Tagen – beginnend 1 Tag nach Aushändigung dieser Verfügung – zu.«

Obgleich die Entlassung aus der SS vor dem Krieg mit Sicherheit möglich war, und obgleich es sogar amtliche Vorschriften über die Entlassungsprozedur gab, war sie in der Praxis doch nicht unbedingt leicht zu erreichen. Sie erforderte schon damals den Mut, aus dem Rahmen zu fallen, obwohl keine Strafe und erst recht keine Gefahr für Leib und Leben drohte. Ein Beispiel dafür bietet ein im Jahr 1960 aus dienstlichem Anlaß aufgesetztes Protokoll über die Aussage eines ehemaligen Angehörigen der Totenkopfverbände, in dem unter anderem steht:

»... Nachdem er bei seinem Wachdienst [im KZ] im ›Schlauch‹ hin und wieder Schreie aus dem Zellenbau vernommen und selbst mit eigenen Augen durch den Lagerzaun die körperliche Züchtigung von Häftlingen durch Prügelstrafe gesehen habe, sei er nach Ostern 1937 an seinen Kp-Chef SS-Hauptsturmbannführer *Dusenschön* [sic!] herangetreten, um seine Entlassung zu beantragen, da er nicht Gefangenenwärter, sondern Soldat sein wolle. Sein Kp-Chef, bei dem er bis dahin einen sehr guten Stand gehabt habe, sei bei seinem Vorbringen völlig aus der Fassung geraten und habe ihn fürchterlich angefahren und ihm 24 Stunden Bedenkzeit gegeben. Von Stund' an sei er dann, nachdem er bei seinem Entschluß geblieben sei, bei jeder Gelegenheit schikaniert worden; so habe er z. B., wenn die anderen auf dem Exerzierplatz Pause machten, mit angezogenem Gewehr um den Platz laufen und während der Formalausbildung als stellvertretender Gruppenführer in Reih' und Glied mit den Rekruten exerzieren müssen.

Sein Entlassungsgesuch hätten sowohl der Rgt.- als auch der Div.-Kdr., SS-Gruppenführer *Eicke*, wieder rückgängig zu machen versucht. Er habe jedoch weiterhin auf seiner Entlassung bestanden, die dann auch zum 30. 7. 1937 erfolgt sei ...«

Es handelte sich hier um einen Fall, wo das Entlassungsgesuch mit einer ausdrücklichen Kritik begründet wurde [was ja keineswegs unbedingt sein mußte], einer Kritik allerdings, die sich im Rahmen für Nationalsozialisten zumutbarer Argumente be-

wegte [Gefangenenwärter statt Soldat]. Die Schwierigkeiten, die dem Betreffenden gemacht wurden, obgleich er nur etwas erstrebte, was zu erstreben er ein normativ fixiertes Recht hatte, sind auch ein Beispiel für die weiter oben erörterte Verquickung von Normativität und nicht-normativer Praxis.
Einen anderen, allerdings nur für bestimmte Geburtsjahrgänge in Frage kommenden Weg, von den SS-Totenkopfverbänden loszukommen, zeigt folgende Verfügung des Oberkommandos des Heeres vom 3. September 1940:

> »Am 1. 10. 1937 ist eine Reihe von Wehrpflichtigen zur Ableistung ihrer Wehrpflicht in das Heer eingetreten, die vorher schon in den damaligen SS-Totenkopfverbänden gedient und sich zu 12jähr. Dienstzeit in diesen verpflichtet haben. *Ein Teil dieser SS-Angehörigen hat gebeten, sich beim Heer zum Längerdienen verpflichten zu dürfen.* Solche Angehörige der SS-Totenkopfverbände können von Einheiten des Heeres auf 12 Dienstjahre verpflichtet werden; sie gelten von ihrer früheren Verpflichtung als entbunden. Dagegen sind Angehörige dieser SS-Totenkopfverbände, die ihrer 2jähr. Wehrpflicht im Heere genügt haben und deren weitere Verwendung nur im Ersatzheer vorgesehen ist, der T-Division zur Verfügung zu stellen.
>
> ...
>
> Aufgrund der Bestimmungen kommen für Freistellung an die SS-Totenkopfverbände nur in Frage: Soldaten, die ihrer 2jähr. Wehrpflicht im Heere genügt haben, also Angehörige der Geburtsjahrgänge 1914 und jünger.«

Im Kriege war der Austritt aus der Waffen-SS unmöglich, denn der Dienst in der Waffen-SS war Wehrdienst. Da das gesamte KZ-Personal dienstrechtlich zur Waffen-SS gehörte, kam also auch für dieses ein Austreten aus der SS nicht in Frage. Die Betreffenden hätten sich also um Versetzung zu einer anderen Dienstleistung, einem anderen Kommando oder an die Front bemühen müssen. Daß das möglich war, wurde weiter oben erörtert. Ähnlich lagen die Dinge bei der Polizei: auch aus dem Polizeidienst konnte man im Kriege nicht ausscheiden, sondern auch hier kam nur die Versetzung zu anderen Dienstleistungen in Frage. Da in der Polizei große Personalknappheit herrschte, dürften Gesuche um Einziehung in die Waffen-SS nur in allerseltensten Ausnahmefällen genehmigt worden sein.
Als Einzelheit anzumerken ist in diesem Zusammenhang, daß Notdienstverpflichtete nicht unbedingt automatisch und gegen

ihren Willen in die Waffen-SS und damit in den Wehrdienst übergeführt werden konnten. Das wird durch folgendes Schreiben des Kommandeurs der SS-Sonder- und Polizeihaftlager an die Ergänzungsstelle der Waffen-SS »Südwest« vom 28. September 1940 bewiesen:

»Das SS-Sonderlager Hinzert nimmt Bezug auf die am gestrigen Tage mit dortiger Dienststelle geführte telef. Rücksprache, wonach die am 12. 9. 40 zum SS-Sonderlager Hinzert lt. Notdienstverordnung einberufenen SS- und RKB-Angehörigen ... befragt wurden, ob sie sich zu weiterem Freiwilligendienst im SS-Sonderlager Hinzert bereiterklären würden. Es hat sich jedoch von den Genannten keiner hierzu bereit erklärt, weshalb diese auf dortige Anordnung innerhalb der nächsten 10 Tage wieder in ihre Heimat entlassen werden.

Am 26. 9. 40 meldete sich der SS-Staffelmann D ... im SS-Sonderlager Hinzert zum Dienst. D. ist ebenfalls vom SS-Oberabschnitt Südwest lt. Notdienstverordnung einberufen worden und erklärt sich bereit im SS-Sonderlager Hinzert freiwillig weiter seinen Dienst zu versehen, was aber nur möglich ist, wenn eine nachträgliche ordnungsgemäße Einberufung über das zuständige Wehrbezirkskommando veranlaßt wird.«

Es lassen sich aufgrund dieses vereinzelten Belegs keine weitreichenden Schlußfolgerungen ziehen. Mit Sicherheit geht jedoch daraus hervor, daß man auch für die Kriegszeit nicht von der Vorstellung befangen sein darf, alle dienstlichen Veränderungen seien über die Köpfe der Betroffenen vorgenommen und es sei überhaupt nie jemand nach seinem Einverständnis gefragt worden.

Zur Orientierung des wissenschaftlichen Benutzers

Der erste Teil des vorliegenden Bandes (Seite 13 bis 212) enthält das Gutachten über ›Die Organisation von SS und Polizei unter nationalsozialistischer Herrschaft‹, das der Verfasser im Prozeß gegen Mulka und andere (»Auschwitz-Prozeß«) dem Schwurgericht in Frankfurt am Main im Dezember 1963 schriftlich vorgelegt und in der Hauptverhandlung am 7. Februar 1964 auszugsweise mündlich vorgetragen hat. Den zweiten Teil dieses Buches (Seite 213 bis 318) bildet das Gutachten ›Das Problem des Befehlsnotstandes bei den vom nationalsozialistischen Regime befohlenen Verbrechen in historischer Sicht‹. Der Verfasser hat es im gleichen Prozeß im Juni 1964 schriftlich vorgelegt und am 2. Juli 1964 in der Hauptverhandlung auszugsweise mündlich vorgetragen.
Von beiden Gutachten wird hier die Originalfassung veröffentlicht. Soweit der Text geändert ist, handelt es sich um die Beseitigung stilistischer Mängel und eine Verdeutlichung der Gedankenführung an manchen Stellen. Außerdem wurden einige kleine sachliche Fehler verbessert. Das Gutachten über die Organisation von SS und Polizei liegt bereits in einer anderen gedruckten Ausgabe vor, die die »Studiengesellschaft für Zeitprobleme«, Bonn, im Sommer 1964 herstellte und an die regelmäßigen Bezieher ihrer Schriften verteilte. Diese Ausgabe gibt es nicht im Buchhandel.
Während das Gutachten über den Befehlsnotstand für den Prozeß völlig neu ausgearbeitet wurde, sind in dem Gutachten über die Organisation von SS und Polizei eine Reihe älterer Arbeiten des Verfassers mitverwendet. Es handelt sich vor allem um folgende Titel:

Die SS in der Verfassung des Dritten Reiches. In: Vierteljahrshefte für Zeitgeschichte, Jg. 3 (1955), S. 127ff.
Die Höheren SS- und Polizeiführer. In: Vierteljahrshefte für Zeitgeschichte, Jg. 11 (1963), S. 362ff.
Rechtsstellung und Organisation des Reichskommissars für die Festigung deutschen Volkstums. In: Gutachten des Instituts für Zeitgeschichte. München 1958, S. 239ff.
Die Organisation der Sondergerichtsbarkeit der SS und Polizei. Ebenda, S. 343ff.
Die organisatorische Entwicklung der politischen Polizei in Deutschland in den Jahren 1933 und 1934. Ebenda, S. 294ff.
Die Aufnahme von Polizeiangehörigen in die SS und die Angleichung ihrer SS-Dienstgrade an ihre Beamtenränge (Dienstgradangleichung) in der Zeit des Dritten Reiches. Ungedrucktes Gutachten, München, September 1960.
Die Grenzpolizei der Geheimen Staatspolizei. Ungedrucktes Gutachten, München, Oktober 1959.
In diesen Arbeiten findet man das jeweilige Thema etwas ausführ-

licher behandelt als hier; andererseits enthält der vorliegende Text einige Verbesserungen und Ergänzungen, so etwa bei der Abhandlung des ›Erlasses des Führers und Reichskanzlers zur Festigung deutschen Volkstums‹ vom 7. Oktober 1939. Den Führerbefehl über die bewaffneten SS-Verbände vom 17. August 1938 beurteilt der Verfasser jetzt etwas anders als in seinem Aufsatz über ›Die SS in der Verfassung des Dritten Reiches‹. Neu ausgearbeitet wurde die Darstellung der Struktur der nationalsozialistischen Herrschaft. Unter dem Aspekt des Ausnahmezustandes betrachtet erscheint eine Abhandlung des Verfassers über das gleiche Thema in der von Ernst Fraenkel herausgegebenen Sammlung ›Der Staatsnotstand‹ (Colloquium-Verlag, Berlin 1965). Das häufige und sehr ausführliche Zitieren von Quellentexten und die Beschränkung auf die notwendigsten Anmerkungen entspricht dem forensischen Zweck der Gutachten. Soweit die Dokumente ohne Angabe der Fundstellen zitiert werden, handelt es sich um Material aus dem Archiv des Instituts für Zeitgeschichte.

Beim Gutachten über den Befehlsnotstand muß man berücksichtigen, daß es sich um ein Produkt historischer, nicht aber juristischer Forschung handelt. Zwischen beiden besteht nicht nur ein Unterschied der Fragestellung, sondern auch gewisse Diskrepanzen der Terminologie. Die Begriffe, deren sich der Jurist bedient, sind in der Regel viel mehr fixiert und präzisiert, andererseits jedoch dadurch auch viel enger und beziehungsärmer als die des Historikers. Trotzdem dürften gerade im Falle des Dritten Reiches die reinen Rechtsverhältnisse nicht zutreffend erkannt werden können, wenn ihre historisch-politischen Voraussetzungen unberücksichtigt bleiben.

München, den 28. Januar 1965 Hans Buchheim

Personen- und Sachregister

N

Politik und Zeitgeschichte

Arnulf Baring:
Im Anfang war Adenauer
Die Entstehung der Kanzlerdemokratie
dtv 10097

Erhard Eppler:
Ende oder Wende
Von der Machbarkeit des Notwendigen
dtv 1221

George Gilder:
Reichtum und Armut
dtv 10093

Alfred Grosser:
Geschichte Deutschlands seit 1945
Eine Bilanz
dtv 1007
Das Bündnis
Die westeuropäischen Länder und die USA seit dem Krieg
dtv 1760
Versuchte Beeinflussung
Zur Kritik und Ermunterung der Deutschen
dtv 10128

George F. Kennan:
Memoiren eines Diplomaten
dtv 10096

Bruno Kreisky:
Die Zeit, in der wir leben
dtv 1618

Günter Kunz (Hrsg.):
Die ökologische Wende
Industrie und Ökologie – Feinde für immer?
dtv 10141

Egon Larsen:
Im Namen der Menschenrechte
Die Geschichte von amnesty international
dtv 10081

Robert Leicht (Hrsg.):
Im Lauf des Jahres
Deutsche Texte und Dokumente 1981
dtv 1754
Band 2: 1982
dtv 10092

Wilhelm Stöckle:
Deutsche Ansichten
100 Jahre Zeitgeschichte auf Postkarten
dtv 10041

Elke und Jannes Kazuomi Tashiro:
Hiroshima
Menschen nach dem Atomkrieg
Zeugnisse, Berichte, Folgerungen
dtv 10098

Carl Friedrich von Weizsäcker:
Wege in der Gefahr
Eine Studie über Wirtschaft, Gesellschaft und Kriegsverhütung
dtv 1452
Deutlichkeit
Beiträge zu politischen und religiösen Gegenwartsfragen
dtv 1687

dtv